Die Gesellschaft der Außerirdischen

Michael Schetsche · Andreas Anton

Die Gesellschaft der Außerirdischen

Einführung in die Exosoziologie

Springer VS

Michael Schetsche
Institut für Grenzgebiete der Psychologie
und Psychohygiene; Institut für
Soziologie der Albert-Ludwigs-
Universität Freiburg
Freiburg, Deutschland

Andreas Anton
Institut für Grenzgebiete der Psychologie
und Psychohygiene
Freiburg, Deutschland

ISBN 978-3-658-21864-5   ISBN 978-3-658-21865-2   (eBook)
https://doi.org/10.1007/978-3-658-21865-2

Die Deutsche Nationalbibliothek verzeichnet diese Publikation in der Deutschen National-
bibliografie; detaillierte bibliografische Daten sind im Internet über http://dnb.d-nb.de abrufbar.

Springer VS

Verantwortlich im Verlag: Cori Antonia Mackrodt

Springer VS ist ein Imprint der eingetragenen Gesellschaft Springer Fachmedien Wiesbaden GmbH
und ist ein Teil von Springer Nature
Die Anschrift der Gesellschaft ist: Abraham-Lincoln-Str. 46, 65189 Wiesbaden, Germany

In Erinnerung an
Gerd H. Hövelmann
(1956–2017)

Geleitwort

Im Jahre 1978 las ich mit einiger Faszination die deutsche Übersetzung des Buches *The Colonization of Space*[1] des US-amerikanischen Physikers und Visionärs Gerard O'Neill (1927–1992). In jenen Jahren machte die bemannte Raumfahrt rasante Fortschritte, nicht zuletzt befeuert durch die Konkurrenz der beiden politischen Systeme UdSSR und USA. Die Amerikaner waren auf dem Mond gelandet, die Russen hatten ihre ersten Raumstationen ab 1971 in den Orbit gebracht und beide Nationen setzten als Hoffnungssymbol einer friedlichen Zusammenarbeit im Kosmos das gemeinsame Unternehmen *Sojus-Apollo* (1975) in Gang. Da lag die Frage förmlich auf der Hand: Wie geht es weiter? Würde sich vielleicht sogar am Horizont die Vision andeuten, die einst schon Ziolkowski in die Worte gekleidet hatte: „Die Menschheit wird nicht ewig auf der Erde bleiben, sondern auf der Jagd nach Licht und Raum zuerst schüchtern über die Grenzen der Atmosphäre hinausdringen und sich dann den ganzen Raum um die Sonne erobern." (Kosmodemjanski 1979, S. 178)[2]?

So gründlich O'Neill auch die Probleme der technischen Machbarkeit seiner Vision untersucht hatte, schien er mir doch in einem entscheidenden Punkt weitreichende Perspektiven zu sehen, deren Berechtigung mehr als fragwürdig schien. Er schrieb nämlich: „Wichtiger als materielle Belange aber ist, wie ich glaube, die berechtigte Hoffnung, dass das Öffnen eines neuen weiten Lebensraumes das Beste in uns auf den Plan rufen wird, dass das Neuland, das im Weltraum auf

---

[1]Deutsche Ausgabe: Gerard K. O'Neill. 1978. *Unsere Zukunft im Raum*. Bern, Stuttgart: Hallwag.

[2]Zit. nach A. A. Kosmodemjanski. 1979. *Konstantin Eduardowitsch Ziolkowski*. Leipzig: Teubner Verlagsgesellschaft.

seine Entstehung wartet, uns neue Unabhängigkeit in der Suche nach besseren Regierungsformen, Sozialstrukturen und Lebensweisen gewährt und dass unsere Kinder dadurch eine Welt vorfinden mögen, die ihnen dank unserer Anstrengungen während der kommenden Jahrzehnte reichere Möglichkeiten bieten soll." (O'Neill 1978, S. 250–251) Mir drängte sich damals die Frage auf: Kann die Kolonisierung des Raums einen grundlegenden Wandel in der moralischen Konstitution des Menschen herbeiführen oder müsste nicht vielleicht umgekehrt dieser Wandel dem Mammutprojekt einer Besiedelung des Weltraums als Bedingung seiner Realisierbarkeit vorausgehen?

Im Fokus heutiger weltweit geführter Diskussionen steht eine ähnliche Frage, – nur aus umgekehrter Perspektive. Nicht nur Wissenschaftler, sondern jeder denkende Mensch möchte wissen, ob Leben eine universale Erscheinungsform im Kosmos darstellt oder ob die technische Zivilisation der Menschheit eine einzigartige Ausnahme ist, die sich nur durch das Zusammenwirken extrem unwahrscheinlicher Zufälle auf dem Planeten Erde herausbilden und entwickeln konnte. Falls Ersteres zutrifft, ergeben sich zwangsläufig weitere Fragen: Wie könnten die „Anderen" sein, wie würden sie aussehen, sich verständigen, denken und handeln und wie wären sie gesellschaftlich organisiert? Sollten sie nicht – wie wir – die technische Fähigkeit entwickelt haben, sich durch Raumfahrt in den kosmischen Raum jenseits ihrer Heimat zu begeben und uns vielleicht sogar eines Tages einen Besuch abzustatten? Mit welchen Absichten würden sie dann kommen? Hätte O'Neill mit seiner ‚moralischen Vision' recht, könnte man folgern: Eine technische Zivilisation, die interstellare Reisen zu bewerkstelligen vermag, ist uns auch in moralischer Hinsicht haushoch überlegen und kommt in friedlicher Absicht.

Dies alles sind aber Fragen, die weit über den Bereich der naturwissenschaftlichen Forschung hinausreichen. Weder Astrophysiker noch Biologen oder Chemiker können dazu begründete Aussagen treffen. Was bei O'Neill bereits vage und vielleicht auch etwas naiv anklang, bedarf eines gründlichen wissenschaftlichen Diskurses. Die großen Fortschritte der astrophysikalischen Forschungen der letzten Jahrzehnte haben es immer wahrscheinlicher werden lassen, dass wir nicht die einzigen intelligenten Lebewesen im Universum sind. Deshalb hat auch die Bearbeitung der bislang nur marginal behandelten damit zusammenhängenden Fragen an Dringlichkeit gewonnen.

Und hierin liegt das Verdienst der beiden Autoren Michael Schetsche und Andreas Anton. Sie haben sich in jahrelanger wissenschaftlicher Arbeit mit den soziologischen Problemen auseinandergesetzt, die mit der so häufig gestellten Frage „Sind wir allein im All?" zusammenhängen und nennen ihren Ansatz zu dieser neuen wissenschaftlichen Disziplin „Exosoziologie", wohl wissend, dass

Soziologie mit Außerirdischen ursprünglich nichts zu tun hat. Aber ohne soziologische Überlegungen werden die nun vor uns stehenden Fragestellungen nicht zu beantworten sein. Dabei beschränken sich die Autoren aber nicht auf ihre Fachdisziplin Soziologie im engeren Sinne, sondern legen zugleich die astrophysikalischen Grundlagen dar, auf denen unsere gegenwärtigen Kenntnisse und mehr oder weniger begründeten Vermutungen beruhen. Somit kann auch der allgemein interessierte Leser von diesem Werk profitieren, das eine Fülle von Anregungen enthält und dadurch weitere Überlegungen und Forschungen zur Folge haben soll und sicher auch haben wird.

Berlin Dieter B. Herrmann
im Juni 2018

Danksagung

Zuvörderst möchten wir dem Institut für Grenzgebiete der Psychologie und Psychohygiene e. V. in Freiburg für die Schaffung jener wissenschaftlichen Freiräume danken, die dieses Buch überhaupt erst möglich gemacht haben. Dabei gilt unser Dank insbesondere Kirsten Krebber vom IGPP-Team für die höchst engagierte redaktionelle Betreuung des Bandes.

Darüber hinaus danken wir für Unterstützung in dieser oder jener Hinsicht folgenden Personen (in alphabetischer Reihenfolge): Luana Arena, Fabian Bornemann, Ulrich Dopatka, Wolfgang Eßbach, Keith Farrington, Tobias Daniel Gerritzen, Nadine Heintz, Dieter B. Herrmann, Kerstin Hoffmann, Jan Holtkamp, Cori Antonia Mackrodt, Thorsten Mann, Alton Okinaka, Bernd Pröschold, Renate-Berenike Schmidt, Martin Werner.

Schließlich möchten wir allen Kolleginnen und Kollegen des *Forschungsnetzwerks extraterrestrische Intelligenz* danken – ohne diesen speziellen Diskussionszusammenhang wäre das Buch in dieser Form sicherlich nie entstanden: http://www.eti-research.net/.

Inhaltsverzeichnis

Über die Autoren

Michael Schetsche, Dr. rer. pol., Politologe und Soziologe, Forschungskoordinator am IGPP Freiburg; lehrt als Außerplanmäßiger Professor an der Albert-Ludwigs-Universität Freiburg. Arbeitsschwerpunkte: Wissens- und Mediensoziologie, Kultursoziologie, qualitative Forschungsmethoden, Sozial- und Kulturanthropologie. Aktuelle Buchveröffentlichung: *Heterodoxie. Konzepte, Traditionen, Figuren der Abweichung* (Herausgegeben zusammen mit Ina Schmied-Knittel), erschienen 2018 im Herbert von Halem Verlag Köln.

Andreas Anton, Dr. phil., Studium der Soziologie, Geschichtswissenschaft und Kognitionswissenschaft an der Albert-Ludwigs-Universität Freiburg, Promotion im DFG-Projekt „Im Schatten des Szientismus", wissenschaftlicher Mitarbeiter am Institut für Grenzgebiete der Psychologie und Psychohygiene (IGPP) in Freiburg. Arbeitsschwerpunkte: Wissens-, Medien- und Kultursoziologie, Methoden qualitativer und quantitativer Sozialforschung. Letzte Buchveröffentlichung: Das Paranormale im Sozialismus. Zum Umgang mit heterodoxen Wissensbeständen, Erfahrungen und Praktiken in der DDR, erschienen 2018 im Logos Verlag Berlin.

Die Außerirdischen vor den Toren der Soziologie

Als einer der Autoren dieses Bandes im Jahre 2017 der Süddeutschen Zeitung ein Interview zum Thema ‚Exosoziologie' gab, lautete die erste Frage der Journalistin Esther Göbel: „Jetzt mal ganz ehrlich: Was soll das sein?" Selbstredend war diese Frage, da es ein Vorgespräch zum Interview gab, rhetorischer Natur – trotzdem bringt sie das generelle Problem dieses Buches sehr gut auf den Punkt: Wir haben es uns zur Aufgabe gemacht, eine Einführung in eine Subdisziplin der Soziologie zu schreiben, die es in dieser Form gar nicht gibt. Bis zum heutigen Tage jedenfalls. Deshalb sind wir – für die Soziologie eher ungewöhnlich – zunächst einmal gezwungen, etwas ausführlicher zu erläutern, worum es bei jener neuen Bindestrich-Soziologie überhaupt geht, welches ihr Gegenstand und ihre Ziele sind. Wie akademisch durchaus üblich, beginnen wir dabei mit einer – hier notwendig kurzen – Begriffsgeschichte.

1.1 Die Idee einer ‚Exosoziologie'

Das erste Mal taucht der Begriff ‚Exosoziologie' in der wissenschaftlichen Literatur wahrscheinlich in einem von dem russischen Radioastronomen S. A. Kaplan (1971) herausgegebenen Sammelband aus dem Jahr 1969[1] auf, der – auf Deutsch übersetzt – den Titel „Außerirdische Zivilisationen. Probleme der interstellaren Kommunikation" trägt. Die Kapitel des Bandes stammen aus der Feder von Astronomen, Mathematikern und Linguisten – ein Soziologe (eine Soziologin)

---

[1]Zitiert wird nach der uns vorliegenden englischen Übersetzung aus dem Jahre 1971, die die NASA erstellen ließ.

© Springer Fachmedien Wiesbaden GmbH, ein Teil von Springer Nature 2019
M. Schetsche und A. Anton, *Die Gesellschaft der Außerirdischen*,
https://doi.org/10.1007/978-3-658-21865-2_1

war nicht dabei. Trotzdem oder vielleicht gerade auch deshalb rückt der Herausgeber in seiner Einleitung zum Band den Begriff ‚Exosoziologie' an prominente Stelle. Er benennt damit *sämtliche* Bemühungen einer Suche nach den Signalen außerirdischer Zivilisationen – was für ihn drei zentrale Programmpunkte einschließt: 1) eine generelle Theorie der Entwicklung von Zivilisationen, die Folgerungen über menschliche Gesellschaften hinaus ermöglicht; 2) die Entwicklung von Strategien der Suche nach außerirdischen Zivilisationen; 3) linguistische Probleme der Entschlüsselung außerirdischer Botschaften. In einem Satz: Alles, was in der US-amerikanischen Forschungstradition (wir kommen später darauf zurück) als ‚SETI-Programmatik' bezeichnet wird, ist hier unter dem Begriff der Exosoziologie zusammengefasst. Den Terminus prägt Kaplan (1971, S. 2) dabei explizit in Anlehnung an die damals in der sowjetischen Forschung verwendete Bezeichnung ‚Exobiologie'[2]. Letztere stellt die Frage nach der Entstehung und Verbreitung von Leben außerhalb der Erde, die Exosoziologie hingegen fragt entsprechend nach der Entstehung und Verbreitung von *intelligentem* Leben – und nach der Möglichkeit oder auch Unmöglichkeit[3], mit extraterrestrischen Intelligenzen zu kommunizieren.

Offensichtlich ohne Kenntnis dieser sowjetischen Debatte (zumindest wird der Band von Kaplan mit keinem Wort erwähnt) wurde der Begriff der Exosoziologie mehr als zehn Jahre später erneut in die wissenschaftliche Diskussion eingebracht: Im November 1983 erschien in einer kleinen englischsprachigen Fachzeitschrift *(Free Inquiry in Creative Sociology)* der Aufsatz „Towards an Exo-Sociology. Construction of the Alien" des damals auf Hawaii lehrenden Soziologen Jan H. Mejer (1983). Ziel des Autors, über den heute nur noch wenig bekannt ist[4], war es, ein neues *Teilgebiet der Soziologie* zu etablieren, das sich

---

[2]Im englischsprachigen Raum hat sich heute hingegen der Begriff ‚Astrobiology' durchgesetzt (bis in die 1990er-Jahre hinein war teilweise auch von ‚Bioastronomy' die Rede).

[3]Im Gegensatz zur SETI-Forschung westlichen Typs ist die sowjetische Debatte, nicht zuletzt unter dem Einfluss von Linguisten wie B. V. Sukhotin, durch eine eher kritische Einschätzung der Verständigungsmöglichkeiten gekennzeichnet (wir werden in Kap. 4 darauf zurückkommen).

[4]Als sein Aufsatz zur Exosoziologie erschien, lehrte Jan Mejer an der *University of Hawai'i* (Hilo). Einige Jahre später ging er an das Whitman College im US-Bundesstaat Washington, wo er Ende der 1990er-Jahre verstarb. Am Whitman College lehrte Mejer, dessen soziologische Dissertation der „Theory of Disruptive Crisis" gewidmet war, primär im Bereich der sozialwissenschaftlichen Umweltforschung – dort gibt es bis heute zu seinen Ehren einen „Jan Mejer Award for Best Essay in Environmental Studies". (Wir danken Professor Alton Okinaka von der University of Hawai'i und Professor Keith Farrington vom

primär mit der Frage beschäftigen sollte, wie *Fremdheit* gesellschaftlich konstruiert wurde und wird – und was sich daraus zukünftig für unser Verständnis außerirdischer Zivilisationen ableiten ließe. Eine zentrale Rolle wies Mejer dabei der Untersuchung kultureller Wissensbestände über Mensch-Alien-Kontakte zu, wie man sie insbesondere in der Science Fiction findet. Er fragte außerdem, wie die menschliche Soziologie etwas über die Verfasstheit außerirdischer Gesellschaften in Erfahrung bringen könne, falls diese tatsächlich eines Tages entdeckt werden sollten. Von solchen Fragen versprach Mejer sich bereits *vor* der entsprechenden Entdeckung Impulse für eine Erneuerung des sozial- und kulturwissenschaftlichen Denkens.

Mejers Idee einer neuen soziologischen Bindestrich-Disziplin hat sich in dieser Form nie durchgesetzt, das von ihm formulierte Programm wurde – bis heute – nicht realisiert. Der Autor hatte Fragen gestellt, die zur damaligen Zeit von den meisten Sozialforschern und -forscherinnen als ebenso wissenschaftlich bedeutungslos wie intellektuell unergiebig angesehen wurden. Und seine Grundidee war, dies ist wohl der wichtigste Grund für das Scheitern dieser Initiative, zu Beginn der 1980er-Jahre gesellschaftspolitisch höchst unerwünscht (dazu gleich mehr). So gerieten die Thesen, Fragen und Ideen Mejers im Laufe der Zeit weitgehend in Vergessenheit.

Als einer der wenigen Nachfolger Mejers im Hinblick auf soziologisches Nachdenken über den Weltraum kann heute der US-amerikanische Soziologe Jim Pass mit seinem „Astrosociology Research Institute"[5] angesehen werden – ein Projekt, das sich allerdings deutlich irdischeren Fragen zuwendet, als sie damals von Mejer formuliert worden waren. Jim Pass hat offensichtlich aus dem Scheitern seines ideellen Vorgängers gelernt: Im Zentrum seiner Arbeit stehen Prozesse der gesellschaftlichen Organisation der Weltraumforschung, namentlich der bemannten Raumfahrt. Fragen nach den Chancen und Risiken des Kontakts der Menschheit mit außerirdischen Zivilisationen und die Antworten auf sie (seien sie literarischer oder wissenschaftlicher Art), bleiben hingegen Randthemen. Der visionäre Blick, der Mejers Projekt seinen Stempel aufdrückte, ist durch ein traditionelles wissenschaftssoziologisches Programm ersetzt – durch Fragen, die im

---

Withman College für ihre aufschlussreichen Auskünfte über das Wirken von Jan Mejer; persönliche Korrespondenz mit M. Schetsche).

[5]Siehe http://www.astrosociology.org/aboutARI.html.

deutschsprachigen Raum unter dem Stichwort der „Raumfahrtsoziologie" verhandelt werden (vgl. Spreen und Fischer 2014).

Die *eigentliche Aufgabe einer Exosoziologie*[6], wie sie von Jan Mejer, aber auch von den sowjetischen Forschern um Kaplan verstanden wurde, nämlich die Suche nach und die Erforschung von außerirdischen Zivilisationen, scheint hingegen zu einer kleinen Fußnote der Soziologiegeschichte verblasst, einer Fußnote, die bei all den irdischen Problemen, mit denen wir heute konfrontiert sind, kaum der Rede wert zu sein scheint. Trotzdem haben wir es uns zum Ziel gesetzt, diese Idee einer Exosoziologie dem Vergessen zu entreißen. Wir sind nämlich der festen Überzeugung, dass es eine ganze Reihe guter Gründe gibt – für die Soziologie, für die Wissenschaft, aber auch für die Gesellschaft insgesamt – sich nicht vorschnell von jenen Fragen zu verabschieden, die Kaplan und Mejer jeweils zu ihrer Zeit aufgeworfen hatten. Möglicherweise scheiterten die Autoren nicht, weil ihre Ideen unsinnig waren, sondern weil sie sie einfach zur falschen Zeit – man könnte auch sagen: viel zu früh – formuliert hatten. Wir wollen dies nur kurz am Beispiel der von uns sog. *hawaiianischen Initiative* erläutern.

Die Zeit, in der Mejers programmatischer Aufsatz erschien, war nicht nur die Hochzeit der sog. ‚neuen sozialen Bewegungen', die in allen westlichen Gesellschaften bisher ausgeblendete Themen sehr lautstark auf die gesellschaftspolitische Agenda beförderten (etwa ökologische Gefahren oder die in vielen Staaten herrschende strukturelle Gewalt), es war gleichzeitig das Ende der Phase einer zwar konkurrenzorientierten, aber primär doch friedlichen Erkundung des Weltraums. Im März 1983, ein halbes Jahr vor dem Erscheinen von Mejers Artikel, hatte der damalige US-Präsident Ronald Reagan seine Vision einer nachhaltigen Militarisierung des Weltraums verkündet, die später als „Krieg-der-Sterne-Programm" in die Geschichte eingehen sollte. Die Idee einer von wissenschaftlichen Interessen geleiteten Erforschung des Weltraums – einschließlich eines möglichen *friedlichen* Kontakts zu außerirdischen Zivilisationen – war, zumindest in den USA, durch militärstrategisches Denken konterkariert worden.[7]

---

[6]Unter dem Stichwort ‚Kosmosoziologie' wird ein durchaus ähnliches Programm im SF-Roman *Der dunkle Wald* des chinesischen Bestsellerautors Cixin Liu (2018; chinesisches Original 2008) verhandelt. Dort retten letztlich nur die Ergebnisse dieser Disziplin die Menschheit vor bösartigen außerirdischen Invasoren – etwas, was so wohl nur in der Science Fiction denkbar ist.

[7]Wobei nicht zu vergessen ist, dass Weltraumforschung, auch die bemannte, von ihren Anfängen an stets auch eine militär- und machtpolitische Dimension hatte – dies ist hier aber nicht das Thema (vgl. dazu Welck 1986; Schetsche 2005).

Anfang der 1980-Jahre sollte die zivile Weltraumforschung dem Primat der Weltraumwaffenforschung untergeordnet werden. Heute wissen wir, dass Reagens Pläne aus verschiedenen Gründen (nicht zuletzt auch aus technologischen) zum Scheitern verurteilt waren. Trotzdem vergiftete die destruktive Positionierung der US-Administration über viele Jahre hinweg die gesamte Weltraumforschung. In den (sich damals tendenziell noch als ‚gesellschaftskritisch' verstehenden) Sozialwissenschaften musste dies den Eindruck nur noch verstärken, dass die Beschäftigung mit ‚Außerirdischem' moralisch nur als Teil eines *kulturkritischen* Programms[8] zur Dekonstruktion gewaltbasierter Machtpolitiken und zur Entlarvung der Machenschaften des ‚militärisch-industriellen Komplexes' akzeptabel sei.

Während weite Teile der Kultur- und Sozialwissenschaften (wie hier eingeräumt werden muss: oftmals aus guten Gründen) bis heute an ihrem grundsätzlichen Verdikt gegen jede nicht von vornherein ideologiekritisch orientierte Beschäftigung mit dem Weltraum und der Weltraumforschung festgehalten haben, konnten sich die Grundpositionen, empirischen Befunde und auch die Visionen der naturwissenschaftlichen Weltraumforschung in vielerlei Hinsicht weiterentwickeln. Insbesondere hat sich im letzten Jahrzehnt auch die Frage nach außerirdischen Zivilisationen, die Mejer bewegte, vom fiktional-literarischen Denken emanzipiert und ist zu einem Thema wissenschaftlicher Debatten geworden. Nach verschiedenen Entdeckungen der Astrowissenschaften in den letzten drei Jahrzehnten (etwa hinsichtlich die Häufigkeit extrasolarer Planeten, der weiten Verbreitung von Lebensbausteinen im All oder der extremen Widerstandsfähigkeit irdischer Organismen) gehört die Idee von Leben außerhalb der Erde heute zum Mainstream-Denken in der (Natur-)Wissenschaft. In den USA hat sich gar mit der *Astrobiologie* ein neuer Forschungszweig etabliert, der nicht nur mit zahlreichen innovativen Programmen und Projekten die Öffentlichkeit und private wie staatliche Geldgeber auf sich aufmerksam macht, sondern auch eine zunehmende Anziehungskraft auf Nachbardisziplinen (wie die Molekularbiologie oder die Geologie) ausübt.

Auf diesen Kontext werden wir im Kap. 3 ausführlicher eingehen. Hier muss der Hinweis genügen, dass man in den Naturwissenschaften heute davon ausgeht, dass es in den Weiten des Universums nicht nur mit großer Wahrscheinlichkeit zahlreiche belebte Planeten gibt, sondern dass man bald Beweise für die

---

[8]Wir können dem an dieser Stelle nicht systematisch nachgehen, verweisen deshalb nur exemplarisch auf den Band von Günter Anders *Der Blick vom Mond* (1970), welcher der kulturwissenschaftlichen Raumfahrtkritik eine prominente Stimme gab.

Existenz jener „extraterrestrial intelligent societies", von denen Mejer sprach, finden könnte ... wenn man nur mit den richtigen Methoden danach suchte. Entsprechend dieser Annahme haben sich unter dem Stichwort SETI (= Search for Extraterrestrial Intelligence) immer neue Forschungsprogramme etabliert, die diesem Ziel verpflichtet sind: Sie wollen durch den Empfang von eindeutig künstlichen elektromagnetischen Signalen aus den Weiten des Universums den Beweis erbringen, dass es neben der Menschheit noch andere intelligente (und technisch fortgeschrittene) Zivilisationen gibt (vgl. Engelbrecht 2008; Zaun 2010, passim; Shuch 2011, passim).

Die Akteure der verschiedenen SETI-Kampagnen teilen dabei einen Korpus von wissenschaftlichen Grundüberzeugungen, den wir an anderer Stelle (Schetsche und Engelbrecht 2008) das „kosmische Kontakt-Paradigma" genannt haben. Es basiert auf einer Reihe von aufeinander aufbauenden Grundannahmen, die begründen (sollen), warum die Suche nach außerirdischen Intelligenzen wissenschaftlich sinnvoll ist. Auch wenn jene Annahmen erkenntnistheoretisch ausnahmslos prekär sind (weil sie empirisch allesamt auf dem einzigen bisher bekannten Fall der Entwicklung von Leben beruhen, nämlich dem der Erde selbst), treffen sie heute doch nicht nur bei Astrowissenschaftlern, sondern auch in der Scientific Community generell auf viel Zustimmung. Zumindest aber werden sie mit einem gewissen Wohlwollen betrachtet – auch wenn der Optimismus der aktiven SETI-Forscher (und einiger Forscherinnen) hinsichtlich eines schnellen Erfolges der Suche nicht immer geteilt wird.

1.2   Aufgaben und Ziele der Exosoziologie

Die gesellschaftlichen Rahmenbedingungen für eine im doppelten Sinne ergebnisoffene Beschäftigung mit dem und den Außerirdischen sind heute, wissenschaftshistorisch wie kulturell betrachtet, so günstig wie schon lange nicht mehr. Und wenn man ganz konkret nach wissenschaftlichen Gründen für eine ‚Re-Animierung' des Programms der Exosoziologie fragt, ließen sich mindestens vier Argumente anführen:

Erstens Es gibt gute astrophysikalische und astrobiologische Gründe für die Annahme, dass die Menschheit über kurz oder lang in Kontakt mit außerirdischen Zivilisationen kommen wird. Und aller Wahrscheinlichkeit nach werden diese Zivilisationen unserer menschlichen zumindest technisch weit überlegen sein (vgl. Shostak 1999, S. 121). Die Frage, was ein solcher Kontakt für unsere irdischen Gesellschaften bedeuten würde, ist lange Zeit von den SETI-Forschern selbst, aber auch in der Kultur- und Sozialwissenschaft schlicht ignoriert worden. Falls wir dem SETI-Kontakt-Paradigma auch nur eine gewisse Anfangsplausibilität zusprechen, wäre – angesichts der zunehmenden Zahl technisch elaborierter SETI-Projekte und ihrer aktiven Ableger[9] – *jetzt* der Zeitpunkt gekommen, sich ernsthaft mit den möglichen Folgen eines Mensch-Alien-Kontakts auseinanderzusetzen und im Rahmen sozialwissenschaftlicher Prognostik entsprechende Szenarien für einen ‚Fall der Fälle‘ zu entwickeln, der in den nächsten Jahrzehnten Realität werden *könnte*.

Da die Beschäftigung mit zwar vorstellbaren, aber noch nicht konkret absehbaren Ereignissen oder Entwicklungen in den letzten Jahrzehnten nicht gerade zum bevorzugten Arbeitsbereich der Soziologie gehört hat (vgl. die Diskussionen im Band von Hitzler und Pfadenhauer 2005), bedarf es allerdings zusätzlicher Argumente, um zu begründen, warum es sinnvoll ist, exosoziologische Fragen gerade heute wieder auf die wissenschaftliche Agenda zu setzen.

Zweitens Kaum ein anderes Thema weist uns stärker auf das komplexe Bedingungsgefüge zwischen realitätsbezogenem fiktionalem Denken in der Gegenwart hin als die Frage nach dem Verhältnis zwischen Menschen und Außerirdischen. Seit der Renaissance

> lieferte das fiktionale und spekulative Nachdenken über Mensch-Alien-Begegnungen zahllose wissenschaftlich verwertbare Ideen und Gedankenexperimente […] und machte dieses Thema im wissenschaftlichen Kontext (so etwa in Gestalt der SETI-Forschung) überhaupt erst denkbar und erforschbar. Auf der anderen Seite stellte die wissenschaftliche Weltraumforschung vielfältige Anregungen, Szenarien und Hintergrundinformationen für fiktionale Formate bereit: Die Beobachtung solarer und extrasolarer Planeten, Theorien zur Entstehung und Verbreitung von Leben und so weiter (Schetsche und Engelbrecht 2008, S. 267).

Die Themen der neu ins wissenschaftliche Spiel gebrachten Exosoziologie stellen mithin einen idealen (gedanklichen) Experimentierraum für die Untersuchung der Wechselwirkungen zwischen dem realitätsbezogenen und dem künstlerisch-literarischen Denken unserer Epoche dar (vgl. Grazier und Cass 2015). Hier werden nicht nur verschiedene Prozesse der „gesellschaftlichen

---

[9]Unter dem Akronym METI (= Messaging to Extra-Terrestrial Intelligence) werden seit Jahren Versuche unternommen, durch eigene Radiobotschaften Außerirdische auf die Erde bzw. die Existenz der Menschheit aufmerksam zu machen – wir gehen auf diese unseres Erachtens höchst problematischen Experimente in Kap. 6 näher ein.

Konstruktion von Wirklichkeit" (Berger und Luckmann 1966) besonders augenfällig, sondern es treten uns auch die mannigfachen Varianten von Dokumenten (und Denkformen) mit *hybridem Realitätsstatus* entgegen, die heute die Massen- und Netzwerkmedien mehr und mehr dominieren. Eine Beschäftigung mit dem ‚Mensch-Alien-Problem' ist gleichzeitig immer auch eine Beschäftigung mit der Frage, was in unserer Gesellschaft als Realität gilt und was eben nicht. (Am augenfälligsten wird dies sicherlich in der sog. UFO-Frage, die wissenschaftlich alles andere als trivial ist – wir gehen in Kap. 11 darauf ein).

Drittens Die theoretische Beschäftigung mit dem Außerirdischen als Musterbeispiel eines ‚maximal Fremden' (siehe Schetsche 2004; Schetsche et al. 2009) kann sich als Schlüsselfrage der – gesellschaftspolitisch dringend notwendigen – Fremdheits- und Xenophobie-Forschung erweisen. Hier stellt sich eine ganze Reihe von wissenschaftlich wie sozialethisch bedeutsamen Fragen: Wie vermag Kommunikation sprachliche und kulturelle Grenzen zu überschreiten? Wie können wir uns in ein Gegenüber mit anderen Weltbildern oder abweichenden Modi der Weltwahrnehmung hineindenken? Mit welchen Missverständnissen bei der Kommunikation mit Fremden ist zu rechnen? Wie lassen diese sich gegebenenfalls vermeiden? Und natürlich auch noch grundsätzlicher: Wie fremdartig darf ein Wesen sein, damit wir es als gleichberechtigt betrachten – und ihm etwa den Rechtsstatus einer Person zubilligen? Gerade die letzte, ethisch äußerst schwerwiegende Frage, provoziert notwendig gesellschaftliche, moralische und wissenschaftliche Diskussionen über die Bestimmung von Grenzen – etwa die von Menschenrechten. Von welchem Zeitpunkt an gelten sie für den Fötus? Bis wann für Sterbende? Unter welchen Voraussetzungen für Menschenaffen? Und wann kann ein KI-gesteuerter Roboter sie in Anspruch nehmen? Das heute noch fiktionale Beispiel des Aliens hilft hier, uns über die Definition intelligenten (und deshalb nach den bislang dominierenden ethischen Standards besonders schützenswerten) Lebens grundlegend Gedanken zu machen: Was macht überhaupt ein intelligentes Lebewesen aus? Planvolles und intentionales Handeln? (Was bedeutet es hier, wenn ein Lebewesen handlungsunfähig ist?) Oder die Existenz eines selbstreflexiven Bewusstseins? (Was heißt dies für Koma-Patienten?) Vielleicht auch das Vorhandensein einer bei Menschen üblichen Persönlichkeit oder einer bestimmten Intelligenz? Wer stellt dies mit welchen Mitteln fest? Alles Fragen, bei denen uns die exosoziologischen Gedankenexperimente weiterhelfen, weil sie uns ermöglichen, nach Antworten auf diese und ähnliche Fragen auch jenseits des Horizonts vermeintlicher Alltagsgewissheiten zu suchen. Die theoretische Beschäftigung mit Außerirdischen kann damit auch ganz praktisch zum Prüfstein für irdische Moralurteile werden.

Viertens schließlich Ein Grundproblem, mit dem sich jede vergleichende Kultur- und Sozialforschung immer wieder konfrontiert sieht, ist die Frage nach der Bedeutung anthropologischer Konstanten für die Ausbildung und Selbststrukturierung von Gesellschaften. Dies korrespondiert unmittelbar mit der (auch gesellschaftspolitisch) höchst strittigen Frage nach dem Wechselspiel von biologischen Anlagen und sozialisatorischen Einflüssen bei der Entwicklung des Individuums wie ganzer Kulturen (vgl. Neyer und Spinath 2008). Diese Frage ist bis heute auch deshalb nicht befriedigend beantwortet, weil alle Experimente, Untersuchungen und theoretischen Entwürfe – wenn wir einmal einige Grenzformen bei den anderen Primaten außer Acht lassen – auf der Untersuchung einer einzigen kulturbildenden Spezies beruhen, unserer eigenen Art nämlich. Auf der schmalen Basis von N = 1 lässt sich zwischen manchen konkurrierenden Hypothesen schlicht nicht entscheiden. Dies betrifft nicht nur die Frage nach dem Verhältnis von biologischen und soziologischen Faktoren der Kulturentwicklung, sondern ebenso eine ganze Reihe anderer Probleme der vergleichenden Kulturforschung (etwa die nach der generellen Rolle spezifischer Umweltfaktoren, nach der Bedeutung von Sinneswahrnehmungen für die Ausbildung von Intelligenz oder nach der Notwendigkeit eines angeborenen kategorialen oder zumindest präkategorialen Apparats – letzterer wird seit Kant philosophisch und erkenntnistheoretisch dauerhaft diskutiert). Alle diese Fragenkomplexe werden schon heute auf Basis fiktional-hypothetischer Fälle (wie die Science Fiction sie liefert) kulturell nachdrücklich thematisiert (wir widmen uns diesem Aspekt in Kap. 2) – ein Realkontakt mit einer außerirdischen Kultur würde gänzlich neue Antwortmöglichkeiten am Horizont erscheinen lassen und dieses Ereignis würde auch zahlreiche neue Fragestellungen generieren. Nicht nur für eine sich spätestens dann gezwungenermaßen etablierende Exosoziologie.

1.3 Die zwei Säulen der Exosoziologie

Wenn man versuchte, eine solche neue Bindestrich-Soziologie zu etablieren, würde sie ihren Weg in die wissenschaftliche Welt wohl mit zwei Beinen und einem Krückstock beginnen. Der Krückstock wäre die gleichermaßen benachbarte wie konkurrierende Raumfahrtsoziologie (oder ‚Astrosoziologie' im Sinne von Jim Pass) – dem wollen wir an dieser Stelle nicht weiter nachgehen.[10]

---

[10]Zur Einführung in die Raumfahrtsoziologie siehe Marsiske (2005) sowie den aktuellen Band von Spreen und Fischer (2014).

Die beiden Beine jedoch, die unsere neue Disziplin dringend benötigt, um ins Laufen zu kommen, sind einerseits die *Soziologie der Fremdheit* und andererseits die *wissenschaftliche Zukunftsforschung.* Beginnen wir mit Letzterer.

1.3.1 Die Exosoziologie als temporärer Teilbereich der Futurologie

Die Exosoziologie ist nicht per se, aber doch heute und auf unabsehbare Zeit eine primär *futurologische Disziplin.* Dies hängt damit zusammen, dass wir bisher noch keine außerirdische Zivilisation entdeckt haben[11], bei der wir fragen können: Wie ist diese Zivilisation organisiert, wie können wir mit ihr ins ‚Gespräch' kommen (was immer das hier heißen mag) und welche Auswirkungen hätte diese Entdeckung auf unsere menschliche Zivilisation? *Vor* dem tatsächlichen Erstkontakt mit Außerirdischen steht dieser letztgenannte Punkt zweifellos im Zentrum des exosoziologischen Interesses, stellt sicherlich nicht ihre einzige, aber wahrscheinlich doch deren wichtigste Frage dar. Wie diese Frage futurologisch beantwortet werden kann, schauen wir uns im 7 (methodische Vorüberlegungen) und 8 (eine multiple Szenarioanalyse des Erstkontakts) Kapitel dieses Buches ausführlich an. An dieser Stelle reicht eine kurze Skizze, in welchen futurologischen Kontext eine solche Fragestellung eingebettet ist. Beginnen wir dazu mit einigen allgemeinen Hinweisen zur Geschichte der Futurologie als sozialwissenschaftliche Disziplin.

Eine der Fähigkeiten des Menschen, die ihn von den meisten Tieren (wie Hasen, Heuschrecken und Hummern – bei Menschenaffen, Delfinen und Krähenvögeln hingegen sind wir uns forschungsstandbedingt unsicher[12]) unterscheidet, ist die Möglichkeit, sich ein Bild von der möglichen Zukunft zu machen und entsprechende Handlungspläne zu entwickeln. Damit korrespondiert der innigliche Wunsch, sichere Kenntnisse über die Zukunft zu erlangen. Diesen Wunsch offenbaren die seit Jahrtausenden in fast allen Kulturen entwickelten und praktizierten Divinationsverfahren: Weissagung, Prophezeiung, Zukunftsschau – sei es mithilfe der Eingeweide von Ziegen, mittels psychoaktiver Substanzen oder

---

[11]Gegenteilige Annahmen in der Laienforschung, namentlich im Kontext der sog. Paläo-SETI-Tradition, diskutieren wir in Kap. 11.

[12]Siehe etwa die Beiträge in Wirth et al. (2016).

mit Runensteinen (siehe hierzu exemplarisch Hogrebe 2005; von Stuckrad 2007; Maul 2013).

An solche Verfahren und Erfahrungen der Vormoderne schließen in der Moderne Versuche der Philosophie und Wissenschaft an, die Zukunft mit ihren Methoden mehr oder weniger sicher zu prognostizieren. Dies beginnt mit den Utopien der Renaissance, die aber meist noch eine Mischung von Voraussage und Wunschbild darstellen. Vielfach bleibt argumentativ unklar: *Wird* die Zukunft so wie geschildert aussehen – oder *soll* sie so werden? Eine solche Verknüpfung findet sich auch, allerdings deutlich stärker handlungsleitend, in der marxistischen Theorie und Utopie seit Mitte des 19. Jahrhunderts: Der Sozialismus kommt – so die sichere Prognose, aber er „kommt nicht wie das Morgenrot nach durchschlafener Nacht" (wie Bertolt Brecht anmerkte). Mit anderen Worten: Er ist eine erstrebenswerte Möglichkeit, ob diese aber Realität wird oder nicht, hängt von den Handlungen bestimmter Akteure ab. Diese Variante des Denkens über die Zukunft geht deutlicher in Richtung der wissenschaftlichen Zukunftsforschung, wie wir sie heute kennen.

Die im engeren Sinne wissenschaftliche, weil auf empirischen Daten der Vergangenheit, Theorien zur Entwicklung von Kulturen und wissenschaftlichen Methoden der Fortschreibung von Zeitreihen und anderem mehr basierende *Zukunftsforschung* entstand in der Mitte des 20. Jahrhunderts. Insbesondere in den USA wurden hierzu Methoden wie Spieltheorie, mathematische Modellbildung, Kybernetik, Simulationstechniken, Delphi-Methode, Szenariotechnik und etliches mehr entwickelt. Eine zentrale Rolle spielten und spielen dabei in den USA bis heute sog. ,think tanks' im Umfeld des militärisch-industriell-politischen Komplexes. Es ging und geht um Prognosen zur Entwicklungen der eigenen sowie fremder Gesellschaft(en) vor dem Hintergrund machtstrategischer, oftmals direkt militärpolitischer Erwägungen (vgl. Graf 2003; Kreibich 2006).

Aber es gibt auch eine völlig andere Tradition der Zukunftsforschung: Bereits in den 1940er-Jahren fragte der von den Nazis aus Deutschland vertriebene Politikwissenschaftler Ossip K. Flechtheim als überzeugter Pazifist nach der Möglichkeit, durch eine systematische Prognose möglicher zukünftiger Entwicklungen, gesellschaftliche, politische und militärische Konflikte vorherzusehen – und die Realisierung einer solchen Wirklichkeit durch rechtzeitiges politisches Handeln abzuwenden. Also Zukunftsforschung zur Vermeidung von Kriegen, nicht um sie per ,war games' führ - und gewinnbar zu machen. Flechtheim prägte auch den Begriff der Futurologie als der Lehre von den *möglichen Zukünften*. Diese Tradition der Zukunftsforschung erlebte ihre Blüte in den 1970er-Jahren. In dieser Zeit erschienen innerhalb weniger Jahre drei Bände, die bis heute als traditionsbildende Klassiker dieses nicht-militaristischen Stranges der Zukunftsforschung angesehen werden müssen. Es begann im Jahre 1970 mit der ersten Auflage von Ossip K. Flechtheims *Futurologie* (1970). Der Untertitel *Der Kampf um die Zukunft* macht bereits die wesentliche Stoßrichtung des Bandes deutlich: Es geht nicht nur darum, zu prognostizieren, was die Zukunft bringen könnte, sondern auch darum, sich für eine der möglichen Zukünfte zu entscheiden – und dann politisch für deren Realisierung zu kämpfen. Drei Jahre später (1973) erschien *Der Jahrtausendmensch* von Robert Jungk. Der Autor, ein studierter Philosoph, musste wie Flechtheim Mitte der 1930er-Jahre aus Deutschland fliehen. In der Schweiz arbeitete er die Kriegsjahre hindurch als Journalist, war dann als Auslandskorrespondent an vielen Orten der Welt tätig und siedelte schließlich nach Österreich über. Dort begann er sich Ende der 1950er-Jahre, mit der Frage der Prognose und Planung des Zukünftigen zu beschäftigen, insbesondere mit dem Problem der ‚Erringung‘ einer *menschenwürdigen Zukunft* für alle.[13] Fast genau zwischen diesen beiden Bänden erschien Anfang 1972 das Buch, von dem letztlich wohl die stärksten Impulse für die heutige Zukunftsforschung, aber auch für das gesamte neue, nämlich ökologische Denken in Politik und Gesellschaft ausgegangen sind: Dennis Meadows *Die Grenzen des Wachstums* (1972). Der Autor fungierte dabei lediglich stellvertretend für den 1968 von Intellektuellen, Wissenschaftlern und Humanisten gegründeten *Club of Rome,* der sich zum Ziel gesetzt hat, die im weitesten Sinne ökologischen Menschheitsprobleme zu ergründen und Vorschläge für deren Lösung zu unterbreiten. Die Besonderheit dieses Bandes liegt auf den ersten Blick darin, dass mathematische Modelle zur Extrapolation von Zeitreihen hier erstmals exzessiv auf *globale* Entwicklungen angewendet werden: Weltbevölkerung, Energiequellen und Rohstoffe, Nahrungsmittel, Umweltverschmutzung. Erst auf den zweiten Blick jedoch zeigt sich, was die wirkliche Sprengpotenz dieses Bandes ausgemacht und ihn zu einem der Auslöser der sog. ökologischen Revolution werden ließ: die Kritik an der ökonomischen Wachstumslogik und die Einführung eines alternativen Kreislauf- und Gleichgewichtsgedankens. Wir haben das alles hier vergleichsweise ausführlich berichtet, weil dies genau die Tradition ist,[14] welche

---

[13]Jungk war einer der Vordenker der Friedens- und Ökologiebewegung. Sein Buch *Der Atomstaat* (1977) prägte den Kampf gegen die Nutzung der Kernenergie über Jahre hinweg.

[14]In diesen Kontext gehört auch, dass der praktische Arbeitsschwerpunkt von Jan Mejer an der Universität in Hawaii die Katastrophenforschung war (persönliches Kommunikat seines ehemaligen Kollegen, Professor Alton M. Okinaka – E-Mail an M. Schetsche vom 21.11.2017).

die Exosoziologie als Teilbereich der Futurologie explizit für sich reklamiert: durch ihre Prognosen Schaden eben nicht primär von einzelnen Nationalstaaten, sondern von der Menschheit als solcher abzuwenden.

Für die Zukunftsforschung hat die Arbeit des Club of Rome zunächst einen Schub neuer, rechnergestützter Verfahren gebracht – und damit einen wesentlichen methodischen Fortschritt in der *quantitativen* Prognostik. Praktisch alle später implementierten computergestützten ‚Weltmodelle' gehen auf die hier entwickelten Methoden zurück. Darüber hinaus hebt das Buch, dies ist für unseren Zusammenhang besonders wichtig, die Bedeutung der Analyse *alternativer Szenarien* hervor, eine Idee, von der die quantitative wie die qualitative Zukunftsforschung bis heute entscheidend geprägt ist. Seit den 1970er-Jahren prognostiziert die Zukunftsforschung regelmäßig nicht mehr nur eine, sondern *mehrere mögliche Zukünfte* – und versucht anzugeben, unter welchen Bedingungen die eine und unter welchen die andere Möglichkeit zur Realität werden könnte.

An diesen letzten Punkt schließen wir in den Kap. 7 und 8 dieses Buches unmittelbar an. Die wichtigste *aktuelle Leitfrage der Exosoziologie* lautet nach unserer Überzeugung: Was würde sich für die irdischen Gesellschaften ändern, wenn wir das sichere Wissen erlangen würden, dass die Menschheit als intelligente Spezies nicht allein im Universum ist? Dies ist, da das Ereignis des sog. ‚Erstkontakts' noch nicht stattgefunden hat, zunächst noch eine *hypothetische* Frage – und damit eine, wie sie in der Zukunftsforschung immer wieder gestellt wird. Im Rahmen einer futurologischen Programmatik stellt jener Erstkontakt ein sog. *Wild Card-Ereignis* dar. Solche Ereignisse zeichnen sich dadurch aus, dass die Wahrscheinlichkeit ihres Eintritts zwar gering ist, sie im Falle des Falles aber zu erheblichen Auswirkungen führen, die einzelne oder eine Vielzahl von Subsystemen der Gesellschaft massiv betreffen dürfte (siehe Steinmüller und Steinmüller 2004, passim). Für den Erstkontakt würde mit Sicherheit gelten, was das Autorenpaar Steinmüller über die Folgen vieler globaler[15] Wild Cards geschrieben hat: Ihre Auswirkungen „nehmen bisweilen eine geradezu fatale

---

[15]Der Erstkontakt mit einer außerirdischen Zivilisation stellt in der informationstechnisch vernetzten Welt zweifellos ein globales Ereignis mit entsprechenden Wirkungen dar. Ein solcher Kontakt in historischer Zeit, namentlich in der menschlichen Vor- oder Frühgeschichte, könnte hingegen durchaus als lokales Ereignis konzipiert werden, von dem nur die Bevölkerung einer eng begrenzten Region betroffen ist (dies ist Thema der Paläo-SETI-Forschung, mit der wir uns in Kap. 11 auseinandersetzen).

Dimension an" (S. 38), sie haben „die Macht, Schockwellen von Veränderungen auszulösen" (S. 13). Zu all dem mehr in Kap. 7 dieses Buches. Entscheidend ist an dieser Stelle, dass die Exosoziologie mit ihrer Frage nach dem ‚Was wäre, wenn' nicht nur paradigmatisch in der Tradition der wissenschaftlichen Zukunftsforschung steht, sondern sich auch methodologisch und methodisch gänzlich in deren Rahmen bewegt – konkret in Form der *Szenarioanalyse* (manchmal auch Szenariotechnik genannt), die eine der wichtigsten Methoden der gegenwärtigen Futurologie darstellt (so Kosow und Gaßner 2008). Das Kap. 8 dieses Buches berichtet ausführlich über die Ergebnisse einer solchen, von uns durchgeführten Szenarioanalyse die möglichen Folgen der Konfrontation der Menschheit mit einer außerirdischen Zivilisation betreffend.

1.3.2 Exosoziologie als Teilbereich einer Soziologie der Fremdheit

Das zweite Stand- und, was noch wichtiger ist, Laufbein der von uns projektierten Exosoziologie ist die *Soziologie der Fremdheit,* nicht nur, aber gerade auch in Form des vor Jahren von einem von uns formulierten theoretischen Konzepts des *maximal Fremden* (Schetsche 2004; Schetsche et al. 2009) Wir können das Konzept an dieser Stelle nicht ausführlich vorstellen, sondern nur ganz grob skizzieren.

Der Fremde (im Sinne von: fremder Mensch) wird in den Sozial- und Kulturwissenschaften bis heute regelmäßig doppelt bestimmt: Der Fremde im sozialen (oder alltäglichen) Sinn ist derjenige, der mir persönlich nicht bekannt ist bzw. nicht zu meiner sozialen Gruppe gehört. Der Fremde im kulturellen (oder strukturellen) Sinn hingegen ist derjenige, mit dem ich die mein Weltbild bestimmenden Gewissheiten *nicht* teile. In seiner Untersuchung zur *Topographie des Fremden* scheint Bernhard Waldenfels eine zusätzliche, stärker grenzwertige Stufe einzuführen: die „radikale Fremdheit". Bei genauerer Betrachtung zeigt sich jedoch, dass diese Kategorie nicht auf ein personales Gegenüber, sondern auf Grenzphänomene der menschlichen Existenz ausgerichtet ist, etwa auf „Eros, Rausch, Schlaf oder Tod" (Waldenfels 1997, S. 37). Der Autor adressiert hier Erfahrungen, die zwar den alltäglichen Sinnhorizont des Menschen überschreiten, dabei aber doch zum Bereich menschlicher Erfahrungen gehören. Wenn der Bereich der menschlichen Lebenswelt hingegen verlassen wird, haben wir es laut Waldenfels mit dem „schlechthin Fremden" zu tun, das von den Kultur- und Sozialwissenschaften schlicht nicht untersucht werden kann.

Als historischer Gewährsmann einer solchen wissenschaftlichen *Exkludierung* könnte Georg Simmel dienen. In seinem klassischen Exkurs über den Fremden aus dem Jahre 1908 stellte er recht apodiktisch fest: „Die Bewohner des Sirius sind uns nicht eigentlich fremd – dies wenigstens nicht in dem soziologisch in Betracht kommenden Sinne des Wortes –, *sondern sie existieren überhaupt nicht für uns,* sie stehen jenseits von Fern und Nah" (Simmel 1958, S. 509; Hervorhebung durch die Autoren). Eine solche Beschränkung des Nachdenkens auf den Menschen, die – auch ganz praktisch – den Ausschluss aller Typen von ‚Nichtmenschen' aus der wissenschaftlichen Analyse bedeutet, kann bis heute als paradigmatisch für die kultur- und sozialwissenschaftliche Theoriebildung gelten.[16] Die Grenzlinie dieses herkömmlichen soziologischen Fremdheitskonzepts zeichnet Vossenkuhl (1990, S. 109) nach:

> Wenn ich das Fremde an mir selbst erkenne, werde ich der Fremdheit des Anderen gegenüber wohl offener sein. Aber diese Offenheit und die Achtung vor dem Fremden sind nicht hinreichend für das Verstehen des Fremden. Wenn ich meine Fremdheit verstanden habe, muss ich noch nicht die des Anderen oder einer anderen Kultur verstanden haben. Ich kann mich im Gegenteil täuschen und unkritisch die Fremderfahrung mit mir selbst auf den Anderen und seine Fremdheit projizieren. Die Komplementthese legt eine solche Projektion nahe, schließt sie zumindest nicht aus. [...] Wir begegnen hier einer Variante des Problems des Fremdpsychischen: was berechtigt uns, dem Anderen zu unterstellen, er empfinde und denke über beliebige Dinge und Ereignisse wie wir; und was berechtigt uns anzunehmen, unser Verständnis des fremden Anderen sei mit dessen Selbstverständnis identisch?

Und dies, so ist hinzuzufügen, gilt umso mehr, wenn es sich um ein *nonhumanes Gegenüber* handelt. Die für die soziologische Handlungstheorie konstitutive Alteritätshypothese (siehe Knoblauch und Schnettler 2004) kommt hier an ihre Grenze, ja, sie muss von vornherein scheitern (vgl. Schetsche et al. 2009, S. 475–478). In diesem Sinne nähert sich die Kategorie des maximal Fremden dem ganz am Ende des Kontinuums der Vertrautheit stehenden „Grenzfall der definitiven Unverstehbarkeit" (Münkler und Ladwig 1997) asymptotisch an, ohne diesen

---

[16]Es gibt allerdings Ausnahmen. So entfaltet Justin Stagl (1981, S. 279) seine Argumentation explizit in Abgrenzung zu Simmels programmatischem Hinweis auf die „Bewohner des Sirius". Der Untersuchungsauftrag der Wissenschaft hinsichtlich der Möglichkeiten und Grenzen von Interaktion bzw. Kommunikation gilt für ihn ausdrücklich für „alle Menschen bzw. für alle vernünftigen Wesen" (S. 279) – auch wenn im Text nicht darauf eingegangen wird, um was für „vernünftige Wesen" jenseits des Menschen es sich handeln könnte (vgl. hierzu auch Stichweh 1997, S. 165).

jedoch zu erreichen. Erst jenseits dieser Grenzlinie verwandelt sich der Fremde in *das* Fremde (vgl. Stagl 1997, S. 86), dem kein Status eines Akteurs zugesprochen werden kann. Zwischen dem äußersten Limes kultureller Fremdheit und diesem Grenzpunkt jedoch haben wir es, so unsere damalige Ausgangsthese, mit *dem maximal Fremden* zu tun.

Ganz abstrakt gesprochen: Der ‚maximal Fremde' benennt kategorial ein Gegenüber, das gemäß der Situationsdefinition der beteiligten menschlichen Akteure[17] nichtmenschlich ist, aber trotzdem in seinem Subjektstatus akzeptiert und als wenigstens potenziell gleichwertiger Interaktionspartner adressiert wird. Als maximal Fremder erscheint dabei eine abgrenzbare und zumindest potenziell identifizierbare Wesenheit (Entität), die – aus menschlicher Warte – über a) eine partielle Kompatibilität von Sinnes- und Kommunikationskanälen, b) eine zumindest rudimentäre Denk- und Entscheidungsinstanz, c) irgendeine Form von Selbstbewusstsein, d) intentionale Handlungsmöglichkeiten sowie e) prinzipielle Kommunikationswilligkeit verfügt. Dabei kann das Ausmaß der tatsächlichen Interaktionen des Menschen mit dem maximal Fremden stark schwanken, außerdem können die vielen Qualitäten des Gegenübers zunächst oder sogar dauerhaft ungewiss bleiben (vgl. Stagl 1981, S. 279; Stichweh 1997, S. 165). Empirisch gewendet, gehören zu jenen maximal Fremden all jene nichtmenschlichen Wesen, mit denen Interaktionen stattfinden können, oder doch zumindest (wenn vielleicht auch nur hypothetisch) möglich erscheinen: Haus-, Nutz- und Wildtiere, Götter, Engel und Dämonen, Künstliche Intelligenzen jeglicher Art, seien sie inkorporiert oder auch nicht – und eben jene extraterrestrischen Intelligenzen, um die es uns in diesem Band geht.

Festzuhalten bleibt hier, dass mit der Kategorie des maximal Fremden der äußerste Bereich dessen markiert ist, was in als sozial definierten Situationen als kommunikatives Gegenüber und Interaktionspartner denkbar und handlungspraktisch realisierbar ist. Ein Zusammentreffen unter Beteiligung eines oder mehrerer solcher maximal Fremden konstituiert sich als kommunikative Grenzsituation, in der ein Großteil jener Gewissheiten entfällt, die wir bei allen Inter-

---

[17]Hier wird davon ausgegangen, dass der ontologische wie der kommunikative Status der jeweiligen Akteure situativ (also ‚lebensweltlich') von den Beteiligten festgelegt und erst dann in der wissenschaftlichen Beobachtung reproduziert wird. Wenn der wissenschaftliche Beobachter selbst ein Mensch ist, wird die lebensweltliche Referenz seiner Rekonstruktionen die Situationsdefinition der beteiligten menschlichen Akteure sein – nicht zuletzt deshalb, weil die entsprechenden Definitionen der nichtmenschlichen Beteiligten ihm vorgängig nicht zugänglich sein werden.

aktionen unter Menschen fraglos zugrunde legen (können). Die folgende Liste
(wir entnehmen sie leicht verändert Schetsche et al. 2009) solcher, anthropo-
logisch mit vollem Recht unterstellbaren Grundbedingungen menschlicher Inter-
aktionsfähigkeit, markiert die Problemlinien einer Interaktion mit dem maximal
Fremden. Diese Grundannahmen müssen in jedem konkreten Einzelfall – wie
etwa dem Zusammentreffen mit einer außerirdischen Intelligenz – vorab kritisch
hinterfragt werden:

1. die biologische Herkunft und Leiblichkeit mit einem entsprechend umwelt-
   angepassten Wahrnehmungsapparat;[18]
2. die Existenz lebensnotwendiger körperlicher Bedürfnisse (Essen, Trinken,
   Schlafen usw.);
3. die Kompatibilität von Sinnes- und Kommunikationskanälen sowie der spezifischen Umweltrepräsentation und Modi der Weltwahrnehmung;
4. eine kommensurable Fähigkeit zur Gestaltwahrnehmung in räumlicher und
   raumzeitlicher Hinsicht sowie ein ähnliches zeitliches Auflösungsvermögen
   des Wahrnehmungsapparates;
5. die Tatsache von Natalität und Mortalität sowie das Wissen darum;
6. eine ‚soziale Natur‘, also die Abhängigkeit von anderen Wesen der gleichen Art sowie die mit ihr notwendig einhergehende grundsätzliche
   Kommunikationsfähigkeit und Kommunikationsbereitschaft;
7. eine Weltoffenheit aufgrund der Entbundenheit von biologisch vorgegebenen
   ‚Denk- und Handlungsprogrammen‘;
8. konkretes wie abstraktes Wissen über die Grenze zwischen dem Selbst und
   dem Anderen einschließlich der Existenz eines entsprechenden Ichgefühls;
9. die Fähigkeit zur Selbstauslegung bzw. Selbstreflexivität.

Die Aufzählung macht aus exosoziologischer Sicht die zentralen Vorannahmen
jeder Beschäftigung mit außerirdischen Intelligenzen deutlich: *Außerirdische
sind maximal Fremde,* bei denen ein Großteil jener Grundgewissheiten entfällt,
die wir bei der Interaktion mit menschlichen Wesen fraglos unterstellen dürfen.
Im Kontakt mit einer fremden Intelligenz stellen sie *unzulässige und vermeidbare*
anthropozentrische Vorannahmen dar, die bestenfalls dazu führen, dass wir das
Gegenüber nicht verstehen, schlimmstenfalls jedoch Missverständnisse generie-

---

[18]Wir werden im Kap. 10 die Frage stellen, ob es nicht viel wahrscheinlicher ist, dass wir
eines Tages mit einer postbiologischen ‚Maschinenzivilisation‘ konfrontiert sein werden.

ren, die sich als höchst verhängnisvoll für alle Beteiligten erweisen können. (Wie solche Vorannahmen in die traditionelle SETI-Forschung einfließen und deren Arbeit erschweren, untersuchen wir in Kap. 4).

1.4 Zusammenfassung

Am Ende dieser Einleitung wollen wir dies nicht verschweigen: Die Frage ist nur allzu berechtigt, ob angesichts der zahlreichen irdischen Probleme, die gegenwärtig soziologische Aufmerksamkeit erfordern, bereits *vor* einem tatsächlichen Kontakt mit einer außerirdischen Zivilisation gedankliche oder gar materielle Ressourcen für exosoziologische Überlegungen, Studien und Experimente aufgewendet werden sollten. Mejer mochte dies zu seiner Zeit ganz eindeutig bejahen – nicht zuletzt mit dem Hinweis auf die den Denkhorizont erweiternde Kraft des Nachdenkens über das prinzipiell Mögliche. Unseres Erachtens ist es jedoch insbesondere das in den letzten zwanzig Jahren erlangte Wissen über die Beschaffenheit des Universums, in dem wir leben, das für ein solches professionelles Experiment genau zum jetzigen Zeitpunkt spricht: Wir wissen heute, dass unsere kosmische Umgebung nur so von Orten wimmelt, die potenziell lebensfreundlich sind – und dass zumindest auf der Erde das erste Leben fast unmittelbar entstanden war, als die äußeren (physikalischen und chemischen) Bedingungen dies erlaubten. (Wir gehen auf diese Fragen in Kap. 3 ausführlich ein.) Kein Mensch weiß heute mit Sicherheit zu sagen, ob auch außerhalb der Erde Leben entstanden ist – und erst recht nicht, ob sich in den Weiten des Weltalls andere intelligente Wesen entwickelt haben. Es gibt aber absolut keinen Grund dafür, diese Möglichkeit auszuschließen. Und angesichts der schier unfassbaren Größe des Universums scheint es (nicht nur uns) sehr wahrscheinlich, dass neben der irdischen Zivilisation eine Vielzahl höchst fremdartiger Zivilisationen existiert. Und je mehr wir über das Universum wissen und je weiter wir durch eigene Forschungsaktivitäten in den Kosmos vordringen, desto wahrscheinlicher wird es auch, dass wir mit jenen Zivilisationen, ihren Signalen oder Hinterlassenschaften konfrontiert werden.

Aus diesen Gründen erscheint es uns sinnvoll, heute, fast 35 Jahre nach der zukunftsweisenden Skizze von Jan Mejer, eine erneuerte Programmatik für die Exosoziologie vorzulegen. Diese Subdisziplin am Kreuzungspunkt von Futurologie und Fremdheitsforschung sollte sich, vor dem Hintergrund der aktuellen Entwicklungen und erwartbaren zukünftigen Tendenzen bei der Erforschung des Weltraums, auf fünf zentrale Themenfelder bzw. Leitfragen konzentrieren:

1. *Die kritische Begleitung der naturwissenschaftlichen Suche nach Außerirdischen:* Wie sind die Vorannahmen der heutigen SETI-, SETA- und METI-Projekte aus soziologischer Perspektive einzuschätzen und welchen Beitrag können die Sozialwissenschaften generell zur Weiterentwicklung solcher Forschungsprogramme leisten?

2. *Interspezies-Futurologie:* Welches wären die prognostizierbaren Folgen (die kulturellen und religiösen, die politischen und ökonomischen) eines Zusammentreffens der Menschheit mit einer außerirdischen Zivilisation? Die Beantwortung dieser Frage geht mit der Weiterentwicklung der futurologischen Methoden einher, insbesondere, was die Analyse von Wild Card-Ereignissen angeht.

3. *Konkurrierende Realitätsebenen:* Welcher Zusammenhang besteht zwischen wissenschaftlichem und fiktionalem Nachdenken über die Stellung des Menschen im Kosmos und insbesondere über das Verhältnis zwischen der irdischen und den außerirdischen Zivilisationen?

4. *Fremdheits- und Xenophobie-Forschung:* Wie wird Fremdheit heute kulturell konstruiert und welches sind die sozialen und ethischen Folgen der jeweiligen Konstruktionen – auf der Erde und eben im Fall des Falles auch bei Begegnungen zwischen den Sternen?

5. *Extra-humane Ethik:* Über welche Eigenschaften muss ein Wesen verfügen bzw. wie ‚fremdartig‘ darf es sein, damit wir in ihm einen gleichberechtigten Interaktionspartner erkennen und ihm prinzipiell personale Rechte zubilligen? (Hier fallen ganz unmittelbar die Anschlussstellen an die Human-Animal-Studies sowie die Roboterethik ins Auge.)

Uns ist klar, dass selbst ein in dieser Weise erweiterter Fragenkatalog nichts daran ändern wird, dass die Exosoziologie noch für einen längeren Zeitraum ein Randgebiet der Kultur- und Sozialforschung bleiben wird – schlimmstenfalls öffentlich verspottet, bestenfalls wissenschaftlich geduldet. Dies heißt aber nicht (schon Jan Mejer wies darauf hin), dass von einer solchen ‚Nischendisziplin‘ keine Impulse für die Erweiterung oder auch Erneuerung wissenschaftlichen Denkens ausgehen könnten. Und erst recht heißt es nicht, dass ihre wissenschaftliche Randlage auf Dauer gestellt sein muss: Spätestens mit dem Nachweis der Existenz einer intelligenten Spezies außerhalb der Erde würde die Exosoziologie in den Mittelpunkt des fachlichen *und* des öffentlichen Interesses rücken. Dies macht sie dann letztlich vielleicht sogar zu einer Art Leitdisziplin auf Abruf.

Literatur

Anders, Günter. 1970. *Der Blick vom Mond. Reflexionen über Weltraumflüge.* München: Beck.

Berger, Peter L., und Thomas Luckmann. 1966. *The Social Construction of Reality. A Treatise in the Sociology of Knowledge.* Garden City, NY: Doubleday.

Engelbrecht, Martin. 2008. SETI – Die wissenschaftliche Suche nach außerirdischer Intelligenz im Spannungsfeld divergierender Wirklichkeitskonzepte. In *Von Menschen und Außerirdischen. Transterrestrische Begegnungen im Spiegel der Kulturwissenschaften,* Hrsg. Michael Schetsche und Martin Engelbrecht, 205–226. Bielefeld: transcript.

Flechtheim, Ossip K. 1970. *Futurologie. Der Kampf um die Zukunft.* Köln: Verlag Wissenschaft und Politik.

Graf, Hans Georg. 2003. Was ist eigentlich Zukunftsforschung. *Sozialwissenschaft und Berufspraxis* 26 (4): 355–364.

Grazier, Kevin R., und Stephen Cass. 2015. *Hollyweird science: From quantum quirks to the multiverse.* New York: Springer.

Hitzler, Ronald, und Michaela Pfadenhauer, Hrsg. 2005. *Gegenwärtige Zukünfte. Interpretative Beiträge zur sozialwissenschaftlichen Diagnose und Prognose.* Wiesbaden: VS Verlag.

Hogrebe, Wolfram, Hrsg. 2005. *Mantik. Profile prognostischen Wissens in Wissenschaft und Kultur.* Würzburg: Königshausen & Neumann.

Jungk, Robert. 1973. *Der Jahrtausendmensch. Bericht aus den Werkstätten der neuen Gesellschaft.* München: Bertelsmann.

Kaplan, S. A. (russ. Orig. 1969) 1971. Exosociology – The search for signals from extraterrestrial civilisations. In *Extraterrestrial civilizations. Problems of interstellar communications,* Hrsg. S. A. Kaplan, 1–12. Jerusalem: Israel Program for Scientific Translations.

Knoblauch, Hubert, und Bernt Schnettler. 2004. „Postsozialität", Alterität und Alienität. In *Der maximal Fremde. Begegnungen mit dem Nichtmenschlichen und die Grenzen des Verstehens,* Hrsg. Michael Schetsche, 23–42. Würzburg: Ergon.

Kosow, Hannah, und Robert Gaßner. 2008. *Methoden der Zukunfts- und Szenarioanalyse – Überblick, Bewertung und Auswahlkriterien (IZT-Werkstattbericht 103).* Berlin: Institut für Zukunftsstudien und Technologiebewertung. https://www.izt.de/fileadmin/publikationen/IZT_WB103.pdf. Zugegriffen: 1. Nov. 2017.

Kreibich, Rolf. 2006. Zukunftsforschung (IZT-Arbeitsbericht 23/2006). http://www2.izt.de/pdfs/IZT_AB_23.pdf. Zugegriffen: 1. Nov. 2017.

Liu, Cixin. 2018. *Der dunkle Wald.* München: Heyne.

Marsiske, Hans-Arthur. 2005. *Heimat Weltall. Wohin soll die Raumfahrt führen?* Frankfurt a. M.: Suhrkamp.

Maul, Stefan. 2013. *Die Wahrsagekunst im alten Orient.* München: Beck.

Meadows, Dennis L. 1972. *Die Grenzen des Wachstums. Bericht des Club of Rome zur Lage der Menschheit.* Stuttgart: Deutsche Verlags-Anstalt.

Mejer, Jan H. 1983. Towards an exo-sociology: Constructs of the alien. *Free Inquiry in Creative Sociology* 11 (2): 171–174.

Münkler, Herfried, und Bernd Ladwig. 1997. Dimensionen der Fremdheit. In *Furcht und Faszination. Facetten der Fremdheit,* Hrsg. Herfried Münkler, 11–43. Berlin: Akademie.

Neyer, Franz J., und Frank M. Spinath, Hrsg. 2008. *Anlage und Umwelt. Neue Perspektiven der Verhaltensgenetik und Evolutionspsychologie.* Stuttgart: Lucius & Lucius.

Schetsche, Michael. 2004. Der maximal Fremde – Eine Hinführung. In *Der maximal Fremde. Begegnungen mit dem Nichtmenschlichen und die Grenzen des Verstehens,* Hrsg. Michael Schetsche, 13–21. Würzburg: Ergon.

Schetsche, Michael. 2005. Rücksturz zur Erde? Zur Legitimierung und Legitimität der bemannten Raumfahrt. In *Rückkehr ins All (Ausstellungskatalog, Kunsthalle Hamburg),* 24–27. Ostfildern: Hatje Cantz.

Schetsche, Michael, René Gründer, Gerhard Mayer, und Ina Schmied-Knittel. 2009. Der maximal Fremde. Überlegungen zu einer transhumanen Handlungstheorie. *Berliner Journal für Soziologie* 19 (3): 469–491.

Shostak, Seth. 1999. *Nachbarn im All. Auf der Suche nach Leben im Kosmos.* München: Herbig.

Shuch, H. Paul. 2011. *Searching for extraterrestrial intelligence – SETI past, present, and future.* Berlin: Springer.

Simmel, Georg. 1958. *Soziologie: Untersuchungen über die Formen der Vergesellschaftung,* 4. Aufl. Berlin: Duncker & Humblot.

Spreen, Dierk, und Joachim Fischer. 2014. *Soziologie der Weltraumfahrt.* Bielefeld: transcript.

Stagl, Justin. 1981. Die Beschreibung des Fremden in der Wissenschaft. In *Der Wissenschaftler und das Irrationale,* zweiter Band, Hrsg. Hans Peter Duerr, 273–295. Frankfurt a. M.: Syndikat.

Stagl, Justin. 1997. Grade der Fremdheit. In *Furcht und Faszination – Facetten der Fremdheit,* Hrsg. Herfried Münkler, 85–114. Berlin: Akademie.

Steinmüller, Angela, und Heinz Steinmüller. 2004. *Wild Cards. Wenn das Unwahrscheinliche eintritt,* 2. Aufl. Hamburg: Murmann.

Stichweh, Rudolf. 1997. Ambivalenz, Indifferenz und die Soziologie des Fremden. In *Ambivalenz. Studien zum kulturtheoretischen und empirischen Gehalt einer Kategorie zur Erschließung des Unbestimmten,* Hrsg. Heinz Luthe und Rainer E. Wiedemann, 165–183. Opladen: Leske und Budrich.

Stuckrad, Kocku von. 2007. *Geschichte der Astrologie. Von den Anfängen bis zur Gegenwart.* München: Beck.

Vossenkuhl, Wilhelm. 1990. Jenseits des Vertrauten und Fremden. In *Einheit und Vielfalt.* XIV. Dt. Kongress für Philosophie Giessen, 21–26 September 1987, Hrsg. Odo Marquard, 101–113. Hamburg: Meiner.

Waldenfels, Bernhard. 1997. *Topographie des Fremden. Studien zur Phänomenologie des Fremden, Bd. 1.* Frankfurt a. M.: Suhrkamp.

Welck, Stephan Frhr. von. 1986. Weltraum und Weltmacht. Überlegungen zu einer Kosmopolitik. *Europa-Archiv* 41 (1): 11–18.

Wirth, Sven, et al., Hrsg. 2016. *Das Handeln der Tiere. Tierische Agency im Fokus der Human-Animal-Studies.* Bielefeld: transcript.

Zaun, Harald. 2010. *SETI – Die wissenschaftliche Suche nach außerirdischen Zivilisationen. Chancen, Perspektiven, Risiken.* Hannover: Heise.

Nachdenken über Außerirdische

2

Seit jeher beflügelte der Blick in den sternbeglänzten Nachthimmel die Fantasie und den Erkenntnisdrang der Menschheit. Bereits in der Steinzeit bildeten astronomische Beobachtungen die Grundlage für kultische Verehrungen der Gestirne, aber auch für Kenntnisse über die Jahreszeiten und erste Kalendersysteme. Die astronomischen Ausrichtungen zahlreicher prähistorischer Grabanlagen und Kultstätten – zu den beeindruckendsten Bauwerken dieser Art zählt sicher die Megalith-Steinkreis-Struktur *Stonehenge* im Süden Englands – belegen eindrucksvoll die Bedeutung, die frühe menschliche Kulturen den von ihnen beobachteten Himmelsphänomenen beimaßen. Die Sonne, der Mond, Sterne und Planeten und die mit ihnen assoziierten Gottheiten bildeten weiterhin elementare Bestandteile antiker Mythologien. Jenseits mythisch-religiöser Vorstellungen über die Beschaffenheit und das Wirken *über*irdischer Wesenheiten im ‚Himmel‘ existierten spätestens seit der Antike auch Spekulationen über *außer*irdische Lebensformen auf den die Erde umgebenden Himmelskörpern. Ein Bruchstück der pythagoreisch-ägyptischen ‚Orphischen Gesänge‘, das durch den Neuplatoniker Proklos (412–485 n. Chr.) überliefert ist, besagt, dass sich auf dem Mond Berge, Städte und stolze Gebäude erheben. Die Vorsokratiker Xenophanes von Kolophon (geb. ca. 570 v. Chr.) und Philolaos von Kroton (geb. ca. 470 v. Chr.) lehrten die Bewohnbarkeit des Mondes. Und Demokrit (460–371 v. Chr.), der Begründer der Atomlehre, hegte auch in Bezug auf die Frage nach dem Entstehen, Vergehen und der Bewohnbarkeit fremder Welten verblüffend modern anmutende Vorstellungen:

> „Die einen seien noch im Wachsen, die anderen ständen auf der Höhe ihrer Blüte; andere seien im Schwinden begriffen [...]. In manchen sei weder Sonne noch Mond, in manchen seien sie größer als in unserer Welt und in manchen gäbe es mehr davon. [...] Und es gäbe einige Welten, in denen es keine Tiere und Pflanzen und keinerlei Feuchtigkeit gäbe" – aber einige von diesen unzähligen Welten

© Springer Fachmedien Wiesbaden GmbH, ein Teil von Springer Nature 2019
M. Schetsche und A. Anton, *Die Gesellschaft der Außerirdischen*,
https://doi.org/10.1007/978-3-658-21865-2_2

„seien untereinander nicht nur ähnlich, sondern in jeder Hinsicht vollständig, ja so vollkommen gleich, dass unter ihnen überhaupt kein Unterschied wäre, und ebenso wäre es mit den Menschen dort" (zitiert nach Oeser 2009, S. 16).

In seinem Werk *De facie in orbe lunae* (über das Mondgesicht) spekuliert der griechische Philosoph Plutarch (geb. ca. 45 n. Chr.) über die Erdähnlichkeit des Mondes und über mögliche Bewohner des Erdtrabanten. Er geht davon aus, dass der Mond, genau wie die Erde, über Gebirge, Täler etc. verfügt, welche den Eindruck eines ‚Gesichtes' auf seiner Oberfläche erklären – eine zu jener Zeit durchaus revolutionäre Ansicht, da die philosophische Lehrmeinung der aristotelischen und stoischen Schule den Standpunkt vertrat, dass der Mond aus verdichtetem ‚Äther' besteht. Da der Mond aber eine ähnliche Oberflächenstruktur wie die Erde aufweist, folgert Plutarch, sollte dort auch Leben möglich sein: „Man müßte ja glauben, er sei ohne Zweck und Sinn geschaffen, wenn er nicht Früchte hervorbringt, Menschen einen Wohnsitz bietet, ihre Geburt und Ernährung ermöglicht, Dinge, um derentwillen nach unserer Überzeugung auch unsere Erde geschaffen ist" (Plutarch 1968, S. 56).

2.1   Aliens in der Neuzeit

In dem von dem aristotelisch-ptolemäischen Weltbild und der Scholastik geprägten Mittelalter spielten derartige Ideen kaum eine Rolle. Erst im Zuge der geistigen Umbrüche der Renaissance und der damit einhergehenden Überwindung des Geozentrismus wurden Außerirdische wieder zum Gegenstand wissenschaftlich-philosophischer Betrachtungen: Theologen, Philosophen und Naturwissenschaftler wie z. B. Nikolaus von Kues, Giordano Bruno, Nikolaus Kopernikus, Galileo Galilei und Johannes Kepler, aber auch die Autoren der frühen utopischen Romane, etwa Francis Godwin oder John Wilkins, beschäftigten sich mit der Frage nach der Bewohnbarkeit fremder Welten (vgl. Heuser 2008, S. 55).

In der Renaissance setzte sich nach und nach die Erkenntnis durch, dass die Sonne und nicht die Erde das Zentrum der Planetenbewegung bildet. Dies war zunächst nicht primär ein Ergebnis astronomischer Beobachtungen, sondern naturphilosophischer Überlegungen. Nikolaus von Kues (1401–1464) argumentiert in seinem Werk *De docta ignorantia* aus dem Jahr 1440 – also noch vor Kopernikus – dass die Erde nicht im Mittelpunkt des Universums steht, sich entgegen der sinnlichen Wahrnehmung nicht in Ruhe, sondern in Bewegung befindet und nur eine von unzähligen Welten in einem unbegrenzten, aber nicht unendlichen Universum ist. Von Kues war überzeugt davon, dass Leben nicht nur auf der Erde existiert, sondern in unterschiedlichsten Formen im gesamten Universum vorkommt und andernorts auch höhere Entwicklungsstufen erreicht haben könnte als erdgebundene Organismen (vgl. Heuser 2008, S. 59–62). Er schreibt:

> Da uns also jene Region in ihrer Gesamtheit unbekannt ist, so bleiben ihre Bewohner uns völlig unbekannt […]. Wir dürfen nur annehmen, es gebe in der Sonnenregion mehr sonnenhafte, klarsichtige und erleuchtete geistbegabte Bewohner, geistiger auch als auf dem Mond, wo sie mehr mondhaft sind, und auf der Erde mehr materiebehaftet und dumpf […]. In ähnlicher Weise vermuten wir, daß keine der anderen Sternregionen frei von Bewohnern ist, daß es gleichsam so viele einzelne Teilwelten des einen Universums gibt, wie es Sterne gibt, deren Zahl unendlich ist […] (von Kues 1967, S. 103–104).

In Übereinstimmung mit Nikolaus von Kues ging auch Giordano Bruno (1548–1600) davon aus, dass es im Universum unzählige bewohnte Welten geben müsse. In seiner Schrift *De immenso*[1] (1591) entwickelt Bruno umfassende kosmologische Überlegungen, mit denen er seiner Zeit weit voraus war. Die von mittelalterlichen Scholastikern gelehrte aristotelische Konzeption eines Schalenuniversums ablehnend, beschreibt Bruno ein unendliches Universum mit unzähligen Welten sowie die universelle Beschaffenheit von Raum und Naturgesetzen. Da überall im Weltall identische Grundbedingungen herrschten, ist es für Bruno eine logische Konsequenz, dass auch andere Planeten Leben tragen, welches, je nach der konkreten Zusammensetzung der elementaren Grundstoffe, unterschiedlichste Formen annehmen könne. Einige der Aussagen Brunos zu Leben im Weltall muten beinahe wie Postulate der modernen Astrobiologie an, etwa wenn er schreibt: „Wie auf der Oberfläche der Erde manche Lebewesen im Meer leben, manche in unterschiedlichen anderen Bereichen, ebenso muß man es sich bei jedem anderen Stern vorstellen, bei dem sich dieselben Arten von Grundstoffen zur Zusammensetzung eines heterogenen Ganzen verbinden" (zitiert nach Heuser 2008, S. 71). An anderer Stelle heißt es, dass andere Welten, „so gut Lebewesen und Bewohner enthalten, als es diese Welt kann, da sie ja weder geringere Kräfte haben noch anderer Natur sind" (zitiert nach Akerma 2002, S. 56). Eben jene Annahme eines von zahllosen außerirdischen Lebensformen bevölkerten Universums war es auch, die Brunos Konflikt mit der Kirche anheizte. Aus deren

---

[1]*De immenso* ist eine in der Literatur und Forschung gebräuchliche Abkürzung für den vollständigen Titel der Schrift: *De Innumerabilius, Immenso et Infigurabili, seu De Universo et Mundus libri octo* (vgl. Heuser 2008, S. 62).

Sicht verstieß die Lehre von der Vielzahl bewohnter Welten in fundamentaler
Weise gegen christliche Glaubenssätze:

> […] die theologische Zentralstellung des Menschen, die in Zusammenhang steht mit
> der Sünde, der Menschwerdung Gottes in Jesus und der Erlösung. Das Drama um
> Schöpfung und Erlösung hat im Falle der Bewohnbarkeit unzähliger anderer Welten
> nicht mehr nur eine Achse, sondern – unzählige. Die christliche Dramaturgie wird
> empfindlich gestört und überfordert, wenn das Schöpfungs- und Erlösungsdrama auf
> mehreren Bühnen (Planeten) aufgeführt werden soll (Akerma 2002, S. 52).

Die Kirche forderte nach der Festnahme Brunos den vollständigen Widerruf seiner Lehren, doch er hielt an seiner Behauptung unzähliger bewohnter Welten
fest. Am 17. Februar 1600 wurde Giordano Bruno auf dem Scheiterhaufen hin-
gerichtet. Es kann zu Recht gefragt werden, warum nicht auch schon Nikolaus
von Kues ein ähnliches Schicksal ereilte, der Brunos Gedanken ja gleichsam vor-
wegnahm. Eine Antwort findet sich bei Guthke:

> Wenn nicht Nikolaus von Kues, wohl aber der von ihm gedanklich abhängige Gior-
> dano Bruno für diese Ketzerei auf dem Scheiterhaufen büßen mußte, so deshalb, weil
> mittlerweile Kopernikus' *De revolutionibus orbium coelestium* (1543) der Idee der
> Pluralität der Welten einen ganz anderen philosophischen Status verliehen hatte –
> den der potentiellen Wirklichkeit und säkularen Wahrheit (Guthke 1983, S. 43;
> Hervorhebung im Original).

Galileo Galilei (1564–1642), der ein Zeitgenosse Giordano Brunos war und
bekanntermaßen ebenfalls in einen (wenn auch für ihn weniger folgenreichen)
Konflikt mit der Kirche geriet, sah durch seine Beobachtungen des Mondes mit
Fernrohen die antike These von dessen Erdähnlichkeit bestätigt. Galilei erkannte
raue Strukturen, Ebenen, Vertiefungen, Erhebungen etc., die ihn an die Oberfläche der Erde erinnerten, betonte aber, dass das Leben auf dem Mond, sofern
vorhanden, völlig anders geartet sein müsse als die Lebensformen auf der Erde:

> Man stelle sich vor, welche Folgen es haben würde, wenn die heiße Zone einen hal-
> ben Monat ohne Unterbrechung von der Sonne beschienen würde; es versteht sich,
> dass unfehlbar alle Bäume, Kräuter und Tiere vernichtet würden. Wenn also doch auf
> dem Mond eine Erzeugung von Leben stattfände, so könnte es sich nur um Pflanzen
> und Tiere von völlig anderer Beschaffenheit handeln (zitiert nach Oeser 2009, S. 25).

Auch Johannes Kepler (1571–1630) knüpfte an die antiken Überlegungen zu
möglichen Bewohnern des Mondes an, ging dabei aber wesentlich weiter als Galilei. In seiner posthum erschienenen Erzählung *Somnium, seu opus posthumum*

de astronomia lunari (1634) vermischte Kepler astronomische Überlegungen mit gesellschaftsutopischen und magischen Erzählelementen, dennoch kann die Schrift „als erstes wissenschaftliches Werk über vergleichende Himmelskörperkunde gelten" (Heuser 2008, S. 73). Kepler sah in den durch das Teleskop beobachtbaren Strukturen auf der Mondoberfläche Bauwerke von ungeheurem Ausmaß, die von den Mondbewohnern errichtet wurden, um sich gegen Sonneneinstrahlung und eventuell auch vor Feinden zu schützen. Aus der Größe dieser Bauwerke schloss Kepler auf die Größe der Mondbewohner, die jene der Menschen um ein Vielfaches übersteigen müsse (vgl. Oeser 2009, S. 25–30). Kepler unterteilte die Mondbewohner, die im Allgemeinen „schlangenförmig" seien, in zwei Gruppen: Die Bewohner der erdzugewandten Mondseite nannte er *Subvolvaner*, jene der erdabgewandten Seite *Privolaner*. Fantasiereich beschreibt Kepler, wie sich die Mondbewohner tagsüber „zu ihrem Vergnügen" in die Sonne legen, allerdings nur „ganz in der Nähe ihrer Höhlen, damit sie sich schnell und sicher zurückziehen können" (Günther 1898, S. 21) – ähnlich wie bei Eidechsen und Krokodilen. Bei den Privolanern gebe es

> […] keinen sicheren und festen Wohnsitz, scharenweise durchqueren die Mondgeschöpfe während eines einzigen ihrer Tage ihre ganze Welt, indem sie theils zu Fuss, mit Beinen ausgerüstet, die länger sind als unsere Kameele, theils mit Flügeln, theils zu Schiff den zurückweichenden Wassern folgen. […] Die meisten sind Taucher, alle sind von Natur sehr langsam athmende Geschöpfe, können also ihr Leben tief am Grunde des Wassers zubringen, wobei sie der Natur durch die Kunst zur Hülfe kommen (Günther 1898, S. 20).

Die Ideen und Entdeckungen von Nikolaus von Kues, Nikolaus Kopernikus, Giordano Bruno, Galileo Galilei und Johannes Kepler weiteten – auch wenn sie seinerzeit bisweilen auf massive Widerstände stießen – nachhaltig die Horizonte des menschlichen Denkens und bereiteten nicht nur den Weg für die moderne Astronomie, sondern inspirierten auch ein neues Genre der Erzählkunst: die *Science Fiction*[2]. Die ersten angelsächsischen Science Fiction-Erzählungen von Francis Godwin (1562–1633) und John Wilkins (1614–1672) waren maßgeblich durch die „transterrestrische Philosophie" (Heuser 2008, S. 75) von Nikolaus von Kues und Giordano Bruno sowie von Keplers *Somnium*-Erzählung beeinflusst.

---

[2]Zu jener Zeit wurden entsprechende Erzählungen allerdings noch nicht so genannt. Der Begriff ‚Science Fiction' entstand erst Mitte des 19. Jahrhunderts. Dennoch können die Werke von Godwin und Wilkins als frühe Science Fiction-Erzählungen oder als Vorläufer der modernen Science Fiction betrachtet werden.

Auch in der Folgezeit knüpfte das neue Genre immer wieder an die Gedanken der Renaissance-Gelehrten an – bis hin zu Jules Vernes (1828–1905) berühmter *Reise um den Mond* aus dem Jahr 1870. Diese wiederum prägten frühe Raumfahrtpioniere wie Hermann Oberth, Rudolf Nebel oder Wernher von Braun, die die alte menschliche Fantasie einer Reise zum Mond schließlich technisch umsetzten (vgl. Heuser 2008, S. 76–77).

2.2 Locke und Kant über Außerirdische

Auch in der Philosophie setzte sich das in der Renaissance intensivierte Nachdenken über Außerirdische fort. Für den Aufklärungsphilosophen John Locke (1632–1704) bestand kein Zweifel daran, dass es außerirdisches Leben gibt – darunter auch Formen, die dem Menschen überlegen sind. In seinem Werk *An Essay Concerning Human Understanding* aus dem Jahr 1690 schreibt Locke mit Blick auf unser Sonnensystem begeistert: „Wieviel verschiedene Arten von Pflanzen, Tieren und vernunftbegabten körperlichen Wesen, die von denen hier auf unserem Flecken Erde unendlich verschieden sein können, mögen voraussichtlich auf den übrigen Planeten existieren!" (Locke 1988b, S. 208). Dies mag zunächst verwundern, da für Locke bekanntermaßen der Grundsatz galt, dass Erkenntnissen *sinnliche Erfahrungen* vorausgehen müssen („Nihil est in intellectu quod non prius fuerit in sensibus"[3]) und von einer sinnlichen Wahrnehmung Außerirdischer freilich keine Rede sein kann. Demgemäß fügt Locke an:

> Von diesen können wir schlechterdings keine Erkenntnis gelangen – nicht einmal von ihrer äußeren Gestalt und ihren Teilen – solange wir an die Erde gefesselt sind. Denn es gibt keinen natürlichen Weg, weder den der Sensation noch den der Reflexion, um bestimmte Ideen von ihnen unserem Geist zu vermitteln. Sie befinden sich außerhalb des Bereiches jener beiden Zugangswege unseres gesamten Wissens (Locke 1988b, S. 208).

Was aber bringt Locke dann zu der Überzeugung, dass extraterrestrisches Leben existiert? Ein probates Mittel, um Erkenntnisse über Bereiche zu erhalten, die sich unserer sinnlichen Wahrnehmung entziehen, ist für Locke die Bildung von Analogien. Da das Universum gigantisch, das Leben auf der Erde mannigfaltig und die Macht und Weisheit Gottes unerschöpflich seien, wäre es anmaßend,

---

[3]Übersetzt: „Nichts ist im Verstand, was nicht vorher in den Sinnen gewesen wäre."

davon auszugehen, dass die Erde der einzige bewohnte Planet und die Menschheit die höchstentwickelte Lebensform sei. Der Philosoph schreibt:

> Wer sich nicht selbst überheblich an die Spitze aller Dinge stellt, sondern die Unendlichkeit des Weltbaues in Betracht zieht, sowie die große Mannigfaltigkeit, die in dem kleinen unbedeutenden Teil davon, mit dem wir es zu tun haben, zu finden ist, der mag zu der Annahme neigen, daß es in anderen Wohnstätten dieses Weltalls vielleicht andere und verschiedenartige vernunftbegabte Wesen gebe, von deren Fähigkeiten wir ebensowenig eine Kenntnis und eine Vorstellung besitzen wie ein im Schubfach des Schrankes eingeschlossener Wurm sie von den Sinnen oder dem Verstand eines Menschen hat. Solche Mannigfaltigkeit und Vortrefflichkeit entspricht ja nur der Weisheit und Macht des Schöpfers (Locke 1988a, S. 129).

In sehr ähnlicher Weise argumentierte auch der niederländische Astronom und Mathematiker Christiaan Huygens (1629–1695), der als Begründer der Wellentheorie des Lichts gilt und die ersten Pendeluhren konstruierte. In seiner Abhandlung *Cosmotheoros,* die 1698 posthum erschien, fasste er den damaligen Wissensstand über das Sonnensystem zusammen und beschäftigte sich darüber hinaus detailliert mit den möglichen Eigenschaften der Bewohner fremder Planeten. Für Huygens erschien es unsinnig, dass Gott die Planeten erschaffen haben könnte, ohne dass darauf Leben existiert, welches die Großartigkeit von Gottes Schöpfung bewundern könnte. Huygens geht davon aus, dass es unzählige verschiedene Erscheinungsformen außerirdischen Lebens geben müsse und dass diese von den jeweiligen Bedingungen ihrer Heimatplanten abhängen würden. So wären Tiere auf dem Jupiter oder Saturn um ein zehn- oder fünfzehnfaches größer als Elefanten. Höherentwickelte außerirdische Wesen würden sich, so Huygens, wahrscheinlich ebenso wie die Menschen Gedanken über Sterne und Planeten machen und Astronomie, Mathematik, Kunst und Musik entwickeln (vgl. Moore 2014, S. 210). Genau wie Locke argumentiert Huygens, dass es keinen Grund dafür gibt, anzunehmen, dass die Menschheit die am höchsten entwickelte Lebensform sei. Die Außerirdischen, so schreibt er:

> […] bauen sich wohl Hütten und Häuser oder graben Höhlen aus, und das ist umso wahrscheinlicher, weil bei uns alle Tiere außer den Fischen zu ihrem Verbleib etwas dergleichen bauen. Warum aber nur Hütten und Häuschen: wenn wir nicht glauben wollen, dass die Planetenbewohner große und prächtige Häuser erbauen, müssen wir unsere eigenen Dinge als viel schöner und vollkommener schätzen. Aber warum sollte es gerade bei uns besser sein? Vielleicht etwa, weil wir auf diesem kleinen Kügelchen wohnen, welches doch im Vergleich zu den Kugeln des Saturn und Jupiter nicht einmal den zehntausendsten Teil des Körperinhalts hat. So kann man auch keinen Grund angeben, warum auf diesen Planeten die Schönheit der Architektur

und deren Symmetrie nicht ebenso bekannt sein sollte wie bei uns, noch warum sie nicht Paläste, Türme oder Pyramiden bauen, die vielleicht hier und da höher und großartiger sind als bei uns (Huygens 1703, S. 63).

Auch Immanuel Kant (1724–1804) setzte sich in seinem Werk mehrfach mit dem Thema Außerirdische auseinander – und dies nicht nur ‚nebenbei' oder als Fußnote:

Vielmehr kommt Kant auf Aliens immer wieder an ganz zentralen Punkten seines Denkens zu sprechen, und dies während seiner gesamten Schaffenszeit, so dass es bereits aus diesem Grunde falsch wäre, Kants exobiologisches Interesse entweder als Jugendsünde oder Alterswirrheit abzutun (Wille 2005, S. 11).

Kant ging davon aus, dass es eine Vielzahl von bewohnten Planeten gibt und dass die Entfernung der Planeten zu ihrem Heimatgestirn sowie ihre materielle Beschaffenheit im Verhältnis zu den geistigen Eigenschaften ihrer Bewohner stünden: Ein Planet, der weit von der Sonne entfernt ist, müsse aus leichterem Stoff zusammengesetzt sein als ein Planet nahe der Sonne, daher müssten auch dessen Bewohner aus beweglicher, feiner Materie bestehen und folglich über einen regeren, vollkommeneren Geist verfügen als die Bewohner sonnennaher Planeten. Konkret seien die Bewohner von Merkur und Venus als geistig unterlegen, diejenigen von Jupiter und Saturn jedoch als geistig überlegen zu betrachten (vgl. Akerma 2002, S. 167; Dick 1982, S. 173–174). Auf Merkur, so Kant, würde ein „Hottentotte" oder „Grönländer" nach irdischem Maßstab wie ein Newton verehrt, während die Saturnbewohner den irdischen Newton für einen Affen halten müssten (vgl. Akerma 2002, S. 168; Herrmann 1988, S. 148). Interessanterweise bestand für Kant ein grundlegender kategorischer Unterschied zwischen dem Glauben an Außerirdische und dem Glauben an Geisterwesen. Außerirdische seien den menschlichen Sinnen grundsätzlich zugänglich, auch wenn die Menschheit sie aufgrund der Abstände der Planeten wahrscheinlich nie zu Gesicht bekäme. Prinzipiell wäre, so Kant, die Existenz von Außerirdischen aber *empirisch* nachweisbar (vgl. Hövelmann 2009, S. 178).[4]

Die Tatsache, dass einige der bedeutendsten Naturwissenschaftler und Philosophen des 17. und 18. Jahrhunderts die Frage nach der Möglichkeit außerirdischer

---

[4]Anders bei Geistern: In seinem Essay *Träume eines Geistersehers* aus dem Jahr 1766 argumentiert Kant, dass Geistwesen der menschlichen Erfahrung nicht zugänglich und deren Existenz daher weder beweis- noch widerlegbar sei. Er schreibt: „Man kann demnach die Möglichkeit immaterieller Wesen annehmen ohne Besorgnis, widerlegt zu werden, wiewohl ohne Hoffnung, diese Möglichkeit durch Vernunftgründe beweisen zu können" (Kant 1954, S. 19).

Intelligenzen aufgegriffen haben, kann einerseits als Hommage an ihre antiken Vordenker verstanden werden und verdankt sich auf der anderen Seite der Erstarkung einer durch die geistigen Umwälzungen der Renaissance und der Aufklärung vom dogmatischen Denken zunehmend befreiten Wissenschaft. Nach Dick (1982, I) hatte es die Frage nach extraterrestrischen Intelligenzen damit in die Orthodoxie westlichen Denkens geschafft. Dieser These muss man nicht unbedingt zustimmen, dennoch kann gelten, dass hypothetische, potenziell vernunftbegabte Außerirdische von nun an zumindest (wieder) in den Bereich des prinzipiell Denkbaren aufrückten und zu einem (leidlich) anerkannten Thema der Diskurse westlicher Gesellschaften wurden.

2.3 Außerirdische in der modernen Science Fiction

Zurück zur Science Fiction: So wie die von den naturphilosophischen Erwägungen über Außerirdische geprägte frühe Science Fiction die Technikentwicklung beeinflusste, prägte ab dem Ende des 19. Jahrhunderts umgekehrt in zunehmendem Maße die technologische Entwicklung das Nachdenken über Außerirdische. Die technologischen Neuerungen jener Zeit lösten einerseits Fortschrittsoptimismus, Wissenschaftsglauben und technologisch inspirierte Erlösungsfantasien, andererseits aber auch massive Ängste vor den Auswirkungen der Technik auf den Menschen aus. Dieses ambivalente Verhältnis zur Technologie, der gleichermaßen das Potenzial zur Verwirklichung utopischer Gesellschaften wie zur vollständigen Vernichtung der Menschheit zugetraut wurde, bildete (und bildet bis heute) ein zentrales Motiv der Science Fiction – und wurde auch auf die fiktionalen Außerirdischen projiziert. Diese verfügen von nun an oftmals über eine weit fortgeschrittene Technologie, die sie in nicht gerade wenigen Erzählungen in kriegerischer Absicht gegen die Menschheit richten, wie etwa in dem Science Fiction-Klassiker *Krieg der Welten* von H. G. Wells aus dem Jahr 1898. Hier versuchen technologisch weit fortgeschrittene Marsianer mithilfe furchteinflößender dreibeiniger Kampfmaschinen (siehe Abb. 2.1), die Erde zu erobern, um deren Rohstoffe auszubeuten. Das menschliche Militär ist der überlegenen Technik der Aliens hoffnungslos unterlegen. Jenes Motiv der (technologischen) Überlegenheit der Außerirdischen findet sich gleich zu Beginn des Romans, wo es heißt:

Niemand hätte in den letzten Jahren des XIX. Jahrhunderts geglaubt, daß unser menschliches Tun und Lassen beobachtet werden könnte; daß andere Intelligenzen […] uns bei unserem Tagwerk fast ebenso eindringlich belauschen und erforschen könnten, wie ein Mann mit einem Mikroskop jene vergänglichen Lebewesen erforscht, die in einem Wassertropfen ihr Wesen treiben und sich darin vermehren. […] Niemand dachte daran, daß älteren Weltkörpern Gefahren für die Menschheit entspringen könnten. Jede Vorstellung, dass sie bewohnt sein könnten, wurde als unwahrscheinlich oder unmöglich aufgegeben. […] Es kam höchstens vor, daß Erdenbewohner sich einbildeten, es könnten Wesen auf dem Mars leben, minderwertige vielleicht, jedenfalls aber solche, die eine irdische Forschungsreise freudig begrüßen würden. Aber jenseits des gähnenden Weltraums blickten Geister, uns überlegen wie wir den Tieren, ungeheure, kalte und unheimliche Geister, mit neidischen Augen auf unsere Erde. Bedächtig und sicher schmiedeten sie ihre Pläne gegen uns (Wells 1974, S. 7).

Nach ihrer Ankunft auf der Erde zerstören die außerirdischen Angreifer gnadenlos Großstädte, Kommunikations- und Verkehrsnetze. Nur durch Glück kann die Menschheit ihrer vollständigen Auslöschung entrinnen: Irdische Bakterien befallen und töten die außerirdischen Invasoren.

Dass es sich bei Wells' extraterrestrischen Invasoren ausgerechnet um Marsianer handelt, ist übrigens kein Zufall: Um die Jahrhundertwende gab es

Abb. 2.1 Künstlerische Darstellung der Invasoren vom Mars in *Krieg der Welten* von Alvim Corréa aus dem Jahr 1906. (Quelle: gemeinfreie Abbildung [Online abrufbar unter: https://de.wikipedia.org/wiki/Der_Krieg_der_Welten#/media/File:War-of-the-worlds-tripod. jpg (Zugegriffen: 13 März 2018)])

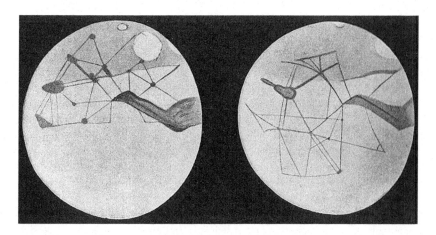

Abb. 2.2 Darstellung der ‚Marskanäle' von Percival Lowell (Quelle: gemeinfreie Abbildung [Online abrufbar unter: https://de.wikipedia.org/wiki/Der_Krieg_der_Welten#/media/File:War-of-the-worlds-tripod.jpg (Zugegriffen: 13 März 2018)])

in der Science Fiction-Literatur, aber auch in wissenschaftlichen Diskursen einen regelrechten ‚Marsboom' und die westliche Welt war fasziniert von der Vorstellung, dass der Mars Leben – vielleicht sogar intelligentes Leben – beherbergen könnte (vgl. Kaiser 2004). Angestoßen wurde die Marseuphorie u. a. von den 1877 erstmals von dem italienischen Astronomen Giovanni Schiaparelli (1835–1910) beschriebenen ‚Marskanälen' (siehe dazu die Darstellung der ‚Marskanäle' in der Abb. 2.2), geologischen Strukturen auf der Marsoberfläche, die insbesondere von dem französischen Astronomen Nicolas Camille Flammarion (1842–1925) in mehreren auflagestarken Büchern als gigantische Bauwerke einer hoch entwickelten außerirdischen Zivilisation auf dem Mars gedeutet wurden (vgl. Moore 2014, S. 216–217). Die ‚Kanäle' stellten sich relativ schnell als natürliche Strukturen, optische Täuschungen, fototechnische Effekte und auch bewusste Täuschungen heraus. Dies tat der allgemeinen Begeisterung für die Idee von Leben auf dem Mars jedoch keinen Abbruch (vgl. Oeser 2009, S. 165–168).[5]

---

[5]Etwas Ähnliches wiederholte sich viele Jahrzehnte später im Rahmen der Diskussionen rund um das sogenannte ‚Marsgesicht', einer 1976 vom Orbiter der Raumsonde *Viking I* fotografierten Felsformation, die auf der ersten Fotografie an ein menschliches Gesicht erinnert und Spekulationen darüber auslöste, ob es sich dabei um Überbleibsel einer außerirdischen Hochzivilisation auf dem Mars handeln könnte (siehe etwa Hoagland 1994).

Am 30 Oktober 1938 strahlte der US-amerikanische Radiosender CBS
ein Hörspiel von *Krieg der Welten* aus, das im Stil einer Live-Radiosendung
umgesetzt wurde, in der ein Reporter von den Einzelheiten der außerirdischen
Invasion berichtet. Offensichtlich hatten einige Hörer der Sendung die Hinweise verpasst, dass es sich dabei um ein Hörspiel handelt, denn sie hielten die
Alien-Invasion für real und gerieten in Panik. Dass es im Zuge der Sendung zu
einer regelrechten Massenpanik gekommen sei, wie es am nächsten Tag in einigen Zeitungen zu lesen war, stellte sich zwar im Nachhinein als starke Über-
treibung der Presse heraus, dennoch hatte die Sendung einen enormen Effekt:
Bei mehreren Polizeidienststellen gingen während und nach der Sendung derart
viele Anrufe von besorgten Bürgern ein, dass zeitweise die Leitungen zusammen-
brachen, verängstigte Menschen liefen mit feuchten Tüchern vor dem Gesicht
auf die Straßen, um sich vor dem ,Giftgas' der Marsianer zu schützen und etli-
che aufgebrachte Männer erkundigten sich bei den Behörden, wo und wie sie sich
dem bewaffneten Widerstand gegen die außerirdischen Invasoren anschließen
könnten (vgl. Gerritzen 2016, S. 13–20).

Sowohl H. G. Wells Romanvorlage als auch die Radiosendung zu *Krieg
der Welten* aus dem Jahr 1938 verweisen auf bemerkenswerte Entwicklungen
im Hinblick auf das Verhältnis zwischen Menschen und Außerirdischen: Der
Roman steht für die Tendenz in der Science Fiction-Literatur, Außerirdische
zunehmend als *handelnde Akteure* darzustellen, die mit den Menschen kommunizieren, interagieren, von bestimmten Motivlagen und Interessen geleitet und
somit mehr und mehr zur Projektionsfläche für menschliche Erfahrungen, Sehn-
süchte, Hoffnungen und Ängste werden. In der Folge wurden die fiktionalen
Außerirdischen zum ,Vehikel' für Erzählungen, in denen nahezu alle nur denkbaren kollektiven menschlichen Erfahrungen und Emotionen, unterschiedlichste
Gesellschaftsentwürfe, philosophische Überlegungen, politische Strömungen,
Utopien und Dystopien verhandelt wurden. Die geschilderten Reaktionen auf
das Hörspiel von *Krieg der Welten* wiederum markieren einen beachtenswerten
Umstand: Offensichtlich war die Vorstellung der Existenz extraterrestrischer Zivilisationen im Jahr 1938 in den USA in einer Weise verbreitet und wurde derart
ernst genommen, dass ein Angriff außerirdischer Invasoren zumindest von einigen Hörern der CBS-Radiosendung für eine *reale Möglichkeit* gehalten wurde.
Hier offenbart sich eindrücklich das in der Einleitung angedeutete Wechselspiel
zwischen fiktionalem und realitätsbezogenem Denken: Die imaginierten Außerirdischen traten plötzlich als Faktizität in Erscheinung, sie drangen als reale
Bedrohung in die Alltagswirklichkeit der Menschen ein – wenn auch nur für
wenige Stunden.

Im Laufe des 20. Jahrhunderts wurden Außerirdische ein immer wichtigeres (und bisweilen auch überaus profitables) Element von Science Fiction-Erzählungen – heute sind sie aus dem Genre gar nicht mehr wegzudenken. In unzähligen

> Büchern, Filmen und Fernsehserien des Science-Fiction-Genres finden Begegnungen mit außerirdischen Wesen statt: Was in der Realität Spekulation bleiben muss, wird in der Imagination kreativer Autoren und Filmemacher und in der kollektiven Phantasie eines weltweiten Publikums zum bedeutungsvollen Erlebnis (Hurst 2008, S. 33).

Der besondere Reiz des extraterrestrischen Sujets im Rahmen künstlerisch-fiktionaler Erzählungen resultiert aus dem Umstand, dass sich in der Figur des Außerirdischen als dem *maximal Fremden* (Schetsche 2004; Schetsche et al. 2009) sämtliche diskursiven Assoziationsfelder, psychologischen Wahrnehmungsmuster und emotionalen Reaktionsweisen in Bezug auf ein fremdes Gegenüber verdichten, die, kombiniert mit unserem faktischen Nichtwissen über potenzielle reale Außerirdische, einen nahezu grenzenlosen Raum für kreative Schöpfungen eröffnen. Besonders wirkungsvoll tritt uns in unseren Fantasien über außerirdische Wesen die Ambivalenz bzw. Kontingenz der Begegnung mit Fremden entgegen: „Fremde bedeuten das Fehlen von Klarheit, man kann nicht sicher sein, was sie tun werden, wie sie auf die eigenen Handlungen reagieren würden; man kann nicht sagen, ob sie Freunde oder Feinde sind – und daher kann man nicht umhin, sie mit Argwohn zu betrachten" (Bauman 2000, S. 39). Diese Unsicherheit wird umso größer, je fremder uns ein Gegenüber ist. Oder umgekehrt: Mit zunehmender Fremdheit eines Gegenübers steigt die Zahl potenzieller (positiver wie negativer) Verhaltensmöglichkeiten. Außerirdische sind uns derart fremd, dass ihr Verhalten uns gegenüber in keiner Weise antizipierbar ist. Sie könnten für die Menschheit Retter, Erlöser, Heilsbringer, aber auch gnadenlose Eroberer, kaltblütige Zerstörer und erbarmungslose Herrscher sein. Somit erzeugt die Figur des Außerirdischen in fiktional-künstlerischen Werken von vornherein ein Spannungsfeld zwischen Neugierde, Hoffnung und Sehnsucht einerseits und Angst, Panik und Verzweiflung andererseits, das in ungezählten Science Fiction-Erzählungen fantasie- und effektvoll ein- und umgesetzt wurde. In anderen Worten:

> Das Fremde und Unbekannte weckt unsere Neugierde, das Fremde und Unheimliche erzeugt Angst, das Fremde und Verheißungsvolle vermag unsere Sehnsüchte zu stillen. In diesem Spannungsfeld verschiedener Konnotationen und Funktionen des Fremden entfaltet sich das Motiv des Außerirdischen als zentrales Element der Science-Fiction in Literatur, Film und Fernsehen (Hurst 2008, S. 33).

Die konkreten Darstellungen von Außerirdischen und ihrem Verhältnis zu den Menschen in der Science Fiction sind entsprechend facettenreich: So begegnen uns im Laufe der Geschichte des Science Fiction-Genres sowohl bösartige, hinterhältige und mörderische als auch als sympathische, gutmütige und hilfsbereite Aliens. Die fiktionalen Außerirdischen konfrontieren die Menschheit mit

> [...] positiven wie auch negativen Gegenentwürfen zur menschlichen Natur und Zivilisation. Friedliebende Besucher aus dem All, die den Menschen mit Hoffnung auf eine bessere Zukunft erfüllen, existieren in den phantastischen Film- und TV-Welten neben aggressiven Kreaturen aus fernen Sternensystemen, die unseren Planeten mit Krieg und Zerstörung überziehen [...] (Hurst 2008, S. 34).

Das Verhältnis zwischen gut- und bösartigen Aliens in der Science Fiction ist dabei alles andere als ausgeglichen: Auf eine außerirdische Spezies mit guten Absichten kommen ungefähr neun, die sich den Menschen gegenüber feindselig verhalten (vgl. Hurst 2004, S. 98). Die verschiedenen Beziehungen zwischen Menschen und Aliens in der Science Fiction lassen sich, so Engelbrecht (2008, S. 25), in einer Art ‚Phasenraum' (siehe den Phasenraum möglicher Mensch-Alien-Beziehungen in Abb. 2.3) abbilden, welcher drei Dimensionen berücksichtigt: 1) Macht: Verfügen die Außerirdischen im Verhältnis zur Menschheit über mehr oder weniger (vor allem technologische) Macht? 2) Die Fremdheit der Aliens: ausgedrückt über den räumlichen Abstand zu den Menschen – je ähnlicher die Außerirdischen den Menschen sind, desto näher rücken sie im Schaubild an die Menschen heran. 3) Ihr Verhalten: Haben die Aliens den Menschen gegenüber gute oder böse Absichten?

Für jede Konstellation innerhalb dieses Phasenraumes gibt es unzählige Beispiele aus dem inzwischen gigantischen Fundus an Erzählungen über Außerirdische (und Menschen). Man denke etwa einerseits an den freundlichen, liebenswerten, gnomartigen Außerirdischen in Steven Spielbergs Science Fiction-Märchen *E.T. – Der Außerirdische* aus dem Jahr 1982 und andererseits an die albtraumhaften, insektenartigen außerirdischen Wesen aus der *Alien*-Filmreihe.[6] In dem Science Fiction-Film *Stargate* von 1994 herrscht ein Außerirdischer einem ägyptischen Gott gleich über menschliche Sklaven, während die Aliens

---

[6]Bis heute besteht die im Jahre 1979 gestartete Reihe aus sechs Filmen: *Alien – Das unheimliche Wesen aus einer fremden Welt* (1979), *Aliens – Die Rückkehr* (1986), *Alien 3* (1992), *Alien – Die Wiedergeburt* (1997), *Prometheus – Dunkle Zeichen* (2012) und *Alien: Covenant* (2017).

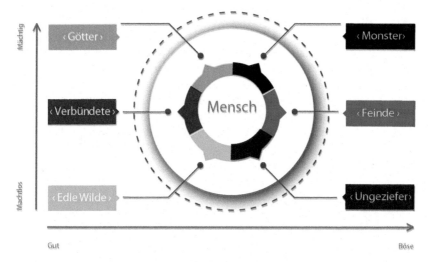

Abb. 2.3 Phasenraum möglicher Mensch-Alien-Beziehungen in der Science Fiction (Quelle: nach Engelbrecht 2008, S. 25; für den vorliegenden Band von den Autoren neu gestaltet)

in *Starship Troopers* (1997) als aggressive, heimtückische Rieseninsekten Krieg gegen die Menschen führen. Alleine in dem Universum der Film- und Fernsehserie *Star Trek* begegnen uns hunderte verschiedene außerirdische Spezies, die von Lebensformen, die aus Gas oder lediglich aus Energie bestehen, über katzen-, vogel- oder reptilienartige Außerirdische, bis hin zu transdimensionalen Wesen und den berüchtigten ‚Borg' reichen, einer unheimlichen, technisch weit entwickelten, halb organischen, halb kybernetischen Spezies, die über ein kollektives Bewusstsein verfügt und jede Form von Individualität auslöscht. Auch im fiktiven Universum der *Star-Wars*-Reihe[7], die zu den kommerziell erfolgreichsten Filmprojekten aller Zeiten zählt, gibt es zahlreiche unterschiedliche außerirdische Völker, die sich, eingebettet in die Handlung eines klassischen Heldenepos, in einem andauernden Kampf zwischen Gut und Böse befinden.

---

[7]Bislang sind erschienen: *Krieg der Sterne* (1977), *Das Imperium schlägt zurück* (1980), *Die Rückkehr der Jedi-Ritter* (1983), *Episode I – Die dunkle Bedrohung* (1999), *Episode II – Angriff der Klonkrieger* (2002), *Episode III – Die Rache der Sith* (2005), *Das Erwachen der Macht* (2015), *Die letzten Jedi* (2017). Neben der eigentlichen Filmreihe erschienen darüber hinaus mehrere Ableger-Filme, die im Star Wars-Universum spielen.

2.4   Im Spiegelkabinett

Es würde den Rahmen dieser Darstellung bei Weitem sprengen, auf weitere Einzelheiten der unzähligen Varianten außerirdischer Wesen in der Science Fiction einzugehen. Von Belang sind hier vielmehr allgemeine Tendenzen und Mechanismen im Hinblick auf die Konzeptionen fiktionaler Außerirdischer. In diesem Zusammenhang ist zunächst auf den paradoxen Charakter zu verweisen, der der künstlerisch-literarischen Gestaltung Außerirdischer grundsätzlich innewohnt: Die Konstruktion des Fremden kann nur unter Rückgriff auf Vertrautes, Eigenes, Bekanntes geschehen. Anders ausgedrückt:

> Das Fremde, der oder das Alien, wird zum Prüfstein menschlicher Imagination und zum Test der Grenzen literarischer oder filmischer Darstellungskraft. Wie kann man sich mit dem in seinen spezifischen Dimensionen befangenen menschlichen Verstand etwas vorstellen, das eben nicht menschlich sein und jenseits der vorgegebenen Dimensionen existieren soll? Wie kann man das völlig Fremde, das Unvorstellbare überhaupt vorstellbar machen? Hierin liegt natürlich ein grundlegendes Paradox, denn sobald das Fremde und Unvorstellbare vorstellbar gemacht wird, ist es nicht mehr länger fremd (Hurst 2004, S. 98).

Mithin offenbaren die fiktionalen Außerirdischen nichts Fremdes, Neuartiges, Unbekanntes, sondern (zwangsläufig) unsere eigenen anthropologischen, psychologischen, kulturellen, politischen und gesellschaftlichen Realitäten (vgl. Engelbrecht 2008, S. 14). Die Außerirdischen in US-amerikanischen Science Fiction-Filmen aus den 1950er-Jahren[8] sind in der Regel angsteinflößende, zerstörungswütige Invasoren mit einer fortgeschrittenen Waffentechnik. Hier spiegeln sich die kollektiven Ängste der US-amerikanischen Bevölkerung vor einer russischen Invasion und einem Atomkrieg wider (vgl. Hurst 2004, S. 98–99). Bei den außerirdischen Völkern in *Star Trek* handelt es sich bei näherem Hinsehen um Zerrbilder der US-amerikanischen Gesellschaft:

> Deren Verständnis von Politik, Diplomatie, Demokratie und Lebensführung allgemein wird zum Raster, dem sich (fast) alle Formen extraterrestrischen Lebens unterwerfen müssen; dass es dabei nicht immer tolerant und vorurteilsfrei zugeht, sondern mit allgemeinen Konzeptionen häufig auch stereotypes Denken und einseitiges, chauvinistisches Gedankengut transportiert werden, zählt zu den eher bedenklichen Merkmalen des ,Star Trek'-Universums (Hurst 2004, S. 48).

---

[8]Z. B. *Das Ding aus einer anderen Welt* (1951), *Invasion vom Mars* (1952), *Kampf der Welten* (1952), *Die Dämonischen* (1956) und *Blob – Schrecken ohne Namen* (1958).

Die einzelnen Teile der Alien-Reihe können als Auseinandersetzungen mit diversen sozialpsychologischen Angstquellen ihrer jeweiligen Entstehungszeit aufgefasst werden: vom Wettrüsten im Kalten Krieg und biologischen Waffensystemen in den 1970er- und 1980er-Jahren über AIDS, Gentechnik und Klonexperimente in den 1980er- und 1990er-Jahren bis hin zu aktuellen Debatten über die Gefahren von künstlicher Intelligenz (vgl. Schmitt 2017, S. 37). In der überaus erfolgreichen TV-Serie *Akte X – die unheimlichen Fälle des FBI* bilden Außerirdische den Ausgangspunkt für die gigantische Verschwörung einer kleinen Machtelite und werden somit zum Sinnbild für diffuse kollektive Ängste vor politischen Verschwörungen. Auch in Erzählungen, in denen die Begegnung zwischen Menschen und Außerirdischen positiv dargestellt wird[9], erweisen sich die Aliens letztlich als Spiegelbild unserer selbst, wie Hurst betont, denn auch hier lassen sich

> Formen von kollektiven wie auch von individuellen Projektionen erkennen; denn nicht nur die kriegslüsternen und mordgierigen Aliens, auch die friedensstiftenden Reisenden von anderen Planeten fungieren in den Spielfilmen als Projektionsflächen menschlicher Affekte und Sehnsüchte, sie reflektieren wie in einem fantastischen Vexierspiegel die Befindlichkeit des Menschen unter spezifischen historischen, kulturellen und gesellschaftlichen Bedingungen (Hurst 2004, S. 100).

Bereits in dieser knappen Übersicht fällt auf, dass Außerirdischen in der Science Fiction überwiegend negative Merkmale zugeschrieben werden, was angesichts der erläuterten Projektionsvorgänge ein fragwürdiges Licht auf deren Schöpfer wirft. Die allzu oft aggressiven, zerstörerischen, heimtückischen fiktionalen Aliens verkörpern letztlich lediglich unsere eigenen negativen Verhaltenspotenziale. Dies wiederum liefert eine weitere Erklärungsdimension für das ambivalente Grundverhältnis zwischen Menschen und Außerirdischen in künstlerisch-fiktionalen Darstellungen:

> Die wechselnden kulturellen Bilder von den Außerirdischen spiegeln dabei wie kaum etwas anderes die fortdauernde Ambivalenz von Faszination und Furcht wider, welche die Konfrontation mit dem maximal Fremden in uns auszulösen vermag. Die Furcht resultiert dabei, wenn wir einmal dem psychologischen Gedankengang folgen, nicht nur aus der Angst vor dem Unbekannten, sondern mindestens ebenso aus der Angst vor dem nur allzu Bekannten: vor uns selbst. Es ist letztlich die Angst vor dem, was wir im Spiegel sehen (Schetsche 2004, S. 18).

---

[9] Wie z. B. in *Der Tag, an dem die Erde stillstand* (1951), *Unheimliche Begegnung der dritten Art* (1977), *Cocoon* (1985) *Abyss* (1989) oder *Arrival* (2016).

Unsere Ausführungen sollten deutlich gemacht haben, dass sowohl (natur-) philosophische als auch künstlerisch-literarische Reflexionen über Außerirdische zwangsläufig immer von anthropozentrischen Vorannahmen, dem jeweiligen Wissensstand, unseren rein irdischen Erfahrungen, von gesellschaftlichen, kulturellen und politischen Kontexten und wohl auch von menschlichen Emotionen bestimmt sind. Somit können uns unsere Mutmaßungen über Außerirdische letztlich nirgendwo hinführen, außer immer wieder zu uns selbst. Doch dies soll das schöpferisch-kreative Nachdenken über ‚die Anderen' in keiner Weise delegitimieren, ganz im Gegenteil. Es kann der Leitsatz gelten: „Bis die Außerirdischen gefunden werden, müssen sie erfunden werden" (Fetscher und Stockhammer 1997, S. 267). Unser Nachsinnen über die Frage, ob es ‚da draußen' fremde Intelligenzen gibt, bildet eine schier unerschöpfliche Quelle für ungemein inspirierende, anregende, spannende Erzählungen und hat nicht zuletzt auch wissenschaftliche und technische Innovationen angestoßen – doch eines hat es uns bisher nicht geliefert: Erkenntnisse über potenzielle *reale* Außerirdische. Über diese können wir gegenwärtig nur sehr wenig aussagen, wie Hövelmann zusammenfasst:

> Was dürften wir über einen Außerirdischen, über dessen reale Existenz an dieser Stelle gar nichts behauptet werden muss und über den wir nicht die geringsten empirischen Kenntnisse besäßen, begründet annehmen? Antwort: Nichts; jedenfalls nichts, das nicht aus der Bezeichnung „Außerirdischer" selbst bereits analytisch folgen würde – dass es sich nämlich mit Sicherheit um ein nichthumanes Wesen handelt, das ebenso sicher nicht von der Erde stammt (Hövelmann 2009, S. 179).

Darüber hinaus können wir, so Hövelmann weiter, „auch keinerlei begründete Vermutungen über eine von einer solchen Lebensform entwickelte Technologie, die von ihr gepflegte Wissenschaft und ihre Bereitschaft und Fähigkeit zu kosmischem Mit- oder Gegeneinander anstellen" (Hövelmann 2009, S. 179). Weiterhin scheint es zwar einigermaßen plausibel, davon auszugehen, dass mögliche intelligente Außerirdische von uns radikal verschiedene Erscheinungs-, Lebens- und Wahrnehmungsweisen haben, doch letztlich bleibt sogar dies eine Mutmaßung. Bis auf Weiteres gilt, dass wir uns beim Nachdenken über Außerirdische in einer Art Spiegelkabinett bewegen – wir sehen meist nichts anderes als Zerrbilder unserer selbst (vgl. Anton und Schetsche 2014, S. 145). Solange wir keine empirischen Erkenntnisse über außerirdische Zivilisationen haben, wird dies auch so bleiben. Dieser Band möchte allerdings den Versuch wagen, so gut wie möglich aus jenem Spiegelkabinett auszubrechen, um zu erkunden, was sich aus soziologischer Sicht mit zumindest hinlänglicher Berechtigung über potenzielle außerirdische Zivilisationen sagen lässt – und was eben nicht.

Literatur

Akerma, Karim. 2002. *Außerirdische Einleitung in die Philosophie. Extraterrestrier im Denken von Epikur bis Hans Jonas.* Münster: Monsenstein & Vannerdat.

Anton, Andreas, und Michael Schetsche. 2014. Im Spiegelkabinett. Anthropozentrische Fallstricke beim Nachdenken über die Kommunikation mit Außerirdischen. In *Interspezies-Kommunikation. Voraussetzungen und Grenzen*, Hrsg. Michael Schetsche, 125–150. Berlin: Logos.

Bauman, Zygmund. 2000. Vereint in Verschiedenheit. In *Trennlinien. Imagination des Fremden und Konstruktion des Eigenen*, Hrsg. Josef Berghold, Elisabeth Menasse, und Klaus Ottomeyer, 35–46. Klagenfurt: Drava.

Dick, Steven J. 1982. *Plurality of worlds. The origins of extraterrestrial life debate from democritus to kant.* Cambridge: Cambridge University Press.

Engelbrecht, Martin. 2008. Von Aliens erzählen. In *Von Menschen und Außerirdischen. Transterrestrische Begegnungen im Spiegel der Kulturwissenschaft*, Hrsg. Michael Schetsche und Martin Engelbrecht, 13–29. Bielefeld: transcript.

Fetscher, Justus, und Robert Stockhammer. 1997. Nachwort. In *Marsmenschen. Wie die Außerirdischen gesucht und erfunden wurden,* Hrsg. Justus Fetscher und Robert Stockhammer, 169–172. Leipzig: Reclam.

Gerritzen, Daniel. 2016. *Erstkontakt. Warum wir uns auf Außerirdische vorbereiten müssen.* Stuttgart: Kosmos.

Günther, Ludwig. 1898. *Keplers Traum vom Mond.* Leipzig: Teubner.

Guthke, Karl S. 1983. *Der Mythos der Neuzeit. Das Thema der Mehrheit der Welten in der Literatur- und Geistesgeschichte von der kopernikanischen Wende bis zur Science Fiction.* Bern: Francke.

Herrmann, Dieter B. 1988. *Rätsel um Sirius. Astronomische Bilder und Deutungen.* Berlin: Der Morgen.

Heuser, Marie-Luise. 2008. Transterrestrik in der Renaissance: Nikolaus von Kues, Giordano Bruno, Johannes Kepler. In *Von Menschen und Außerirdischen. Transterrestrische Begegnungen im Spiegel der Kulturwissenschaft*, Hrsg. Michael Schetsche und Martin Engelbrecht, 55–79. Bielefeld: transcript.

Hoagland, Richard C. 1994. *Die Mars-Connection. Monumente am Rande der Ewigkeit.* Essen: Bettendorf.

Hövelmann, Gerd. 2009. Mutmaßungen über Außerirdische. *Zeitschrift für Anomalistik* 9:168–199.

Hurst, Matthias. 2004. Stimmen aus dem All – Rufe aus der Seele. Kommunikation mit Außerirdischen in narrativen Spielfilmen. In *Der maximal Fremde. Begegnungen mit dem Nichtmenschlichen und die Grenzen des Verstehens*, Hrsg. Michael Schetsche, 95–112. Würzburg: Ergon.

Hurst, Matthias. 2008. Dialektik des Aliens. Darstellungen und Interpretationen von Außerirdischen in Film und Fernsehen. In *Von Menschen und Außerirdischen. Transterrestrische Begegnungen im Spiegel der Kulturwissenschaft*, Hrsg. Michael Schetsche und Martin Engelbrecht, 31–53. Bielefeld: transcript.

Huygens, Christiaan. 1703. *Cosmotheoros oder Eine phantastisch-realistische Betrachtung der Schönheit der Welt, der Sterne und Planeten. Geschrieben von Christiaan Huygens für seinen Bruder Constantijn, Geheimrat der königlichen Majestät von Großbritannien.* Verlegt von Friedrich Lanckischens Erben 1703. (Ins moderne Deutsch übertragen und erläutert von Maria Trepp 2011). http://www.passagenproject.com/christiaan-huygens-cosmotheoros.html. Zugegriffen: 7. März 2018.

Kaiser, Céline. 2004. „Fafagolik?" Fiktionen des Erstkontaktes in der ‚Marsliteratur' um 1900. In *Der maximal Fremde. Begegnungen mit dem Nichtmenschlichen und die Grenzen des Verstehens*, Hrsg. Michael Schetsche, 75–93. Würzburg: Ergon.

Kant, Immanuel. 1954. *Träume eines Geistersehers.* Berlin: Aufbau Verlag.

Kues, Nikolaus von. 1967. *Die belehrte Unwissenheit (De docta ignoratia).* (Buch II. Übersetzt und mit Vorwort, Anmerkungen und Register), Hrsg. Paul Wilpert. Hamburg: Felix Meiner Verlag.

Locke, John. 1988a. *Versuch über den menschlichen Verstand* (vier Büchern. Band I, Buch I und II). Hamburg: Meiner.

Locke, John. 1988b. *Versuch über den menschlichen Verstand* (vier Büchern. Band II, Buch III und IV). Hamburg: Meiner.

Moore, Ben. 2014. *Da draußen. Leben auf unserem Planeten und anderswo.* Zürich: Kein & Aber.

Oeser, Erhard. 2009. *Die Suche nach der zweiten Erde. Illusion und Wirklichkeit der Weltraumforschung.* Darmstadt: WGB.

Plutarch. 1968. *Das Mondgesicht (De facie in orbe lunae)* (Eingeleitet, übersetzt und erläutert von Herwig Görgemanns). Zürich: Artemis.

Schetsche, Michael. 2004. Der maximal Fremde – Eine Hinführung. In *Der maximal Fremde. Begegnungen mit dem Nichtmenschlichen und die Grenzen des Verstehens*, Hrsg. Michael Schetsche, 13–21. Würzburg: Ergon.

Schetsche, Michael, René Gründer, Gerhard Mayer, und Ina Schmied-Knittel. 2009. Der maximal Fremde. Überlegungen zu einer transhumanen Handlungstheorie. *Berliner Journal für Soziologie* 19 (3): 469–491.

Schmitt, Stefan. 2017. Das Wir da draußen. Wer nach Außerirdischen sucht, der findet – Den Menschen. Im Kino, wo ein neuer ‚Alien-Film' anläuft. Aber auch in der Astronomie. *Die Zeit*, Nr. 20 vom 11. Mai 37.

Wells, Herbert George. 1974. *Der Krieg der Welten.* Zürich: Diogenes.

Wille, Holger. 2005. *Kant über Außerirdische. Zur Figur des Alien im vorkritischen und kritischen Werk.* Münster: Monsenstein & Vannerdat.

Die Erde im Weltraum 3

Es ist zweifelsohne ein trauriger Umstand, dass der Beginn der Raumfahrt, der Startschuss für den menschlichen ‚Griff nach den Sternen‘, im Kontext kriegerischer Auseinandersetzungen verortet ist. Das erste menschliche Objekt, das die Grenze zum Weltraum[1] durchstieß, war im Jahre 1944 eine der unter der Leitung von Wernher von Braun in der Heeresversuchsanstalt Peenemünde gefertigten A4/V2-Raketen. Obwohl sich die Raketenentwicklung im ‚Dritten Reich‘ aufgrund der immensen Kosten und der Treffungenauigkeit der Raketen aus militärischer Sicht letztlich als Fehlinvestition erwies, erkannten die Alliierten das Potenzial der dahinter stehenden Technik und verbrachten Raketenbauteile, Produktionsanlagen sowie an der Raketenentwicklung beteiligte Wissenschaftler und Techniker in die Sowjetunion und in die USA. Dort bildete das deutsche Know-how in Sachen Raketentechnik die Grundlage für die militärischen und raumfahrttechnischen Entwicklungen der nächsten Jahrzehnte.

In der unmittelbar nach dem Zweiten Weltkrieg einsetzenden Konfrontation zwischen den USA und der Sowjetunion gewann die Raketentechnik, neben ihrem militärischen Wert im Rahmen raumfahrttechnischer Nutzungsmöglichkeiten, auch eine propagandistische Bedeutung. Der Konkurrenzkampf der beiden Systeme wurde um einen ‚Wettlauf ins All‘ ergänzt, technische Entwicklungen in der Raumfahrt wurden zu einem weiteren Maßstab für die Leistungsfähigkeit bzw. technischen Überlegenheit, und beide Seiten statteten ihre jeweiligen Raumfahrtprogramme mit großzügigen Mitteln aus. Die Raumfahrt wurde so zu einem

---

[1]In der Luft- und Raumfahrt wird in der Regel ab einer Höhe von 100 km über dem Meeresspiegel (Kármán-Linie) von Weltraum gesprochen. Darüber ist die Erdatmosphäre so dünn, dass sie nicht mehr für Auf- bzw. Antriebe genutzt werden kann.

© Springer Fachmedien Wiesbaden GmbH, ein Teil von Springer Nature 2019
M. Schetsche und A. Anton, *Die Gesellschaft der Außerirdischen,*
https://doi.org/10.1007/978-3-658-21865-2_3

„Instrument eines mit symbolischen Mitteln geführten Wettlaufes um die Vorherr-schaft in der Welt" (Weyer 1997, S. 465). In der Folge kam es zu einer rasanten technischen Entwicklung und die Raumfahrtprogramme beider konkurrierender Systeme konnten in rascher Abfolge Erfolge und Höhepunkte für sich verbuchen: Im Oktober 1957 beförderte die Sowjetunion mit *Sputnik* den ersten Satelliten, einen Monat später mit der Hündin *Laika* das erste Lebewesen und 1961 Juri Gagarin als ersten Menschen in eine Umlaufbahn um die Erde. 1969 gelang den USA die erste bemannte Mondlandung, 1971 platzierte die Sowjetunion die erste bemannte Raumstation *Saljut 1* im Weltall. Mit dem *Space Shuttle* schufen die USA 1981 das erste wieder- bzw. mehrfachverwendbare Raumfahrzeug.

Diese Erfolge auf dem Gebiet der Raumfahrttechnik beflügelten nicht zuletzt auch das Nachdenken über außerirdisches Leben, wurde durch sie doch ganz praktisch bewiesen, dass die Grenzen der Erde mit technischen Mitteln über-windbar sind. Zumindest der erdnahe Weltraum wurde Teil der menschlichen Einfluss-Sphäre (vgl. Schetsche 2005) – und was der Menschheit jetzt gelang, konnte einer außerirdischen Zivilisation schon vorher gelungen sein: den eige-nen Heimatplaneten zu verlassen und mit technischen Mitteln in die Weiten des Weltraums vorzudringen. Vor diesem Hintergrund erhielten jene Fragen, die Philosophen und Naturwissenschaftler schon seit Jahrhunderten beschäftigten[2], neues Gewicht: Nimmt die Erde eine Sonderstellung im Universum ein oder ent-steht Leben überall dort, wo die Grundbedingungen dafür vorhanden sind? Wie wahrscheinlich ist die Entstehung von Lebewesen, die planvoll handeln und sich bewusst mit ihrer eigenen Existenz auseinandersetzen können? Wie weit mögen außerirdische Zivilisationen von der Erde entfernt sein? Sind sie technisch und kulturell weiter entwickelt als die Menschheit? Gibt es die Chance einer Kontakt-aufnahme? Und was würde dies für unser menschliches Selbstverständnis bedeuten? (vgl. Pirschl und Schetsche 2013, S. 30).

Diese Fragen trieben auch die Physiker Giuseppe Cocconi und Philip Mor-rison um, die im Jahr 1959 in der Wissenschaftszeitschrift *Nature* einen Artikel mit dem Titel *Searching for Interstellar Communications* (Cocconi und Morri-son 1959, S. 844–846). veröffentlichten. Auch wenn, wie die beiden Physiker zu Beginn des Artikels zunächst festhielten, es derzeit keine Möglichkeit gebe, 1) die Anzahl der Planeten im Universum, 2) die Wahrscheinlichkeit für die Entstehung von Leben und 3) die Entstehung und Entwicklung von außerirdischen Zivilisa-tionen abzuschätzen, hielten sie es für doch wahrscheinlich, dass es intelligente

---

[2]Wir hatten uns im vorhergehenden Kapitel ausführlich damit beschäftigt.

außerirdische Spezies gibt, die uns technisch überlegen und darüber hinaus an einer interstellaren Kommunikation mit der Menschheit interessiert sind. Cocconi und Morrison fragten daher:

> We shall assume that long ago they established a channel of communication that would one day become known to us, and that they look forward patiently to the answering signals from the Sun which would make known to them that a now society bas entered the community of intelligence. What sort of a channel would it be? (Cocconi und Morrison 1959, S. 844).

Sie schlugen vor, mithilfe von Radioteleskopen nach Botschaften anderer technologischer Zivilisationen in unserer Galaxis zu suchen Dies warf natürlich die Frage auf, in welchem Frequenzbereich man suchen sollte. Auch hierfür boten Cocconi und Morrison eine Lösung an: Außerirdische Nachrichten, so ihre Idee, könnten auf einer Radiofrequenz von 1420 MHz übertragen werden, was einer Wellenlänge von 21 cm entspricht. Dies ist die Wellenlänge der Radiostrahlung von neutralem Wasserstoff, dem häufigsten Element im Universum, und müsste, so Cocconi und Morrison weiter, auch einer außerirdischen Zivilisation als geeignete Frequenz erscheinen:

> It is reasonable to expect that sensitive receivers for this frequency will be made at an early stage of the development of radio-astronomy. That would be the expectation of the operators of the assumed source, and the present state of terrestrial instruments indeed justifies the expectation. Therefore we think it most promising to search in the neighborhood of 1,420 Mc./s (Cocconi und Morrison 1959, S. 845).

Rund zwei Jahre später entwickelte der Astrophysiker Frank Drake eine Gleichung, die zur Abschätzung der Anzahl technisch entwickelter außerirdischer Zivilisationen in unserer Galaxis dienen sollte (vgl. Krauss 2002, S. 29). Inzwischen hat die sog. *Drake-Gleichung* einige Berühmtheit erlangt, auch außerhalb des engen Kreises der Fachastronomen. Die Gleichung lautet:

$$N = R * f_p * n_e * f_l * f_i * f_c * L$$

N steht hierbei für die mögliche Anzahl intelligenter außerirdischer Zivilisationen in unserer Galaxis zum jetzigen Zeitpunkt, R für die mittlere Sternentstehungsrate, f_p für den Anteil an Sternen mit Planetensystemen, n_e für die Anzahl der Planeten in der sog. habitablen (also lebensfreundlichen) Zone. Der Parameter f_l gibt den Anteil der Planeten an, auf denen Leben existiert, f_i den Anteil der Planeten mit intelligentem Leben und f_c soll erfassen, wie hoch der Anteil der fremden Zivilisationen ist, die an extraterrestrischer Kommunikation interessiert sind.

Schließlich wird mit dem Faktor L die durchschnittliche Lebensdauer von technisch entwickelten außerirdischen Zivilisationen berücksichtigt (vgl. Shostak 1999, S. 218–219).

Das Hauptproblem der Drake-Gleichung besteht darin, dass die Wahrscheinlichkeitswerte mancher Faktoren nahezu *unbestimmbar* erscheinen. Wie sollte man etwa zu einem sinnvollen Schätzwert in Bezug auf Planeten mit intelligentem Leben oder die durchschnittliche Lebensdauer außerirdischer Zivilisationen kommen? Drake selbst bezeichnete seine Gleichung daher als „Kompositum von Unsicherheiten" (Drake und Sobel 1994, S. 79). Aus diesem Grund ist die Drake-Gleichung eher als ein *Denkanstoß* denn als ein Instrument zur tatsächlichen Berechnung der Anzahl außerirdischer Zivilisationen zu betrachten. Entsprechend variiert die anhand der Drake-Gleichung geschätzte Anzahl aktuell kommunikationsbereiter außerirdischer Zivilisationen in unserer Galaxis zwischen eins (nämlich die Menschheit selbst) und mehreren Millionen. Drake selbst schätzte die Zahl auf 10.000 (Shostak 1999, S. 222) – was beim damaligen Wissensstand allerdings einen geradezu beliebigen Wert darstellte. Aber auch die heutigen Schätzungen sind, trotz aller Fortschritte in Astronomie und Astrobiologie, aufgrund der beschriebenen generellen Problematik nicht sehr viel sicherer. Dennoch ist zu betonen, dass sich heute, über ein halbes Jahrhundert nach der Entstehung der Gleichung, zumindest die ersten drei Faktoren der Gleichung mit zunehmender Genauigkeit bestimmen lassen. Der Reihe nach:[3]

3.1 Die Sternentstehungsrate

Die Sternentstehungsrate (R) gibt an, wie viele Sterne pro Jahr in einer bestimmten Region des Weltraums (hier: in der Milchstraße) entstehen. Sie ist von verschiedenen Faktoren wie z. B. dem Alter der Galaxie, der interstellaren Masse innerhalb der Galaxie und den lokalen physikalischen Eigenschaften der interstellaren Masse (etwa Dichte, Temperatur, Magnetfeldstärke) abhängig. Ihr Wert ist durch empirische Beobachtungen und astrophysikalische Modelle

---

[3]Wir stellen die astrophysikalischen und astrobiologischen Hintergründe unserer soziologischen Überlegungen in diesem Kapitel so ausführlich dar, weil sie nicht zum üblichen Kanon sozialwissenschaftlichen Wissens gehören. Es kommt hinzu, dass der aktuelle naturwissenschaftliche Forschungsstand eine zentrale Begründung für unsere Entscheidung liefert, uns zum *jetzigen Zeitpunkt* so nachdrücklich für die Idee einer Exosoziologie stark zu machen.

relativ gut abschätzbar (vgl. etwa Kennicutt und Evans 2012). Nach aktuellen
Berechnungen der NASA und der ESA liegt die aktuelle Sternentstehungsrate in
der Milchstraße bei ca. 0,7 bis 1,5 Sonnenmassen pro Jahr, was bei einer durchschnittlichen Masse eines neu geborenen Sterns von 0,5 Sonnenmassen 1,5 bis
3 Sternen pro Jahr entspricht (vgl. Robitaille und Whitney 2010). Die gesamte
durchschnittliche Sternentstehungsrate der Milchstraße (also seit ihrem Bestehen)
liegt allerdings bei 10 bis 20 Sternen pro Jahr. Dies zeigt, dass die Anzahl neu
entstehender Sterne nicht konstant ist, Galaxien also nicht immer gleich ‚fruchtbar' sind und mal mehr und mal weniger Sterne hervorbringen. Zu beachten ist
in diesem Zusammenhang, dass nicht alle Sterne dazu geeignet sind, in ihrer
Umgebung potenziell lebensfreundliche Bedingungen zu erzeugen. Sterne, die
eine größere Masse und Leuchtkraft als die Sonne aufweisen, verbrauchen ihre
Energie zu schnell, sodass nicht genügend Zeit für die Entwicklung komplexer
Lebensformen bleibt. Sterne mit geringerer Masse und Leuchtkraft als unsere
Sonne, die sog. *Roten Zwerge,* zu denen rund zwei Drittel aller Sterne unserer
Galaxis zählen, haben zwar eine lange Lebensdauer, doch dafür müssten Planeten sehr dicht um sie kreisen, um in der habitablen Zone zu sein. Dies wiederum
erzeugt zwei Probleme: Zum einen sind solche Planeten hohen Dosen lebens-
feindlicher solarer Strahlung ausgesetzt, zum anderen starker Gravitation, was zu
einer synchronen (bzw. gebundenen) Rotation führen kann, sodass die eine Hälfte
des Planeten ihrem Heimatstern immer zugewandt, die andere immer abgewandt
ist (wie der Mond zur Erde). Unter Astrobiologen wird allerdings diskutiert,
ob dichte Atmosphären oder große Ozeane auf Planeten in der Nähe von Roten
Zwergen zu einem Temperaturausgleich auf der Oberfläche und somit zu günsti-
geren Bedingungen für die Entstehung von Leben führen könnten, womit sie als
potenzielle Kandidaten für bewohnte Planeten am Ende nicht per se ausscheiden
(vgl. Zaun 2006; Joshi 2003; Scalo et al. 2007).

Von besonderem Interesse sind aus astrobiologischer Sicht vor allem jene
Sterne, die in ihrer Masse und Brenndauer unserer eigenen Sonne ähnlich sind.
Konkret handelt es sich dabei um Sterne der Spektralklassen G und K.[4] Derartige
Sterne sind aus heutiger Sicht am besten dazu geeignet, eine potenziell lebens-
freundliche Umgebung zu erzeugen. Aktuelle Schätzungen gehen davon aus, dass

---

[4]Die Spektralklasse (auch Spektraltyp) ist ein auf die Astrophysik des 19. Jahrhunderts
zurückgehendes Klassifikationssystem, das Sterne nach ihrem Lichtspektrum einteilt. Die
allermeisten Sterne (über 90 %) zählen zu den sieben Spektralklassen (sog. Grundklassen)
O, B, A, F, G, K und M, die zugleich eine Temperatursequenz von hohen (B) zu niedrigen
Temperaturen (M) darstellen.

ca. 15 % aller Sterne diesen Kategorien zuzuordnen sind (vgl. Leibundgut 2011, S. 137). Was bedeutet dies nun für die Schätzung eines Wertes für die Variable R der Drake-Gleichung? Da wir nicht wissen, ob die Entstehung von Leben tatsächlich an bestimmte Sternklassen gebunden ist, gestaltet sich diese Einschätzung äußert schwierig und der Wert kann stark variieren. Geht man davon aus, dass tatsächlich nur G- und K-Sterne für die Entstehung von Leben in Betracht kommen, bedeutet dies, dass in unserer Milchstraße aktuell ca. alle drei bis sechs Jahre ein Stern entsteht, in dessen Umgebung Leben entstehen und existieren könnte. Bezogen auf die Gesamtzahl der Sterne in der Milchstraße (ca. 150 Mrd.) würde dies eine Anzahl von ca. 22 Mrd. potenziell lebensfreundlichen Sonnen ergeben. Bei einer durchschnittlichen Sternentstehungsrate von 15 Sternen pro Jahr läge der Wert für R bei $15 \times 0,15 = \textbf{2,25}$.

3.2 Wie viele Planeten gibt es in der Milchstraße?

Der nächste Faktor in der Drake-Gleichung f_p fragt nach dem Anteil der Sterne, die von einem Planetensystem umkreist werden. Über lange Zeit war nicht klar, wie häufig Planetensysteme im All vorkommen und ob sie eher eine Ausnahme oder die Regel darstellen. Der erste definitive Nachweis eines *Exoplaneten,* also eines Planeten außerhalb unseres Sonnensystems, gelang (1995) den Schweizer Astronomen Michael Mayor und Didier Queloz. Der Planet trägt die Bezeichnung *Dimidium* (oder auch 51 Pegasi b) und kreist um den rund 40 Lichtjahre entfernten Stern 51 Pegasi im Sternbild Pegasus (vgl. Mayor und Queloz 1995). Seither haben sich die Ereignisse geradezu überschlagen: Bereits ein Jahr nach der Entdeckung von *Dimidium* kannte man mehr Exoplaneten, als es Planeten in unserem Sonnensystem gibt. Der US-amerikanische Astronom und Astrophysiker Geoff Marcy hatte nach Mayors und Queloz' Entdeckung (die er durch eigene Messungen bestätigte) vorausgesagt, dass es von nun an bei fortgesetzter Beobachtung neue Planeten ‚nur so hageln' werde. Er sollte Recht behalten (vgl. Shostak 1999, S. 81). In der Anfangsphase des Aufspürens von Exoplaneten wurde im Schnitt rund ein Planet pro Monat entdeckt, inzwischen kommen nahezu täglich neue Planeten hinzu. Alleine im Jahr 2016 wurden 1464 neue Exoplaneten registriert.[5] Heute (Stand: März 2018) sind rund 3700 Planeten außerhalb unseres Sonnensystems bekannt. Abb. 3.1 zeigt eine künstlerische Darstellung von Exoplaneten.

---

[5]Eigene Berechnung nach Daten von http://www.exoplanet.eu/.

Abb. 3.1 Exoplaneten (künstlerische Darstellung): Die Vielfalt fremder Welten. (Quelle: Originalgrafik für diesen Band von Nadine Heintz)

Die erhöhte Anzahl von Entdeckungen ist vor allem auf Verbesserungen und Neuerungen in den Nachweismethoden zurückzuführen. Mit der sog. *Transitmethode* bspw. werden minimale Verdunklungen gemessen, die eintreten, wenn ein Planet auf der Sichtachse zur Erde an seinem Heimatstern vorbeizieht. Die Menge des durch den Planeten blockierten Sternenlichtes steht dabei im Verhältnis zur Größe des abdunkelnden Planeten (vgl. etwa Moore 2014, S. 35). 1999 wurde der erste Exoplanet mithilfe der Transitmethode entdeckt. Er trägt die Bezeichnung *HD 209458 b* und kreist in rund 150 Lichtjahren Entfernung zur Erde um einen Stern im Sternbild Pegasus. Inzwischen ist die Transitmethode das bewährteste Mittel zur Detektion von Exoplaneten. Durch sie wurden rund 80 % aller bisher bekannten Planeten außerhalb unseres Sonnensystems entdeckt.[6] Zu berücksichtigen ist dabei, dass die Wahrscheinlichkeit, bei einem zufällig ausgewählten Stern einen Planetentransit zu beobachten, bei unter einem Prozent liegt, da die Umlaufbahn des Planeten mit einer hohen Wahrscheinlichkeit so liegt, dass sein Vorbeizug an seinem Heimatstern von der Erde aus nicht beobachtet werden kann. Die Tatsache, dass mit der Transitmethode dennoch so viele Exoplaneten registriert werden konnten, spricht dafür, dass Planetensysteme

---

[6]Vgl. Exoplanet and Candidate Statistics der NASA: https://exoplanetarchive.ipac.caltech.edu/docs/counts_detail.html (Zugegriffen: 7. Februar 2018).

häufig vorkommen. Man geht heute davon aus, dass im Schnitt jeder Stern in
der Milchstraße mindestens ein bis zwei Planeten hat, womit es alleine in unserer kosmischen Umgebung mehr als hundert Milliarden Planeten gäbe (Cassan
et al. 2012; vgl. auch Wandel 2014; Scholz 2014). Geht man von durchschnittlich
einem Planeten pro Stern aus, läge der entsprechende Wert für den Faktor f_p in
der Drake-Gleichung bei 1. Wir können also festhalten: $f_p = 1$.

3.3   Planeten in der habitablen Zone

In der Astrobiologie gilt flüssiges Wasser als einer der wichtigsten, wenn auch
nicht unabdingbaren (vgl. hierzu etwa Janjic 2017, S. 207; Benner et al. 2004)
Bausteine des Lebens. Damit auf einem Planeten flüssiges Wasser existieren
kann, muss er sich in einem passenden Abstand zu seiner Heimatsonne befinden:
Ist er dem Stern zu nahe, verdampft das Wasser vollständig, bei zu großer Entfernung gefriert es dauerhaft. In unserem Sonnensystem reicht die habitable Zone
(auch als *Ökosphäre* bezeichnet) von etwa 120 bis 220 Mio. km Distanz zur
Sonne. Die Erde befindet sich mit 150 Mio. km Entfernung zur Sonne etwa mittig
in der habitablen Zone, die Venus mit 108 Mio. km Sonnenentfernung davor und
Mars im Abstand von 228 Mio. km zur Sonne knapp dahinter (vgl. Leibundgut
2011, S. 138).

Die ersten bekannten Exoplaneten, bei denen diskutiert wurde, ob sie in der
habitablen Zone ihrer Heimatplaneten liegen, sind der bereits erwähnte Planet
HD 209458 b sowie der 2007 entdeckte Planet *Gliese 581 c*. Bei *HD 209458 b*
handelt es sich um einen sog. ‚heißen Jupiter‘, also einen Gasplaneten, bei dem
man aufgrund einer nahen Umlaufbahn um seine Heimatsonne von einer recht
hohen Oberflächentemperatur ausgeht. 2007 wurden in der Atmosphäre von *HD
209458 b* größere Mengen Wasserdampf festgestellt, womit er der erste Exoplanet ist, bei dem Wasser nachgewiesen wurde. In späteren Untersuchungen
konnten darüber hinaus Methan und Kohlenstoffdioxid in der Atmosphäre des
Planeten registriert werden. Dass auf *HD 209458 b* Leben existiert, gilt allerdings
als ausgeschlossen (vgl. Kayser 2009). *Gliese 581 c* kreist um einen Roten Zwerg
im Sternbild Waage und hat etwa die fünffache Masse der Erde. Bislang konnte
auf dem Planeten kein Wasser nachgewiesen werden. Darüber hinaus gilt Leben
auf *Gliese 581 c* als nahezu unmöglich, da sein Heimatgestirn *Gliese 581* in unre-
gelmäßigen Abständen hohe Dosen Röntgenstrahlung emittiert (vgl. Selsis et al.
2008).

Mit *Kepler-22b* wurde 2011 der erste Exoplanet gemeldet, auf dem theoretisch Leben existieren könnte. Er ist ca. 2,4-mal größer als die Erde und rund

600 Lichtjahre von der Erde entfernt. Es ist allerdings noch nicht eindeutig geklärt, ob es sich bei *Kepler-22b* um einen Gas- oder einen Gesteinsplaneten handelt. Ebenfalls in der habitablen Zone befindet sich der im Jahr 2015 entdeckte, 1400 Lichjahre entfernte Planet *Kepler-452b* im Sternbild Schwan, der um einen sonnenähnlichen Stern kreist, vermutlich eine feste Oberfläche hat und – zumindest theoretisch – erdähnlich sein könnte (vgl. Gerritzen 2016, S. 99). Insgesamt wurden bislang, bei optimistischer Auslegung der vorhandenen Daten, 53 Exoplaneten innerhalb der habitablen Zone ihrer Zentralsterne entdeckt – darunter befinden sich allerdings mit hoher Wahrscheinlichkeit auch einige Gasplaneten.[7] Anhand von verschiedenen Daten (wie z. B. Radius, Dichte, Oberflächentemperatur) wird bei diesen Planeten der sog. *Erdähnlichkeitsindex* (englisch: Earth Similarity Index, kurz ESI) berechnet, der ein grobes Maß für die Bewertung der potenziellen Erdähnlichkeit von Exoplaneten darstellt. Die ESI-Werte liegen zwischen 0 und 1, die Erde selbst hat den Wert 1. Der bisher ‚heißeste Kandidat' für eine hohe Erdähnlichkeit und damit für die Existenz von Leben ist der Planet *Proxima Centauri b* mit einem ESI-Wert von 0,87 (vgl. Janjic 2017, S. 10). Kurioserweise befindet sich der Planet – zumindest nach kosmischen Maßstäben – in unserer unmittelbaren Nachbarschaft: Er umkreist den *Stern Proxima Centauri* (oder auch Alpha Centauri C), der zusammen mit den Sternen *Alpha Centauri A* und *B* ein Dreifachsternensystem bildet und mit einem Abstand von 4,2 Lichtjahren der sonnennächste Stern ist. *Proxima Centauri b* hat ungefähr die 1,27-fache Erdmasse und an seiner Oberfläche könnte flüssiges Wasser existieren (vgl. Boutle et al. 2017). Ein weiterer interessanter Exoplanet ist *Kepler-442b,* ein Gesteinsplanet, der seinen Heimatstern *Kepler-442* im Sternbild Leier in dessen habitabler Zone umkreist, etwa 1,3 Erdradien hat und ebenfalls flüssiges Wasser beherbergen könnte.

Die entscheidende Frage ist, wie häufig es vorkommt, dass der Orbit von Exoplaneten in der habitablen Zone ihrer Heimatgestirne liegt. Konservative Schätzungen gehen davon aus, dass dies bei etwa 1–10 % aller Exoplaneten der Fall sein dürfte (vgl. etwa Leibundgut 2011, S. 138). Statistische Analysen auf der Grundlage von Daten der Kepler-Mission kamen zu dem Ergebnis, dass sich innerhalb der Milchstraße in den habitablen Zonen von sonnenähnlichen Sternen und Roten Zwergen bis zu 40 Mrd. erdähnliche Planeten befinden könnten, darunter 11 Mrd., die einen Stern umkreisen, der unserer Sonne ähnelt

---

[7]Vgl. University of Puerto Rico at Arecibo: Habitable Exoplanets Catalog: http://phl.upr. edu/projects/habitable-exoplanets-catalog (Zugegriffen: 7. März 2018).

(vgl. Petigura et al. 2013). Darüber hinaus ist zu berücksichtigen, dass Leben prinzipiell auch *außerhalb* der habitablen Zone möglich sein könnte. Innerhalb unseres Sonnensystems kommt dafür z. B. der Jupitermond *Europa* infrage. *Europa* ist vollständig von Wassereis bedeckt, befindet sich weit außerhalb der habitablen Zone und auf seiner Oberfläche herrscht eine Durchschnittstemperatur von bis zu minus 170 Grad Celsius. Unter seiner Eisoberfläche könnte sich aber, bedingt durch die massiven Gravitationskräfte Jupiters, ein Ozean aus flüssigem Wasser befinden – und darin vielleicht Leben (vgl. Moore 2014, S. 196–204). Weitere Kandidaten für Leben innerhalb unseres Sonnensystems sind die Saturnmonde *Titan* und *Enceladus*. Das bedeutet, dass Leben grundsätzlich auch in entlegeneren Regionen von Planetensystemen entstanden sein könnte.

Welchen Wert für den Faktor n_e der Drake-Gleichung können wir nun anhand dieser Überlegungen festlegen? Angesichts der statistischen Analysen auf der Basis der Kepler-Daten scheinen Planeten in der habitablen Zone ihres Zentralgestirns durchaus häufig vorzukommen. Es erscheint nicht unrealistisch, anzunehmen, dass in jedem zweiten Planetensystem ein lebensfreundlicher Planet (in der habitablen Zone oder außerhalb davon) existieren könnte. Wir wollen jedoch auch hier wieder konservativ schätzen und setzen den Wert weitaus niedriger an. Wir gehen davon aus, dass sich im Schnitt in jedem zwanzigsten Planetensystem ein Planet mit prinzipiell lebensfreundlichen Bedingungen befindet. Das bedeutet: $n_e = \mathbf{0{,}05}$.

3.4   Die Entstehung von Leben

Spätestens ab hier wird die Abschätzung der Faktoren der Drake-Gleichung höchst diffizil und auch spekulativ. Wir wollen uns dennoch daran versuchen. Der nächste Faktor f_l gibt anteilig diejenigen potenziell lebensfreundlichen Planeten an, auf denen auch tatsächlich Leben entstanden ist. Bis heute gibt es keine abschließende wissenschaftliche Erklärung für die Entstehung des Lebens auf der Erde. Namentlich der Sprung von anorganischen chemischen Verbindungen zu organischem biologischem Leben gibt der Wissenschaft nach wie vor Rätsel auf (vgl. Gerritzen 2016, S. 100). Schon die Definition von Leben bereitet gewisse Schwierigkeiten, da verschiedene Kriterien für Leben auch auf unbelebte Systeme wie z. B. Kristalle, technische Systeme, Computerprogramme (auch Computerviren) oder Feuer zutreffen.[8] Dennoch besteht in der Biologie weitest-

---

[8]Vergleiche hierzu auch die zusätzlichen Anmerkungen im Abschn. 10.2.

gehend Konsens im Hinblick auf grundlegende physikalisch-chemische Eigenschaften, die ein lebendes System aufweisen muss (vgl. etwa Koshland 2002):

1. Homöostase: Regulierungsmechanismen, um Gleichgewichtszustände aufrecht zu erhalten;
2. Zellen als Grundeinheit;
3. ein Stoffwechselsystem (Metabolismus);
4. Wachstum und damit die Fähigkeit zur Entwicklung;
5. Anpassungsfähigkeit an sich verändernde Umweltbedingungen (durch evolutionäre Prozesse);
6. Reizoffenheit bzw. Sensorik: die Fähigkeit, auf chemische oder physikalische Reize zu reagieren;
7. Reproduktion und genetische Variabilität.

Das Problem dieses Kriterienkataloges besteht darin, dass er hypothetische Früh- oder Vorformen des Lebens sowie Grenzfälle wie z. B. Viren ausschließt. Bei der Suche nach Leben im Weltall sind aber auch Vor- und Grenzformen des Lebens von großem Interesse, weshalb es vonseiten der Astrobiologie Vorschläge für offenere Definitionen von Leben gibt. So etwa bei Schulze-Makuch und Irwin, die Leben wie folgt definieren:

life is (1) composed of bounded microenvironments in thermodynamic disequilibrium with their external environment, (2) capable of transforming energy and the environment to maintain a low-entropy state, and (3) capable of information encoding an transmission (Schulze-Makuch und Irwin 2004, S. 14).

Der Astrophysiker Ben Moore (2014, S. 52) bestimmt Leben schlicht als „Jegliche molekulare Struktur, die fähig ist, die Information und den Mechanismus in sich zu tragen, die zur Reproduktion nötig sind".

Die nächste Frage lautet, welche Voraussetzungen gegeben sein müssen, damit Leben entsteht. Dafür gibt es in der Biologie bzw. Astrobiologie verschiedene Ansätze, grundlegend gelten aber folgende Faktoren als absolut notwendig für die Entstehung von Leben: 1) das Vorhandensein eines Lösungsmittels für Nährstoffe (z. B. Wasser); 2) Energie (z. B. in Form von Licht, hydrothermalen Quellen oder Blitzen); 3) verschiedene chemische Stoffe wie Kohlenstoff, Wasserstoff, Stickstoff, Phosphor, Sauerstoff, Schwefel, Eisen etc. sowie 4) geeignete Temperaturen, damit zumindest zeitweise ein flüssiges Lösungsmittel zur Verfügung steht (vgl. Leibundgut 2011, S. 139–140).

Die Erde ist ca. 4,5 Mrd. Jahre alt. Die Erdgeschichte wird in sog. *Äonen* eingeteilt. Von der Entstehung der Erde bis vor 4 Mrd. Jahren spricht man vom *Hadaikum,* bis vor 2,5 Mrd. Jahren vom *Archaikum.* In diesen Frühphasen der Erdgeschichte herrschten extreme, man könnte meinen, lebensfeindliche Bedingungen auf unserem Planeten. Die frühesten Spuren von Leben auf der Erde sind 3,8 Mrd. Jahre alt. Das Leben entwickelte sich also erstaunlich früh – bereits 700 Mio. Jahre nachdem die Erde entstand (vgl. Gerritzen 2016, S. 100). Dies begründet die vielfach formulierte Annahme, dass Leben gleichsam *automatisch* entsteht, sobald geeignete Bedingungen vorhanden sind. Gelegentlich wird dieses Postulat als *biologischer Determinismus* bezeichnet (vgl. Davies 1999, S. 11). Das Problem ist, dass die Tatsache, dass Leben auf der Erde entstanden ist, kaum Rückschlüsse auf die Wahrscheinlichkeit für die Entstehung von Leben außerhalb der Erde zulässt. Die Entdeckung schon einer einzigen außerirdischen Lebensform würde dies grundlegend ändern: Der Beweis, dass günstige Umweltbedingungen zweimal unabhängig voneinander zu der Entstehung von Leben geführt haben, wäre ein starkes Argument für den biologischen Determinismus. Hinweise zur Klärung dieser Frage ließen sich vielleicht auch auf der Erde finden: Es wäre durchaus möglich, dass das Leben auf der Erde nicht einmal, sondern mehrfach entstanden ist und aktuell immer noch entsteht. So ist es durchaus denkbar, dass sich im Sinne einer *kontinuierlichen Abiogenese* immer wieder protozelluläre Einheiten entwickeln, die sich dann aber nicht zu funktionsfähigen Zellen entwickeln können, da sie zuvor von Mikroorganismen konsumiert und verbraucht werden (vgl. Janjic 2017, S. 208). Der Nachweis, dass sich Leben auf der Erde bereits mehrfach gebildet hat, würde die Hypothese untermauern, dass Leben unter geeigneten Bedingungen mit einer hohen Wahrscheinlichkeit entsteht. Bislang konnten dafür jedoch keine eindeutigen Belege gefunden werden (vgl. Davies 2007).

Klar ist hingegen bereits seit einiger Zeit, dass die Bildung organischer chemischer Verbindungen im Weltall, die wiederum eine wichtige Grundlage für die Entstehung von Leben sind, häufig vorkommt und es sogar eine *Tendenz* hin zur Entwicklung komplexer organischer Moleküle gibt, wie der Astronom Dieter B. Herrmann ausführt:

> Vor allem ist offenkundig, daß es eine Vorzugsrichtung der Entwicklung chemischer Verbindungen im Weltall gibt, die von einfachsten Molekülen zu komplizierter gebauten organischen Molekülen führt und die sich mit solcher Macht durchsetzt, daß auch scheinbar ungünstige äußere Bedingungen daran nichts ändern können. Man spricht in solchen Fällen von Präferenzen, die in der Physik und Chemie eine große Rolle spielen. Präferenzen führen dazu, daß sich in Gasgemischen nicht jede beliebige Kombination von Molekülen zu beständigen Verbindungen vereinigt,

sondern daß *ausgewählte* Reaktionen mit entschieden höherer Wahrscheinlichkeit auftreten. Es handelt sich also um eine auf Grund von Elementeigenschaften entstehende Begünstigung bestimmter chemischer Prozesse gegenüber allen anderen (Herrmann 1988, S. 165; Hervorhebung im Original).

Derartige chemische Prozesse können nicht nur auf Planeten stattfinden, sondern auch auf Asteroiden und in Wolken aus Gas und Staub im interstellaren Raum. Insgesamt erweisen sich organische chemische Verbindungen im Weltall fast schon als „Massenware des Kosmos" (Herrmann 1988, S. 164). Vor diesem Hintergrund wird diskutiert, ob das Leben auf der Erde überhaupt hier seinen Anfang nahm oder gleichsam von außerhalb ‚importiert' wurde. So hält es etwa Ben Moore für durchaus wahrscheinlich,

[...] dass die am besten geeignete Umgebung, in der sich primitives Leben entwickelt haben könnte, sich nicht auf der Erde befand. Ich bevorzuge die Vorstellung, dass das Leben seinen Anfang auf einem riesigen Asteroiden oder einem Zwergplaneten nahm. Und das ein solches Objekt zu einem Zeitpunkt mit der Erde kollidierte und das Leben hier ‚ablieferte', als die Bedingungen sein Gedeihen erlaubten (Moore 2014, S. 132).

Vorstellungen dieser Art werden als *Panspermie-Hypothese*[9] bezeichnet. Die Idee der Panspermie steht und fällt mit der Frage, ob simple Lebensformen oder Vorstufen des Lebens über lange Zeiträume unter Weltraumbedingungen überleben und eine Kollision ihres Trägerobjektes mit einem Planeten überstehen könnten. Um diese Frage zu klären, hilft es, einen Blick auf Lebensformen auf der Erde zu werfen, die unter extremen Bedingungen leben und daher in der Wissenschaft als *Extremophile* bezeichnet werden. Hier zeigt sich Erstaunliches: Das Leben auf der Erde hat nahezu jeden Winkel des Planeten erobert, auch diejenigen, die auf den ersten Blick überaus lebensfeindlich erscheinen. So wurden in der Nähe von Hydrothermalquellen auf dem Meeresgrund Mikroben entdeckt, die Temperaturen von bis zu plus 300 Grad Celsius überleben können. In Höhlen, tief im Boden und am Grund der Ozeane leben Organismen, die zum Überleben kein Sonnenlicht benötigen. Das Bakterium *Planococcus halocryophilus* verfügt über eine Art natürlichen ‚Frostschutz' und überlebt Temperaturen bis zu minus 37 Grad Celsius, andere Bakterienarten sind dazu in der Lage, hohe Dosen ionisierter Strahlung zu überstehen (vgl. Moore 2014, S. 147–160).

---

[9]Wenn die Übertragung von Leben zwischen benachbarten Himmelskörpern gemeint ist, ist in der Regel von Transspermie die Rede (vgl. etwa Janjic 2017, S. 85).

Als wahre ‚Überlebenskünstler' erweisen sich die ca. einen Millimeter großen, putzig anmutenden *Bärtierchen* (Tardigrada, siehe Abb. 3.2), die fast überall
auf der Erde vorkommen und nahezu ‚unzerstörbar' zu sein scheinen. Wenn ihre
Umgebung zu trocken wird, verfallen die Tiere in eine Art scheintoten Zustand
(Kryptobiose), in dem ihre Stoffwechselprozesse auf ein absolutes Minimum
reduziert werden. Bei sehr kalten Temperaturen können sie sogar zeitweise ein-
frieren (Kryobiose) und ihr Stoffwechsel kommt vollständig zum Erliegen.
Sobald die Temperaturen steigen, ‚erwachen' die Bärtierchen wieder und gehen
in einen aktiven Zustand über. In Experimenten wurden Bärtierchen 20 h lang bei
Temperaturen von minus 272,95 Grad Celsius eingefroren (dies entspricht beinahe dem unteren Grenzwert der Temperaturskala), sie wurden 20 Monate lang
bei minus 200 Grad Celsius gelagert, aber auch bei hohen Temperaturen bis zu
plus 150 Grad Celsius. Sie wurden extremen Druckverhältnissen ausgesetzt und
giftigen Gasen, darunter Kohlenmonoxid, Kohlendioxid, Stickstoff und Schwefel-
dioxid. Die Ergebnisse der Experimente waren immer dieselben: Nachdem die
Bärtierchen wieder in eine lebensfreundlichere Umgebung versetzt wurden,

Abb. 3.2 Wahre Überlebenskünstler: ein Bärtierchen. (Quelle: gemeinfreie Abbildung
[Online abrufbar unter: https://de.wikipedia.org/wiki/B%C3%A4rtierchen (Zugegriffen:
27. März 2018)])

erwachten sie und lebten weiter, als sei nichts geschehen. Derart widerstands-
fähige Organismen wie die Bärtierchen könnten durchaus dazu in der Lage sein,
eine Reise durch das All auf einem Asteroiden und dessen Einschlag auf einem
anderen Planeten zu überleben (vgl. Moore 2014, S. 160–163) – dies gilt auch
für verschiedene Bakterienarten. Sicher ist heute, dass organische Verbindungen
wie z. B. Aminosäuren die äußerst harte ‚Landung' auf der Erde auf einem
Meteoriten überstehen können. So wurde in Material aus dem 1969 in Australien
niedergegangenen Meteoriten *Murchison* eine Vielzahl organischer Verbindungen
gefunden, darunter auch sog. *Diaminocarbonsäuren,* die als Bausteine des ersten
genetischen Materials auf der Erde gelten (vgl. Meierhenrich et al. 2004).

Zusammenfassend lässt sich festhalten, dass im Hinblick auf den derzeitigen
Kenntnisstand über die Hartnäckigkeit irdischer Lebensformen und die Übertragbarkeit organischer Verbindungen zwischen verschiedenen Himmelskörpern die
Panspermie-Hypothese nicht von der Hand gewiesen werden kann, auch wenn
völlig zu Recht immer wieder darauf hingewiesen wird, dass es sich hierbei bislang um reine Spekulation handelt (vgl. Janjic 2017, S. 85). Klar ist: Die Möglichkeit von Panspermie hätte zur Konsequenz, dass Leben auf anderen Planeten nicht
zwangsläufig dort entstanden sein muss. Dies wirft eine interessante, vonseiten
der Astrobiologie zu beantwortende Frage auf: Könnte Leben, eine Übertragung
durch Panspermie vorausgesetzt, sich auch an Orten im Universum *verbreiten,* an
denen es aufgrund ungünstiger Bedingungen nicht *entstanden* sein kann?

Kommen wir zurück zur Drake-Gleichung: Eine Einschätzung der Wahrscheinlichkeit für die Entstehung von Leben auf potenziell lebensfreundlichen Planeten enthält viele Unwägbarkeiten und gestaltet sich daher überaus
schwierig. Drei Faktoren lassen uns indes zu der Auffassung tendieren, dass die
Entstehung und Erhaltung von Leben unter geeigneten Bedingungen eher wahrscheinlich als unwahrscheinlich ist: 1) die frühe Entstehung von Leben auf der
Erde; 2) die Häufigkeit, mit der Grundbausteine des Lebens wie organische Verbindungen im Universum vorkommen und schließlich 3) die generelle Wider-
stands- und Anpassungsfähigkeit des Lebens. Dies führt uns zu der Annahme,
dass mindestens die Hälfte aller lebensfreundlichen Planeten auch tatsächlich
Leben beherbergt. Damit wäre $f_l = 0{,}5$.

3.5 Wie kommt der Geist in die Welt?

Mindestens ebenso schwer zu beantworten ist die Frage, wie hoch die Wahrscheinlichkeit dafür ist, dass sich aus Leben *intelligentes* Leben entwickelt.
Unabhängig davon, dass auch eine Definition von Intelligenz alles andere als trivial ist, dürfte klar sein, dass die Drake-Gleichung auf jene Formen potenzieller

außerirdischer Lebensformen abzielt, die eine *Zivilisation bzw. technologische Intelligenz* entwickelt haben. Den Astrobiologen Schulze-Makuch und Bains zufolge gibt es vier wesentliche Charakteristika einer technologischen Intelligenz: 1) eine hinreichend komplexe neuronale Struktur für die Entwicklung von Intelligenz, 2) die Möglichkeit der Manipulation der Umgebung (mittels Greiforganen und Werkzeugen), 3) die Fähigkeit zur Nutzung und Kontrolle von Umwelt- bzw. Energieressourcen (z. B. durch Feuer) und schließlich 4) die Fähigkeit zur sozialen Interaktion (Austausch von Ideen etc.) und systematischen Zusammenarbeit (z. B. in Form von Handel) (vgl. Schulze-Makuch und Brains 2017, S. 170).[10] Folgt man dieser Konzeption, lässt sich folgende Unterscheidung treffen: Es gibt auf der Erde zweifelsohne eine Vielzahl intelligenter Lebensformen, von denen aber bisher nur eine – der Mensch –technologische Intelligenz bzw. eine Zivilisation entwickelt hat. Während anthropologische Forschungen ein zunehmend differenziertes Bild davon zeichnen, warum ausgerechnet die Art *Homo sapiens,* ein Säugetier aus der Ordnung der *Primaten,* der Unterordnung der *Trockennasenprimaten* und der Familie der *Menschenaffen,* die Fähigkeit zu technologischer Intelligenz entwickelt hat, ist völlig unklar, wie hoch die *Wahrscheinlichkeit* für diesen Entwicklungsprozess war. Hier gehen die Meinungen weit auseinander. Im Kern drehen sich die entsprechenden Kontroversen um die Frage, ob die geistigen Fähigkeiten des Menschen das Ergebnis mehr oder minder *zufälliger* und damit eher unwahrscheinlicher Entwicklungsprozesse sind – man könnte auch sagen: ein zufälliges Nebenprodukt der Evolution – oder ob bewusste Intelligenz bzw. ‚Geist' ein inhärentes und dadurch unter bestimmten Bedingungen durchaus wahrscheinliches Entwicklungspotenzial evolutionärer Prozesse ist. So geht bspw. der Evolutionsbiologe Ernst Mayr davon aus, dass die Entstehung von Leben – und insbesondere von intelligenten Lebensformen – höchst unwahrscheinlich ist und verweist darauf, dass von den ca. 50 Mrd. Arten, die die Evolution auf der Erde bislang hervorgebracht hat, lediglich *eine* Art eine Form von Intelligenz entwickelt hat, die eine komplexe Form von Zivilisation ermöglicht hat:

> How many species have existed since the origin of life? This figure is as much a matter of speculation as the number of planets in our galaxy. But if there are 30 million living species, and if the average life expectancy of a species is about 100,000 years, then one can postulate that there have been billions, perhaps as many as 50 billion species since the origin of life. Only one of these achieved the kind of intelligence needed to establish a civilization (Mayr 1995).

---

[10]Wir werden diese Konzeption in Kap. 10 erneut aufgreifen und ausführlicher diskutieren.

Befürworter der These, dass die Entstehung von Leben und Intelligenz unter günstigen Voraussetzungen wahrscheinlich ist, beziehen sich u. a. auf die Prinzipien der *Durchschnittlichkeit* und des *Uniformitarismus* (vgl. Anton und Schetsche 2015, S. 28). Nach dem Prinzip der Durchschnittlichkeit darf die Entwicklung von Leben und Intelligenz, so wie sie auf der Erde stattgefunden hat, nicht als etwas Einzigartiges verstanden werden. Vielmehr wird angenommen, dass die Evolution von Leben und Intelligenz sich überall da auch tatsächlich vollzieht, wo geeignete Umweltbedingungen vorliegen. Ergänzend behauptet das Prinzip des Uniformitarismus, dass überall im Universum die gleichen Naturgesetze gelten – dies führe nicht nur zu einer identischen Struktur des Kosmos (etwa was das Verhältnis von Materie und Energie angeht), sondern mache auch die Entwicklung von Leben und Intelligenz auf der Erde zum „Ergebnis einer natürlichen Entwicklung physikalischer Prozesse im Kosmos" (Heidmann 1994, S. 131). In der Konsequenz würde dies bedeuten, dass die Entwicklung von Leben und Intelligenz an geeigneten Orten im Universum ganz ähnlich wie auf der Erde verlaufen sein kann – oder gar verlaufen sein *muss* (vgl. von Hoerner 2003, S. 12, 55; Sheridan 2009, S. 24).

Ein unseres Erachtens höchst interessanter Impuls in Bezug auf die Diskussion um die Frage nach der Entstehungswahrscheinlichkeit von Intelligenz und Bewusstsein kam vor wenigen Jahren von dem US-amerikanischen Philosophen Thomas Nagel. In seinem Buch *Geist und Kosmos* argumentiert Nagel, dass das derzeit dominierende materialistische Naturverständnis nicht dazu in der Lage ist, die Entstehung von Bewusstsein befriedigend zu erklären. Konkret könnten 1) mentale Zustände im Rahmen eines seitens der Naturwissenschaften favorisierten psychophysischen Reduktionismus nicht in Gänze auf physikalisch-chemische Eigenschaften im Gehirn zurückgeführt werden und 2) die Evolutionstheorie die Genese von Bewusstsein innerhalb der menschlichen Entwicklungsgeschichte nicht hinreichend erklären. Da die Existenz des Bewusstseins aber zu den grundlegenden Realitäten der Natur zähle, sei das bisherige Naturverständnis falsch oder zumindest unvollständig. In den Worten Nagels:

> Die Existenz des Bewusstseins gehört zu den vertrautesten und erstaunlichsten Dingen auf der Welt. Keine Vorstellung von der Naturordnung kann auch nur annähernd Anspruch auf Vollständigkeit erheben, wenn sie das Bewusstsein nicht als etwas Erwartbares erkennbar macht (Nagel 2014, S. 81).

Ein Ansatz, der das Phänomen Bewusstsein angemessen berücksichtigt, muss, so Nagel, sowohl eine *konstitutive Darstellung* enthalten, die zeigt, in welcher Weise komplexe materielle Systeme (wie das menschliche Gehirn) auch mentale sind, als auch eine *geschichtliche Darstellung,* die erklärt, wie und warum der Geist überhaupt in die Welt gekommen ist. Hierfür gibt es, in sehr grober Weise zusammengefasst, zwei mögliche Antworten: eine *emergenztheoretische* und eine *reduktive.* Der emergenztheoretische Ansatz besagt, einfach ausgedrückt, dass Bewusstsein eine emergente Eigenschaft des Gehirns ist, also eine Eigenschaft, die sich aus der Struktur des menschlichen Gehirns *ergibt,* ohne dass sie sich vollständig auf die Eigenschaften seiner einzelnen Elemente zurückführen ließe. In anderen Worten: Das Ganze ist mehr als die Summe seiner Teile! Der Schwachpunkt dieses Ansatzes besteht darin, dass der Moment der Emergenz grundsätzlich unerklärt bleibt, wie Nagel festhält:

> Dass solche rein physischen Elemente, wenn sie in einer bestimmten Weise kombiniert werden, notwendig einen Zustand des Ganzen herstellen sollen, der nicht aus den Eigenschaften und Beziehungen der physischen Teile gebildet wird, wirkt gleichwohl wie Magie, selbst wenn die psychophysischen Abhängigkeiten höherer Ordnung recht systematisch sind (Nagel 2014, S. 85).

Nagel bevorzugt daher einen reduktiven (nicht zu verwechseln mit reduktionistischen) Ansatz, nach dem die Grundeigenschaften eines Systems prinzipiell aus den Eigenschaften seiner einzelnen Bestandteile erklärt werden können müssen. In Bezug auf das Bewusstsein hat dies weitreichende Konsequenzen, denn es bedeutet, dass die Grundelemente unseres Gehirns, also Atome und Moleküle, *mentale Eigenschaften* aufweisen müssen, welche die Beschaffenheit menschlichen Bewusstseins zu erklären vermögen. Derartige Vorstellungen werden als *Panpsychismus* bezeichnet und von Nagel explizit ins Spiel gebracht:

> Alles, sei es lebendig oder nicht, besteht aus Elementen mit einer Beschaffenheit, die sowohl physisch als auch nichtphysisch ist – das heißt die Fähigkeit besitzen, sich zu einem mentalen Ganzen zu verbinden. So kann dieser reduktive Ansatz auch als eine Form des Panpsychismus beschrieben werden: Alle Elemente der physischen Welt sind zugleich mental (Nagel 2014, S. 87).

Nagel spricht in diesem Zusammenhang von ‚protopsychischen' Eigenschaften der Materie, die die Entstehung von Geist bzw. Bewusstsein als potenzielle Entwicklungsmöglichkeit genauso in sich tragen würden, wie Atome und Moleküle auf höherer Ebene Galaxien zu bilden in der Lage sind.

Ohne Zweifel ist dieser Ansatz höchst spekulativ und voraussetzungsreich, was Nagel selbst einräumt, dennoch weist er unseres Erachtens ein hohes Maß an Plausibilität und logischer Stringenz auf. Die Implikationen dieses Modells sind enorm: Das, was wir als Intelligenz, Geist oder Bewusstsein bezeichnen, wäre kein Zufalls- oder Nebenprodukt der Evolution, sondern eine *inhärente Eigenschaft des Universums,* die überall dort in Erscheinung tritt, wo hinreichend komplexe Strukturen (seien sie natürlicher oder künstlicher Art) ihre Entfaltung ermöglichen. Dieses Modell ist auch deshalb bestechend, weil es unterschiedliche Formen des Bewusstseins bzw. der Intelligenz (z. B. bei Tieren) einzubeziehen und sogar vorauszusagen vermag. In Bezug auf die Frage nach extraterrestrischen Intelligenzen ließe sich aus dieser Perspektive die Position ableiten, dass überall im Weltall, wo komplexere Lebensformen entstanden sind, *automatisch* auch Intelligenz bzw. Bewusstseinsprozesse vorzufinden sind. Wir möchten diesen Standpunkt, in Anlehnung an die Vorstellung des biologischen Determinismus, *ratiogenetischen Determinismus*[11] nennen.

Wir sind ausdrücklich *nicht* dieser Auffassung, da wir sie letztlich für zu voraussetzungsreich und im Kern auch anthropozentrisch halten. Wir gehen stattdessen davon aus, dass die Entstehung von Intelligenz und Bewusstsein keine *zwangsläufige Zielrichtung* evolutionärer Prozesse darstellt, sondern vielmehr ein *Entwicklungspotenzial,* welches aber, auch aufgrund evolutionärer Vorteile, mit einer relativ hohen Wahrscheinlichkeit realisiert wird. Wir schätzen daher, um auf die Drake-Gleichung zurückzukommen, dass auf der Hälfte aller Planeten, die Leben hervorgebracht haben, nach einer entsprechenden Entwicklungszeit (dazu später mehr), auch intelligentes, sich seiner selbst bewusstes Leben entstanden ist. Das bedeutet: $f_i = 0{,}5$.

3.6 Die Kommunikationsbereitschaft der Außerirdischen

Wie viele dieser intelligenten außerirdischen Zivilisationen werden sich wie wir fragen, ob sie alleine im Weltall sind und ein Interesse an interstellarer Kommunikation haben? Auch hier kann letztlich nur spekuliert werden. Dieser Faktor der Drake-Gleichung ist allerdings ein wenig missverständlich, denn es ging Drake hier nicht nur um außerirdische Zivilisationen, die ein aktives Interesse an interstellarer Kommunikation haben, sondern auch um solche, die aufgrund ihrer technischen Signaturen von uns entdeckt werden könnten: „Selbst wenn sie nicht an eine Kommunikation mit ihren galaktischen Nachbarn dächten, würde ihre Kommunikationsfähigkeit sie verraten" (Drake und Sobel 1994,

---

[11]Vertreten wird eine derartige Position etwa von Martinez (2014).

S. 101). Der Faktor f_c beschreibt also im Grunde den Anteil außerirdischer Zivilisationen, die aufgrund ihrer technologischen Entwicklung Spuren hinterlassen haben, die von uns detektiert werden können *und* die möglicherweise auch ein Interesse an interstellarer Kommunikation haben. In diesem Zusammenhang sind die Überlegungen des russischen Astronomen Nikolai Kardaschow interessant, der Mitte der 1960er-Jahre eine Kategorisierung der Entwicklungsstufen außerirdischer Zivilisationen nach deren Energieverbrauch vorschlug, die sog. *Kardaschow-Skala.* Die Grundform der Skala sieht drei Typen außerirdischer Zivilisationen vor:

- Typ 1: Zivilisationen, die dazu in der Lage sind, die gesamte auf einem Planeten verfügbare Energie zu nutzen. Auf der Erde entspricht dies ca. $1{,}74 \times 10^{17}$ W.
- Typ 2: Zivilisationen, die dazu in der Lage sind, die Gesamtleistung ihres Heimatsterns zu nutzen. Dies entspricht ca. 4×10^{26} W.
- Typ 3: Zivilisationen, die dazu in der Lage sind, die Energie einer gesamten Galaxie zu nutzen. Das sind ungefähr 4×10^{37} W (vgl. Gerritzen 2016, S. 75–76).

Eine außerirdische Zivilisation mit einer hohen Energienutzungsfähigkeit könnte theoretisch starke elektromagnetische Signale zur interstellaren Kontaktaufnahme aussenden – vorausgesetzt, sie *will* dies überhaupt. Darüber hinaus könnten wir aber natürlich auch Signale empfangen, die nicht mit der Absicht der Kommunikationsaufnahme ausgesendet wurden, sondern im Zusammenhang mit der Anwendung bestimmter Technologien. Wie könnte eine solche extraterrestrische Technosignatur aussehen?

Für eine gewisse Aufregung sorgt seit einigen Jahren der ungewöhnliche Stern *KIC 8462852,* der auch unter dem Namen *Tabby's Star* bekannt ist. Ungewöhnlich ist dieser Stern deshalb, weil er merkwürdige Verdunklungsphasen aufweist, die so noch bei keinem anderen Stern beobachtet wurden. Der Stern verliert zeitweise bis zu 20 % seiner Gesamthelligkeit, um anschließend wieder zu 100 % zurückzukehren. Darüber hinaus schienen Analysen älterer Aufnahmen des Sterns darauf hinzuweisen, dass die Verdunklung des Sterns über die Jahre *zunimmt.* Es gibt verschiedene Erklärungsansätze zu den mysteriösen Verdunklungen von Tabby's Star, sie reichen von Kometen- oder gar Planetenkollisionen mit dem Stern, die Staubwolken hinterlassen haben, bis hin zu der These, dass sich der Stern an der Grenze zwischen zwei verschiedenen physikalischen Zuständen befindet und daher Schwankungen in der Helligkeit aufweist. Am interessantesten in unserem Kontext sind allerdings Spekulationen, dass die Verdunklungen auf eine sog. *Alien-Megastructure,* also eine künstliche, von Außerirdischen gebaute Struktur zurückzuführen seien. Letztere Hypothese basiert auf der Idee, dass außerirdische Zivilisationen ab einem gewissen technologischen Entwicklungsgrad dazu übergehen könnten, ihre Energie direkt von ihrem Heimatgestirn abzufangen und dazu eine gigantische Megastruktur, auch *Dyson-Sphäre* genannt, in seiner Nähe installieren würden. Man hätte es im Sinne der Kardaschow-Skala also mit einer Zivilisation zu tun, die sich im Übergang von Typ 1 zu Typ 2 befindet. Bei den Verdunklungen von Tabby's Star handelt es sich höchstwahrscheinlich um ein natürliches Phänomen, doch solange noch nicht eindeutig geklärt ist, woher sie rühren, bleibt die Idee eines gigantischen außerirdischen Solarkraftwerks zumindest eine fantastische (Denk-)Möglichkeit (vgl. Janjic 2017, S. 57–58; Gerritzen 2016, S. 157–164).

Ein zusätzlicher Gedanke, der im Kontext unserer Überlegungen zu verschiedenen Kontaktszenarien (siehe Kap. 7 und 8) eine Rolle spielt, ist dieser: Die Menschheit selbst hinterlässt seit 1895 eine Technosignatur im Weltall. Seither sendet sie elektromagnetische Wellen ins All, die die Erde technologisch ,markieren' (vgl. Janjic 2017, S. 48). Die ersten stärkeren Radiosignale verließen in den 1930er-Jahren die Erde, verbreiteten sich in Lichtgeschwindigkeit, sind daher in der Zwischenzeit über 80 Lichtjahre entfernt und haben bereits mehrere hundert Exoplaneten erreicht. Aufmerksame Außerirdische könnten uns also bereits entdeckt haben (vgl. Moore 2014, S. 250).

Was lässt sich nun, basierend auf diesen Überlegungen, zur Einschätzung des Faktors f_c der Drake-Gleichung sagen? Die Antwort lautet: *gar nichts.* Drake und seine Kollegen schätzten, dass „[…] zehn bis zwanzig Prozent der intelligenten Zivilisationen versuchen würden, andere Gemeinschafen ausfindig zu machen, um mit ihnen Kommunikation zu betreiben" (Drake und Sobel 1994, S. 102). Dieser Wert erscheint ziemlich willkürlich – und er ist es auch. Dennoch erscheint uns die Überlegung, dass 10 % aller intelligenten außerirdischen Spezies mit einer technologischen Zivilisation ein Interesse an interplanetarer Kommunikation haben könnten und/oder durch die Anwendung ihrer Technologien Spuren hinterlassen, die auf ihre Existenz hindeuten, intuitiv hinlänglich plausibel, sodass wir uns dieser Einschätzung vorsichtig anschließen möchten. Damit erhält f_c einen Wert von **0,1**.

3.7 Die Lebensdauer außerirdischer Zivilisationen

Die Überlegungen von Frank Drake und seinen Kollegen zu der Frage, wie lange die durchschnittliche Existenzdauer außerirdischer Zivilisationen sein könnte, wurden erkennbar von dem bedrohlichen Szenario eines Atomkrieges der Supermächte USA und Sowjetunion geprägt. So schreibt Drake:

Wir Erdlinge verfügen bereits über die militärischen Mittel, um uns selbst mit einem einzigen Schlag auszurotten. Diese Fähigkeit erlangten wir etwa zeitgleich mit unserer Entdeckbarkeit im Kosmos. Zufällig hatte einer unserer Green-Bank-Teilnehmer, Phil Morrison, am Manhattan-Projekt zum Bau der zweiten Atombombe mitgearbeitet. Unmittelbar nachdem sie am 9. August 1945 über Nagasaki abgeworfen wurde, wechselte Morrison ins Lager der Aktivisten für Waffenkontrolle. Wenn die Fähigkeit für eine totale planetarische Zerstörung jeder technologisch höherentwickelten Zivilisation gegeben wäre, wie wahrscheinlich wäre es dann für uns, draußen im Universum irgend jemanden zu entdecken? (Drake und Sobel 1994, S. 103).

Abgesehen davon, dass diese Überlegung in hohem Maße anthropozentrisch ist und die menschliche Aggression auf außerirdische Zivilisationen projiziert, hat sich das menschliche Selbstauslöschungspotenzial inzwischen bekanntermaßen vervielfacht und neben der Bedrohung der Menschheit durch Atomwaffen sind weitere potenzielle Gefahren hinzugekommen wie z. B. Bio- und Nanotechnologie, künstliche Intelligenz, Umweltzerstörung etc. Unabhängig davon sind mehrere weitere Szenarien möglich, die der menschlichen Zivilisation ohne Selbstverschulden ein jähes Ende bereiten könnten. Man denke etwa an massive Vulkanausbrüche, den Einschlag eines großen Kometen oder Asteroiden, Epidemien aggressiver Krankheitserreger etc. Tatsächlich hat es in der Erdgeschichte bereits mehrere Phasen gegeben, in denen es, ausgelöst durch klimatische Veränderungen, Meteoriteneinschläge, Vulkanausbrüche usw. zu einem massiven Artensterben kam oder gar das Leben auf der Erde insgesamt bedroht war (vgl. etwa Ward 2009). In Bezug auf die Existenzwahrscheinlichkeit und Lebensdauer potenzieller außerirdischer Zivilisationen wird in diesem Zusammenhang oft vom sog. *Großen Filter* gesprochen. Die Idee dahinter ist, dass es auf dem Weg zu einer technologischen Zivilisation, die über einen längeren Zeitraum überlebensfähig ist, einer Reihe von Schritten bedarf, von denen einer oder mehrere derart unwahrscheinlich sind, dass insgesamt mit nur sehr wenigen oder gar nur *einer* Zivilisation – unserer – im Universum zu rechnen ist (vgl. hierzu etwa Schulze-Makuch und Brains 2017, S. 201–206). Vorausgesetzt es gäbe den Großen Filter, lautet die etwas makabre Frage: Haben wir ihn bereits hinter uns gelassen oder liegt er noch vor uns? Darüber hinaus ergibt sich unter der Annahme eines Großen Filters eine paradoxe Situation: Je mehr Hinweise wir finden, dass außerirdisches Leben möglich und sogar wahrscheinlich ist, während wir gleichzeitig keinen Beleg für die Existenz einer intelligenten außerirdischen Zivilisation haben, desto wahrscheinlicher ist es, dass der Große Filter tatsächlich existiert und noch vor uns liegt (vgl. etwa Urban 2014).

Die Idee des Großen Filters ist interessant, aber letztlich ein reines Gedankenexperiment, das höchst voraussetzungsreich ist und kaum Anhaltspunkte für die

Frage nach der potenziellen Überlebensdauer einer außerirdischen Zivilisation liefert. Letzteres gilt auch, wenn wir versuchen, aus der Entwicklungsgeschichte unserer eigenen Spezies Hinweise zur Klärung dieser Frage zu extrahieren: Der Wissenschaftsjournalist Michael Shermer hat, basierend auf der Lebensdauer 60 verschiedener menschlicher Hochkulturen, eine durchschnittliche Lebensdauer von rund 420 Jahren errechnet (vgl. Shermer 2002). Dieser Ansatz erscheint wenig sinnvoll, da er die Lebensdauer einzelner Kulturen innerhalb einer Spezies, aber nicht deren *Gesamtzivilisation* in den Blick nimmt. Die Menschheit hat bereits seit einigen Jahrzehnten (oder noch länger) einen qualitativ und quantitativ beispiellosen Grad an Vernetzung zwischen den verschiedenen Kulturen bzw. Gesellschaften erreicht, sodass berechtigterweise von einer *Weltgesellschaft* die Rede sein kann (vgl. etwa Luhmann 1975, die gegen das ‚Ausscheiden' einzelner beteiligter Kulturen (bspw. durch politische Abschottung wie in Nordkorea oder durch Krieg und Zerstörung wie derzeit in Syrien) relativ unempfindlich ist. Über die konkrete Überlebensdauer der menschlichen Weltgesellschaft bzw. der menschlichen Gesamtzivilisation lassen sich keine oder kaum begründete Aussagen treffen, allerdings lassen sich Faktoren benennen, die die Überlebens*wahrscheinlichkeit* der menschlichen Zivilisation drastisch erhöhen könnten. Dazu zählen etwa politisch-zivilisatorische Maßnahmen zur Eindämmung von Gewalt und Krieg, technologischer und wissenschaftlicher Fortschritt zum Schutz überlebenswichtiger Umweltressourcen, Abwehrsysteme gegen den Einschlag von großen Kometen oder Asteroiden oder die Gründung von menschlichen Kolonien außerhalb der Erde. Der wichtigste Faktor für eine langfristige Überlebensfähigkeit der menschlichen Zivilisation könnte allerdings ein ganz anderer sein: der Übergang zu einer *postbiologischen Existenzweise*.

Wir wollen uns erst an späterer Stelle (Abschn. 10.1) ausführlicher mit dem Thema postbiologische Zivilisationen beschäftigen. Hier sei nur so viel gesagt: Bereits heute befreit sich die menschliche Kultur Schritt für Schritt von ihrer biologischen Grundlage. Die Triebfeder hierfür scheint eine tief im Menschen sitzende Sehnsucht nach *Unsterblichkeit* zu sein. Auf dem Weg dorthin beschreitet die Menschheit derzeit zwei Pfade: Zum einen versucht sie mithilfe der modernen Medizin und der Gentechnik, die biologischen Grenzen des menschlichen Körpers immer weiter auszudehnen, ihn gesünder, leistungsfähiger und langlebiger zu machen. Manche Experten gehen gar davon aus, dass bis in 100 oder 200 Jahren der biologische Alterungsprozess komplett gestoppt werden kann und somit die Grenze des Todes gänzlich aufgehoben ist (vgl. Harari 2017, S. 35–46). Der zweite Pfad zur Unsterblichkeit führt über die technologische Entwicklung. Der US-amerikanische Zukunftsforscher Raymond Kurzweil geht davon aus, dass computergestützte künstliche Intelligenz schon bald die Leistungsfähigkeit des menschlichen Gehirns überschritten haben wird und dass im Zuge dessen der Moment der *technologischen Singularität* eintreten wird. Gemeint ist damit der Zeitpunkt, ab dem künstliche Intelligenzen dazu in der Lage sind, sich selbst zu optimieren, wodurch es zu einer rasanten Beschleunigung der weiteren technologischen Entwicklung und zu einem exponentiellen bzw. ‚explosionsartigen' Wachstum künstlicher Intelligenz kommen könnte. Nach Kurzweil ist es sehr wahrscheinlich, dass derartige superintelligente Systeme Bewusstsein entwickeln oder menschliches Bewusstsein auf sie übertragbar wäre – und sie wären potenziell unsterblich (vgl. Buchter und Straßmann 2013). Derartige superintelligente Systeme würden im Zuge ihrer weiteren Selbstoptimierung höchstwahrscheinlich ihre Abhängigkeit von bestimmten Umweltfaktoren auf ein Minimum reduzieren, könnten als sog. *Von-Neumann-Sonden*[12] das Weltall erkunden und kolonisieren und auch unter Bedingungen fortexistieren, die biologisches Leben ausschließen.

Natürlich sind derartige Überlegungen bislang im Wesentlichen Science Fiction, dennoch zeigen sie zumindest potenzielle Entwicklungsmöglichkeiten auf, die die zu erwartende Lebensdauer der menschlichen Zivilisation oder einer ihr folgenden Zivilisation künstlicher Systeme um ein Vielfaches ausdehnen könnten. Sollten diese Zukunftsprojektionen ganz oder zum Teil auf etwaige außerirdische Zivilisationen zutreffen, hätte dies zur Konsequenz, dass diese potenziell eine hohe Lebensdauer aufweisen oder gar einen Zustand der Unsterblichkeit erreicht haben könnten. Die Wahrscheinlichkeit derartiger Szenarien kann freilich nicht abgeschätzt werden, wir möchten sie allerdings keineswegs ausschließen, halten daher, um ein letztes Mal den Bogen zu der Drake-Gleichung zu schlagen, eine durchschnittliche Lebensdauer außerirdischer Zivilisationen von 20.000 Jahren für eine vertretbare Annahme und können somit den letzten Faktor bestimmen: $L = 20.000$.

3.8   Wo sind sie?

Es soll zunächst noch einmal betont werden, dass die Drake-Gleichung, worauf vielerorts völlig zurecht hingewiesen wird, letztlich nichts als eine Zahlenspielerei ist, da, wie gezeigt, vor allem die Bestimmung der letzten Faktoren zwangsläufig höchst spekulativ sein muss. Sie ist dennoch von großem Nutzen,

---

[12]Es handelt sich dabei um hypothetische, sich selbst reproduzierende und mit einer künstlichen Intelligenz ausgestattete Raumsonden, die von dem Mathematiker John von Neumann (1903–1957) konzeptualisiert wurden.

Tab. 3.1 Die Anzahl außerirdischer Zivilisationen – verschiedene Szenarien. (Quelle: eigene Darstellung)

Szenario	R	f_p	n_e	f_l	f_i	f_c	L	N
Konservativ	1	0,1	0,01	0,1	0,1	0,01	1.000	0,0
Gemäßigt konservativ	1,5	0,3	0,05	0,1	0,25	0,1	5.000	0,3
Gemäßigt	2,25	1	0,05	0,5	0,5	0,1	20.000	56
Gemäßigt optimistisch	3	1,5	0,5	0,7	0,7	0,2	50.000	11.025
Optimistisch	3,75	2,5	1	1	1	0,5	100.000	468.750

da sie nicht nur interessante Gedankenexperimente ermöglicht, sondern unserer Suche nach extraterrestrischen Intelligenzen eine gewisse Struktur gibt. Nach unserer Bestimmung der einzelnen Faktoren sähe die Berechnung wie folgt aus:

$$N = 2,25 \times 1 \times 0,05 \times 0,5 \times 0,5 \times 0,1 \times 20.000 = \mathbf{56,3}$$

Nach dieser Rechnung hätten wir es in unserer Milchstraße also aktuell mit *ca. 56 technologisch fortgeschrittenen außerirdischen Zivilisationen* zu tun. Klar ist: Variiert man die einzelnen Werte der Faktoren, variieren auch die Ergebnisse in dramatischer Weise. Zur Verdeutlichung haben wir in der Tab. 3.1 verschiedene Szenarien mit unterschiedlich optimistischer bzw. pessimistischer Schätzung der einzelnen Faktoren eingetragen und die vorangegangene Rechnung als ‚gemäßigtes‘ Szenario mittig eingefügt.

Je nachdem, welche konkreten Werte die einzelnen Faktoren der Gleichung annehmen, hätten wir es in unserer Milchstraße also mit keiner einzigen weiteren Zivilisation oder in einem optimistischen Szenario gar mit mehreren Hunderttausend von ihnen zu tun. Zum aktuellen Zeitpunkt können wir lediglich festhalten: Sowohl das eine als auch das andere könnte zutreffen. Wir wissen es einfach nicht. Zu berücksichtigen ist allerdings, dass diese Berechnungen *nur für unsere eigene Galaxis* gelten. Das bedeutet: Um auf einen Gesamtwert für das gesamte Universum zu kommen, muss das Ergebnis nochmals mit einem im wahrsten Sinne des Wortes astronomischen Wert, nämlich der Anzahl der Galaxien im Weltall, multipliziert werden. Aktuelle Schätzungen gehen davon aus, dass es mindestens genauso viele Galaxien (siehe die Andromeda-Galaxie in Abb. 3.3) im Universum gibt wie Sterne in der Milchstraße, das heißt mindestens 100 Mrd.[13] (vgl. etwa Leibundgut 2011, S. 145). Dies wiederum hat zur Folge,

---

[13]Manche Wissenschaftler gehen, basierend auf den Beobachtungsdaten des Hubble-Teleskopes, gar von über einer Billionen Galaxien aus (vgl. Conselice 2016).

Abb. 3.3 Die Andromeda-Galaxie. Eine von mindestens 100 Mrd. Galaxien im Weltall (Quelle: gemeinfreie Abbildung([Online abrufbar unter: https://de.wikipedia.org/wiki/Andromedagalaxie#/media/File:Andromeda_Galaxy_(with_h-alpha).jpg (Zugegriffen: 10. April 2018)]))

dass, selbst wenn die Wahrscheinlichkeit für die Entstehung einer intelligenten außerirdischen Spezies innerhalb einer Galaxis recht gering sein mag, es im gesamten Universum dennoch Millionen von extraterrestrischen Zivilisationen geben könnte.

Wenn es also nach allem, was wir heute wissen, durchaus wahrscheinlich ist, dass irgendwo im Universum intelligente außerirdische Zivilisationen existieren, warum haben wir noch nichts von ihnen mitbekommen? Kurzum: Wo sind sie? Genau diese Frage stellte sich auch der italienische Physiker Enrico Fermi (1901–1954). Auf ihn geht das sog. *Fermi-Paradoxon* zurück. Es geht davon aus, dass jede fortgeschrittene technische Zivilisation ab einem bestimmten Zeitpunkt beginnt, den Weltraum zu kolonisieren, die Erde folglich bereits von fremden Wesen besiedelt oder zumindest erkundet worden sein müsste, falls sich irgendwo im Universum intelligentes Leben zeitlich vor dem auf der Erde entwickelt haben sollte. Da wir aber bisher keine Spuren einer außerirdischen Zivilisation entdeckt haben, deute dies darauf hin, dass es diese nicht gibt. Exemplarisch für dieses

Denkmuster sind die Überlegungen des Physikers und ehemaligen ESA-Astro-
nauten Ulrich Walter, in denen er das Fermi-Paradoxon auf unsere Galaxie
bezieht:

> Wenn es vieles ETIs in der zehn Milliarden Jahre alten Milchstraße gäbe, müßten
> einige von ihnen in den vergangenen zehn Milliarden Jahren fortgeschrittenere
> Technologien entwickelt haben als wir in den 4,5 Milliarden Jahren unserer Erd-
> geschichte – wobei unsere eigene Technik uns bereits heute erlaubt, die Milchstraße
> zu besiedeln. Mithin sollten einige ETIs bereits auf der Erde aufgetaucht sein – was
> nicht der Fall ist. (Es gibt allenfalls zweifelhafte Berichte von UFOs, aber das sind
> wohl kaum ETIs.) Und andere Erklärungen, warum ETIs bei uns bisher nicht auf-
> getaucht sind, haben sich als haltlos herausgestellt. Der Schluß kann daher nur lau-
> ten: Wenn bisher keine ETIs aufgetaucht sind, dann kann das nur bedeuten, daß es
> nicht viele ETIs in unserer Milchstraße gibt (Walter 2001, S. X).

Das Fermi-Paradoxon macht deutlich, wie stark auch wissenschaftliche Aussagen über die Chance eines Kontakts zu außerirdischen Zivilisationen von
allzu menschlichen Vorstellungen über die Motive jener Außerirdischen und insbesondere auch über deren technische Möglichkeiten geleitet sind. Allein Fermis
bereits erwähnter Grundgedanke, dass außerirdische Zivilisationen *zwangsläufig*
den Weltraum kolonisieren würden und daher schon längst die Erde erreicht
haben müssten, ist offenkundig anthropozentrisch geprägt und daher außerordentlich fragwürdig. Kolonisierungen in der menschlichen Geschichte basierten in der
Regel auf Motiven wie Überbevölkerung, Ressourcenknappheit, machtpolitischen
Interessen, Zerstörung der eigenen Umwelt usw. Es gibt keinen zwingenden
Grund anzunehmen, dass auch nur eines dieser Motive für eine außerirdische
Zivilisation handlungsleitend sein muss.

Das Fermi-Paradoxon ‚hinkt' jedoch bereits an einer ganz anderen Stelle: Die
Aussage, dass wir bisher keine Spuren außerirdischer Zivilisationen entdeckt
haben, impliziert eine mehr oder minder gründliche vorangegangene *Suche* nach
denselben. Anders ausgedrückt:

> Der italienische Physiker Enrico Fermi glaubte, dass wir außerirdisches Leben
> schon längst bemerkt haben müssten, wenn es in unserer Galaxie existierte. Aber
> wie hätten wir dies bewerkstelligen sollen? Unsere Versuche, gewisse Gegenden
> der Galaxie auf ein paar Radiofrequenzen abzuhören, können nicht gerade als aus-
> gedehnte Suche nach Leben da draußen gelten (Moore 2014, S. 327).

In der Tat steckt unsere aktive Suche nach außerirdischen Intelligenzen auch
nach Jahrzehnten ihres Bestehens immer noch in den Kinderschuhen. Von einem
‚großen Lauschangriff' auf die Aliens kann jedenfalls keine Rede sein. Wie sich

unsere bisherige Suche nach außerirdischen Intelligenzen konkret gestaltete und welche Strategien, technischen Überlegungen und Vorannahmen damit verbunden sind, ist Thema des nächsten Kapitels.

Literatur

Anton, Andreas, und Michael Schetsche. 2015. Anthropozentrische Transterrestrik. Zur Kritik naturwissenschaftlich orientierter SETI-Programme. *Zeitschrift für Anomalistik* 15:21–46.

Benner, Stevan A., Alonso Ricardo, und Matthew A. Carrigan. 2004. Is there a common chemical model for life in the Universe? *Current Opinion in Chemical Biology* 8:672–689.

Boutle, Ian A., Nathan J. Mayne, Benjamin Drummond, James Manners, Jayesh Goyal, F. Hugo Lambert, David M. Acreman, und Paul D. Earnshaw. 2017. Exploring the climate of Proxima B with the met office unified model. *Astronomy & Astrophysics*, March 1, 2017. https://arxiv.org/pdf/1702.08463.pdf. Zugegriffen: 14. März 2018.

Buchter, Heike, und Burkhard Straßmann. 2013. Die Unsterblichen. Eine Begegnung mit dem Technikvisionär Ray Kurzweil und den Jüngern der ‚Singularity'-Bewegung. Zeit Online 27.03.2013. http://www.zeit.de/2013/14/utopien-ray-kurzweil-singularity-bewegung. Zugegriffen: 5. Apr. 2018.

Cassan, Arnaud, Daniel Kubas, und Jean Philippe Beaulieu. 2012. One or more bound planets per milky way star from microlensing observations. *Nature* 481:167–169.

Cocconi, Giuseppe, und Philip Morrison. 1959. Searching for interstellar communications. *Nature* 184:844–846.

Conselice, Christopher. 2016. Observable Universe contains ten times more galaxies than previously thought. http://www.spacetelescope.org/news/heic1620/. Zugegriffen: 4. Juli 2018.

Davies, Paul. 1999. Vorwort. In *Nachbarn im All. Auf der Suche nach Leben im Kosmos*, Hrsg. Seth Shostak, 9–14. München: Herbig.

Davies, Paul. 2007., Are aliens among Us? *Scientific American* 297 (6): 62–69.

Drake, Frank, und Dava Sobel. 1994. *Signale von anderen Welten. Die wissenschaftliche Suche nach außerirdischer Intelligenz*. München: Droemer.

Gerritzen, Daniel. 2016. *Erstkontakt. Warum wir uns auf Außerirdische vorbereiten müssen*. Stuttgart: Kosmos.

Harari, Yuval Noah. 2017. *Homo Deus. Eine Geschichte von Morgen*. München: Beck.

Heidmann, Jean. 1994. *Bioastronomie. Über irdisches Leben und außerirdische Intelligenz*. Berlin: Springer.

Herrmann, Dieter B. 1988. *Rätsel um Sirius. Astronomische Bilder und Deutungen*. Berlin: Der Morgen.

Hoerner von, Sebastian. 2003. *Sind wir allein? SETI und das Leben im All*. München: Beck.

Janjic, Aleksandar. 2017. *Lebensraum Universum. Einführung in die Exoökologie*. Berlin: Springer.

Joshi, Manoj. 2003. Climate model studies of synchronously rotating planets. *Astrobiology* 3 (2): 415–427.

Kayser, Rainer. 2009. Spitzer und Hubble. Exoplanet mit organischen Molekülen. Astronews vom 21.10.2009. http://www.astronews.com/news/artikel/2009/10/0910-029. shtml. Zugegriffen: 14. März 2018.

Kennicutt, Robert C., und Neal J. Evans. 2012. Star formation in the milky way and nearby galaxies. *Annual Review of Astronomy and Astrophysics* 50 (1): 531–608.

Koshland, Daniel E. Jr. 2002. The seven pillars of life. *Science* 295: 2215–2216.

Krauss, Lawrence. 2002. Zahlenspiele mit Außerirdischen. In *Auf der Suche nach dem Außerirdischen*, Hrsg. Tobias Daniel Wabbel, 26–36. München: beustverlag.

Leibundgut, Peter. 2011. *Ausserirdische und was Sie darüber wissen sollten*. Neckenmarkt (Österreich): Novum pro.

Luhmann, Niklas. 1975. Die Weltgesellschaft. In *Soziologische Aufklärung*, Bd. 2., Hrsg. Niklas Luhmann, 51–71. Wiesbaden: VS Verlag.

Martinez, Claudio L. Flores. 2014. SETI in the light of cosmic convergent evolution. *Acta Astronautica* 104: 341–349.

Mayor, Michel, und Didier Queloz. 1995. A Jupiter-Mass companion to a solar-type star. *Nature* 378:355–359.

Mayr, Ernst. 1995. Space topics: Search for extraterrestrial intelligence. https://web. archive.org/web/20081115225902/http://www.planetary.org/explore/topics/search_for_ life/seti/mayr.html. Zugegriffen: 27. März 2018.

Meierhenrich, Uwe J., Guillermo M. Munoz Caro, Jan Hendrik Bredehöft, Elmar K. Jessberger, und Wolfram H.-P. Thiemann. 2004. Identification of diamino acids in the Murchison meteorite. In *Proceedings of the National Academy of Sciences of the United States of America* 101 (25): 9182–9186.

Moore, Ben. 2014. *Da draußen. Leben auf unserem Planeten und anderswo*. Zürich: Kein & Aber.

Nagel, Thomas. 2014. *Geist und Kosmos. Warum die materialistische neodarwinistische Konzeption der Natur so gut wie sicher falsch ist*. Berlin: Suhrkamp.

Petigura, Erik A., Andrew W. Howard, und Geoffrey W. Marcy. 2013. Prevalence of earthsize planets orbiting sun-like stars. *Proceedings of the National Academy of Sciences of the United States of America* 110:19273–19278.

Pirschl, Julia, und Michael Schetsche. 2013. Aus Fehlern lernen. Anthropozentrische Vorannahmen im SETI-Paradigma – Folgerungen für die UFO-Forschung. In *Diesseits der Denkverbote. Bausteine für eine reflexive UFO-Forschung*, Hrsg. Michael Schetsche und Andreas Anton, 29–48. Berlin: Lit.

Robitaille, Thomas P., und Barbara A. Whitney. 2010. The present-day star formation rate of the milky way determined from spitzer-detected young stellar objects. *The Astrophysical Journal Letters* 710 (1): L11–L15.

Scalo, John, Lisa Kaltenegger, Antígona Segura, Malcolm Fridlund, Yu. N. Ignasi Ribas, John L. Kulikov, Heike Rauer Grenfell, Petra Odert, Martin Leitzinger, Franck Selsis, Maxim L. Khodachenko, Carlos Eiroa, Jim Kasting, und Helmut Lammer. 2007. M stars as targets for terrestrial exoplanet searches and biosignature detection. *Astrobiology* 7 (1): 85–166.

Schetsche, Michael. 2005. Rücksturz zur Erde? Zur Legitimierung und Legitimität der bemannten Raumfahrt. In *Rückkehr ins All* (Ausstellungskatalog, Kunsthalle Hamburg), 24–27. Ostfildern: Hatje Cantz.

Scholz, Mathias. 2014. *Planetologie extrasolarer Planeten*. Heidelberg: Springer Spektrum.

Schulze-Makuch, Dirk, und Luis N. Irwin. 2004. *Life in the universe. Expectations and constraints*. Heidelberg: Springer.

Schulze-Makuch, Dirk, und William Bains. 2017. *The cosmic zoo. Complex life on many worlds*. Cham: Springer Nature.

Selsis, Franck, James F. Kasting, Benjamin Levrard, Jimmy Paillet, Ignasi Ribas, und Xavier Delfosse. 2008. Habitable Planets Around the Star Gl 581? *Astronomy & Astrophysics*. https://arxiv.org/pdf/0710.5294.pdf. Zugegriffen: 14. März 2018.

Sheridan, Mark A. 2009. *SETI's scope: How the search for extraterrestrial intelligence became disconnected from new ideas about extraterrestrials*. Ann Arbor, MI: ProQuest.

Shermer, Michael. 2002. Why ET hasn't called. Scientific American. https://michaelshermer.com/2002/08/why-et-hasnt-called/. Zugegriffen: 03. April 2018.

Shostak, Seth. 1999. *Nachbarn im all. Auf der Suche nach Leben im Kosmos*. München: Herbig.

Urban, Tim. 2014. The fermi paradox. http://waitbutwhy.com/2014/05/fermi-paradox.html. Zugegriffen: 7. Juli 2015.

Walter, Ulrich. 2001. *Außerirdische und Astronauten. Zivilisationen im All*. Heidelberg: Spektrum Akademischer Verlag.

Wandel, Amri. 2014. On the abundance of extraterrestrial life after the kepler mission. *International Journal of Astrobiology* 14 (3): 511–516.

Ward, Peter. 2009. Gaias böse Schwester. *Spektrum der Wissenschaft* 11:84–88.

Weyer, Johannes. 1997. Technikfolgenabschätzung in der Raumfahrt. In Technikfolgenabschätzung als politische Aufgabe, Hrsg. Raban Graf von Westphalen, 465–483. München: Oldenburg.

Zaun, Harald. 2006. Bewohnte Welten um Rote Zwergsterne? Telepolis (Online-Magazin). https://www.heise.de/tp/features/Bewohnte-Welten-um-Rote-Zwergsterne-3404750.html. Zugegriffen: 18. Apr. 2018.

Geschichte, Methoden und Vorannahmen der wissenschaftlichen Suche nach außerirdischen Intelligenzen

4

4.1 SETI – eine Idee und ihre Geschichte

Die *wissenschaftliche Suche nach extraterrestrischer Intelligenz* (SETI), wie wir sie heute meist wahrnehmen und auch kulturell verstehen, nahm ganz praktisch im Jahre 1960 ihren Anfang, als Frank Drake im Rahmen des Projektes *Ozma* am National Radio Astronomy Observatory in Green Bank (West Virginia, USA) das systematische, wenn auch in mehrfacher Hinsicht sehr selektive ‚Abhorchen' des Weltalls nach elektromagnetischen Wellen künstlichen Ursprungs begann. Drake nutzte für seine ersten zaghaften Versuche, außerirdische Radiosignale zu empfangen, das Radioteleskop des Observatoriums, konzentrierte sich auf die Sterne *Tau Ceti* und *Epsilon Eridani* und analysierte, wie von Cocconi und Morrison (1959) vorgeschlagen[1], Frequenzen im sog. *Wasserloch,* also bei 1420 MHz und einer Wellenlänge von 21 cm. Das Projekt hatte keinen Erfolg, allerdings implementierten Drake und einige wenige andere Wissenschaftler mit dem Projekt *Ozma* ein im Rahmen der SETI-Programme bis heute gültiges und mit großem technischen Aufwand betriebenes Suchparadigma, dessen forschungspraktische Legitimation auf der Grundannahme basiert, dass im Universum tatsächlich andere intelligente Lebewesen existieren, die potenzielle Sender und Empfänger von Radiosignalen sein könnten (vgl. exemplarisch Dick 1996, S. 414–472; von Hoerner 2003, S. 146–197; Sheridan 2009, S. 11–31).

---

[1]Der nur zwei Seiten lange Aufsatz in der Zeitschrift *Nature* gilt bis heute als theoretischer Startpunkt der wissenschaftlichen Suche nach den Radiosignalen Außerirdischer (vgl. Zaun 2010, S. 39–40).

© Springer Fachmedien Wiesbaden GmbH, ein Teil von Springer Nature 2019
M. Schetsche und A. Anton, *Die Gesellschaft der Außerirdischen,*
https://doi.org/10.1007/978-3-658-21865-2_4

Sagan und Schklowski (1966) veranstaltete Drake am Green-Bank-Observatorium die erste SETI-Konferenz, bei der er seine berühmte Gleichung[2] präsentierte und mit Kollegen diskutierte. Die Teilnehmer der Konferenz setzten sich aus Wissenschaftlern unterschiedlichster Disziplinen zusammen, wie z. B. den Astronomen Carl Sagen und Otto von Struve, dem Physiker Philip Morrison, dem Biochemiker Melvin Calvin und dem Neurophysiologen John Cunningham Lilly (vgl. von Hoerner 2003, S. 151–152). Rückblickend kann die Green-Bank-Konferenz als Initialzündung für die wissenschaftliche Etablierung des SETI-Paradigmas gelten (vgl. Gerritzen 2016, S. 74). Drake und Sobel (1994, S. 16) fassen die Wirkung der Konferenz wie folgt zusammen:

> War das Projekt Ozma auch bei der Suche nach einem Signal außerirdischer Intelligenz gescheitert, so führte es doch in Green Bank zu dem Erfolg, daß sich dort eine Gruppe von Wissenschaftlern zusammenfand, die sich stark für das SETI-Projekt engagierten. Dadurch wiederum wurde SETI auch anderen Wissenschaftlern und der Weltöffentlichkeit nähergebracht und erstmals als legitimer und erfüllbarer wissenschaftlicher Versuch präsentiert. Unser Projekt ließ nun auch andere aktiv werden, die zwar unser Interesse an der Thematik teilten, aber bisher keine Courage zu eigener Initiative entwickelt hatten, oder denen es einfach an der erforderlichen technischen Ausstattung fehlte.

1966 veröffentlichten Carl Sagan und Josef Schklowski das viel beachtete Buch *Intelligent Life in Universe,* das dem Anliegen von SETI zu weiterer Popularität verhalf, es sollte jedoch noch einige Jahre dauern, bis das Projekt institutionell auf (vorerst) sicheren Beinen stand. Anfang der 1970er-Jahre finanzierte die NASA eine Art Machbarkeits- bzw. Umsetzungsstudie für SETI (Projekt *Zyklop*). In der Studie wurde vorgeschlagen, mit einer großen Anzahl von koordinierten Radioteleskopen in einer Entfernung von bis zu 1000 Lichtjahren nach Radiosignalen außerirdischer Intelligenzen zu suchen (vgl. Billingham 2014, S. 4–6). Aus Kostengründen wurden die konkreten Vorschläge der NASA-Studie zwar nicht umgesetzt, sie bildeten jedoch die Grundlage für zukünftige SETI-Projekte. In den folgenden Jahren finanzierte die NASA das SETI-Programm mit mehreren Millionen US-Dollar jährlich. Statt, wie in der Zyklop-Studie vorgesehen, ein neues Antennennetzwerk aufzubauen, nutzte SETI bereits bestehende Radioteleskope des *Deep Space Network* der NASA, um nach außerirdischen Signalen zu suchen. In den verschiedenen SETI-Projekten der nächsten drei Jahrzehnte konnte die Zahl der analysierten Frequenzkanäle enorm gesteigert werden.

---

[2]Wir haben sie im vorangegangenen Kap. 3 ausführlich vorgestellt.

So startete etwa das Projekt *SERENDIP*[3] (Search for Extraterrestrial Radio Emissions from Nearby Developed Intelligent Populations) an der Universität von Kalifornien in Berkeley (UC Berkeley) 1979 mit einem Frequenzanalysator mit 100 Kanälen, das Nachfolgeprojekt *SERENDIP II* (ab 1985) arbeitete bereits mit über 65.000 Kanälen, *SERENDIP III* (ab 1992) mit 4 Mio und SERENDIP IV (ab 1995) mit über 160 Mio Kanälen (vgl. Werthimer et al. 1995, S. 293). Obwohl das SETI-Programm mit anfangs jährlich ca. 2 Cent pro US-amerikanischem Steuerzahler ein vergleichsweise geringes Budget hatte, wurde seine Weiterfinanzierung vonseiten der Politik immer wieder infrage gestellt. 1993 schließlich wurde die staatliche Förderung komplett eingestellt, da es dem SETI-Projekt nicht gelungen war, auch nur einen „einzigen kleinen grünen Kerl zur Strecke [zu] bringen" (nach Shostak 1999; S. 199; vgl. auch Garber 2014, S. 33), wie der für die Streichung der öffentlichen Zuwendungen mitverantwortliche Senator Richard Bryan aus Nevada zynisch bemerkte. Dieser empfindliche Schlag hätte für das SETI-Projekt beinahe das Aus bedeutet, doch es gelang den SETI-Forschern, mehrere Spender für die weitere Suche nach außerirdischen Intelligenzen zu gewinnen, sodass die Arbeit mithilfe privater Gelder fortgesetzt werden konnte (vgl. Schostak 1999, S. 200–201).

Nach der Streichung der öffentlichen Gelder und der finanziellen Neustrukturierung begann das bis dahin ambitionierteste Projekt im Rahmen des SETI-Programms: Mit Projekt *Phoenix* wurden zwischen 1995 und 2004 insgesamt rund 800 Sterne in einem Suchradius von 200 Lichtjahren nach außerirdischen Signalen abgesucht. Projekt *Phoenix* untersuchte.

bei jedem seiner stellaren Zielobjekte insgesamt zwei Milliarden Kanäle und deckt das Mikrowellenband zwischen 1000 und 3000 MHz ab. Fünf bis zehn Minuten wird dabei ein Block von 28 Mio Kanälen gleichzeitig abgehört, dann wird der Block auf der Radioskala verschoben und die nächsten 28 Mio Kanäle werden belauscht. Es dauert etwa einen Tag, bis bei einem Stern alle zwei Milliarden Kanäle – die laut Meinung der Phoenix-Astronomen die höchste Wahrscheinlichkeit für außerirdische Übertragungen bieten – durch sind (Shostak 1999, S. 202).

---

[3]Die gewählte Abkürzung verweist auf das Mitte des 18. Jahrhunderts von Horace Walpole erdachte Serendipity-Konzept, das sinngemäß besagt, dass nur derjenige außergewöhnliche Entdeckungen macht, der von seinem Denk- und Arbeitsstil her dazu bereit ist (vgl. Holzhauer 2015, S. 5–10). In den SETI-Projekten wurde jahrzehntelang versucht, dieses Prinzip nutzbar zu machen – wobei allerdings oftmals übersehen wurde, dass sich *Zufalls*entdeckungen bestenfalls gedanklich vorbereiten, aber eben nicht erzwingen lassen.

Um den enormen Datenmengen Herr zu werden, die beim Abhorchen des Weltalls nach Signalen extraterrestrischer Intelligenzen anfallen, wurde eine innovative und elegante Lösung entwickelt: 1999 wurde das Projekt *SETI@home* initiiert, das es jeder Person mit einem internetfähigen Computer ermöglicht, sich an der Suche nach außerirdischen Intelligenzen zu beteiligen. Über eine kostenlose Software, die sich im Bildschirmschoner-Modus automatisch aktiviert, werden Datenpakete von SETI vom Server der Universität Berkeley auf private Rechner heruntergeladen und nach künstlichen Signalen abgesucht. Nach der Berechnung werden die Daten automatisch wieder nach Berkeley geschickt. Auf diese Weise entstand ein gigantisches Rechner-Netzwerk, mit dessen Hilfe riesige Datenmengen für SETI berechnet werden konnten (vgl. Wabbel 2002, S. 78–79). Das zugrunde liegende Prinzip des *verteilten Rechnens* hat sich derart bewährt, dass *SETI@home* inzwischen ein Vorbild für diverse Projekte ist, bei denen große Datenmengen verarbeitet werden müssen.

Dank einer überaus großzügigen Spende des russischen Unternehmers Yuri Milner in Höhe von 100 Mio. US$ wird seit 2015 mit *Breakthrough Listen* das bislang umfangreichste SETI-Projekt durchgeführt. Ziel der auf 10 Jahre angelegten Forschungen ist es, mehr als eine Millionen Sterne und sogar fremde Galaxien nach Radiosignalen außerirdischer Intelligenzen abzusuchen. In technischer Hinsicht überbietet *Breakthrough Listen* alle bisherigen SETI-Projekte bei Weitem:

> Das ‚Breakthrough Listen'-Projekt soll 50-mal empfindlicher operieren als alle bisherige SETI-Programme und dabei einen 10-mal größeren Himmelsabschnitt abdecken als bisher; es soll einen 5-mal größeren Bereich des Radiospektrums simultan abhören und dies alles 100-mal schneller als jemals zuvor (Zaun 2015).

Zur Bewältigung der enormen Datenmengen, die bei dem Projekt entstehen, wird wiederum mit der Initiative *SETI@home* kooperiert. Dan Werthimer, einer der Mitbegründer von *SETi@home,* bemerkte angesichts von *Breakthrough Listen* euphorisch: „Dieses neue SETI-Programm stellt alles in den Schatten, was wir bisher gemacht haben" (zitiert nach Zaun 2015).

Insgesamt sind seit den Anfängen der SETI-Forschung im Rahmen des Projektes *Ozma* bereits über 120 verschiedene Suchprogramme durchgeführt worden. In keinem der Projekte konnte bislang ein eindeutig künstliches Signal entdeckt werden. Allerdings gab es in den Daten immer wieder Auffälligkeiten, die teilweise nicht abschließend erklärt werden konnten (vgl. Gerritzen 2016, S. 85–87). Zu einiger Bekanntheit hat es ein Schmalband-Radiosignal gebracht, das 1977 am

Big-Ear-Radioteleskop im Rahmen eines SETI-Projektes aufgezeichnet wurde und seither kontrovers diskutiert wird: das *Wow-Signal*.

4.2 Das Wow-Signal

Als der US-amerikanische Astrophysiker Jerry Ehman routinemäßig die Computerausdrucke der Signaleingänge am Big-Ear-Radioteleskop vom 15. August 1977 durchging, war er von dem, was ab 23.16 Uhr aufgezeichnet wurde, derart beeindruckt, dass er „Wow!" (wie in Abb. 4.1 zu sehen) daneben kritzelte. Damit hatte er dieser merkwürdigen *Anomalie* in den Aufzeichnungsdaten des Radioteleskopes unfreiwillig einen einprägsamen Namen gegeben (vgl. Shostak 1999, S. 203). Das aufgezeichnete Signal aus Richtung des Sternbildes Schütze wies gleich mehrere erstaunliche Charakteristika auf: Es hob sich sehr deutlich vom kosmischen Hintergrundrauschen ab, seine Frequenz lag in der Nähe des neutralen Wasserstoffs und es wurde 72 s lang empfangen. Letzteres ist insofern bedeutsam, da 72 s genau der Zeit entsprechen, die das Big-Ear-Radioteleskop brauchte, um sich durch die Erddrehung aus dem Empfangsbereich des Signals zu bewegen, was es sehr wahrscheinlich macht, dass es sich um ein Signal interstellaren Ursprungs handelte – und nicht etwa um ein Flugzeug, ein Satellit oder Ähnliches (vgl. Zaun 2017).

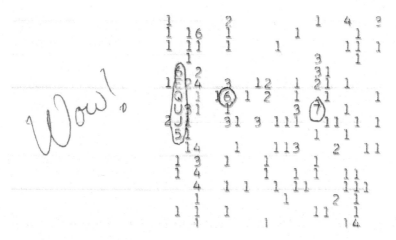

Abb. 4.1 Das Wow-Signal: Hinweis auf eine außerirdische Zivilisation? (Quelle: gemeinfreie Abbildung [Online abrufbar unter: https://de.wikipedia.org/wiki/Wow!-Signal#/media/File:Wow_signal.jpg (Zugegriffen: 29. Mai 2018])

Das Wow-Signal erfüllt auf den ersten Blick nahezu sämtliche Kriterien für ein außerirdisches Signal künstlichen Ursprungs, das Problem ist allerdings, dass es bislang ein singuläres Ereignis blieb: Sämtliche Versuche, es erneut aufzuzeichnen, schlugen fehl. Darüber hinaus war die Technik, mit der das Signal aufgezeichnet wurde, nicht leistungsstark genug, um feststellen zu können, ob das Signal einen wie auch immer gearteten *Inhalt* in Form einer Modulation enthielt. In den Worten Jerry Ehmans:

> We collected one data point per channel every 12 seconds and collected a total of only 6 data points for Wow! Any variation of signal amplitude within the 12-second interval would not have been detected. The signal could have been varying in any of a variety of ways and we would not have seen it. Since the pattern of the 6 intensities followed our antenna pattern so well (with a correlation coefficient of between 99 % and 100 %, i.e., almost perfect), the signal falling on our telescope had an average value that did not change appreciably over the 72-second observing time. Saying that the average value didn't change does not tell you anything about the short- term variations in the signal. The signal could have been varying (modulated) at a frequency faster than once every 5 seconds (or 0.2 Hz, corresponding to one half the data collection period) and we wouldn't have seen that modulation since our observatory was not equipped to detect such modulation (Ehman 1998).

Ehman und seine Kollegen prüften verschiedene Erklärungsmöglichkeiten für das Signal, wie etwa Planeten, Asteroiden, Kometen, Raumsonden, Satelliten, Radio- bzw. Fernsehsender etc., konnten seinen Ursprung auf diese Weise jedoch nicht identifizieren (vgl. Gerritzen 2016, S. 81–83). Auch die Versuche anderer Wissenschaftler, eine Erklärung für das Wow-Signal zu finden, lieferten bislang keine abschließenden Ergebnisse. Im Jahr 2017 veröffentlichte der US-amerikanische Astronom Antonio Paris einen Aufsatz, in dem er die These aufstellt, dass das Wow-Signal von der Wasserstoffwolke eines vorüberziehenden Kometen verursacht worden sein könnte.[4] Als mögliche Kandidaten nannte er die 2006

---

[4]Durchaus typisch für den Stil der massenmedialen Berichterstattung über die Suche nach Außerirdischen ist dabei, dass unmittelbar nach Erscheinen des Aufsatzes von Paris eine Vielzahl deutscher Print- und Online-Organe eilfertig meldete, das Wow-Signal sei nunmehr ‚wissenschaftlich aufgeklärt‘. Selbst ein Wissensmagazin wie SPEKTRUM war in seinem Ton recht reißerisch. Ein mit „Aus für Außerirdische" überschriebener Artikel (Fischer 2017) ist nicht in der Lage, die Erklärungs*hypothese* eines einzelnen Forschers von der vorherrschenden Fachmeinung in der Scientific Community zu unterscheiden. Deren zum Teil recht scharfe Kritik folgte dem Aufsatz von Paris auf dem Fuße (vgl. Schulze-Makuch 2017).

entdeckten Kometen *266P/Christensen* und *P/2008 Y2* (vgl. Paris 2017). Kritiker dieses Erklärungsansatzes wenden dagegen ein, dass diese Kometen zum Zeitpunkt der Aufzeichnung des Wow-Signals nicht im Beobachtungsfenster des Big-Ear-Radioteleskopes waren und dass die Charakteristika der Wasserstoffemissionen von Kometen in keiner Weise mit den Merkmalen des Wow-Signals übereinstimmen (vgl. etwa Dixon 2017). Somit ist die Herkunft des Wow-Signals nach wie vor ungeklärt.

4.3 Anthropozentrische Vorannahmen

Die für die SETI-Programme notwendigen Vorannahmen reichen über die bloße Existenz intelligenter Wesen jenseits der Erde weit hinaus: Die im Kontext von SETI projektierten Zivilisationen *müssen* über eine Vielzahl von Eigenschaften und Fähigkeiten verfügen, ohne welche die meisten der heutigen SETI-Programme schlicht sinnlos wären. Einige der Vorannahmen des SETI-Projektes sind in den letzten Jahren aus entwicklungsbiologischer, kommunikationswissenschaftlicher oder auch philosophischer Perspektive kritisiert worden. Den Tenor dieser Kritik fasst Sheridan (2009, S. 6) zusammen:

> SETI searchers look through a very small keyhole: SETI searches for humanoid ETIs – which competent authorities think are unlikely – and does not look for the non-humanoid ETIs that are increasingly thought to be possible.

In der Tat offenbaren die von vielen SETI-Forschern vertretenen Vorstellungen über grundlegende Charakteristika von Leben und Intelligenz sowie über die Möglichkeiten der interstellaren Kommunikation ein anthropozentrisch gefärbtes Bild der gesuchten Außerirdischen. So orientiert sich das in der SETI-Programmatik dominierende Verständnis von außerirdischer Intelligenz (zwangsläufig) fast ausschließlich an humanoiden Fähigkeiten und Errungenschaften, wie Sprache, Technologie, Kommunikationsfähigkeit und -willigkeit, Forschungs- und Ausbreitungsdrang. Sebastian von Hoerner (2003, S. 103) formulierte auf geradezu exemplarische Weise die Überzeugung jener SETI-Wissenschaftler:

> Für SETI hoffen wir also anderswo auf fortschreitende Technik und Wissenschaft, vor allem auf Wesen, die neugierig und gesprächig sind, die sich Wissensdrang und Mitteilung sogar einiges kosten lassen. Und es scheint, daß dafür, wie bei uns Menschen, eine starke individuelle, denkende Intelligenz nötig ist.

Vor allem die *technisch-mediale* Kommunikationsfähigkeit potenzieller Aliens ist für das SETI-Programm konstitutiv. Denn nur wenn es außerhalb der Erde Wesen gibt, die eine *zu der unseren passende* Technologie entwickelt haben und diese auch zur Kommunikation mit anderen Zivilisationen einzusetzen bereit sind, macht eine Suche nach extraterrestrischer Intelligenz anhand von Radiowellen Sinn. Was dies konkret bedeutet, fasst Gerritzen (2016, S. 62–66) zusammen. Eine außerirdische Zivilisation müsste:

- Metalle zu technischen Werkzeugen und Geräten formen und diese Werkzeuge einsetzen, um das Metall zu Drähten und Kabeln zu verarbeiten;
- die elektrische Ladung, die elektrische Spannung und elektrische Felder entdecken;
- Elektrizität erzeugen und in großer Menge abrufen können;
- die elektrische Erdung und Stoffe entwickeln, mit denen elektrische Leiter isoliert werden können;
- aus Metallen, Keramik- und Kunststoffmaterialien sowie Silizium komplexe elektronische Bauteile wie Kondensatoren, Transistoren, Dioden und Prozessorchips bauen;
- entdecken, dass ein aufgefangenes elektromagnetisches Signal etwa in einer Spule aus eng gewickeltem Kupferdraht verstärkt wird;
- Mikrofone und Lautsprecher erfinden, um Sprache oder Musik zu übertragen;
- die physikalischen Eigenschaften von Radiosignalen verstehen;
- physikalisch-technische Prinzipien wie Amplituden- und Frequenzmodulation entwickeln;
- für die Sendung eines Radiosignals parabolisch geformte Radioteleskope entwickeln und schließlich
- ein starkes Radiosignal zum richtigen Zeitpunkt auf der richtigen Frequenz gezielt in Richtung unseres Sonnensystems aussenden.

Wir haben diese einzelnen technisch-technologischen Schritte so detailliert nachgezeichnet, um zu demonstrieren, wie voraussetzungsreich eine Kontaktaufnahme mit einer außerirdischen Zivilisation nach dem klassischen SETI-Paradigma ist. Die als ‚*Kontaktoptimismus*' zu bezeichnenden Annahmen über äquivalente Fertigkeiten und Interessen verschiedener außerirdischer Zivilisationen werden in weiten Teilen der SETI-Gemeinschaft noch durch einen ‚*Kommunikationsoptimismus*' ergänzt, der annimmt, dass sendewillige Zivilisationen auch in der Lage sind, ihre Sendung so zu codieren, dass sie von gänzlich fremden Intelligenzen verstanden werden kann. Die empfangenen Signale müssten mithin erstens überhaupt erst einmal als künstlich erkannt werden und zweitens dann auch tatsächlich entschlüsselbar sein. Im Zentrum der letzteren Überlegungen steht heute meist die Idee der Mathematik als einer Art *universellen Sprache* aller intelligenten Wesen. Bereits in den sechziger Jahren des vergangenen Jahrhunderts wurde eine ‚kosmische Sprache' namens *Lincos* entwickelt, die angeblich von allen Zivilisationen verstanden würde, sofern diese nur über bestimmte mathematische Grundkenntnisse verfügten (vgl. von Hoerner 2003, S. 133–135; Ollongren 2010) – und, was oft zu erwähnen vergessen wird, deren Mathematik mit der unseren zumindest tendenziell übereinstimmt.[5]

Eine weitere Grundannahme der meisten SETI-Programme liegt in der zentralen Bedeutung, die bestimmten physikalischen Eigenschaften des Elements *Wasserstoff* für die Kommunikation mit Außerirdischen zugewiesen wird. Von Anfang an stellte sich bei den SETI-Vorhaben die Frage, auf welche elektromagnetischen Frequenzen man sich bei der Suche nach Signalen außerirdischer Zivilisationen konzentrieren sollte. Die von Cocconi und Morrison im Jahr 1959 vorgeschlagene Lösung des Problems sollte das technische Vorgehen der SETI-Programme über Jahrzehnte hinweg bestimmen: Die Suche konzentrierte sich vornehmlich auf die 21-cm-Linie des Wasserstoffs als Basisfrequenz (mit möglichen Halbierungen und Verdopplungen). Wenn man den Ausführungen Sebastian von Hoerners (2003, S. 122–127) folgt, ist Wasserstoff nicht nur das häufigste Element im Universum, sondern muss auch jedem intelligenten Lebewesen nur allzu vertraut sein, da er ja einer der zwei chemischen Bestandteile von Wasser ist, das als universeller Lebensbaustein gilt. Jede an interstellaren Kontakten interessierte Spezies würde folglich gleichsam naturnotwendig jene Frequenz für ihre passive Suche und für ihre aktiven Signale wählen, „die von jedem leicht zu erraten sein [sollten], der technisch bereits zum Kontakt fähig und daran interessiert ist" (von Hoerners 2003, S. 123). Diese Festlegung war dabei nur eine von vielen Folgerungen, die sich aus den einmal formulierten Prämissen des SETI-Paradigmas scheinbar wie von selbst ergaben – bei kritischerer Betrachtung wohl eher aus der Vorstellungswelt irdischer Radioastronomen abgeleitet wurden.

Nicht nur die hier exemplarisch genannten, sondern auch andere Grundannahmen des SETI-Paradigmas zeigen bei wissenschaftshistorisch und

---

[5]Dass es nicht einmal auf der Erde ‚die Mathematik' gibt, zeigen die Forschungen der noch recht jungen Disziplin der Ethnomathematik (für eine Einführung siehe Ascher 1991). Vor diesem Hintergrund scheint es uns eher zweifelhaft, die heute dominierende irdische Mathematik als im ursprünglichen Wortsinne universelles Werkzeug aller intelligenten Wesen im Kosmos anzusehen – und entsprechend bei den SETI-Projekten als quasi natürliche Verständigungsbasis anzunehmen.

erkenntnistheoretisch geschärfter Betrachtung ein erhebliches Ausmaß anthropo-
zentrischer Zurichtung: Die von den meisten SETI-Programmen bis heute ‚projektierten' Außerirdischen entstammen einer *erdähnlichen* Biochemie, die
auf Wasser und Kohlenstoff basiert, ihre Spezies war und ist *erdähnlichen* bio-
logisch-evolutionären Prozessen unterworfen, sie hat *ähnliche* zivilisatorische
und technische Entwicklungen wie die Menschheit durchlaufen, die Einzelwesen
werden von ganz *ähnlichen* Motiven beherrscht und machen sich deshalb zu
einem bestimmten Zeitpunkt ihrer Geschichte auf die radiowellen-basierte Suche
nach ihren ‚Brüdern und Schwestern im All'.[6] Mit anderen Worten: Der gedachte
Außerirdische ist ein fast lupenreines Spiegelbild jener menschlichen Wissenschaftler, welche die SETI-Programme theoretisch konturiert und auch praktisch
umgesetzt hatten. *Die SETI-Forscher suchten und suchen, vielfach bis heute,
immer nur nach sich selbst.* Wer oder was diesem (Selbst-)Bild nicht entspricht,
wird nicht gesucht und kann entsprechend auch nicht gefunden werden. In einem
jüngst erschienenen Aufsatz zum Thema ‚kosmischer Gorilla' argumentieren die
Autoren in Anspielung auf das berühmte wahrnehmungspsychologische Experiment der US-amerikanischen Psychologen Daniel J. Simons und Christopher
F. Chabris (1999), dass die Spuren einer außerirdischen Zivilisation direkt ‚vor
unserer Nase' liegen könnten, wir sie aber bislang nicht registriert haben, da wir
sie nicht beachtet bzw. an der falschen Stelle gesucht haben (De la Torre und Garcia 2018; vgl. hierzu auch Bohlmann und Bürger 2018, S. 166). Dieser Aufsatz
zeigt exemplarisch, dass in den letzten Jahren auch unter den SETI-Forschern ein
Umdenken begonnen hat: Immer mehr der seit Jahrzehnten für selbstverständlich
erachteten Vorannahmen kommen inzwischen auf den Prüfstand. Aus wissen-
schaftssoziologischer Perspektive stellt sich allerdings die Frage, ob dies in erster
Linie innerdisziplinärer Einsicht oder dem von der anhaltenden Erfolglosigkeit
aller Suchprojekte zunehmend ausgehenden öffentlichen Druck geschuldet ist.
Nach fast 60 Jahren Suche im Rahmen von inzwischen mehr als 120 einzelnen
SETI-Projekten dürfte manchen Beteiligten schwanen, dass ein ‚More of the
same' inzwischen weder die Öffentlichkeit noch potenzielle Geldgeber zu beein-
drucken vermag. Entsprechend werden alternative Suchstrategien (wie optisches
SETI, die Suche nach Energiesignaturen und gigantischen Installationen fremder Zivilisationen oder auch nach außerirdischen Artefakten in unserem Sonnen-

---

[6]Vielfach wurde (und wird) dabei wie selbstverständlich angenommen, dass die empfangenen Signale von einer biologischen Spezies stammen – und eben nicht von einer
künstlichen Superintelligenz. Wir werden auf diese Frage in Kap. 10 noch einmal zurückkommen.

system[7]) seit Jahren immer beliebter (siehe hierzu bereits Shostak 2006). Die Frage allerdings bleibt, in welchem Umfang die neuen technischen Strategien an den Grundfesten der traditionellen SETI-Programmatik zu rütteln vermögen. Dabei sind kritische Einwände gegen die Vorannahmen, Modelle und technischen Strategien des SETI-Paradigmas alles andere als neu. Bereits Mitte der sechziger Jahre haben sowjetische Forscher, die sich ebenfalls intensiv mit den Möglichkeiten einer Kommunikation mit außerirdischen Intelligenzen beschäftigt hatten, wesentliche Schwachstellen des traditionellen SETI-Paradigmas identifiziert (vgl. zum Überblick Sheridan 2009, S. 67–103). Auf einer Tagung im armenischen Byurakan wurden die grundlegenden Prinzipien des SETI-Paradigmas kritisch diskutiert, insbesondere das unter den westlichen Forschern vorherrschende Fernkontakt- und Kommunikationsszenario. Die zentralen Kritikpunkte der sowjetischen Wissenschaftler um Shklovskii, Kardashev und Ambartsumyan betrafen dabei zum einen die Wahrscheinlichkeit der erfolgreichen Identifikation eines Signals künstlichen Ursprungs, zum anderen die Idee einer problemlosen Entschlüsselbarkeit der empfangenen außerirdischen Botschaft. Dass Letzteres ohne ein vorhandenes sprachliches Referenzsystem möglich sein sollte, wurde dabei von sowjetischen Linguisten schon früh grundsätzlich infrage gestellt: Wenn SETI-Skeptiker wie Sukhotin (1971) oder Panovkin (1976) Recht haben und es keine Möglichkeit gibt, isolierte Symbolsysteme zu übersetzen, bedeutet dies in seiner Konsequenz, dass eine Kommunikation über elektromagnetische Signale, wie sie bei den westlichen SETI-Programmen vorausgesetzt wird, grundsätzlich zum Scheitern verurteilt ist.

Neben dieser Kritik am Kontaktoptimismus der SETI-Forscher hatten die sowjetischen Wissenschaftler auch grundsätzliche Zweifel an der vom SETI-Paradigma unterstellten menschenähnlichen Natur extraterrestrischer Intelligenzen. Der für die Legitimität damaliger (und vieler heutiger) SETI-Programme notwendig unterstellte Zusammenhang von Intelligenz und der Entwicklung interstellarer Kommunikationstechnologien (nach diesem Verständnis ist – grob gesagt – intelligent nur derjenige, der symbol- und technologiegestützt kommunizieren kann wie der Mensch; vgl. Sheridan 2009, S. 109) wurde in den folgenden Jahren nicht nur von sowjetischen Experten, sondern zunehmend auch im Westen kritisiert – etwa aus den Reihen von Evolutionsbiologen und Kommunikationswissenschaftlern (siehe hierzu Sheridan 2009, S. 103–128).

---

[7]Jener Suche nach extraterrestrischen Artefakten (SETA) ist das folgende Kap. 5 gewidmet.

Ein Hauptargument der Kritik lautet, dass die Entwicklung menschlicher Intelligenz durchaus ein einzigartiger Prozess gewesen sein könnte, also die Folge zufälliger, sich eben gerade *nicht* an anderen Orten des Universums wiederholender Evolutionsschritte. An anderer Stelle und zu anderen Zeitpunkten könnte die Evolution hingegen durchaus zu gänzlich nicht-humanoiden Formen von Intelligenz geführt haben. Wie Sheridan (2009, S. 141–166) aufzeigt, existiert mittlerweile eine Fülle an durchaus plausiblen Annahmen zur Entstehung menschenunähnlicher Intelligenzen – eine Möglichkeit, die von der Mehrheit (westlicher) SETI-Forscher bis heute jedoch kaum berücksichtigt wird. Es kommt hinzu, dass die höchst voraussetzungsreichen Grundprinzipien sowie die recht einseitige Konzeptualisierung von Intelligenz nach dem Vorbild menschlicher Kommunikationsfähigkeit und -technologie die SETI-Forschung von vielen aktuellen Debatten um die mögliche Verfasstheit von außerirdischer Intelligenz isolieren, die heute in Disziplinen wie Evolutionsbiologie, Philosophie oder auch Soziologie geführt werden.

Darüber hinaus ist festzuhalten: Grundsätzlich charakteristisch und problematisch für SETI als Wissenschaft ist die Tatsache, dass ihr Gegenstand, die außerirdische Intelligenz, zunächst rein spekulativ (bzw. hypothetisch) ist, und über Hilfskonstruktionen, wie universell wirkende Prinzipien und Mechanismen, legitimiert werden muss. Kritisch ist dabei schon allein die Tatsache, dass als Beleg für die Existenz von Planeten, auf denen sich intelligente, kommunikationsbegabte (und -willige) Lebewesen finden lassen, bislang nur ein einziges Beispiel, die Erde, herangezogen werden kann. Den Kern der Problematik einer Extrapolation aus einem Fall, der *causa terra,* und damit den Kern der SETI-Problematik trifft folgende, von Engelbrecht (2008, S. 219) formulierte Frage: „Welche der Faktoren, die zu unserer Existenz geführt haben, sind über die Erde hinaus verallgemeinerbar (‚universal features‘) und welche sind spezifisch für uns (‚parochial features‘)?‘‘.

Eine Beantwortung steht aus – solange bis Beweise gefunden werden, die Aufschluss über die Existenz und Beschaffenheit von (intelligentem) außerirdischem Leben geben können. Solange diese Beweise fehlen, scheint es uns deutlich sinnvoller (und angesichts der erheblichen erkenntnistheoretischen Probleme angemessener), außerirdisches Leben nicht ausschließlich als Verlängerung irdischer Verhältnisse zu imaginieren, wie es bis heute im Rahmen der SETI-Forschung vielfach geschieht, sondern auch ebenso plausible nicht-humanoide (etwa auch postbiologische) Außerirdische in die Überlegungen und Kontaktpläne mit einzubeziehen (vgl. Hövelmann 2009, S. 179–181; Sheridan 2009, S. 141–166).

4.4 Generelle Kommunikations- und Verständigungsprobleme

Bis heute besteht das Hauptproblem beim Nachdenken über eine Kommunikation mit außerirdischen Wesenheiten darin, dass wir über das – zunächst nur imaginierte – Gegenüber kaum begründete Aussagen treffen können. Es scheint durchaus möglich, dass sich Außerirdische bei einem – wie auch immer gearteten – Kontakt mit Menschen, als in einem derart hohen Maße fremdartig erweisen, dass eine Verständigung nur schwer gelingen oder sogar *dauerhaft unmöglich* bleiben könnte. Menschliches Fremdverstehen basiert auf

anthropologischen Grundannahmen, die es ermöglichen, beim Gegenüber ähnliche leibliche Bedürfnisse, sensorische Möglichkeiten, Modi der Wahrnehmung, Motivlagen, kohärente Überzeugungssysteme usw. zu unterstellen (Schetsche 2004, S. 19).

Von diesen Voraussetzungen können wir bei einer Kommunikation mit Außerirdischen nicht fraglos ausgehen. So könnte eine außerirdische Zivilisation uns etwa derart weit überlegen oder sie könnte einfach nur so ‚anders‘ sein, dass wir selbst vehementeste Kommunikationsversuche gar nicht als solche wahrzunehmen in der Lage wären.[8] Obwohl Aussagen über ganz konkrete Kommunikationsmöglichkeiten vor diesem Hintergrund stets spekulativ bleiben müssen, lassen sich, auf Basis unseres heutigen wissenschaftlichen Wissens, doch immerhin einige basale Überlegungen über die abstraktesten Voraussetzungen eines Informationsaustausches zwischen Menschen und Außerirdischen anstellen.

Die Evolutionsbiologie[9] geht heute davon aus, dass sich die Sinneskanäle von Lebewesen entsprechend der Umweltbedingungen entwickeln, unter denen sie existieren. Das heißt, je nach den konkreten Gegebenheiten auf ihrem Ursprungsplaneten werden Außerirdische über angepasste Sinneskanäle und entsprechende Kommunikationsmöglichkeiten verfügen – und zwar über solche, die denen

---

[8]Auf dieses Problem bezieht sich der bereits weiter oben erwähnte Aufsatz von De la Torre und Garcia (2018).

[9]Die grundsätzliche Frage der Anwendbarkeit der Erkenntnisse der irdischen Evolutionsbiologie auf außerirdische Zivilisationen diskutieren wir ausführlich im Abschn. 10.2 dieses Bandes. (Entsprechend des Ergebnisses dieser späteren Diskussion erlauben wir uns an dieser Stelle, die zumindest prinzipielle Übertragbarkeit evolutionstheoretischer Basisannahmen vorauszusetzen.)

irdischer Landbewohner keineswegs entsprechen müssen. So werden etwa Rezeptoren (auf der Erde meist in Form sogenannter ‚Augen') für elektromagnetische Strahlung bestimmter Wellenlängen evolutionär nur dann entstehen, wenn Strahlung dieser Frequenz im entsprechenden Lebensraum in hinreichendem Umfang vorhanden ist, um eine Orientierung in der Umwelt zu ermöglichen (weshalb viele irdischen Tierarten, die in Höhlen oder in der Tiefsee leben, diese nicht besitzen). Entsprechendes gilt für den Gehör- und den Geruchssinn. Dafür könnten Lebewesen, die sich auf Planeten mit anderen Umweltbedingungen entwickelt haben, über Rezeptoren verfügen, die uns als Menschen – zumindest natürlich – nicht zur Verfügung stehen: einen Sinn für Radioaktivität, für Magnetfelder oder auch für Elektrizität. Schon bei manchen irdischen Lebewesen finden wir entsprechende Empfangsorgane, mithin also auch Sinneswahrnehmungen, die uns Menschen trotz aller technischen Hilfsmittel kognitiv *fremd* bleiben.

Da Kommunikation unmittelbar an die sie ermöglichenden Sinneskanäle gebunden ist, bedeutet dies, dass die Bewohner fremder Planeten Kommunikationsformen benutzen könnten, die uns von unserer biologischen Natur her unbekannt sind und die wir, wenn überhaupt, nur mit großem technischen Aufwand zu simulieren vermögen (man denke hier etwa an die Kommunikation via winziger Mengen von Botenmolekülen oder radioaktiver Substanzen). Die hier geschilderten Probleme verschärfen sich um ein Vielfaches, wenn man darüber hinaus noch postbiologische Sekundärzivilisationen (siehe Abschn. 10.1) in die Überlegungen mit einbezieht, deren Entwicklung einer uns unbekannten Logik folgt.

Mit den meisten solcher mehr oder weniger gut vorstellbaren *Sinneskanäle und Kommunikationsmodi* muss die klassische SETI-Forschung sich nicht näher beschäftigten, solange sie – mit zweifelhafter Begründung[10] – ein Fernkontakt-Paradigma favorisiert, nach welchem die Kommunikation mit außerirdischen Zivilisationen ausschließlich mittels elektromagnetischer Signale möglich sein wird. Falls diese Grundannahme zutreffen sollte, stellte sich lediglich die Frage, ob eine fremde Zivilisation aus dem außerordentlich breiten Spektrum genau jene elektromagnetischen Frequenzen nutzt, welche die irdischen SETI-Forscher (aus den oben erläuterten voraussetzungsreichen Gründen) für Kommunikationsversuche präferieren.

---

[10]Auch hier können wir nur, um zu viele Dopplungen in der Argumentation zu vermeiden, auf ein späteres Kapitel verweisen: In Abschn. 7.2 diskutieren wir unter anderem die Vorannahme der raumfahrttechnischen Unüberbrückbarkeit interstellarer Entfernungen.

Eine im Jahr 2014 von der NASA herausgegebene Textsammlung (Vakoch 2014) beschäftigt sich systematisch mit den Voraussetzungen und Grenzen der Kommunikation mit außerirdischen Zivilisationen. Der Historiker Ben Finney und der Anthropologe Jerry Bentley etwa vergleichen die Decodierung eines außerirdischen Signals mit der Entschlüsselung ägyptischer Hieroglyphen und der Maya-Schrift. Letztere bereitete aufgrund der Vernichtung fast aller Maya-Codices durch die spanischen Konquistadoren über Jahrhunderte große Schwierigkeiten, weshalb Finney und Bentley zu Recht fragen:

The Maya case appears to undermine SETI scientists' hopes of actually translating the messages they are working to detect. If we have been unable to translate ancient human scripts without some knowledge of the spoken language they represent, what prospects have we of being able to comprehend radio transmissions emanating from other worlds for which we have neither ‚Rosetta Stones‘ nor any knowledge of the languages they encode? (Finney und Bentley 2014, S. 75).

Auch wenn sich die Außerirdischen einer mathematischen Sprache bedienen würden, so Finney und Bentley, wäre es keineswegs sicher, dass wir die Botschaft entziffern könnten. So konnte, so ihre Argumentation, der Historiker Charles Étienne Brasseur de Bourbourg (1814–1874) zwar schon früh die wichtigsten Zahlensymbole der Maya entschlüsseln und somit deren Kalendersystem verstehen, da es auf mathematischen Grundlagen basierte – die *Texte* der Maya konnten damit jedoch nicht entschlüsselt werden. Selbst wenn es also gelänge, innerhalb einer außerirdischen Botschaft Codes für physikalische, mathematische oder formallogische Zusammenhänge zu finden, hieße das noch lange nicht, dass die Botschaft *insgesamt* verstanden würde. Das Fazit von Finney und Bentley fällt daher (wie das der sowjetischen Linguisten Jahrzehnte früher) skeptisch aus:

We must think about the formidable prerequisites of deciphering extraterrestrial messages and consider the possibility that whole domains of knowledge may remain opaque to us, despite our best efforts, for a very long time. If terrestrial analogues are to be employed in relation to SETI, then we should explore the wide range of human experience around the globe and not focus solely on familiar cases that appear to reinforce our most earnest hopes (Finney und Bentley 2014, S. 77).

Bei einem nicht medial vermittelten Erstkontakt, also bei einem Zusammentreffen mit automatischen Erkundungssonden oder gar Raumschiffen (dazu in den Kap. 7 und 8 mehr), käme hingegen der Frage der verwendbaren Kommunikationskanäle eine entscheidende Bedeutung zu. Ein physischer Direktkontakt, insbesondere wenn er auf der Oberfläche eines Himmelskörpers mit

Atmosphäre stattfindet, ermöglicht den Einsatz eines weiten Spektrums von Kommunikationsformen: Schallwellen, taktile Vibrationen, chemische Botenstoffe, radioaktive Strahlung, korporale Positionierungen im Raum usw. Manche dieser Signalformen könnten aus irdischer Sicht jedoch so ungewöhnlich sein, dass wir Menschen bislang nicht einmal entsprechende technische Sensoren erdacht haben, die diese Signale in für uns Sicht-, Hör- oder Tastbares verwandeln.

Aber auch wenn wir den verwendeten Kommunikationskanal ermitteln und entsprechende Sensoren bauen könnten, bleibt das schwerwiegende Problem der Entschlüsselung der Kommunikate bestehen. Deutendes Verstehen des Gegenübers verlangt, nach allem was wir heute wissen, ein Minimum an gemeinsamer Welterfahrungen und zumindest einiger kompatibler Modi der Weltwahrnehmung (vgl. Schetsche et al. 2009) – wie sie zwar Spezies aus ähnlichen Lebensräumen desselben Planeten teilen (also etwa Menschen und Wölfe), kaum jedoch Wesen, die aus Welten mit gänzlich unterschiedlicher Beschaffenheit der Umwelt stammen. Die praktischen Kommunikationsprobleme, die beim Zusammentreffen mit einer außerirdischen Spezies auf uns zukommen dürften, sind bei aller Fantasie heute kaum zu erahnen. So bleibt aus menschlicher Sicht eigentlich nur die Hoffnung, dass ‚die Anderen' uns auch bezüglich der Theorie und Praxis der Kommunikation mit Wesen aus anderen Welten weit voraus sind (vgl. Anton und Schetsche 2015, S. 31–35).

4.5   Ein kurzes Fazit aus soziologischer Sicht

Die mehr als 120 SETI-Projekte der letzten Jahrzehnte sind zweifelsohne verdienstvoll. Wie kein anderes Vorhaben bei der Erforschung des Weltraums haben sie eine breite Öffentlichkeit auf die *Möglichkeit* aufmerksam gemacht, dass die Erde nicht der einzige von intelligenten Wesen bewohnte Planet in unserer Galaxis sein muss. Die Bedeutung dieser ‚kosmologischen Aufklärung' für die menschliche Selbstwahrnehmung[11] kann kaum überschätzt werden. Auf der anderen Seite ist die SETI-Programmatik, wie wir sie oben skizziert hatten, auch für eine dreifache Engführung der fachlichen und öffentlichen Debatte zum Thema außerirdische Intelligenzen verantwortlich:

---

[11]Hier geht es um nichts weniger als die Frage nach der Stellung des Menschen im Kosmos, welche die Menschheit in den unterschiedlichsten Formen bereits seit Jahrtausenden beschäftigt (siehe hierzu unsere Ausführungen im Kap. 2).

1. Der überwältigende Teil der SETI-Experimente seit den sechziger Jahren des vergangenen Jahrhunderts reduziert unsere Vorstellung von fremden Intelligenzen auf *extraterrestrische Radioastronomen.* Die Aliens, deren Funkbotschaft wir empfangen *können,* ähneln den irdischen SETI-Forschern (und wenigen -Forscherinnen) wie ein Ei dem anderen: Sie haben eine ähnliche Radiotechnik entwickelt, folgen identischen Gedankengängen (etwa bezüglich jener berüchtigten ‚Wasserloch-Wellenlänge') und befinden sich außerdem noch in einer ähnlichen technologischen Entwicklungsphase wie die westlichen Gesellschaften auf der Erde (vgl. Bohlmann und Bürger 2018, S. 166). Wir denken: Es müsste schon ein aberwitziger Zufall sein, dass alle diese (und einige andere) Faktoren zusammenkommen und damit eine Kommunikation via Radiowellen über interstellare Entfernungen ermöglichen. Oder unsere Galaxis ist hoffnungslos überbevölkert, sodass in jedem Jahrhundert in passender Entfernung mehrere neue technologische Zivilisationen entstehen – von denen einige dann auch mit Radiowellen experimentieren.

2. Eine zweite, viel zu lange perpetuierte Grundannahme ist, dass die empfangenen Signale der Fremden relativ problemlos zu entschlüsseln und damit sinnhaft zu interpretieren seien. Jahrzehntelang wurden die Hinweise namentlich sowjetischer Linguisten ignoriert, dass es grundsätzlich keine Möglichkeit gibt, isolierte Symbolsysteme zu übersetzen, denen keine gemeinsame Handlungspraxis (mit direkter Kommunikation und einem an der materiellen Umwelt orientierten Verweissystem) zugrunde liegt. Erst spät haben auch westliche SETI-Forscher eingeräumt, dass ihre Vorannahmen hinsichtlich der Entschlüsselung fremder Signale wohl deutlich zu optimistisch waren. Die (nur auf den ersten Blick bestechende) Vorstellung einer gemeinsamen ‚intergalaktischen Mathematik' und einer auf ihr beruhenden ‚universellen' Sprache hat die Forschung über Jahrzehnte hinweg in eine Sackgasse manövriert. Dabei hätte bereits eine kurze Beschäftigung mit den Befunden der irdischen Sozialwissenschaften hinsichtlich der *Probleme interkulturellen Fremdverstehens* manche Überzeugungen frühzeitig zu relativieren vermocht (vgl. hierzu auch Bohlmann und Bürger 2018).

3. Die höchst unwahrscheinlichen technischen und linguistischen Vorannahmen stellen letztlich aber nur die (in der strategischen Konsequenz: schwerwiegenden) Folgen eines *grundlegenden anthropozentrischen Missverständnisses* dar, dem die SETI-Programmatik unterliegt. Nicht zuletzt durch die (teilweise offen eingestandene) Faszination für die Science Fiction, insbesondere US-amerikanische TV-Formate, hatten sich in den Köpfen vieler Akteure Alienbilder festgesetzt, die eher von den filmtechnischen Möglichkeiten der sechziger und siebziger Jahre beherrscht waren, denn von wissen-

schaftlichen und (hier fast noch wichtiger: philosophischen) Reflexionen. Das mediale Bild von *Vulkaniern* und *Klingonen* war einfach zu verführerisch. Erst wenn man es schafft, solchen plakativen medialen Verlockungen zu widerstehen, wird der Kopf frei für rationale Analysen: Die realen Außerirdischen werden in jeder Hinsicht deutlich fremdartiger sein, als wir sie uns heute vorzustellen vermögen. Dies betrifft nicht nur Detailfragen wie Technologieentwicklung und Forschungsstrategien, sondern viel grundlegender ihre Sinneskanäle, Wahrnehmungsräume, raumzeitlichen Orientierungen und sicherlich auch die grundlegendsten Denkweisen.

In der Folge dieses programmatischen (und damit leider auch forschungspragmatischen) Missverständnisses folgte die Suche nach Außerirdischen seit Jahrzehnten strategischen Pfaden, die es bei kritischer Betrachtung eher *un*wahrscheinlich erscheinen lassen, dass sie auf absehbarer Zeit zum gewünschten Erfolg,[12] nämlich dem Erstkontakt mit einer außerirdischen Zivilisation, führen werden. Im folgenden Kapitel werden wir uns einer alternativen Suchstrategie widmen, die SETI aus unserer Sicht in sinnvoller Weise ergänzen könnte: SETA – die Suche nach extraterrestrischen Artefakten.

Literatur

Anton, Andreas, und Michael Schetsche. 2015. Anthropozentrische Transterrestrik. Zur Kritik naturwissenschaftlich orientierter SETI-Programme. *Zeitschrift für Anomalistik* 15:21–46.
Ascher, Marcia. 1991. *Ethnomathematics – A multicultural view of mathematical ideas.* Pacific Grove: Brooks & Cole Publishing.
Billingham, John. 2014. SETI: The NASA years. In *Archeology, anthropology and interstellar communication*, Hrsg. Douglas Vakoch, 1–21. Washington: National Aeronautics and Space Administration.

---

[12]Eine der unseres Erachtens schwerwiegendsten Fehleinschätzungen kulminierte dabei in dem Diktum, dass wir den Außerirdischen wegen der ‚unüberwindbar großen Entfernungen im Universum' niemals direkt werden begegnen können. Wir werden diesen Fehlschluss im Abschn. 7.2 genauer unter die Lupe nehmen. An dieser Stelle genügt die Feststellung, dass dieses anthropozentrische Vorurteil, trotz aller noch so guten Gegenargumente, bis heute sowohl die wissenschaftlichen als auch die öffentlichen Debatten beherrscht – was zu der sozialpsychologischen These verleiten könnte, dass uns nur die gedanklich in eine schier unüberbrückbare Ferne gerückten Aliens einen ruhigen Nachtschlaf zu ermöglichen scheinen (vgl. Schetsche 2008, S. 227–228). Die radikalere Anschlussthese, dass es manchen Beteiligten unbewusst gar nicht um eine Kontaktaufnahme, sondern im Gegenteil um deren Verhinderung geht, möchten wir gar nicht zu Ende denken.

Bohlmann, Ulrike M., und Moritz J.F. Bürger. 2018. Anthropomorphism in the search for extra-terrestrial intelligence – The limits of cognition? *Acta Astronautica* 143:163–168.

Cocconi, Giuseppe, und Philip Morrison. 1959. Searching for interstellar communications. *Nature* 186:670–671.

De la Torre, Gabriel, und Manuel A. Garcia. 2018. The cosmic gorilla effect or the problem of undetected non terrestrial intelligent signals. *Acta Astronautica* 146: 83–91.

Dick, Steven J. 1996. *The biological universe: The twentieth-century extraterrestrial life debate and the limits of science.* Cambridge: Cambridge University Press.

Dixon, Robert S. 2017. Statement regarding the claim that the „WOW!" signal was caused by hydrogen emission from an unknown comet or comets. http://naapo.org/WOWCometRebuttal.html. Zugegriffen: 30. Mai 2018.

Drake, Frank, und Dava Sobel. 1994. *Signale von anderen Welten. Die wissenschaftliche Suche nach außerirdischer Intelligenz.* München: Droemer.

Ehman, Jerry R. 1998. The big ear wow! Signal. What we know and don't know about it after 20 Years. http://www.bigear.org/wow20th.htm#printout. Zugegriffen: 30. Mai 2018.

Engelbrecht, Martin. 2008. SETI. Die wissenschaftliche Suche nach außerirdischer Intelligenz im Spannungsfeld divergierender Wirklichkeitskonzepte. In *Von Menschen und Außerirdischen. Transterrestrische Begegnungen im Spiegel der Kulturwissenschaft,* Hrsg. Michael Schetsche und Martin Engelbrecht, 205–226. Bielefeld: transcript.

Finney, Ben, und Jerry Bentley. 2014. A tale of two analogues learning at a distance from the ancient greeks and maya and the problem of deciphering extraterrestrial radio transmissions. In *Archeology, anthropology and interstellar communication,* Hrsg. Douglas Vakoch, 65–77. Washington: National Aeronautics and Space Administration.

Fischer, Lars. 2017. Aus für Außerirdische. SPEKTRUM online: News 06.06.2017. https://www.spektrum.de/news/aus-fuer-ausserirdische/1462193. Zugegriffen: 3. Mai 2018.

Garber, Stephen, J. 2014. A political history of NASA's SETI program. In *Archeology, anthropology and interstellar communication,* Hrsg. Douglas Vakoch, 23–48. Washington: National Aeronautics and Space Administration.

Gerritzen, Daniel. 2016. *Erstkontakt. Warum wir uns auf Außerirdische vorbereiten müssen.* Stuttgart: Kosmos.

Hoerner von, Sebastian. 2003. *Sind wir allein? SETI und das Leben im All.* München: Beck.

Holzhauer, Hedda. 2015. Kriminalistische Serendipity – Ermittlungserfolge im Spannungsfeld zwischen Berufserfahrung, Gefühlsarbeit und Zufallsentdeckungen. Dissertation, Universität Hamburg, Fachbereich Sozialwissenschaften.

Hövelmann, Gerd. 2009. Mutmaßungen über Außerirdische. *Zeitschrift für Anomalistik* 9:168–199.

Ollongren, Alexander. 2010. On the signature of LINCOS. *Acta Astronautica* 67:1440–1442.

Panovkin, Boris Nikolaevich. 1976. The Objectivity of knowledge and the problem of the exchange of coherent information with extraterrestrial civilizations. *Philosophical Problems of 20th Century Astronomy* (Moscow: Russian Academy of Sciences): 240–265.

Paris, Antonio. 2017. Hydrogen line observations of cometary spectra at 1420 MHZ. *Journal of the Washington Academy of Sciences* 103 (2). http://planetary-science.org/wp-content/uploads/2017/06/Paris_WAS_103_02.pdf. Zugegriffen: 14. Juni 2018.

Sagan, Carl, und Iossif Samuilowitsch Schklowski. 1966. *Intelligent life in the Universe.* San Francisco: Holden-Day.

Schetsche, Michael. 2004. Der maximal Fremde – Eine Hinführung. In *Der maximal Fremde. Begegnungen mit dem Nichtmenschlichen und die Grenzen des Verstehens,* Hrsg. Michael Schetsche, 13–21. Würzburg: Ergon.

Schetsche, Michael. 2008. Auge in Auge mit dem maximal Fremden? Kontaktszenarien aus soziologischer Sicht. In *Von Menschen und Außerirdischen. Transterrestrische Begegnungen im Spiegel der Kulturwissenschaft,* Hrsg. Michael Schetsche und Martin Engelbrecht, 227–253. Bielefeld: transcript.

Schetsche, Michael, René Gründer, Gerhard Mayer und Ina Schmied-Knittel. 2009. Der maximal Fremde. Überlegungen zu einer transhumanen Handlungstheorie. *Berliner Journal für Soziologie* 19 (3): 469–491.

Schulze-Makuch, Dirk. 2017. Forty years later, SETI's famous wow! signal may have an explanation. But the controversy continues (06.08.2017). https://www.airspacemag.com/daily-planet/forty-years-later-setis-famous-wow-signal-may-have-explanation-180963628/. Zugegriffen: 3. Mai 2018.

Sheridan, Mark A. 2009. *SETI's scope: How the search for extraterrestrial intelligence became disconnected from new ideas about extraterrestrials.* Ann Arbor: ProQuest.

Shostak, Seth. 1999. *Nachbarn im All. Auf der Suche nach Leben im Kosmos.* München: Herbig.

Shostak, Seth. 2006. The future of SETI. Sky and telescope online (19.06.2006). http://www.skyandtelescope.com/astronomy-news/the-future-of-seti/3/?c=y. Zugegriffen: 1. Mai 2018.

Simons, Daniel J., und Christopher F. Chabris. 1999. Gorillas in our Midst: Sustained inattentional blindness for dynamic events. *Perception* 28:1059–1074.

Sukhotin, Boris Viktorovich. 1971. Methods of message decoding. In *Extraterrestrial Civilizations. Problems of Interstellar Communication,* Hrsg. S. A. Kaplan, 133–212. Jerusalem: Keter Press.

Vakoch, Douglas A. 2014. Archeology, anthropology and interstellar communication. Washington: National Aeronautics and Space Administration. https://www.nasa.gov/sites/default/files/files/Archaeology_Anthropology_and_Interstellar_Communication_TAGGED.pdf. Zugegriffen: 30. Mai 2018.

Wabbel, Tobias Daniel. 2002. Der Geist des Radios. In *S.E.T.I. Die Suche nach dem Außerirdischen,* Hrsg. Tobias Daniel Wabbel, 67–79. München: beustverlag.

Werthimer, Dan, David NG, Stuart Bowyer, und Charles Donnelly. 1995. The Berkeley SETI program: SERENDIP III and IV instrumentation. In *Progress in the search for extraterrestrial life,* Hrsg. Seth Shostak (Astronomical Society of the Pacific Conference Series 74), 293–302.

Zaun, Harald. 2010. *SETI. Die wissenschaftliche Suche nach außerirdischen Zivilisationen.* Hannover: Heise.

Zaun, Harald. 2015. Dieses neue SETI-Programm stellt alles Bisherige in den Schatten! Telepolis am 21. Juli 2015. https://www.heise.de/tp/features/Dieses-neue-SETI-Programm-stellt-alles-Bisherige-in-den-Schatten-3374394.html?seite=all. Zugegriffen: 30. Mai 2018.

Zaun, Harald. 2017. Historisches SETI-Signal ohne Kosmogram. Telepolis am 15. August 2017. https://www.heise.de/tp/features/Historisches-SETI-Signal-ohne-Kosmogramm-3801610.html. Zugegriffen: 30. Mai 2018.

SETA – die Suche nach außerirdischen Artefakten

5

5.1 Außerirdische Monolithen

Im zweiten Kapitel haben wir auf einige zentrale Werke der Science Fiction-Literatur hingewiesen, dabei aber ganz bewusst auf die Erwähnung eines besonderen Werkes verzichtet, das mit einem speziellen Szenario der Begegnung mit einer außerirdischen Intelligenz beginnt – Arthur C. Clarke *2001: Odyssee im Weltraum*. Sowohl das Buch als auch der gleichnamige Film des US-amerikanischen Regisseurs Stanley Kubrick erschienen im Jahr 1968. Beide gelten als Meilensteine des Science Fiction-Genres. Das Buch ist der erste Teil einer vierbändigen Reihe, in der es um den Kontakt der Menschheit zu einer weit fortgeschrittenen außerirdischen Zivilisation geht (Clarke 2016). Der Film zum ersten Teil der Reihe glänzt durch innovative Spezialeffekte, ein brillantes Drehbuch und eine atmosphärische Tiefe und Komplexität, die vorher kein anderer Film des Genres erreichte und die auch danach nur selten erlangt wurden. Kubricks Film ist, wie Hurst (2004, S. 104) zusammenfasst:

> ein Meisterwerk von komplexer struktureller Form und visuellem Reichtum, bietet zahllose Interpretationsansätze und bleibt dabei stets mehrdeutig, vielschichtig und auf inspirierende Weise vage. So ist 2001 zu einem der meistdiskutierten Werke der Filmgeschichte geworden, und ganze Bibliotheken lassen sich inzwischen mit Deutungen und Erklärungsversuchen füllen.

Ausgangspunkt der Geschichte (im Film wie im Buch) ist eine Gruppe von Vor- bzw. Frühmenschen vor drei Millionen Jahren, die einen von einer außerirdischen Zivilisation offenbar bewusst platzierten *Monolithen* entdeckt. Dieser erzeugt bei den frühen Menschen eine Art Bewusstseins- bzw. Intelligenzsprung, in dessen Folge sie dazu in der Lage sind, komplexe Gedanken zu entwickeln, Werkzeuge

© Springer Fachmedien Wiesbaden GmbH, ein Teil von Springer Nature 2019
M. Schetsche und A. Anton, *Die Gesellschaft der Außerirdischen*,
https://doi.org/10.1007/978-3-658-21865-2_5

und Waffen herzustellen und sich gegenüber verfeindeten Gruppen von Frühmenschen durchzusetzen. Kurzum: Das außerirdische Artefakt liefert die Grundlage für die menschliche *Zivilisationsentwicklung*. Drei Millionen Jahre später wird von einer Erkundungsmission auf dem Mond, eingegraben im Boden des Kraters *Tycho, ein ähnlicher, vollständig schwarzer Monolith* entdeckt, dessen materielle Eigenschaften eindeutig darauf schließen lassen, dass er künstlichen Ursprungs ist – und damit außerirdischer Herkunft sein muss. Die genaue Beschaffenheit, die Bauweise und mögliche Funktionen des Monolithen sind völlig unklar, dennoch belegt seine Anwesenheit auf geradezu provozierende Weise, dass es eine außerirdische Zivilisation gab, die der menschlichen in ihrer Entwicklung weit voraus und die dazu noch in der Lage war bzw. ist, ein solches Artefakt auf dem Erdtrabanten zu deponieren. Als wäre dies nicht bereits unheimlich genug, sendet der Monolith zudem ein rätselhaftes elektromagnetisches Signal aus, als er zum ersten Mal mit Sonnenlicht in Berührung kommt.

Der Auftakt von *2001: Odyssee im Weltraum* spielt ganz bewusst mit menschlichen Sehnsüchten und Ängsten in Bezug auf potenzielle außerirdische Zivilisationen. Dieses Spiel ist ungeheuer wirkmächtig, gerade auch weil die Inszenierung der Begegnung mit einer außerirdischen Zivilisation im Vagen, Unklaren, Ambivalenten bleibt. Der schwarze Monolith steht sinnbildlich für alles Fremde, Unerklärliche, Undurchschaubare, das gleichermaßen Verheißung wie Bedrohung, Ordnung wie Chaos bedeuten kann. So gelingt es dem Buch und dem Film – ganz im Gegensatz zu anderen Science Fiction-Erzählungen – „das Fremde wirklich als fremd und als nahezu unverständlich darzustellen" (Hurst 2004, S. 107).

Das Ausgangsszenario[1] von *2001: Odyssee im Weltraum* – die Menschheit entdeckt ein außerirdisches Artefakt – wird in der wissenschaftlichen Diskussion über potenzielle extraterrestrische Zivilisationen eher stiefmütterlich behandelt. Die entsprechende Forschungsperspektive wird in Anlehnung an SETI als *SETA* (Search for Extraterrestrial Artifacts) bezeichnet. Die Kernüberlegung von SETA besteht darin, dass technisch hoch entwickelte außerirdische Zivilisationen (z. B. im Rahmen einer Erkundungs- bzw. Forschungsmission) unser Sonnensystem oder sogar die Erde selbst besuchten (bzw. besuchen) und dabei möglicherweise für uns identifizierbare Spuren ihrer Anwesenheit hinterlassen haben. Derartige Vorstellungen mögen auf den ersten Blick kühn erscheinen, enthalten

---

[1]Wir nehmen diesen Gedanken in unserer Analyse möglicher Kontaktszenarien im Kap. 8 wieder auf.

aber letztlich nicht unbedingt mehr oder weiterreichende Vorannahmen als das klassische SETI-Paradigma. Vertreter der SETA-Perspektive verweisen gerne auf Gedankenexperimente, nach denen es einer hochtechnologischen Zivilisation binnen relativ kurzer Zeit (zumindest nach astrophysikalischen Maßstäben) gelingen könnte, große Teile der Milchstraße oder gar die gesamte Galaxis zu erkunden. Grundlage hierfür wären automatisierte, von einer künstlichen Intelligenz gesteuerte Sonden, die autonom operieren, sich selbst reproduzieren und so den Weltraum erforschen könnten. Modellrechnungen ergaben, dass eine derartige Mission einer außerirdischen Zivilisation innerhalb von 10.000 Jahren etwa eine Millionen Sterne und in zehn Millionen Jahren die gesamte Milchstraße erkunden könnte – und dies bei einer Geschwindigkeit von lediglich einem Lichtjahr in 100 Jahren (vgl. Gerritzen 2016, S. 117–119). Die Vertreter der SETA-Perspektive fordern daher, dass die Suche nach außerirdischen Artefakten in unserem Sonnensystem neben dem klassischen SETI-Paradigma einen gleichberechtigten Platz haben sollte. Wir wollen uns die mit diesen Überlegungen verbundenen Argumente genauer ansehen und stellen dazu im folgenden Abschnitt die wichtigsten Studien zum Thema aus den letzten Jahrzehnten vor.

5.2   SETA und das Fermi-Paradoxon

Einer der ersten, der die systematische wissenschaftliche Suche nach außerirdischen Artefakten zur Diskussion stellte, war der Mathematiker, Physiker und Radioastronom Ronald Newbold Bracewell. Er hielt es für relativ sinnlos, nach Radiosignalen außerirdischer Zivilisationen (und dies auch noch in einem sehr begrenzten Frequenzbereich) zu suchen. Sein Kernargument bestand darin, dass es selbst für

> fortgeschrittene außerirdische Zivilisationen schlicht zu teuer [wäre], über Zeiträume von Jahren oder Jahrzehnten mit hohem Energieaufwand Radiosignale ins All zu senden, ohne zu wissen, ob diese überhaupt je von einer anderen Zivilisation empfangen und ‚gehört‘ würden (Gerritzen 2016, S. 107).

Viel wahrscheinlicher wäre es, dass außerirdische Zivilisationen Forschungssonden aussenden, um das Weltall zu erkunden. Daher wäre es wesentlich sinnvoller, statt nach Radiosignalen nach außerirdischen Robotersonden zu suchen. Diese Überlegungen führen unmittelbar zum *Fermi-Paradoxon* (wir hatten es in Kap. 3 vorgestellt) zurück: Wenn es derartige außerirdische Erkundungssonden gibt: Wo sind sie?

Ein Lösungsvorschlag für das Fermi-Paradoxon stammt aus dem Jahr 1973 von John A. Ball und wird als *Zoo-Hypothese* bezeichnet. Nach Balls Überzeugung ist es statistisch gesehen sehr wahrscheinlich, dass hier und da in unserer Galaxis Zivilisationen existieren, die der unseren technisch weit voraus sind. Dies macht es aus seiner Sicht auch wahrscheinlich, dass eine oder mehrere dieser technisch fortgeschrittenen Zivilisationen unser Sonnensystem, die Erde und auch *uns* bereits entdeckt haben. Dass wir Menschen davon noch nichts bemerkt haben, erklärt Ball damit, dass die außerirdischen raumfahrenden Zivilisationen die Menschheit *vorsätzlich* in Unwissenheit über ihre Existenz halten – sei es, um die Entwicklung der irdischen Zivilisation nicht zu stören, sei es, um diese besser beobachten und untersuchen zu können. In Balls Worten: „The zoo hypothesis predicts that we shall never find them because they do not want to be found and they have the technological ability to insure this" (Ball 1973, S. 349).

Wenige Jahre später (Kuiper und Morris 1977) diskutieren die Astronomen Thomas B. H. Kuiper und Mark Morris in einem Artikel in der *Science* zunächst die klassischen SETI-Strategien zur Identifizierung extraterrestrischer Radiosignale. Sie heben hervor, dass es bei der Suche nach Außerirdischen entscheidend ist, nur die *nötigsten* Vorannahmen hinsichtlich der Fähigkeiten und Verhaltensweisen der Fremden zu machen. Sie kritisieren deshalb explizit die Annahme, dass die Überwindung interstellarer Entfernungen durch Raumsonden oder gar ‚bemannte‘ Raumschiffe gänzlich unmöglich sei:

> The contention of this article is not that the practice of interstellar travel is an inevitability for all technologically advanced civilizations, but that the probability is high enough that, given a modest number of advanced civilizations, at least one of them will engage in interstellar travel and thus colonize the galaxy (Kuiper und Morris 1977, S. 616).

Als ‚reisetechnische‘ Erklärung führen sie unter anderem die Möglichkeiten ins Feld, dass Außerirdische eine deutlich höhere Lebenserwartung als Menschen haben, dass sie Generationenraumschiffe verwenden oder dass die Besatzung einen Großteil der Reise in einer Art Kälteschlaf verbringen könnten. Entsprechend halten sie es für möglich, dass unser Sonnensystem bereits von Außerirdischen besucht, zumindest aber von unbemannten Raumsonden untersucht wurde. Nach ihrer Auffassung gibt es dabei gute Gründe für die Annahme, dass fremde Zivilisationen ihre Anwesenheit in unserem Sonnensystem geheim zu halten versuchen. In einem kurzen Anhang zum Artikel (Appendix A) diskutieren sie in diesem Zusammenhang das Risiko eines ‚Kulturschocks‘, wenn eine noch an ihren Planeten gebundene Kultur mit einer überlegenen weltraumaktiven Zivilisation konfrontiert wird. Dies könnte ihres Erachtens ein Grund dafür sein, dass extraterrestrische Zivilisationen noch keinen Kontakt mit uns aufgenommen haben bzw. sich uns nicht zu erkennen geben, obwohl sie in unserem Sonnensystem präsent sind. Die Autoren ergänzen:

> In many cases, however, the needs of the aliens could be satisfied without undue impact on our civilization. The removal of rare elements or chemicals, of genetic material, or of samples for biological or psychological studies (including even an occasional human) could be effected with no more attention from us than a UFO article or a missing person's report. To establish that avoidance of open contact is not the most likely alien behavior, one would need to identify a resource that does not fall into this category. [...] There remains the possibility that members of an extraterrestrial society might choose limited contact without offering their store of knowledge. They might wish to do this (i) as part of an experiment to gauge the reaction of our society, (ii) in an attempt to stabilize terrestrial civilization to prevent an impending crisis of self-annihilation, or (iii) to plant selected information in order to stimulate our evolution in some preferred direction. In none of these cases can it be concluded that contact would necessarily occur in an overt way, so that we would immediately recognize it as such (Kuiper und Morris 1977, S. 620).

Diese und ähnliche Fragen gehen ihrem Verständnis nach jedoch über die primäre Zuständigkeit von Physik und Astronomie hinaus, sodass die Autoren vorschlagen, andere wissenschaftliche Disziplinen mögen sich mit ihrer Expertise in die Debatten um SETI und außerirdische Zivilisationen einbringen.

In einem für das SETA-Forschungskonzept wegweisenden Artikel für das *Journal of the British Interplanetary Society* aus dem Jahr 1983 erläutert der Physiker Robert A. Freitas, warum es seines Erachtens sinnvoll ist, in unserem Sonnensystem nach außerirdischen Artefakten zu suchen. Dabei formuliert er die für die weitere Diskussion in diesem Bereich zentrale *Artefakt-Hypothese,* nach der eine fortgeschrittene außerirdische Zivilisation mit hoher Wahrscheinlichkeit ein Programm zur Erforschung des interstellaren Raums entwickelt und dazu Forschungssonden oder Ähnliches ausgesandt hätte: „A technologically advanced extraterrestrial civilisation has undertaken a long-term programme of interstellar exploration via transmission of material artefacts" (Freitas 1983, S. 501). Ein solches außerirdisches Forschungs- bzw. Erkundungsprogramm könnte, so Freitas, mithilfe selbstreproduzierender Sonden („Von-Neumann-Sonden") in einem relativ kurzen Zeitraum die gesamte Galaxis erkunden:

> Self-replicating or self-growing probe factories need only produce a dozen or fewer offspring in each target star system to explore the entire Galaxy in less than a dozen generations, requiring 10^2–10^3 years for completion of one generation at each site.

This is 10^{-6}–10^{-7} the age of the Earth, an improbably small observational window (Freitas 1983, S. 502).

Falls diese These zutreffen sollte, so führt er weiter aus, gäbe es eine Chance, entsprechende materielle Artefakte im Sonnensystem zu finden, wenn man nur mit dem entsprechenden technischen Aufwand danach suchte. Ausgehend von den notwendig fortgeschrittenen technischen Fähigkeiten einer Zivilisation, die in der Lage ist, Raumsonden in andere Sonnensysteme zu schicken, stellt er folgende Anschlussthese auf:

> Artifacts not intended to be found will not be found. For instance, in one scenario the probe imperfectly camouflages itself with the motive of providing a thresholding test of the technology or intelligence of the recipient species, which test must be passed before communication with the device is permitted. [...] Thus only those classes of artifacts not subject to a policy of perfect concealment can be observed by us (Freitas 1983, S. 501).

Die Bestrebungen von Außerirdischen, ihre Entdeckung durch die Beobachteten zu vermeiden, erscheint ihm als recht elegante Lösung für das Fermi-Paradoxon. Davon ausgehend, dass die Erde die komplexeste und interessanteste Umwelt in unserem Sonnensystem darstellt, vermutet Freitas außerdem, außerirdische Sonden in unserem Sonnensystem würden sich auf die Beobachtung der Erde konzentrieren und an entsprechend passenden Beobachtungsorten anzutreffen sein (also in einer mehr oder weniger weiten Umlaufbahn um die Erde oder auf dem Mond). Grundsätzlich unterscheidet Freitas vier Varianten von außerirdischen Artefakten, die möglicherweise in unserem Sonnensystem zu finden seien:

1. *Astro-Engineering:* Hierbei geht es um die Möglichkeit, dass eine oder mehrere außerirdische Zivilisation(en) Himmelskörper in unserem Sonnensystem in irgendeiner Weise technisch manipuliert haben.
2. *Sich selbst reproduzierende Artefakte:* Freitas denkt hier an autonom operierende Robotersonden, die sich selbst reproduzieren und dazu etwa Fertigungsfabriken anlegen, Rohstoffabbau betreiben etc.
3. *Passive Artefakte:* Passive Artefakte können z. B. Hinterlassenschaften (,Müll'[2]) von Erkundungsmissionen sein, aber auch verlassene Bauwerke,

---

[2]Die Idee, dass Außerirdische nach dem Verlassen des Sonnensystems ihren Müll einfach hier zurücklassen, findet sich von seinen Konsequenzen her zu Ende gedacht im SF-Roman *Picknick am Wegesrand* der Brüder Arkadi und Boris Strugazki (deutsch: 1975, russisches

Monumente, zurückgelassene Messstationen oder bewusst hinterlassene Botschaften.

4. *Aktive Artefakte:* Gemeint sind damit aktive Sonden oder andere Beobachtungstechnik, die das Sonnensystem überwachen und ggf. Informationen an ihre ‚Erbauer' zurücksenden – oder gar in Interaktion mit von ihnen entdeckten Spezies treten können (vgl. Freitas 1983, S. 501–503).

Einige Jahre später (Deardorff 1987) diskutiert der Physiker und Meteorologe James W. Deardorff in sehr grundlegender Weise die unterschiedlichsten Lösungen für das Fermi-Paradoxon. Seine Vorschläge reichen von der Möglichkeit, dass wir schlicht allein im Universum sind, bis hin zur *Embargo-Hypothese,* nach der technisch weit fortgeschrittene außerirdische Zivilisationen jede Kontaktaufnahme zur Menschheit vorsätzlich vermeiden würden. Die Grundidee besteht darin, dass es unter hoch entwickelten außerirdischen Zivilisationen eine Art Übereinkommen in Bezug auf eine ‚Nichteinmischungsethik' geben könnte, die es ihnen untersagt, technisch und ethisch weniger entwickelte Zivilisationen zu beeinflussen und damit vorgibt, diese gleichsam in einem „Naturschutzgebiet" vor Fremdeinflüssen zu bewahren. Diese Erklärung hält Deardorrf sogar für plausibler als eine Kontaktaufnahme im Sinne des SETI-Paradigmas. Er schreibt zu Beginn seines Aufsatzes:

> The embargo or quarantine hypothesis for explaining the ‚Great Silence' is reviewed and found to be more plausible than the view that, at most, we might expect radio messages from some distant star. The latter hypothesis is shown to be compatible with extraterrestrial technologies only a few hundred years in advance of your own, whereas the embargo hypothesis more reasonably infers that they should be tens of thousands of years in advance and in control of any contact with humanity (Deardorff 1987, S. 373).

Deardorff interessiert besonders die Möglichkeit, dass die Erde heute systematisch von Außerirdischen überwacht wird – und zwar mit so fortgeschrittener Technologie, dass es uns aktuell *unmöglich* ist, die Beobachter und deren Instrumente zu entdecken. In diesem Zusammenhang geht er sogar auf die These ein,

---

Original: 1971). Einer breiteren Öffentlichkeit bekannt geworden ist der Roman durch die Verfilmung *Stalker* (von Andrei Arsenjewitsch Tarkowski, UdSSR 1979).

dass zumindest einige der UFO-Sichtungen der letzten Jahrzehnte in einem solchen Kontext interpretiert werden *könnten:*

> However, Sturrock noted that if covert or indefinite evidence of such visitations
> existed, that fact would be important to take into account. He therefore regarded
> the tens of thousands of screened reports of UFOs occurring in the past 40 years as
> possibly relevant in any discussion of ETIS. If so, then for compatibility with the
> embargo hypothesis individual UFO appearances would have to be governed by the
> same rules as the hypothesised embargo against Earth: no UFO evidence so definite
> to scientists as could cause the embargo to 'break' would be permitted. For further
> compatibility, description of UFO behaviour should disclose signs of intelligence,
> highly advanced technology, and generally ethical actions (Deardorff 1987, S. 377–
> 378).

Der ukrainische Radioastronom und Astrophysiker Alexey V. Arkhipov fordert in
einem Aufsatz im *Journal of The British Interplanetary Society* (Arkhipov 1998)
als notwendige *Ergänzung* zu den bisherigen SETI-Programmen eine systematische Suche nach außerirdischen Artefakten in unserem Sonnensystem – insbesondere auf dem Mond, da hier, so Arkhipov, sehr günstige Bedingungen für
die Platzierung einer außerirdischen Beobachtungssonde wären. Sinnvoll könnte
es seines Erachtens auch sein, im Sonnensystem und auf der Erde nach ‚Abfäl-
len‘ extraterrestrischer Raummissionen zu fahnden. Arkhipovs Ansatz weist also
durchaus eine gewisse Ähnlichkeit zu der Paläo-SETI-Hypothese auf – mit dem
entscheidenden Unterschied allerdings, dass der Autor nicht schon von vornherein unterstellt, dass es auf der Erde solche Hinterlassenschaften gibt, sondern
vielmehr zu einer offenen und vorurteilsfreien Suche nach möglichen Zeugnissen
außerirdischer Besuche(r) rät. Sein Fazit:

> There are interesting nonclassical SETI possibilities which look more effective and
> promising than the conventional search for radio/laser signals. Unfortunately, new
> approaches conflict with the mental habits of astronomers, geologists and geoche-
> mists in studying natural formations and processes. The habit factor leads most
> specialists to an a priori rejection of search for alien artefacts on the surface of the
> Moon and the Earth (Arkhipov 1998, S. 184).

Ebenfalls recht forschungspraktisch orientiert, diskutieren der Planetenforscher
Jacob Haqq-Misra und der Astrophysiker Ravi Kumar Kopparapu in einem Auf-
satz für das *Journal of the British Interplanetary Society* aus dem Jahr 2011 die
Möglichkeit, mit heute oder in naher Zukunft zur Verfügung stehender Beobach-
tungstechnik außerirdische Artefakte in unserem Sonnensystem zu identifizieren.
Ihre Ausgangsthese lautet dabei, dass prinzipiell gute Chancen bestehen, solche

Artefakte in unserem Sonnensystem zu finden – zumindest, wenn extraterrestrische Zivilisationen ähnliche Forschungsstrategien verfolgen wie die Menschheit heute. Im Rahmen ihrer Beschäftigung mit verschiedenen Lösungsvorschlägen für das Fermi-Paradoxon behandeln die Autoren auch die Zoo-Hypothese (Ball 1973, siehe oben), nach der die Existenz der Erde und ihrer Bewohner außerirdischen Zivilisationen bekannt ist, es jedoch ein – wie auch immer geartetes und durchgesetztes – Verbot gibt, sich der Menschheit zu offenbaren. Die beiden Forscher interessieren sich hier insbesondere für den Sonderfall, dass Erde und Sonnensystem *innerhalb des Rahmens* eines solchen Kontaktverbots von automatischen Sonden systematisch überwacht werden. Dies ist nach ihrer Ansicht durchaus vorstellbar, weil eine weit fortgeschrittene außerirdische Technologie es der Menschheit beim gegenwärtigen Stand ihrer technischen Entwicklung unmöglich machen könnte, entsprechende Überwachungssonden zu entdecken. Aber selbst ohne passive oder aktive Schutzmaßnahmen gegen Entdeckung könnte allein die geringe Größe extraterrestrischer Sonden (die Autoren gehen davon aus, dass diese aus Gründen der Effizienz lediglich zwischen einem und wenigen Metern lang sein würden) deren Nachweis außerordentlich erschweren – jedenfalls solange man nicht systematisch nach ihnen sucht. „Thus, extraterrestrial artifacts may exist in the Solar System without our knowledge simply because we have not yet searched sufficiently" (Haqq-Misra und Kopparapu 2011, S. 4). In der Konsequenz schlagen Haqq-Misra und Kopparapu, analog zu Arkhipov, die Entwicklung eines Forschungsprogrammes vor, dass innerhalb unseres Sonnensystems systematisch nach außerirdischen Artefakten sucht.

Schließlich fordern der Kosmologe und Astrobiologie Paul Davies und sein Student Robert Wagner in einem Aufsatz für *Acta Astronautica* (Davies und Wagner 2012) nachdrücklich, im Rahmen von Kartierungen der Oberfläche unseres Erdmondes auch nach außerirdischen Artefakten Ausschau zu halten. Hintergrund des Vorschlags ist die Erfolglosigkeit der bisherigen SETI-Strategien und die immer offensichtlicher werdende Notwendigkeit zur Entwicklung von Alternativen. Generell schlagen die beiden Autoren vor, in Ergänzung der bisherigen Suchstrategien bereits erhobene oder in näherer Zukunft entstehende Daten aus Astronomie, Biologie, Geologie und Planetenwissenschaften zu nutzen, um auf anderem Wege Hinweise auf die Existenz außerirdischer Zivilisationen zu erlangen. Ihre konkrete Idee ist, die fotografischen Daten der laufenden (im Juni 2009 gestarteten) *Lunar Reconnaissance Orbiter*-Mission zu nutzen, um auf der Mondoberfläche nach künstlichen Strukturen jeglicher Art zu suchen – seien es Überbleibsel automatischer Sondern oder auch interstellarer Expeditionen. Sie schreiben:

Such an artifact might originate in several ways, for example, discarded material from an alien expedition or mining operation, instrumentation deliberately installed to monitor Earth, or a dormant probe awaiting contact (a variant on the message-in-a-bottle theme). Alien technology might also manifest itself in mining or quarrying activity, or even construction work, traces of which might persist even after millions of years (Davies und Wagner 2012, S. 2).

Der Erdmond scheint ihnen für eine solche Suche insbesondere deshalb so gut geeignet, weil dort aufgrund der Langsamkeit von Erosionsprozessen und des weitgehenden Fehlens tektonischer Prozesse entsprechende Artefakte (oder allgemeiner: künstliche Strukturen) nicht nur über extrem lange Zeiträume erhalten bleiben, sondern deren Signaturen (etwa Radioaktivität oder Magnetfelder) sich auch besonders klar von der Umgebung abheben.[3] Wegen der seit der Entstehung der Sterne und Planetensysteme vergangenen immensen Zeiträume halten sie es dabei für möglich, dass entsprechende Besuche bereits in ferner Vergangenheit (vielleicht sogar vor Hunderten von Millionen von Jahren) stattgefunden haben. In ihrem Aufsatz diskutieren sie nicht nur die Auffindbarkeit verschiedener Typen von künstlichen Strukturen bzw. Objekten, sondern auch die Frage, was irdische Wissenschaftler heute mit solchen Überbleibseln anfangen könnten. Die Details hierzu sind an dieser Stelle ebenso entbehrlich wie die Einzelheiten dazu, wie die Daten des Lunar Reconnaissance Orbiters (oder anderer Raumsonden) mit möglichst geringem Aufwand nach entsprechenden ‚Anomalien‘ durchmustert werden können.

5.3   Schlussfolgerungen

Fassen wir das alternative Suchkonzept SETA zunächst noch einmal aus exosoziologischer Perspektive zusammen:

1. SETA-Projekte stellen keine grundsätzliche Alternative, sondern eine *Ergänzung* der klassischen SETI-Forschung dar.

---

[3]Ähnlich wie lange vor ihnen Foster (1972) unterscheiden die Autoren vier Typen von Belegen für außerirdische Aktivitäten, die sich auf dem Mond finden lassen könnten: 1) Artefakte mit einer expliziten Botschaft für die Bewohner der Erde (oder andere raumfahrende Spezies), 2) Beobachtungsinstrumente oder deren Überbleibsel, 3) von interstellaren Expeditionen zurückgelassene Abfälle und 4) Veränderungen an geologischen Strukturen aufgrund der Untersuchungen oder des Abbaus bestimmter Mondmaterialien.

2. Sie teilen nicht die einschränkende Vorannahme, dass die Überbrückung interstellarer Entfernungen (ob durch Raumsonden oder gar Raumschiffe) gänzlich unmöglich wäre.
3. In die vorgeschlagene Suche sind sowohl Hinterlassenschaften außerirdischer Erkundungsmissionen als auch noch aktive extraterrestrische Raumsonden in unserem Sonnensystem eingeschlossen.
4. Die Suchstrategien orientieren sich dabei notgedrungen an antizipierten Forschungs- und Beobachtungsmissionen, wie sie eine zukünftige irdische Erkundung ferner Sonnensysteme projizieren würde.
5. Je weiter fortgeschritten die potenzielle außerirdische Technologie ist, desto geringer wird die Chance eingeschätzt, fremde Raumflugkörper usw. in unserem Sonnensystem auffinden zu können – dies gilt umso mehr, wenn diese vorsätzlich gegen eine Entdeckung geschützt sind.
6. Trotz dieser Einschränkungen erscheint die Suche nach entsprechenden außerirdischen Artefakten in unserem Sonnensystem, ja sogar auf der Erde selbst, als durchaus vielversprechend.

Auch wenn sich SETI und SETA nicht ausschließen müssen, stellt Letzteres strategisch gesehen doch eine von mehreren Alternativen zu den klassischen radioastronomischen Horchstrategien dar.[4] Der zentrale konzeptionelle Unterschied zwischen beiden Programmatiken liegt darin, dass SETA das anthropozentrische Axiom nicht anerkennt, das forschungsleitend für alle SETI-Vorhaben ist. Es behauptet, wir hatten es schon mehrfach erwähnt, dass selbst Zivilisationen, die der irdischen technologisch um Jahrtausende voraus sind, nicht in der Lage seien, mit ihren Raumflugkörpern interstellare Entfernungen zu überbrücken. Wenn man, wie die SETA-Programmatik es tut, auf diese Vorannahme verzichtet, ergeben sich ganz neue Möglichkeiten, um den Beweis zu erbringen, dass die Menschheit nicht allein im Universum ist. Insbesondere durch die Abkopplung des Sucherfolgs von der Notwendigkeit der zeitlich parallelen (bzw. je nach Entfernung zeitlich versetzten) Existenz verschiedener Zivilisationen,[5] steigt die

---

[4]Ein anderes Konzept etwa fragt, ob sich von weit fortgeschrittenen Zivilisationen gebaute riesige künstliche Strukturen entdecken lassen, die fremde Sterne umkreisen (vgl. exemplarisch Zackrisson et al. 2018).

[5]Wie wir bereits im vorigen Kapitel ausgeführt hatten, ist dies ein Hauptproblem aller SETI-Projekte: In einer viele Milliarden von Jahren alten Galaxie müssen verschiedene Zivilisationen zum exakt richtigen Zeitpunkt in der gleichen technologischen Entwicklungsphase sein, um miteinander kommunizieren zu können.

Wahrscheinlichkeit für den Nachweis der Existenz fremder Intelligenz deutlich an. Man vermag nun auch Hinweise auf fremde Zivilisationen zu entdecken, deren technologische Hochphase Hunderttausende von Jahren zurückliegt und die vielleicht schon lange nicht mehr existieren.

Der Wegfall jener Vorannahme generiert allerdings (wir hatten es oben bereits erwähnt) einen Möglichkeitsraum, in dem Platz für Spekulationen über frühere oder sogar gegenwärtige Besuche außerirdischer Intelligenzen auf der Erde ist – dies sind, wie wir in Kap. 11 dieses Bandes zeigen werden, wissenschaftlich heute eher unerwünschte Fragen. Dies ist aus unserer Sicht einer der Gründe dafür, warum SETA-Projekte von vielen radioastronomischen SETI-Forschern mit anhaltender Skepsis betrachtet werden. Ein anderer Grund dürfte die *disziplinäre Konkurrenz* um öffentliche Aufmerksamkeit und um die davon nicht unabhängigen finanziellen Ressourcen sein. Es fällt auf, dass fast alle Ideen für SETI-Projekte aus dem Feld der Radioastronomie stammen, die SETA-Grundidee hingegen von Experten aus ganz unterschiedlichen Forschungsbereichen, die selbst *keine* SETI-Projekte betreiben. Hier die genauen Zusammenhänge zu rekonstruieren, wäre allerdings eher Aufgabe der Wissenschaftsforschung[6] denn der Exosoziologie – eindeutig ist allerdings, dass bezüglich der staatlich oder privat aufgebrachten Forschungsressourcen die traditionellen SETI-Projekt die Nase immer noch sehr seit vorn haben. Ob sich dies auf absehbare Zeit ändern wird, vermögen wir nicht zu prognostizieren. Angesichts der Tatsache, dass in jüngster Zeit nur sehr wenige Publikationen zum Thema erschienen sind, haben wir den Eindruck, dass die Diskussion derzeit zu verebben droht. Dass sich die SETA-Forschungsperspektive seit ihrem Bestehen wissenschaftlich nicht zu etablieren vermochte, führen wir auf drei Ursachen zurück:

1. Das Vorhandensein eines außerirdischen Artefaktes in unserem Sonnensystem (oder gar auf der Erde) würde implizieren, dass die entsprechende extraterrestrische Zivilisation dazu in der Lage ist, interstellare Distanzen zu überbrücken, was von der Mehrheit der Experten– namentlich von vielen Astrophysikern – für höchst unwahrscheinlich, gelegentlich gar für unmöglich gehalten wird. Soziologische gesehen stellt SETA bis heute eine heterodoxe Suchstrategie dar, die um Anerkennung kämpft.

---

[6]Eine kritische Rekonstruktion der Geschichte der frühen SETI-Projekte lieferte der Wissenschaftssoziologe Daniel Ray Romesberg (1992, passim) – entsprechende Forschungen würden heute wohl in die Zuständigkeit der sogenannten „Science and Technology Studies" fallen.

2. Manche Wissenschaftler rücken SETA-Vorhaben gedanklich in die Nähe zur UFO-Forschung und zur Paläo-SETI-Hypothese, denen gleichermaßen Unseriosität unterstellt wird und die daher – auch aus Angst vor akademischem Reputationsverlust – systematisch gemieden werden.[7]

3. Schließlich hat auch die massenmediale Dominanz des von SETI propagierten Fernkontakt-Paradigmas dazu beigetragen, dass die Frage nach außerirdischen Artefakten lange in den Hintergrund rückte. Öffentliche Aufmerksamkeit ist in diesem Forschungskontext deshalb so bedeutsam, weil die Finanzierung der meisten Projekte durch private Geldgeber erfolgt. Wohl deshalb finden sich in der SETI-Forschung gelegentlich Delegitimierungsstrategien, die verhindern sollen, dass die knappen Geldmittel in alternative Suchprogramme fließen.

Dies alles sind aber keine Gründe, die eine pauschale Ablehnung einer Suche nach außerirdischen Hinterlassenschaften auf der Erde oder in unserem Sonnensystem legitimieren könnten. Ganz im Gegenteil: Bei näherem Hinsehen erweist sich die Suche nach außerirdischen Artefakten, so jedenfalls unsere Einschätzung, als nicht weniger plausibel und auch nicht als voraussetzungsreicher als die Suche nach außerirdischen Radiosignalen.

Fazit: Weitgehend unbemerkt von der Öffentlichkeit und nur selten wissenschaftlich rezipiert haben sich einige wenige Wissenschaftler in den letzten Jahrzehnten – mal mehr, mal weniger systematisch – mit der Möglichkeit beschäftigt, anders als durch klassische SETI-Strategien Gewissheit über die Existenz außerirdischer Zivilisationen zu erlangen. Im Mittelpunkt steht dabei die Idee, dass sich irgendwo in unserem Sonnensystem, vielleicht gar nicht so weit von der Erde entfernt, materielle Hinterlassenschaften einer außerirdischen Zivilisation finden könnten – seien es Überbleibsel lange vergangener Erkundungsmissionen oder auch noch aktive Forschungs- und Beobachtungssonden extraterrestrischer Herkunft. Im Kontext ihrer Überlegungen haben sie gleichzeitig eine ganze Reihe innovativer Lösungsvorschläge für das Fermi-Paradoxon unterbreitet. Ob man diesen Ideen nun zustimmen mag oder nicht, festzuhalten bleibt, dass es – außerhalb des radioastronomisch geprägten Leitparadigmas – noch eine ganze Reihe anderer sehr ernst zu nehmender Vorschläge für eine Suche nach außerirdischen Intelligenzen gibt. Und je länger die verschiedenen SETI-Projekte erfolglos bleiben, desto mehr werden solche alternativen Suchstrategien in den Fokus des wissenschaftlichen, aber auch des öffentlichen Interesses geraten.

---

[7]Siehe hierzu unsere ausführlichen Darlegungen in Kap. 11 dieses Bandes.

Literatur

Arkhipov, Alexey V. 1998. Earth-moon system as collector of alien artefacts. *Journal of the British Interplanetary Society* 51:181–184.

Ball, John A. 1973. The zoo hypothesis. *Icarus* 19:347–349.

Clarke, Arthur C. 2016. *2001: Odyssee im Weltraum – Die komplette Saga*. München: Heyne.

Davies, Paul, und Robert Wagner. 2012. Searching for alien artifacts on the moon. *Acta Astronautica* 89:261–265.

Deardorff, James W. 1987. Examination of the embargo hypothesis as an explanation for the great silence. *Journal of the British Interplanetary Society* 40:373–379.

Foster, G.V. 1972. Non-human artifacts in the solar system. *Spaceflight* 14:447–453.

Freitas Jr., Robert A. 1983. The search for extraterrestrial artefacts (SETA). *Journal of the British Interplanetary Society* 36:501–506.

Gerritzen, Daniel. 2016. *Erstkontakt. Warum wir uns auf Außerirdische vorbereiten müssen*. Stuttgart: Kosmos.

Haqq-Misra, Jacob, und Ravi Kumar Kopparapu. 2011. On the likelihood of non-terrestrial artifacts in the solar system. https://arxiv.org/abs/1111.1212v1.

Hurst, Matthias. 2004. Stimmen aus dem All – Rufe aus der Seele. Kommunikation mit Außerirdischen in narrativen Spielfilmen. In *Der maximal Fremde. Begegnungen mit dem Nichtmenschlichen und die Grenzen des Verstehens*, Hrsg. Michael Schetsche, 95–112. Würzburg: Ergon.

Kuiper, Thomas B.H., und Mark Morris. 1977. Searching for extraterrestrial civilizations. *Science* 196:616–621.

Romesberg, Daniel Ray. 1992. The scientific search for extraterrestrial intelligence: A sociological analysis. UMI Dissertation Services, Ann Arbor.

Zackrisson, Erik, Andreas J. Korn, Ansgar Wehrhahn, und Johannes Reiter. 2018. SETI with Gaia: The observational signatures of nearly complete dyson spheres. https://arxiv.org/abs/1804.08351. Zugegriffen: 11. Mai 2018.

Rufe im dunklen Wald – riskante Kommunikationsversuche

6

6.1 Botschaften an Außerirdische

Am 3. März 1972 startete auf dem Raketenstartgelände *Cape Canaveral* in den USA eine Atlas-Rakete mit der Raumsonde *Pioneer 10*. Das Ziel der Mission war es, den Asteroidengürtel und Jupiter zu erkunden und anschließend den Raum des äußeren Sonnensystems zu durchqueren. Im November 1973 erreichte Pioneer 10 das Jupitersystem, 1976 passierte die Sonde den Orbit von Saturn, 1979 den von Uranus. Im Jahr 1983 verließ Pioneer 10 schließlich als erstes menschengemachtes Objekt den Raum unseres Sonnensystems und ist seither im interstellaren Raum in Richtung des Sternes *Aldebaran* im Sternbild Stier unterwegs, den die Sonde nach ca. 2 Mio. Jahren Reisezeit erreichen wird. Die Pioneer 10-Sonde blieb bis zum Februar 1998 das am weitesten von der Erde entfernte menschliche Objekt – dann wurde sie von der Sonde *Voyager 1* ‚überholt'. Pioneer 10 lieferte zahlreiche wissenschaftliche Erkenntnisse und die ersten detailreichen Bilder von Jupiter und seinen Monden. Die Mission war in technisch-wissenschaftlicher Hinsicht ein voller Erfolg und zeichnete sich darüber hinaus durch eine Besonderheit aus: An der Raumsonde ist eine goldbeschichtete Aluminiumplatte angebracht, die eine Botschaft an potenzielle außerirdische Intelligenzen enthält. Auch wenn die Wahrscheinlichkeit dafür, dass die Pioneer-Sonde eines Tages tatsächlich von einer extraterrestrischen Zivilisation entdeckt wird, als äußert gering erachtet wurde, zeigte sich die NASA – vor allem wegen der vermuteten positiven öffentlichen Wirkung – dennoch damit einverstanden, die Metall-Plakette an der Raumsonde anzubringen und beauftragte Frank Drake und Carl Sagan damit, eine Botschaft der Menschheit an potenzielle außerirdische Entdecker der Pioneer-Sonde zu erstellen. Die Botschaft enthält verschiedene symbolische Abbildungen, darunter eine schematische Darstellung eines Mannes und einer

© Springer Fachmedien Wiesbaden GmbH, ein Teil von Springer Nature 2019
M. Schetsche und A. Anton, *Die Gesellschaft der Außerirdischen*,
https://doi.org/10.1007/978-3-658-21865-2_6

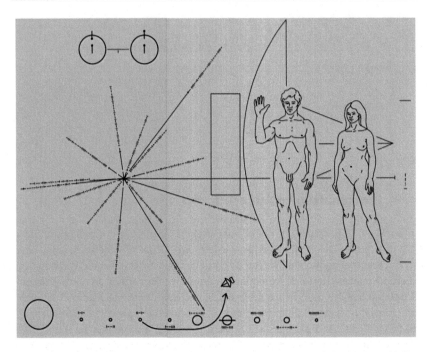

Abb. 6.1 Botschaft an potenzielle Außerirdische: Abbildungen auf der Pioneer 10-Plakette. (Quelle: gemeinfreie Abbildung [Online abrufbar unter: https://de.wikipedia.org/wiki/Pioneer-Plakette#/media/File:Pioneer_plaque.svg (Zugegriffen: 20. Juni 2018)])

Frau sowie von der Position der Erde in unserem Sonnensystem, wie in Abb. 6.1 dargestellt (vgl. Drake und Sobel 1994, S. 253–261).

Die an der Pioneer 10-Raumsonde angebrachte Metallplakette war der Auftakt einer ganzen Reihe von Projekten, die es sich zum Ziel gesetzt haben, menschliche Botschaften an etwaige außerirdische Zivilisationen zu übermitteln. Sie werden in der wissenschaftlichen Diskussion als *Active SETI, METI* (Messaging to extraterrestrial intelligence) und gelegentlich auch als *CETI* (Communication with extraterrestrial intelligence) bezeichnet. Zu einiger Bekanntheit hat es die sog. *Arecibo-Botschaft* gebracht, eine Nachricht an hypothetische Außerirdische in Form eines Radiowellen-Signals, das am 16. November 1974 von einem Radioteleskop in der Nähe von Arecibo (Puerto Rico) in Richtung des Kugelsternhaufens M13 im Sternbild Herkules gesendet wurde. Inhalt der Botschaft, die wiederum in großen Teilen von Frank Drake konzipiert wurde, sind binär codierte Informationen über die Biochemie des Menschen und über die Position der Erde in unserem Sonnensystem. Ziel der Nachrichtsendung sei es vor allem gewesen, so Drake, auf die Menschheit aufmerksam zu machen:

> Ich dachte, daß die Botschaft die Informationen enthielt, die für die Kreaturen im Weltraum, die sie eines Tages entdecken könnten, am relevantesten, interessantesten und wichtigsten waren. Dennoch versicherte ich mir immer wieder, daß der spezielle Inhalt eigentlich nicht der entscheidende Aspekt war. Vielmehr stellte die Form der Botschaft eine Nachricht an sich dar, die durch periodische Wiederholungen noch verstärkt werden konnte. Die Sendestärke des Arecibo-Senders betrug etwa eine halbe Millionen Watt, die sich allerdings in einem Strahl mit einer effektiven Leistung von circa 20 Trillionen Watt konzentrierte. Auf ihrer spezifischen Wellenlänge würde die Nachricht heller strahlen als die Sonne. Dies, so glaubte ich, müßte ausreichen, um Aufmerksamkeit zu erregen (Drake und Sobel 1994, S. 265).

Die nächste Botschaft an hypothetische außerirdische Intelligenzen erfolgte im Jahr 1977. Im August und September starteten die beiden Raumsonden *Voyager 1* und *Voyager 2* mit dem Ziel, die äußeren Planeten des Sonnensystems und den interstellaren Raum zu erforschen. Wie bereits bei der vorangegangenen Pioneer-Mission enthielten auch die Voyager-Sonden Nachrichten an potenzielle außerirdische Empfänger – diesmal allerdings in Form von vergoldeten Kupferplatten, *die sog. Voyager Golden Records*, die sowohl Bild- als auch Audiodaten enthalten. Darunter befinden sich Aufnahmen der Erde, des Mars und anderer Planeten des Sonnensystems, Abbildungen der Anatomie des Menschen, der DNS, Bilder von verschiedenen Tierarten, von Architektur und Technik, aber auch von unterschiedlichen menschlichen Alltagssituationen. Darüber hinaus enthalten die Datenträger eine Auswahl von Musikstücken (von Klassik bis Rock ‚n‘ Roll) sowie Grußbotschaften an die Außerirdischen in 55 verschiedenen Sprachen[1], darunter auch die des damaligen UN-Generalsekretärs Kurt Waldheim:

> As the Secretary General of the United Nations, an organization of 147 member states who represent almost all of the human inhabitants of the planet Earth, I send greetings on behalf of the people of our planet. We step out of our solar system into the universe seeking only peace and friendship, to teach if we are called upon, to be taught if we are fortunate. We know full well that our planet and all its inhabitants are but a small part of the immense universe that surrounds us and it is with humility and hope that we take this step (Teltsch 1977).

---

[1]Auf einer Homepage der NASA zu den Voyager-Missionen findet sich eine Übersicht über die verschiedenen Bild- und Audiodateien auf den Voyager Golden Records: https://voyager.jpl.nasa.gov/.

Die ‚materiellen Botschaften' der Pioneer- und Voyager-Sonden blieben insgesamt aber Ausnahmen. In den folgenden Jahren konzentrierten sich die METI-Projekte vornehmlich auf das Aussenden von Radiobotschaften. Im Folgenden möchten wir kursorisch einige Projekte dieser Art vorstellen:

- *Cosmic Call 1* (1999) und *Cosmic Call 2* (2003): In diesen privat finanzierten Projekten wurden von einer Radioantenne in der Ukraine aus, Radiobotschaften an mehrere sonnennahe Sterne versandt. Beratender Wissenschaftler der Projekte war der russische Radioastronom Aleksandr Zaitsev (vgl. Chorost 2016; Zaitsev 2006).
- *Teen Age Message* (2001): In diesem Projekt wurde, ebenfalls von der Ukraine aus, eine Serie von Radiobotschaften an mehrere sonnenähnliche Sterne geschickt, die u. a. Musik enthielten, die von russischen Jugendlichen ausgewählt worden war. Auch dieses Projekt wurde von Aleksandr Zaitsev wissenschaftlich begleitet (vgl. Zaitsev 2008).
- *A Message from Earth* (2008): Im Rahmen dieses Projektes wurde ein leistungsstarkes digitales Funksignal zu dem Exoplaneten *Gliese 581 c*[2] übermittelt. Das Signal enthält mehrere hundert Botschaften von Menschen, die zuvor innerhalb eines sozialen Netzwerkes ausgewählt worden waren. Das Signal wird *Gliese 581 c* im Jahr 2029 erreichen. Auch diese Botschaft wurde von der Ukraine aus übertragen (von dem Radioteleskop RT-70 in Yevpatoriya). Wissenschaftlicher Berater war wiederum Aleksandr Zaitsev (vgl. Moore 2008).
- *Hello from Earth* (2009): Ähnlich wie bei dem Projekt *A Message from Earth* wurden auch hier Textnachrichten (über 25.000), die zuvor eingeschickt werden konnten, in das Gliese-581-System übermittelt. Die Sendung erfolgte über eine Radioantenne des *Deep Space Network* der NASA in Australien.
- *Wow! Reply* (2012): Am 15. August 2012 sandte das Radioteleskop von Arecibo eine inoffizielle ‚Antwort' auf das Wow-Signal[3] in die Richtung, aus der 35 Jahre zuvor jenes rätselhafte Signal gekommen war. Inhalt der Nachricht waren rund 10.000 zuvor gesammelte Nachrichten des Kurznachrichtendienstes *Twitter* (vgl. Gerritzen 2016, S. 221).

Der aktivste Fürsprecher für METI ist derzeit wahrscheinlich der US-amerikanische Psychologe Douglas Vakoch, der in zahlreichen Publikationen dafür wirbt,

---

[2]Wir hatten uns diesem Exoplaneten bereits in Abschn. 3.3 gewidmet.
[3]Siehe Abschn. 4.2.

die passive Suche nach außerirdischen Zivilisationen durch eine aktive Kontaktaufnahme zu ergänzen und dafür starke Radiosignale ins All zu senden. Vakoch
sieht in dieser Strategie im Vergleich zur üblichen passiven Suchstrategie von
SETI gleich mehrere Vorteile:

Complementing this existing stress on Passive SETI with an additional commit-
ment to Active SETI, in which humankind transmits messages to other civilizations,
would have several advantages, including (1) addressing the reality that regardless
of whether older civilizations should be transmitting, they may not be transmitting;
(2) placing the burden of decoding and interpreting messages on advanced extraterrestrials, which may facilitate mutual comprehension; and (3) signaling a move
toward an intergenerational model of science with a long-term vision for benefiting
other civilizations as well as future generations of humans (Vakoch 2011, S. 476).

Vakoch setzt sich insbesondere mit der Frage auseinander, wie eine menschliche
Botschaft beschaffen sein müsste, damit sie von einer außerirdischen Zivilisation
mit einer hohen Wahrscheinlichkeit decodiert und verstanden werden könnte. Die
bisherigen interstellaren Botschaften sind aus seiner Sicht für die Kommunikationsaufnahme mit einer außerirdischen Intelligenz eher ungeeignet. Er plädiert
für Botschaften, die sich an grundlegenden mathematischen Aussagen orientieren
(vgl. Marsiske 2007) und möchte diese so schnell wie möglich ins All senden,
damit künftige Generationen möglichst bald auf eine extraterrestrische Antwort
auf unser ‚Rufen im dunklen Wald' hoffen können:

First, if the goal of Active SETI is to initiate contact that leads to a response from
extraterrestrials to future generations of humans, then the longer we wait to begin a
serious transmission process, the longer future generations of humans will need to
wait to begin listening for replies that could answer the question of whether there
are civilizations out there, ready to reply if only humankind takes the initiative to
begin the conversation (Vakoch 2011, S. 487).

6.2   Kritik und potenzielle Risiken

Die verschiedenen menschlichen Nachrichten an potenzielle außerirdische Zivilisationen riefen von Anfang an sowohl in der Öffentlichkeit als auch im wissenschaftlichen Diskurs nicht nur Begeisterung, sondern bisweilen auch heftige
Kritik hervor. Bei den materiellen Botschaften der Pioneer- und Voyager-Missionen bezog diese sich vornehmlich auf den *Inhalt* der Nachrichten. Kritisiert
wurde u. a., dass die Botschaften von einer kleinen (elitären) Gruppe von Menschen ausgewählt wurden, die sich damit unberechtigterweise zu Vertretern der

gesamten Menschheit erkoren hätte. Darüber hinaus würden die Botschaften ein verzerrtes bzw. lückenhaftes Bild der menschlichen Lebensrealitäten auf der Erde vermitteln, da Themen wie Krieg, Armut und Hunger keine Rolle spielen. Höchst fragwürdig sei außerdem, ob außerirdische Intelligenzen überhaupt dazu in der Lage wären, die sehr anthropozentrischen Inhalte der Botschaften zu entschlüsseln und zu verstehen (vgl. Sample 2018; Schulze-Makuch 2018).

Der wesentlich größere Teil der Kritik an METI bezog und bezieht sich allerdings auf die ins All gesandten Radiobotschaften. Der prominenteste Kritiker, namentlich an den Projekten von Alexander Zaitsev, war der kürzlich verstorbene Astrophysiker Stephen Hawking, der mehrfach eindringlich davor warnte, weitere Nachrichten an potenzielle Außerirdische per Radiowellen ins Weltall zu senden. Hawking argumentierte, dass wir nicht wissen können, ob uns potenzielle außerirdische Zivilisationen wohlgesonnen sind oder eher feindlich gegenüberstehen, daher sollten wir uns lieber ‚leise‘ verhalten und nicht gezielt auf uns aufmerksam machen. Für ihn ist klar, dass der Kontakt mit einer außerirdischen Zivilisation drastische Auswirkungen negativer Art auf die Menschheit haben könnte: „If aliens visit us, the outcome would be much as when Columbus landed in America, which didn't turn out well for the Native Americans" (zitiert nach Hickman 2010). Unterstützung bekommt Hawking von einigen SETI-Wissenschaftlern, die 2015 ein gemeinsames Statement verfassten, in dem sie ihren Unmut über METI äußern. Die Unterzeichner, zu denen auch Elon Musk, der Gründer des privaten Weltraumkonzerns SpaceX zählt, warnen darin vor den möglichen Konsequenzen von ins All gesandten Radiobotschaften und kritisieren die bisherigen METI-Projekte dafür, dass einzelne Personen Entscheidungen getroffen haben, die die gesamte Menschheit betreffen könnten. Die Reaktion einer möglicherweise technisch weit fortgeschrittenen außerirdischen Zivilisation auf unsere Nachrichten könne nicht vorhergesagt werden. Bevor weitere Botschaften ausgesandt werden, müsse es zunächst eine tiefgehende Debatte und einen weltweiten Konsens geben:

> We feel the decision whether or not to transmit must be based upon a worldwide consensus, and not a decision based upon the wishes of a few individuals with access to powerful communications equipment. We strongly encourage vigorous international debate by a broadly representative body prior to engaging further in this activity. […] Intentionally signaling other civilizations in the Milky Way Galaxy raises concerns from all the people of Earth, about both the message and the consequences of contact. A worldwide scientific, political and humanitarian discussion must occur before any message is sent (Azua-Bustos et al. 2015).

Im Kern beinhaltet die Kritik an METI zwei Aspekte: Zum einen geht es um die Frage, mit welcher Legitimation die bisherigen METI-Projekte Botschaften ins All gesandt haben, die, potenzielle außerirdische Empfänger vorausgesetzt, *die gesamte Menschheit* repräsentieren. Zum anderen herrscht grundsätzlich Uneinigkeit darüber, ob es, um nochmals die Metapher aufzugreifen, auf der die Überschrift dieses Kapitels beruht, klug ist, in einem *dunklen Wald*[4] durch Rufen auf sich aufmerksam zu machen, da man nicht weiß, wen oder was man damit anlockt.

Geht man davon aus, dass die konkrete Reaktion möglicher extraterrestrischer Empfänger unserer interstellaren Botschaften auch von deren Inhalt abhängig ist, erscheint es sinnvoll, sich vorher genau zu überlegen, welche Informationen man von sich preisgibt. 2005 schlug der ungarische Astronom Iván Almár auf einer Konferenz in San Marino eine Skala vor, mit deren Hilfe menschliche Nachrich-

---

[4]Wir entnehmen diese Metapher dem gleichnamigen Roman des chinesischen SF-Autors Cixin Liu. Im Rahmen einer längeren Passage beschreibt er die Überlegungen des Protagonisten, die schließlich dazu führen, dass eine außerirdische Invasion mit der Drohung abgewendet werden kann, die Position des Heimatplaneten der Invasoren in das Weltall gleichsam hinauszuschreien: „Das Universum ist ein dunkler Wald. Jede Zivilisation ist ein bewaffneter Jäger, der wie ein Geist zwischen den Bäumen umherstreift, vorsichtig störende Zweige aus dem Weg schiebt und versucht, geräuschlos aufzutreten und so leise wie möglich zu atmen. Der Jäger muss vorsichtig sein, denn überall im Wald lauern andere Jäger wie er. Stößt er auf anderes Leben, egal ob es sich dabei um einen anderen Jäger, einen Engel oder einen Teufel, ein neugeborenes Baby oder einen alten Tattergreis, eine Fee oder einen Waldgeist handelt, bleibt ihm nichts anderes übrig, als es auszuschalten. In diesem Wald sind die Hölle die anderen Lebewesen. Es herrscht das ungeschriebene Gesetz, dass jedes Leben, das sich einem anderen offenbart, umgehend eliminiert werden muss. Das ist das Bild der kosmischen Zivilisationen. Das erklärt das Fermi-Paradox" (Liu 2018, S. 745). Das Bestechende an dieser Auflösung des Fermi-Paradoxons ist, dass die Dunkle-Wald-These unabhängig davon gilt, ob fremde Zivilisationen nach den jeweiligen Maßstäben einer Spezies als freundlich, ethisch neutral oder eher bösartig eingeschätzt werden. Vor dem vorstellbaren Erstkontakt ist eine solche Einordnung ohnehin völlig ungewiss – und auch zu einem späteren Zeitpunkt werden die Grenzen des Fremdverstehens es außerordentlich erschweren, hier (wechselseitig!) eine entsprechende Zuordnung zu treffen. Ein Fehler in der Einschätzung könnte dabei zur vollständigen Zerstörung der eigenen Kultur führen. Jede Zivilisation scheint deshalb um den Preis ihres Überlebens gehalten, die eigene Existenz so gut wie möglich vor den anderen zu verbergen. Für die Exosoziologie hätte dieses Erklärungsmodell die unangenehme Konsequenz, dass ein interstellarer Kulturkontakt sehr unwahrscheinlich wird, sich deshalb die Frage nach der Existenzberechtigung dieser Subdisziplin stellt. Glücklicherweise gibt es (wir hatten im Vorkapitel darauf hingewiesen) noch eine ganze Reihe weiterer, deutlich weniger radikalere Lösungsmodelle für das Fermi-Paradoxon.

ten ins All quantifizierend bewertet werden können. Die entscheidenden Kriterien der nach dem Konferenzort benannten *San-Marino-Skala* sind Art und Umfang der übermittelten Informationen sowie die Signalstärke. Je mehr Informationen eine Nachricht enthält und je stärker das Radiosignal ist, mit dem sie ausgesandt wird, desto höher ist ihr Wert auf der Skala – und desto höher sind die potenziellen (positiven wie negativen) Folgen einer außerirdischen ‚Antwort'. Die Skala reicht von 1 (unbedeutend) bis 10 (außerordentlich). Wenn die Menschheit also, so die Logik der San-Marino-Skala, starke Signale mit vielen Informationen über sich übermittelt, so erhöht sich die Gefahr unerwünschter Reaktionen außerirdischer Intelligenzen (Almár und Shuch 2007).

Freilich ist die San-Marino-Skala – sowie die gesamte Debatte über METI – in hohem Maße von anthropozentrischen Vorannahmen geprägt. Letztlich lässt sich in keiner Weise vorhersagen, ob und wie etwaige außerirdische Zivilisationen auf menschliche Radiosignale reagieren würden – nicht einmal, ob sie diese überhaupt zu verstehen in der Lage wären. Dennoch halten wir die Einwände gegenüber METI im Wesentlichen für berechtigt. Über die Frage, ob wir als menschliche Spezies Botschaften ins Weltall senden (und wenn ja, mit welchen Inhalten) sollte nicht von Einzelnen entschieden werden. Da eine ganze Reihe von Nationen über Radioteleskope verfügt, die in der Lage sind, eine Botschaft mit hoher Sendeleistung in die Weiten des Weltalls zu schicken, erscheint eine völkerrechtlich verbindliche Regelung auf diesem Gebiet dringend notwendig. Optimal wäre es nach unserer Auffassung, wenn die Entscheidung über METI-Experimente (und ebenso über die Frage der Antwort auf ein empfangenes extraterrestrisches Signal) von einem Gremium, etwa einer Art ‚auswärtigem Ausschuss' der Vereinten Nationen, getroffen würde. Dies würde verhindern, dass einzelne Staaten oder gar Forschergruppen Entscheidungen treffen, die folgenschwere Konsequenzen für die gesamte Menschheit haben könnten. Das Problem scheint uns auch zu schwerwiegend, um es rein wissenschaftlichen Fachgremien zu überlasen. Beim gegenwärtigen Zustand der menschlichen ‚Gemeinschaft' scheint es uns allerdings fraglich, ob eine entsprechende verbindliche Regelung in absehbarer Zeit zu erreichen ist. Aus exosoziologischer Sicht erscheint uns außerdem ein Aspekt der Kontroverse um METI besonders interessant: Die möglichen Handlungsweisen *hypothetischer* Außerirdischer dienen als Bewertungskriterien für *reales* menschliches Handeln – und zwar sowohl bei METI-Befürwortern als auch bei den Kritikern. Voraussetzung der Argumentation beider Seiten ist freilich, dass wir nicht alleine sind im dunklen Wald.

Literatur

Almár, Iván, und Paul H. Shuch. 2007. The san marino scale: A new analytical tool for assessing transmission risk. *Acta Astronautica* 60 (1): 57–59.

Azua-Bustos, Armando, et al. 2015. Regarding messaging to extraterrestrial intelligence (METI)/Active searchers for extraterrestrial intelligence (Active SETI). https://setiathome.berkeley.edu/meti_statement_0.html. Zugegriffen: 26. Juni 2018.

Chorost, Michael. 2016. How a couple of guys built the most ambitious alien outreach project ever. Smithsonian.com am 26. September 2016. https://www.smithsonianmag.com/science-nature/how-couple-guys-built-most-ambitious-alien-outreach-project-ever-180960473/?no-ist. Zugegriffen: 20. Juni 2018.

Drake, Frank, und Dava Sobel. 1994. *Signale von anderen Welten. Die wissenschaftliche Suche nach außerirdischer Intelligenz.* München: Droemer.

Gerritzen, Daniel. 2016. *Erstkontakt. Warum wir uns auf Außerirdische vorbereiten müssen.* Stuttgart: Kosmos.

Hickman, Leo. 2010. Stephen Hawking takes a hard line on aliens. The Guardian vom 26. April 2010. https://www.theguardian.com/commentisfree/2010/apr/26/stephen-hawking-issues-warning-on-aliens. Zugegriffen: 26. Juni 2018.

Liu, Cixin. 2018. *Der dunkle Wald.* München: Heyne.

Marsiske, Hans-Arthur. 2007. Welche sprache sprechen ausserirdische? Welt Online vom 9. Dezember 2007. https://www.welt.de/wissenschaft/article1439767/Welche-Sprache-sprechen-Ausserirdische.html. Zugegriffen: 22. Juni 2018.

Moore, Matthew. 2008. Messages from earth sent to distant planet by Bebo. The Telegraph vom 9. Oktober 2008. https://www.telegraph.co.uk/news/newstopics/howaboutthat/3166709/Messages-from-Earth-sent-to-distant-planet-by-Bebo.html. Zugegriffen: 20. Juni 2018.

Sample, Ian. 2018. Nasa's golden record may baffle alien life, say researchers. The Guardian. https://www.theguardian.com/science/2018/may/26/nasas-golden-record-may-baffle-alien-life-say-researchers. Zugegriffen: 22. Juni 2018.

Schulze-Makuch, Dirk. 2018. How to communicate with aliens. Some interesting ideas bounced around at a recent workshop. Air & Space Smithsonian. https://www.airspacemag.com/daily-planet/how-communicate-aliens-180969211/. Zugegriffen: 26. Juni 2018.

Teltsch, Kathleen. 1977. U. N. sending messages aboard voyager craft for beings in space. New York Times vom 3. Juni 1977. https://www.nytimes.com/1977/06/03/archives/un-sending-messages-aboard-voyager-craft-for-beings-in-space.html. Zugriffen: 20. Juni 2018.

Vakoch, Douglas. 2011. Asymmetry in active SETI: A case for transmissions from earth. *Acta Astronautica* 68:476–488.

Zaitsev, Aleksandr L. 2006. Messaging to extra-terrestrial intelligence. https://arxiv.org/ftp/physics/papers/0610/0610031.pdf. Zugegriffen: 20. Juni 2018.

Zaitsev, Aleksandr L. 2008. The first musical interstellar radio message. *Journal of Communications Technology and Electronics* 53 (9): 1107–1113.

Methodische Überlegungen zur Szenarioanalyse des Erstkontakts

7

Solange die Menschheit noch kein empirisches Wissen über eine außerirdische Intelligenz besitzt, das soziologische Erkundungen der fremden Gesellschaft sinnvoll und notwendig macht, ist die wahrscheinlich wichtigste Aufgabe der Exosoziologie (schon der Stammvater der Subdisziplin, Jan H. Mejer, hatte dies vor mehr als dreißig Jahren so gesehen), die prognostische Abschätzung der irdischen Folgen der Konfrontation der Menschheit mit dem *sicheren Wissen,* als intelligente Spezies nicht allein im Universum zu sein. Bevor wir im nachfolgenden Kapitel fragen, welches die möglichen und wahrscheinlichen Auswirkungen eines solchen Ereignisses sein könnten, müssen wir zunächst klären, wie es überhaupt möglich ist, wissenschaftliche Aussagen über ein Ereignis zu treffen, das – zumindest nach der festen Überzeugung der meisten in diesem Bereich arbeitenden Wissenschaftler und Wissenschaftlerinnen – noch nicht stattgefunden hat.[1] Dies ist offensichtlich eine Aufgabe für die wissenschaftliche Zukunftsforschung bzw. Futurologie[2], die seit vielen Jahrzehnten eine ganze Reihe von Methoden entwickelt hat, um zumindest mehr oder weniger unsicheres Wissen über das zu erlangen, was man sicher nicht wissen kann, nämlich, was die Zukunft bringt. Von den verschiedenen Methoden der Zukunftsforschung wollen wir uns zur Beantwortung der Frage nach den möglichen Folgen eines solchen Kontakts für die menschliche Zivilisation jener Methode bedienen, die einerseits die geringsten Anforderungen hinsichtlich der Datenlage für die Extrapolation bisheriger Entwicklungen in eine noch ungewisse Zukunft stellt und gleichzeitig eine ganze Reihe möglichere Zukünfte vergleichend zu untersuchen vermag: die *Szenarioanalyse.*

---

[1]Den anderslautenden Thesen der sogenannten Prä-Astronautik gehen wir in Kap. 11 nach.

[2]Ein kulturkritischer Überblick über die Geschichte der Zukunftsforschung und ihrer Methoden findet sich bei Uerz (2006, S. 257–319).

© Springer Fachmedien Wiesbaden GmbH, ein Teil von Springer Nature 2019   117
M. Schetsche und A. Anton, *Die Gesellschaft der Außerirdischen,*
https://doi.org/10.1007/978-3-658-21865-2_7

7.1   Zur Methode der Szenarioanalyse

Die Szenarioanalyse ist seit Jahrzehnten eine der wichtigsten Methoden der wissenschaftlichen Zukunftsschau.[3] Üblicherweise geht es hierbei darum, politische oder ökonomische Entwicklungen, über die für die Vergangenheit qualitative und/oder quantitative Daten vorliegen, in die nähere oder fernere Zukunft zu extrapolieren (hier nicht unbedingt mathematisch gemeint). Die Besonderheit dieser Methode besteht darin, durch die Unterscheidung mehr oder weniger wahrscheinlicher[4], gleichsam idealtypischer Entwicklungen auf dem untersuchten Feld, einen ganzen Raum möglicher Zukünfte zu skizzieren (vgl. Ulbrich Zürni 2004, S. 14–15, 132–135; Fink und Siebe 2006, S. 15–16; Berghold 2011, S. 27–29). Die einzelnen, analytisch unterscheidbaren idealtypischen Entwicklungen werden dabei als ‚Szenarien‘ bezeichnet (was dieser Methode ihren Namen gegeben hat). Je nach Untersuchungsgebiet können die Szenarien mal mehr, mal weniger komplex sein; die Komplexität macht sich dabei zum einen an der Zahl der berücksichtigten Einflussfaktoren und zum anderen an der Vielschichtigkeit der Beschreibungen möglicher Zukünfte, etwa bezüglich der untersuchten Folgedimensionen, fest (vgl. Berghold 2011, S. 57). Im einfachen Fall werden dabei eher formal drei Szenarien unterschieden: ein worst case-, ein best case- und ein erwartbares (‚mittleres‘) Szenario.[5] Alternativ können auch zwei Schlüsselfaktoren mit jeweils dichotomen Trends gegeneinander gesetzt werden, sodass eine ‚Vier-Felder-Tafel‘ entsteht, deren Felder jeweils einem Szenario entsprechen. Auch komplexere Analysen mit einer Vielzahl unterschiedlicher Szenarien sind denkbar, allerdings in der Praxis deutlich schwerer zu handhaben. In der methodenorientierten Literatur wird deshalb die Beschränkung der in einem Prozess analysierten Szenarien auf eine Anzahl von drei bis sechs empfohlen (Ulbrich Zürni 2004, S. 146).

---

[3]Eine Einführung in die Szenarioanalyse liefern Fink und Siebe (2006, S. 15–79); ausführlich wird die Methode in den Bänden von Ulbrich Zürni (2004) und – aus strikt ökonomischer Perspektive – von Berghold (2011) dargestellt. Bei unserer eigenen Szenarioanalyse im folgenden Hauptkapitel dieses Bandes haben wir uns im Wesentlichen auf diese drei Bände gestützt.

[4]Im Gegensatz zu vielen anderen Methoden der Zukunftsforschung wird bei der Szenario-Technik meist auf Versuche einer *genaueren* Bestimmung der Wahrscheinlichkeit des Eintritts einzelner Szenarien verzichtet.

[5]Berghold (2011, S. 30–31) unterscheidet etwas allgemeiner Trend- von Extremszenarien.

Da die Szenarien mit quantitativen, qualitativen oder auch beiden Arten von
Daten beschrieben werden, lassen sich mit dieser Methode Zukunftsszenarien in
ganz unterschiedlichen Handlungsfeldern bestimmen und deren Auswirkungen
prognostizieren – etwa die Entwicklung von Rohölpreisen, die Veränderung in
der internationalen Handelspolitik oder auch der Aufstieg und Fall politischer
Bewegungen.[6] In diesen ‚Normalfällen' steht immer ein Set von Faktoren zur
Verfügung, von denen aufgrund der bisherigen Entwicklung bekannt ist, welchen Einfluss sie auf das untersuchte politische, ökonomische oder auch ökologische Feld gehabt haben (etwa der Zusammenhang zwischen Rohstoffpreisen
und Kriegsgefahren). Die Methode wird primär als ‚induktiv'[7] angesehen, weil
die Zukunftsszenarien meist (aber nicht immer) aus *empirischen* Daten der Vergangenheit und Gegenwart entwickelt werden – diese Frage scheint uns allerdings wenig grundsätzlich, eher zweitrangig, solange sich die Gewinnung der
Ausgangsdaten der Analyse transparent gestaltet.

Aus der Zusammenschau bzw. Gegenüberstellung der verschiedenen Entwicklungsmöglichkeiten jener Schlüsselfaktoren ergeben sich die unterschiedlichen Szenarien (vgl. Ulbrich Zürni 2004, S. 222–225; Berghold 2011,
S. 42–44). Je mehr Schlüsselfaktoren identifiziert werden, desto komplexer wird
die Szenarioanalyse – und desto mehr mögliche Basisszenarien (in der Literatur gelegentlich auch ‚Rohszenarien' genannt) gilt es zu untersuchen. Bei einer
größeren Anzahl von Schlüsselfaktoren wird das Feld der vorstellbaren Szenarien
schnell unüberschaubar groß, sodass sich die Analyse auf einige Hauptszenarien
festlegen muss, die dann näher analysiert werden. (In der Praxis ist das primäre
Problem dieser Methode sicherlich die Begründung für die Auswahl der näher
untersuchten bzw. konstruierten Hauptszenarien.[8]) Ein ähnliches Problem entsteht
auch bei der Festlegung der zu untersuchenden Folgedimensionen (also etwa der
ökonomischen oder politischen Felder, auf denen die Einflussfaktoren direkt oder
auch indirekt Wirkung zeigen): Wenn zu viele Dimensionen in die Betrachtung
mit einbezogen werden, wird das Bild überkomplex – Berghold (2011, S. 44)
weist zu Recht darauf hin, dass der Analyseaufwand mit der Zahl der betrachteten
Einflussfaktoren aufgrund der meist vorhandenen Wechselwirkungen exponentiell

---

[6]Fink und Siebe (2006, S. 15–79) stellen ausführlich eine ganze Reihe von Beispielanalysen
vor.

[7]Die Unterschiede zwischen induktiven und deduktiven Verfahren innerhalb des Spektrums
dieser Methode diskutiert ausführlich Ulbrich Zürni (2004, S. 167–176).

[8]„Ein eindeutiges Verfahren, wie die relevantesten Szenarien ausgewählt werden können,
gibt es nicht" (Ulbrich Zürni 2004, S. 225).

ansteigt. Es kommt hinzu, dass sich bei einer großen Zahl der untersuchten Faktoren, die einzelnen Szenarien immer schwerer unterscheiden lassen und schließlich auch ihre Aussagekraft als gleichsam idealtypische Zukunftsoption zu verlieren drohen.

In der Literatur findet sich eine ganze Reihe von Vorschlägen für den konkreten Ablauf einer Szenarioanalyse (siehe Ulbrich Zürni 2004, S. 167–176). Ein vergleichsweise einfaches und deshalb gut handhabbares Ablaufmodell haben Fink und Siebe (2006, S. 37–49) vorgelegt; sie schlagen für die Durchführung der Szenarioanalyse vier Arbeitsschritte („Phasen") vor: 1) Auswahl der Schlüsselfaktoren, für die es jeweils unterschiedliche Entwicklungsalternativen gibt, 2) Formulierung von Zukunftsprojektionen auf Basis der möglichen zukünftigen Zustände dieser Faktoren, 3) die Integration der verschiedenen Projektionen zu einer begrenzten Zahl unterscheidbarer Szenarien und 4) die ausführliche, ggf. ‚bildhafte' Beschreibung dieser Szenarien (vgl. auch Berghold 2011, S. 38–55).

Im uns interessierenden Fall des Erstkontakts der Menschheit mit einer außerirdischen Zivilisation werden wir die Methode der Szenarioanalyse in unüblicher Weise auf ein sog. *Wild Card-Ereignis* anwenden. Solche Ereignisse zeichnen sich dadurch aus, dass die Wahrscheinlichkeit ihres Eintritts zwar gering ist, es aber im Falle ihres Eintretens zu erheblichen Auswirkungen kommen würde, von denen einzelne oder eine Vielzahl von Subsystemen der Gesellschaft massiv betroffen wären. Angela und Heinz Steinmüller (2004) haben die Bedeutung solcher Ereignisse systematisch untersucht.[9] *Wild Cards* sind in der Regel Einzelereignisse, es kann sich aber auch um den Kulminationspunkt von längerfristigen Prozessen handeln – also etwa ein Terroranschlag, ein Börsencrash oder auch ein Naturereignis wie ein Vulkanausbruch, die sich durch verschiedene ‚Vorzeichen' ankündigen. Manche dieser Ereignisse kommen mithin nicht ‚aus heiterem Himmel', sondern lassen sich an – wie die Zukunftsforschung es nennt – ‚schwachen Signalen' begrenzte Zeit vor ihrem Eintreten erkennen. Andere Ereignisse allerdings (wie etwa der Einschlag eines vorher unentdeckten Asteroiden auf der Erde) geschehen ohne jede Vorwarnung. Gemeinsam ist diesen Ereignissen (dies

---

[9]In der klassischen Szenarioanalyse wird solchen Ereignissen unter dem Stichwort ‚Störereignisanalyse' meist nur geringer Raum gewidmet (vgl. Berghold 2011, S. 51–52). Dies liegt in erster Linie daran, dass namentlich die im ökonomischen Kontext durchgeführten Analysen auf einem expliziten oder impliziten Kontinuitätsparadigma beruhen – selbst Extremszenarien spiegeln vielfach eine „Weiter wie bisher"-Mentalität wider. Vor diesem Hintergrund entfaltet sich auch die tiefere Bedeutung der Terminologie ‚*Stör*ereignis'.

ist aus methodischer Warte das erste Problem), dass die Wahrscheinlichkeit ihres Auftretens numerisch nicht abgeschätzt werden kann:

> Bei Wild Cards aber ist unser Vorwissen sehr beschränkt. Entsprechend schlecht ist es um die Bewertung von Wahrscheinlichkeiten bestellt. Schon, unter welchen Umständen ein Störereignis prinzipiell möglich ist, kann umstritten sein. [...] Wenn es um die Abschätzung der Wahrscheinlichkeit von Wild Cards geht, versagen in der Regel alle mathematischen Ansätze, allenfalls helfen Argumentationen pro und contra und Analogieschlüsse ein wenig weiter. Wild Cards sind wenig wahrscheinlich, aber wir wissen nicht, wie unwahrscheinlich sie sind (Steinmüller und Steinmüller 2004, S. 19–20; vgl. Berghold 2011, S. 30).

Ein zweites Problem besteht darin, dass die Folgen solcher abrupten und seltenen Ereignisse besonders schwer prognostiziert werden können. Dies liegt insbesondere daran, dass es neben den unmittelbaren Folgen des Ereignisses fast immer auch sekundäre und tertiäre Folgen (und so weiter) gibt. In einem Satz: „Die Wirkung der Wild Cards ist so groß, weil sie aus dem gängigen Bezugssystem ausbrechen, es erschüttern, die Normalität infrage stellen, die Denkschablonen unterlaufen, mit denen wir die Welt konstruieren" (Steinmüller und Steinmüller 2004, S. 22). Es kommt hinzu, dass sich die Wirkung von Wild Cards nicht allein auf die Zukunft erstreckt, sie verändern mit ihrem Eintreten auch die Interpretation, vielleicht die Wahrnehmung der Vergangenheit. „Denn diese wird nun in den neuen Mustern gedacht, Ereignisse und Entwicklungen werden neu sortiert und auf das veränderte Ende hin bewertet" (Steinmüller und Steinmüller 2004, S. 23).

Generell ist zu sagen, dass die sozialen Folgen eines Wild Card-Ereignisses zum einen von den Parametern des Geschehens selbst (etwa der Stärke und dem Epizentrum eines Erdbebens) und zum anderen vom gesellschaftlichen Umgang mit ihm abhängig sind. Bei Letzterem wiederum muss analytisch zwischen dem gesellschaftlichen Handeln vor Eintreten (Vorsorge) und dem nach Eintreten (Reaktion) des Ereignisses unterschieden werden. Ob Vorsorge, im Sinne von vorgängigen Maßnahmen zur Verhinderung bzw. Abschwächung bestimmter Ereignisfolgen, getroffen wird, ist dabei weniger von seiner *wissenschaftlichen Erwartbarkeit* (der Einschätzung der Wahrscheinlichkeit des Eintretens durch Experten) als von dessen *sozialer Erwartung* (Überzeugungen der Bevölkerung plus Anerkennung des Handlungsbedarfs durch staatliche Instanzen) abhängig.[10]

---

[10]Dass zwischen beidem kein zwingender Zusammenhang besteht, lässt sich empirisch an einer Reihe von Fällen zeigen. Ein frappierendes aktuelles Beispiel hierfür ist der Klimawandel und der von ihm wahrscheinlich ausgelöste Zusammenbruch des Nordatlantikstroms. Das ‚Abreißen des Golfstromes' wird inzwischen von vielen Klima- und

Im Rahmen von Szenarioanalysen werden Wild Card-Ereignisse meist in Form einer sog. *Störereignisanalyse* erfasst. Ihre Untersuchung beginnt mit einer Anzahl von Fragen (so Steinmüller und Steinmüller 2004, S. 31): Worin besteht das Störereignis? Wie ist die Eintrittswahrscheinlichkeit (falls die überhaupt abzuschätzen ist)? Gibt es Vorbedingungen für das Eintreten des Ereignisses? Welche gesellschaftlichen Subsysteme und Regionen der Erde sind primär betroffen? Welches sind die unmittelbaren und welches die mittelbaren Auswirkungen auf die Gesellschaft insgesamt? Mit welcher zeitlichen, räumlichen und systemischen Dynamik werden sich die Auswirkungen entfalten?

In Ergänzung der analytische Vorschläge von Steinmüller und Steinmüller scheint es uns sinnvoll, bei der Analyse von Wild Card-Ereignissen grundsätzlich zwei Idealtypen zu unterscheiden: 1) Ereignisse, wie etwa Vulkanausbrüche, Epidemien, ökonomische Krisen, Terroranschläge oder Kriege, die in der einen oder anderen Form bereits stattgefunden haben und in ihren Auswirkungen für die betroffenen Gesellschaften zumindest tendenziell bekannt sind. 2) Ereignisse von einer Art, die es in der überlieferten Menschheitsgeschichte noch nicht gegeben hat. Klassische Beispiele hierfür sind der Atombombenabwurf auf Hiroshima am Ende des Zweiten Weltkriegs oder die Kernschmelze im Atomreaktor von Tschernobyl im Jahre 1986.[11] Das zentrale Merkmal dieser vor ihrem erstmaligen Eintreffen noch *hypothetischen* Ereignisse besteht darin, dass ihre Folgen im metaphorischen Sinne geradezu ‚unabsehbar' sind, was bedeutet, dass die Prognose ihrer Auswirkungen sich außerordentlich schwierig gestaltet.

Zu hypothetischen Ereignissen in diesem Sinne gehört nach unserer Überzeugung auch der Erstkontakt der Menschheit zu einer außerirdischen

---

Meeresforschern für die nächsten Jahrzehnte erwartet, auch wenn der Zeitpunkt des Eintretens aktuell nur schwer zu prognostizieren ist. Die Auswirkungen dieses Ereignisses wären für Nord- und Mitteleuropa ökologisch, ökonomisch, sozial und politisch verheerend. Trotzdem (oder vielleicht auch gerade deshalb) wird die sehr reale Gefahr von politischen Entscheidungsträgern wie auch den meisten Bewohnern der betroffenen Regionen ignoriert – vielleicht auch aufgrund einer medial erzeugten Realitätsverschiebung, die den Klimawandel zunehmend von einem ‚realen sozialen Problem' zur Science Fiction degenerieren lässt.

[11]Es kommt nicht von ungefähr, dass die genannten Beispiele beide mit der Nutzung der Atomkraft zusammenhängen – Ereignisse wie die in Hiroshima, Tschernobyl oder auch in Fukushima sind menschheitsgeschichtlich überhaupt erst möglich, nachdem die entsprechenden atomaren Technologien entwickelt wurden.

Zivilisation[12], über den sich zumindest die zuständigen Wissenschaften darüber einig sind, dass er in der historisch überlieferten Menschheitsgeschichte noch nicht eingetreten ist. Für ein solches Ereignis würde mit Sicherheit gelten, was Steinmüller und Steinmüller (2004) über die Folgen mancher globalen[13] Wild Cards geschrieben haben: Ihre Auswirkungen „nehmen bisweilen eine geradezu fatale Dimension an" (S. 38), sie haben „die Macht, Schockwellen von Veränderungen auszulösen" (S. 13). Der Erstkontakt mit einer außerirdischen Zivilisation, da sind sich alle Fachleute letztlich einig, wäre eines der einschneidendsten Ereignisse in der Menschheitsgeschichte.

Wegen der Einmaligkeit von hypothetischen Ereignissen bietet es sich bei der Prognose ihrer Auswirkungen methodisch an, zusätzlich auf die Technik der Erstellung narrativer Szenarien (vgl. Fink und Siebe 2006, S. 56–64) zurückzugreifen, da bei diesem Verfahren der Umgang mit Schlüsselfaktoren weniger strikt gehandhabt wird. Der Schwerpunkt liegt hier, wie der Name schon sagt, auf der möglichst dichten Narration einzelner Szenarien – was in Form fiktionaler Texte geschehen kann, aber nicht muss. Bei der Erstellung der im nächsten Hauptkapitel ausführlich beschriebenen Erstkontakt-Szenarien haben wir uns, neben der klassischen Szenariotechnik, auch narrativer Elemente bedient.

7.2 Parameter der Szenarioanalyse des Erstkontakts

Die Analyse eines Wild Card-Ereignisses soll (siehe Steinmüller und Steinmüller 2004, S. 31–32) einerseits alle überflüssigen oder unbegründbaren Vorannahmen vermeiden, andererseits die notwendigen Voraussetzungen ihrer Analyse offenlegen. Die von uns durchgeführte Szenarioanalyse zum Erstkontakt hat vier basale *Voraussetzungen* (vgl. Schetsche 2008, S. 228–230):

---

[12]Auch Steinmüller und Steinmüller (2004, S. 86–87) widmen diesem Ereignis ein kurzes Kapitel – allerdings beschränken sie sich auf den Fall des Empfangs eines außerirdischen Radiosignals, dem sie, verglichen mit anderen Wild Card-Ereignissen, eher geringe kulturelle Auswirkungen zusprechen.

[13]Der Erstkontakt mit einer außerirdischen Zivilisation stellt in der informationstechnisch vernetzten Welt zweifellos ein globales Ereignis mit entsprechenden Wirkungen dar. Ein solcher Kontakt in historischer Zeit, namentlich in der menschlichen Vor- oder Frühgeschichte, könnte hingegen durchaus als lokales Ereignis konzipiert werden, von dem nur die Bevölkerung einer eng begrenzten Region betroffen ist.

1. *Es besteht die Möglichkeit der Koexistenz kommunikationsbereiter Zivilisationen im Kosmos:* Eine wissenschaftliche Beschäftigung mit den möglichen Auswirkungen des Erstkontakts macht nur Sinn, wenn zumindest eine gewisse Wahrscheinlichkeit besteht, dass die Menschheit zum Zeitpunkt ihrer Existenz als technische Zivilisation nicht allein im Universum ist. Wie bei den SETI-Programmen (vgl. Engelbrecht 2008), muss auch hier davon ausgegangen werden, dass es in den Weiten des Weltalls außerirdische Zivilisationen geben *könnte,* mit denen ein Kontakt – auf welche Weise auch immer – prinzipiell möglich ist. Wie dies geschehen könnte und welches jeweils die Konsequenzen wären, ist Gegenstand der Szenarioanalyse.

2. *Die Außerirdischen müssen als solche erkennbar sein:* Ein Kulturkontakt[14] findet in unserer Wahrnehmung nur statt, wenn wir ‚die Anderen' als intelligente nicht-irdische Wesenheiten zu identifizieren vermögen. Dies ist keine Selbstverständlichkeit; vielmehr lassen sich Situationen vorstellen (die Science Fiction kennt entsprechende Gedankenexperimente), in denen intelligente Wesen sich selbst bei unmittelbarem Kontakt wechselseitig nicht als solche erkennen – etwa weil ihre Wahrnehmungsräume nicht kompatibel sind oder weil ihre Zeitempfindungen zu stark auseinanderklaffen (vgl. Bach 2004; Schetsche 2004).

3. *Es gibt eine unhintergehbare Faktizität des Nichtwissens:* Vor dem tatsächlichen Kontakt können wir nichts über die physische und psychische Verfasstheit, über mögliche gesellschaftliche Strukturen oder gar die Interessen und Motive der Fremden wissen. Dies zwingt uns, bei der Betrachtung der Konsequenzen eines Erstkontakts, sämtliche ‚Qualitäten' der Anderen strikt zu ignorieren. Über die Folgen eines Erstkontaktes für die Erde können wir zum jetzigen Zeitpunkt ausschließlich auf Basis unseres Wissens über unsere menschlichen Denkstrukturen und (kollektiven) Verhaltensweisen nachdenken.

4. *Anthropozentrische Vorannahmen sollten minimiert werden.* Da wir vor dem Kontakt buchstäblich nichts über die Aliens wissen können (siehe 3. Voraussetzung), müssen wir uns insbesondere von all den anthropozentrischen Vorurteilen verabschieden, mittels derer wir Außerirdische in unserem Denken

---

[14]Hier verstanden im abstraktesten Sinne: Die Menschheit erlangt erstmals in ihrer Geschichte sicheres Wissen über die Existenz einer außerirdischen Zivilisation – ob dies zu wechselseitigem Informationsaustausch bzw. einer Interaktion im eigentlichen Sinne führt, ist eine ganz andere Frage, die primär von der Art des Kontakts abhängig ist (dies untersuchen wir im nachfolgenden Kap. 8).

– in der Science Fiction und in der Wissenschaft – regelmäßig zu ‚vermenschlichen' pflegen. Dazu gehört, wir hatten dies bereits früher (Kap. 4) angesprochen, insbesondere die Annahme, dass die Außerirdischen aufgrund der ‚unüberwindbar' großen Entfernungen im Kosmos, stets nur aus weiter Ferne zu uns zu ‚sprechen' vermögen (vgl. Michaud 2007a, S. 123). Die Vorstellung, dass ein direktes physisches Zusammentreffen unmöglich ist und auch bleiben wird, scheint nur schlüssig, solange man eine Reihe höchst zweifelhafter Vorannahmen macht: menschenähnliche Reisetechnologie und Zeitlichkeit der Außerirdischen, subjektorientierte Reiseplanung oder auch die ‚biologische Qualität' potenzieller Besucher (vgl. Kuiper und Morris 1977; Michaud 2007b, S. 2). Eine weitere zu vermeidende Vorannahme ist die (in der Öffentlichkeit bis heute weitverbreitete) Idee, die Außerirdischen würden uns als biologische Spezies gegenübertreten, für die gleiche Regeln (etwa jene der Evolutionsbiologie) gelten wie für uns selbst. Uns scheint es hingegen mindestens ebenso wahrscheinlich (wenn nicht sogar wahrscheinlicher[15]), dass es sich bei jenen Außerirdischen um eine postbiologische Sekundärzivilisation von sehr weit fortgeschrittenen ‚Maschinenwesen' handelt. Auch in dieser Hinsicht gilt, dass eine Szenarioanalyse keine Vorannahmen bezüglich der ‚Natur' jener Anderen machen sollte – die Betrachtungen sollten gänzlich unabhängig davon sein, welche Art von Aliens uns entgegentritt.

Aufgrund dieser Vorannahmen ist bereits klar: Eine Szenarioanalyse zu den Folgen eines Erstkontakts für die menschliche Zivilisation als Ganzes kann nicht, wie

---

[15]Wie man diese Wahrscheinlichkeit bewertet, hängt insbesondere von der Einschätzung der Frage ab, wie lang der Zeitraum zwischen der Entwicklung von zur interstellaren Kommunikation geeigneten Technologien und der Ablösung der primären, biologisch entstandenen intelligenten Spezies durch eine sekundäre Maschinenzivilisation durchschnittlich bemessen ist. Dies ist schwer abzuschätzen, weil wir hier im Moment genau über null Beispielfälle verfügen. Die Menschheit betreibt erst seit einigen Jahrzehnten Raumfahrt (allerdings noch nicht einmal eine interstellare), ist aber bereits heute dabei, technologische Projekte zu planen, die mittelfristig zu ihrer Ablösung durch eine Maschinenintelligenz führen könnten. So rechnet der Zukunftsforscher Nick Bostrom (2014, passim) mit der Entstehung (richtiger wohl: Entwicklung) einer maschinellen Superintelligenz, die – noch innerhalb dieses Jahrhunderts – die Macht auf der Erde von der Menschheit übernehmen wird. Sollte diese Prognose auch nur tendenziell zutreffend sein, könnte dies heißen, dass das Zeitfenster, in dem eine biologisch entstandene Spezies systematische Raumforschung betreiben kann, ehe sie abgelöst wird, bestenfalls wenige Jahrhunderte lang bzw. eher kurz ist. (Wir kommen im Kap. 10 noch einmal auf diese Frage zurück.)

bei dieser Methode klassischerweise üblich, verschiedene Szenarien mit gleichen Ausgangsbedingungen konstruieren, bei denen verschiedene Entwicklungen mehrerer Schlüsselfaktoren zu gut unterscheidbaren ‚Endzuständen' nach einem bestimmten Prognosezeitraum führen. Für ein solches Vorgehen liegen zu wenige Parameter vor, die systematisch und kontrolliert variiert werden könnten. Die vielleicht wichtigste Ursache hierfür ist das Fehlen jeglicher Informationen über die den Außerirdischen zur Verfügung stehenden Handlungsoptionen, über ihre Motive und Interessenlagen. Wir wiederholen uns hier, aber man kann dies nicht oft genug betonen: Da wir bis heute im wahrsten Sinne des Wortes *nichts* über die Existenz, die technischen Möglichkeiten, die Interessenlagen usw. von Außerirdischen wissen, können die irdischen Folgen dieses Kontakts ausschließlich auf Basis der Parameter prognostiziert werden, *die unabhängig von den Eigenschaften usw. der Aliens selbst sind* (vgl. bereits Schetsche 2003, S. 26).

Szenarioanalysen, die imaginäre Motiv- und Interessenlagen der Außerirdischen (etwa im Sinne von: friedliche Kooperation vs. Eroberung der Erde[16]) als Schlüsselfaktoren für die Abschätzung der Folgen des Ereignisses benutzen, führen unseres Erachtens in die Irre, weil sie im doppelten Sinne anthropozentrisch sind: Zum einen unterstellen sie den Außerirdischen ähnliche Motivlagen, wie wir sie von uns Menschen, richtiger wohl eher von den irdischen Nationalstaaten der letzten Jahrhunderte kennen, zum anderen wird implizit auch angenommen, dass aus dem im Kontaktfall beobachtbaren Handeln der Außerirdischen (siehe ‚Begegnungsszenario' im folgenden Kapitel) ohne Weiteres auf deren Interessen geschlossen werden kann. Wenn wir uns an der *Theorie des maximal Fremden* orientieren (vgl. Schetsche et al. 2009), sind beide Annahmen unzulässig. Eine Szenarioanalyse der Folgen des Erstkontakts für die Menschheit, die sich solcher oder ähnlicher Parameter bediente, wäre nach unserer Auffassung rein spekulativ. Was nicht heißt, dass man solche Überlegungen nicht anstellen sollte – sie haben ohnehin seit Jahrzehnten ihren festen Platz in der Science Fiction (vgl. Engelbrecht 2008; Hurst 2008). Bei einer *wissenschaftlichen* Prognose der Auswirkungen sollten hingegen primär solche Dimensionen/Parameter eingesetzt und untersucht werden, die sich

---

[16]Gerade die pauschale ethische Unterscheidung zwischen ‚guten' und ‚bösen' Absichten der Außerirdischen ist wenig zielführend, da sie nicht nur unterstellt, dass die Außerirdischen über ein ethisches Bewertungssystem verfügen, sondern dieses auch noch an menschliche Maßstäbe zu orientieren versuchen. Unterscheidungen dieser Art generieren nach unserer Überzeugung lediglich eine Vielzahl von analytischen Missverständnissen (um nicht zu sagen: vermeidbaren Fehlern).

auf menschliches Handeln, insbesondere auf die Entwicklung sowie die Reaktionen irdischer Gesellschaften auf außergewöhnliche ‚Störereignisse' beziehen.[17] Wie eine Prognose unter dieser Grundvoraussetzung möglich ist, werden wir im folgenden Kap. 8 demonstrieren. Dort finden sich die Ergebnisse unserer Szenarioanalyse auf Basis einer Reihe von Ausgangs-Szenarien, die sich in einem einzigen, dafür aber absolut zentralen Parameter unterscheiden: *der Form, in der der Erstkontakt stattfindet.* Und diese Form (dies ist eine fünfte, ebenso strukturelle wie methodische Vorannahme unserer Analyse) kann man anhand zweier Entfernungsparameter beim Kontaktereignis bestimmen: der räumlichen und der zeitlichen Entfernung zwischen uns und ‚den Anderen'. Die folgende Grafik bildet auf ihren beiden Achsen diese beiden Entfernungsparameter ab und erzeugt dabei einen prognostischen Raum der technisch-strukturellen Formen des Erstkontakts (siehe Abb. 7.1):

Aus der Grafik geht hervor, dass für die Prognose der irdischen Folgen des Wild Card-Ereignisses *Erstkontakt* drei Basisszenarien (oder auch Grundsituationen) unterschieden werden können, die jeweils ganz unterschiedliche Konsequenzen hätten:

A) *Der ferne Fernkontakt:* Dieses Basisszenario beherrscht die wissenschaftliche Debatte über die Möglichkeit von Mensch-Alien-Kontakten seit vielen Jahrzehnten – es spiegelt die Grundannahme der traditionellen SETI-Forschung wieder (vgl. Kap. 4), nach der jener Erstkontakt in der *Form* des Empfangs eines außerirdischen Signals stattfinden wird, das uns auf elektromagnetischem Wege aus der Entfernung von vielen (hundert oder gar tausend) Lichtjahren erreicht Dieses Basisszenario hat zwei entscheidende Konsequenzen: Erstens bleibt ein direkter (physischen) Kontakt zwischen Menschen und Außerirdischen auf unabsehbare Zeit (vielleicht sogar für immer) ausgeschlossen. Zweitens ist die kommunikative Grundsituation aufgrund der

---

[17]Um nicht missverstanden zu werden: Selbstredend macht es einen Unterschied für die irdischen Reaktionen, ob außerirdische Raumflugkörper im Sonnensystem (nach menschlichen Maßstäben) passiv-zurückhaltend reagieren oder aus unserer Warte nur als kriegerisch zu interpretierende Akte unternehmen – die Spannbreite der äußerlich beobachtbaren Aktionen der Flugkörper und erst recht der darauffolgenden menschlichen Interpretationen (und Spekulationen) ist so groß, dass hier fast eine beliebige Zahl von Einzelszenarien entworfen werden könnte. Gerade um die hochspekulativen Momente zu minimieren, haben wir uns im folgenden Kapitel auf ein einfaches, aufseiten der Außerirdischen eher ‚handlungsarmes' Szenario konzentriert; dies ermöglicht es, bei der Analyse die Reaktionen der menschlichen Gesellschaft(en) in den Mittelpunkt zu rücken.

Erstkontakt-Raum

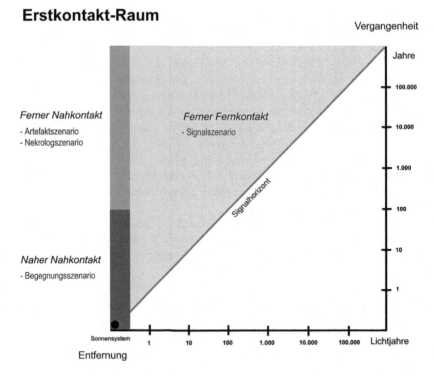

Abb. 7.1 Räumliche und zeitliche Distanz als primäre Parameter der Szenarioanalyse. (Quelle: eigene Darstellung – M. Schetsche)

langen Signallaufzeiten eine monologische – ein Dialog kommt im Rahmen eines menschlichen Zeithorizonts nicht zustande, da sowohl jede Frage als auch jede Antwort Jahrhunderte oder eben auch Jahrtausende unterwegs ist, ehe sie das Gegenüber erreicht. Ausgehend von diesen Grundannahmen, haben wir für das folgende Kapitel unser *Signalszenario* entwickelt.

B) *Der ferne Nahkontakt:* Wie bereits angemerkt, verstehen wir ‚Entfernung‘ in einem doppelten Sinne: räumlich und zeitlich. Diese Dimensionen verhalten sich asymmetrisch zueinander: Aufgrund der Begrenztheit der im Universum möglichen Geschwindigkeiten (von Signalen wie von Objekten)[18] sind räumlich nahe ‚Begegnungen' über lange Zeiträume hinweg möglich (etwa mit uralten außerirdischen Artefakten), jedoch keine zeitlich nahen, die auf große räumliche Entfernungen verweisen – ein Signal von einem 1000 Jahre entfernten Planeten ist notgedrungen 1000 Jahre unterwegs, verweist also stets auf einen entsprechend großen Zeithorizont. Räumlich nahe und zeitlich ferne[19] Konfrontationen mit einer außerirdischen Intelligenz bilden wir in Form von zwei Szenarien ab, dem *Artefaktszenario* und dem *Nekrologszenario*.

C) *Der nahe Nahkontakt:* Bei diesem Basisszenario fallen geringe räumliche Entfernung und kleiner zeitlicher Abstand zusammen. Räumlich kaprizieren wir uns hier auf ‚unser' Sonnensystem mit seinen bekannten Planeten und Zwergplaneten, also einem deutlich weniger als ein Lichtjahr messenden Raum um unsere Sonne herum. Diese Entfernungsgrenze ist mehr eine kulturelle als eine astrophysikalische Grenze[20]: Der von den von Menschen *benannten* Planeten und Zwergplaneten ‚besetzte' Raum ist über die mediale Berichterstattung über interplanetare Forschungen so im (verwissenschaftlichen) Alltagsbewusstsein verankert, dass nach unserer Einschätzung aus einer wissenschaftlich-technischen auch eine psychologische Grenze geworden ist … oder es doch in den nächsten Jahrzehnten werden dürfte. Dies hängt nicht zuletzt damit zusammen, dass dies jener Raum ist, den wir als handelnde Menschen

---

[18]Wir gehen hier und im Rest des Bandes von den aktuellen menschlichen Kenntnissen über die Beschaffenheit des Kosmos und die Gültigkeit der Gesetze der Physik (etwa zu jenem Geschwindigkeitsmaximum) aus. Es macht unseres Erachtens im Kontext dieses Bandes wenig Sinn, darüber zu spekulieren, ob es eine ‚Alien-Physik' gibt, die schnellere Signallaufzeiten oder gar einen überlichtschnellen Raumschiffantrieb möglich macht. Als wissenschaftliches Unternehmen hat sich die Exosoziologie an den aktuell gültigen Beschreibungen ihrer naturwissenschaftlichen Nachbardisziplinen zu orientieren. Techniken wie den „Warp-Antrieb" (aus dem ‚Star Trek-Universum') überlassen wir der Science Fiction.

[19]Für die Bestimmung der zeitlichen Ferne legen wir die Drei-Generationen-Regel aus Maurice Halbwachs' Theorie des kollektiven Gedächtnisses (1967) zugrunde: Alles, was weiter als 100 Jahre zurückliegt, ist den lebenden Menschen (inter)subjektiv ‚fern'.

[20]Astrophysikalisch gesehen reicht unser Sonnensystem deutlich weiter – materiell interpretiert mindestens bis an die Außengrenze der Oortschen Wolke, in vielleicht 1,5 Lichtjahren Entfernung von der Sonne. Nach unserem Eindruck sind die dort vorfindbaren kleineren und größeren Eisköper im Alltagsbewusstsein der Menschen jedoch so gut wie nicht präsent, sodass diesem Raum der (kognitive wie emotionale) Status von ‚weit dort draußen' zugeordnet werden muss – was im aktuellen frühen Raumfahrtzeitalter eben auch heißt: weit jenseits unserer menschlichen Reichweite.

mit den von uns geschaffenen künstlichen Objekten, den Raumsonden, in näherer Zukunft vielleicht sogar mit Raumschiffen, zu erreichen vermögen.[21] Diese raumzeitliche Grundkonfiguration manifestiert sich nach unseren Analysen in einem *Begegnungsszenario.*

Hier noch eine Übersicht über die vier von uns in unserer Analyse unterschiedenen Szenarien (Details dazu im folgenden Kapitel):

a) *Das Signalszenario:* Wir empfangen ein (elektromagnetisches) Signal aus den Weiten des Weltraums, dessen Quelle weit jenseits der Grenzen unseres Sonnensystems liegt, das aber zweifelsohne künstlichen Ursprungs ist.

b) *Das Artefaktszenario:* Wir entdecken auf der Erde oder irgendwo in ‚unserem‘ Sonnensystem ein künstliches Objekt, das mit Sicherheit nicht irdischen Ursprungs ist und das seit mindestens einhundert Jahren dort seinen Platz gefunden hat.

c) *Das Nekrologszenario:* Wir entdecken auf der Erde oder im Sonnensystem die uralten Überreste eines außerirdischen Wesens oder einer hochkomplexen, aber nicht mehr aktionsfähigen technischen Entität.

d) *Das Begegnungsszenario:* Im Sonnensystem trifft ein interaktionsfähiger außerirdischer Raumflugköper ein, mit dem eine direkte Kommunikation möglich erscheint – unabhängig davon, ob der Flugkörper KI-gesteuert ist oder eine fremde biologische Intelligenz an Bord hat (was aus menschlicher Warte ohnehin nicht so ohne Weiteres zu unterscheiden sein dürfte).

Im folgenden Kapitel wird es darum gehen, sich die jeweiligen Szenarien und ihre multiplen Auswirkungen auf verschiedene gesellschaftliche Subsysteme genauer anzuschauen. Zuvor soll jedoch noch kurz diskutiert werden, welches überhaupt die Faktoren bzw. wissenschaftlichen Argumente sind, die für die Einschätzung der Folgen der jeweils unterschiedlichen Arten des Erstkontakts herangezogen werden können.

---

[21]Sozialpsychologisch betrachtet ist jede Landung einer Raumsonde auf einem Planeten letztlich auch eine Art Inbesitznahme – stets für ‚die Menschheit‘, in Einzelfällen aber durchaus gezielt im Namen einzelner Nationalstaaten (vgl. Schetsche 2005b).

7.3 Prognostische Strategien und Problemlagen

Generell ist zu sagen (wir hatten bereits kurz darauf hingewiesen), dass *die Qualität* der Prognose der Folgen von Wild Card-Ereignissen von der Frage limitiert wird, wie oft ein entsprechendes Ereignis bereits stattgefunden hat – also, wie viele entsprechende historische Fälle zu Vergleichszwecken zur Verfügung stehen (und natürlich auch: wie gut diese dokumentiert sind). Dies ist der Grund dafür, warum hypothetische Ereignisse, wie der Erstkontakt mit Außerirdischen, aus prognostischer Sicht einen *Problemfall* darstellen. Wie ist es hier überhaupt möglich, zu auch nur einigermaßen sicheren Aussagen über die Auswirkung dieses ganz speziellen Ereignisses zu kommen? Nach unserer Auffassung sind vier Prognosestrategien vorstellbar, mit denen es zumindest prinzipiell möglich sein sollte, das eigentlich Unvorhersehbare dann doch wenigstens ein Stück weit vorherzusagen (siehe Tab. 7.1).

a) *Strategie: Die Übertragung empirischer Ergebnisse aus anderen Forschungsfeldern.* Hier könnte man beispielsweise von kriminalsoziologischen Befunden ausgehen, wonach das Bedrohungsgefühl beim Menschen umso stärker ist, je mehr die Begegnung mit einem potenziell gefährlichen Gegenüber im eigenen sozialen Lebensraum verortet wird. Am stärksten ist die Beunruhigung

Tab. 7.1 Folgen des Erstkontakts – Prognosestrategien

Prognosestrategie	Forschungslogik, Basismethode	Vorzüge	Problemlagen
1. Übertragung empirischer Befunde aus anderen Forschungsfeldern	Analogieschluss	Vielschichtigkeit der zur Verfügung stehenden Daten	Zweifel an Vergleichbarkeit; Problem der Generalisierung
2. Auswertung ‚natürlicher Experimente'	Soziales Experiment	Rekonstruktion von Realverhalten	Abhängigkeit von lebensweltlich entstandenen Daten
3. Historische Parallelen	Historischer Analogieschluss	ggf. umfangreiches historisches Material	Vielzahl von Parametern; Grenzen der Übertragbarkeit
4. Theoriegeleitete Extrapolation	Deduktion	Orientierung an bewährten theoretischen Folien	Fehlen empirischer Daten; Probleme der Anwendbarkeit

(Quelle: Schetsche 2005a, leicht überarbeitet)

dann, wenn uns das als bedrohlich Empfundene in den ‚eigenen vier Wän-
den' gegenübertritt. Um ein solches Argument im uns interessierenden Feld
einzusetzen, bedarf es eines recht weiten (möglicherweise überzogenen)
Analogieschlusses: Die Erde und ihre unmittelbare Umgebung werden für
die Gesamtheit der Menschheit massenpsychologisch mit der Wohnung
des einzelnen Erdenbürgers gleichgesetzt. Daraus kann man folgern: Das
Erscheinen der Aliens auf der Erde selbst wäre dann psychologisch betrachtet
das Worst Case-Szenario. Mit anderen Worten: Was wir von der Kriminalitäts-
furcht und den sie anleitenden Reaktionen wissen, soll auch für die Konfrontation mit dem ‚maximal Fremden' (Schetsche 2004) gelten. Diese Strategie
hat den Vorteil, dass für fast jeden denkbaren Fall eine ganze Reihe von empirischen Befunden aus den unterschiedlichsten Forschungsgebieten zur Verfügung steht – gerade das führt allerdings zu der schwer zu beantwortenden
Frage, welche Analogieschlüsse zulässig sind und welche nicht (vgl. Denning
2013). Wenn wir eine solche Strategie nutzen wollen, wären jeweils gute
Gründe anzuführen, warum gerade die ausgewählten externen Befunde aus-
sagekräftig für den zu untersuchenden Fall sind.

b) *Strategie: Die Auswertung ‚natürlicher Experimente'.* Hier könnte man
etwa die Ausstrahlung des Hörspiels *Krieg der Welten* im Jahre 1938
anführen (wir werden im folgenden Kap. 8 noch ausführlich darauf zurückkommen). Aus den Reaktionen der Bevölkerung auf ein irrtümlicherweise
für real gehaltenes Medienereignis könnte man auf die Folgen eines wirklichen Erstkontakts schließen. Der Vorteil dieser Strategie ist, dass sie mit
realen Beobachtungsdaten arbeitet, die (zumindest bei so spektakulären Fällen wie dem hier geschilderten) bereits in wissenschaftlichen Arbeiten systematisch rekonstruiert worden sind (siehe etwa Cantril 1940). Wir könnten es
also prinzipiell mit gut gesichertem empirischem Material zu tun haben. Die
Zahl der entsprechenden natürlichen Experimente ist allerdings begrenzt –
noch schwerwiegender scheint allerdings, dass die damals erhobenen Daten
heute von vielen Forschern sehr kritisch betrachtet werden (vgl. exemplarisch
Pooley 2013); auch diese Methode ist mit vielen Ungewissheiten belastet.

c) *Strategie: Die Suche nach historischen Parallelen.* Eine weitere Strategie
könnte von historischen Beispielen interkultureller Kontakte auf der Erde
ausgehen. Die methodische These lautet dabei, dass die Erfahrungen mit
asymmetrischen Kulturkontakten auf der Erde (siehe Bitterli 1986, passim)
auch auf die Konfrontation der Menschheit mit einer außerirdischen Zivilisation übertragen werden kann. Entsprechend wird gefragt, was wir aus der
Geschichte der irdischen Kulturen hinsichtlich der mittel- und langfristigen
Folgen der Entdeckung der Erde durch Außerirdische lernen können. Der

Vorteil einer solchen Strategie: Es ist umfangreiches Datenmaterial zu entsprechenden asymmetrischen Kulturkontakten auf der Erde vorhanden. Die
Nachteile liegen in der Komplexität jedes einzelnen Falles – und in der, bereits
bei der ersten Strategie offen gebliebenen Frage nach der Übertragbarkeit der
Ergebnisse. Zu überlegen ist insbesondere, welche Parameter für die historische Entwicklung entscheidend waren und welche von ihnen auch für den
interessierenden Fall eines interstellaren Kulturkontakts von Bedeutung sein
dürften (vgl. Dick 2013, 2014; Lowric 2013).

d) *Strategie: Die extrapolierende Anwendung theoretischer Überlegungen:* Ausgangspunkt könnten hier etwa Theorien und Befunde der Sozialpsychologie
(beispielsweise der Stereotypenforschung) sein. Aus ihnen könnte man beispielsweise folgern, dass wir die Außerirdischen bei einem unmittelbaren Sicht-
kontakt primär aufgrund ihrer Äußerlichkeiten einschätzen würden. Das heißt,
aus Assoziationen der äußeren Erscheinung mit uns bekannten irdischen Wesen
würden auf Wahrnehmungsweisen, Charaktereigenschaften, Motive usw. der
Fremden geschlossen. In dieser Hinsicht könnte man (im Anschluss an eine
Formulierung von Heinrich Popitz) geradezu von einer „Präventivwirkung des
Nichtwissens" sprechen: Je weniger wir über die körperliche Gestalt der Außerirdischen wissen, desto weniger werden bildgebundene Stereotype oder gar
ererbte Verhaltensschemata unser Handeln beeinflussen. Das Wissen über das
‚Aussehen' der Aliens wird deshalb nicht dazu führen, dass wir sie besser verstehen, sondern lediglich dazu, dass wir sie schneller *missverstehen* (vgl. Harrison 1997, S. 198; Harrison und Johnson 2002, S. 103–104; Michaud 1999,
S. 266–267). Extrapolierend ist diese Anwendung, weil die angesprochenen
Theorien (hier der Sozialpsychologie) auf ein empirisches Feld projiziert werden, für das sie ‚eigentlich' nicht gedacht waren: Aus dem Verhalten gegenüber dem sozial oder kulturell Fremden wird auf das Verhalten gegenüber
einem maximal Fremden geschlossen. Der Vorteil solcher Verfahren liegt auf
der Hand: Wir können von empirisch gut belegten und weitgehend anerkannten
theoretischen Folien ausgehen. Allerdings müssen wir deren Geltungsbereich
gedanklich erweitern, um sie auf den bislang noch nicht eingetretenen Fall des
Erstkontakts mit Außerirdischen übertragen zu können. Wahrscheinlich liegen
auch hier viele Probleme in den Details einer solchen Erweiterung.

Die Auflistung dieser vier grundsätzlichen Prognosestrategien sollte auch
deutlich gemacht haben, wie groß die Schwierigkeiten sind, mit denen wir bei
der Vorhersage der Folge eines hypothetischen Ereignisses wie das des Erstkontakts konfrontiert sind. Entsprechend groß muss die Vorsicht sein, mit der
die Szenarioanalyse im folgenden Kapitel zu betrachten ist. Sicheres Wissen
darüber, was im Falle des Falles, also bei der erstmaligen Konfrontation der

Menschheit mit einer außerirdischen Intelligenz geschehen wird, ist vor dem Eintreten dieses Ereignisses nicht zu erlangen. In dieser Hinsicht unterscheidet sich dieser Fall zunächst nicht von anderen Wild Card-Ereignissen. Aufgrund des völligen Fehlens von früheren Geschehnissen des gleichen Typs ist die Unsicherheit des prognostischen Wissens in diesem Falle allerdings noch deutlich größer als bei Vulkanausbrüchen und Krankheitsepidemien, Kriegen zwischen Nationalstaaten oder auch großen Terroranschlägen, die allesamt in der überlieferten Menschheitsgeschichte schon mehrfach stattgefunden haben und bei denen vielfältige Daten vorhanden sind, um die Folgen zukünftiger Ereignisse des gleichen Typs abschätzen zu können. Trotzdem, so behaupten wir, sind die globalen Folgen eines Erstkontakts nicht gänzlich unvorhersehbar und entsprechend auch nicht völlig unvorhersagbar. Wir müssen nur im Kopf behalten, dass der Raum der Unsicherheit bei dieser ganz speziellen Prognose besonders groß ist.

Literatur

Bach, Joscha. 2004. Gespräch mit einer Künstlichen Intelligenz – Voraussetzungen der Kommunikation zwischen intelligenten Systemen. In *Der maximal Fremde. Begegnungen mit dem Nichtmenschlichen und die Grenzen des Verstehens,* Hrsg. Michael Schetsche, 43–56. Würzburg: Ergon.

Berghold, Christina. 2011. *Die Szenario-Technik. Leitfaden zur strategischen Planung mit Szenarien vor dem Hintergrund einer dynamischen Umwelt.* Göttingen: Optimus.

Bitterli, Urs. 1986. *Alte Welt – Neue Welt. Formen des europäisch-überseeischen Kulturkontaktes vom 15. bis zum 18. Jahrhundert.* München: Beck.

Bostrom, Nick. 2014. *Superintelligenz. Szenarien einer kommenden Revolution.* Berlin: Suhrkamp.

Cantril, Hadley. 1940. *The invasion from mars: A study in the psychology of panic.* Princeton: Princeton University Press.

Denning, Kythrya. 2013. Impossible predictions of the unprecedented: Analogy, history and the work of prognostication. In *Astrobiology, history, and society. Life beyond earth and the impact of discovery*, Hrsg. Douglas A. Vakoch, 301–312. Heidelberg: Springer.

Dick, Steven J. 2013. The societal impact of extraterrestrial life: The relevance of history and the social sciences. In *Astrobiology, history, and society. Life beyond earth and the impact of discovery*, Hrsg. Douglas A. Vakoch, 227–257. Heidelberg: Springer.

Dick, Steven J. 2014. Analogy and the societal implications of astrobiology. *Astropolitics. The International Journal of Space Politics & Policy* 12:210–230.

Engelbrecht, Martin. 2008. Von Aliens erzählen. In *Von Menschen und Außerirdischen. Transterrestrische Begegnungen im Spiegel der Kulturwissenschaft*, Hrsg. Michael Schetsche und Martin Engelbrecht, 13–29. Bielefeld: transcript.

Fink, Alexander, und Andreas Siebe. 2006. *Handbuch Zukunftsmanagement. Werkzeuge der strategischen Planung und Früherkennung*. Frankfurt a. M.: Campus.

Halbwachs, Maurice. 1967. *Das kollektive Gedächtnis*. Stuttgart: Enke.

Harrison, Albert A. 1997. *After contact. The human response to extraterrestial life*. New York: Plenum Trade.

Harrison, Albert A., und Joel T. Johnson. 2002. Leben mit Außerirdischen. In *S.E.T.I. Die Suche nach dem Außerirdischen*, Hrsg. Tobias Daniel Wabbel, 95–116. München: Beust.

Hurst, Matthias. 2008. Dialektik der Aliens. Darstellungen und Interpretationen von Außerirdischen in Film und Fernsehen. In *Von Menschen und Außerirdischen. Transterrestrische Begegnungen im Spiegel der Kulturwissenschaft*, Hrsg. Michael Schetsche und Martin Engelbrecht, 31–53. Bielefeld: transcript.

Kuiper, Thomas B.H., und Mark Morris. 1977. Searching for extraterrestrial civilizations. *Science* 196:616–621.

Lowric, Ian. 2013. Cultural resources and cognitive frames: Keys to an anthropological approach to prediction. In *Astrobiology, history, and society. Life beyond earth and the impact of discovery*, Hrsg. Douglas A. Vakoch, 259–269. Heidelberg: Springer.

Michaud, Michael A.G. 1999. A unique moment in human history. In *Are we alone in the cosmos? The search for alien contact in the new millennium*, Hrsg. Byron Preiss und Ben Bova, 265–284. New York: ibooks.

Michaud, Michael A.G. 2007a. *Contact with alien civilizations. Our hopes and fears about encountering extraterrestrials*. New York: Springer.

Michaud, Michael A.G. 2007b. Ten decisions that could shake the world. http://avsport.org/IAA/decision.pdf. Zugegriffen: 25. Jan. 2018.

Pooley, Jefferson D. 2013. Checking up on the invasion from mars: Hadley Cantril, Paul Felix Lazarsfeld, and the making of a misremembered classic. *International Journal of Communication* 7:1920–1948.

Schetsche, Michael. 2003. Soziale Folgen der Entdeckung einer außerirdischen Zivilisation (dreiteilig). *Nachrichten der Olbers-Gesellschaft*, Teil 1, Heft 200 (Jan. 2003): 33–37; Teil 2, Heft 202 (Juli 2003): 26–30; Teil 3, Heft 203: 7–11.

Schetsche, Michael. 2004. Der maximal Fremde – Eine Hinführung. In *Der maximal Fremde. Begegnungen mit dem Nichtmenschlichen und die Grenzen des Verstehens*, Hrsg. Michael Schetsche, 13–21. Würzburg: Ergon.

Schetsche, Michael. 2005a: Zur Prognostizierbarkeit der Folgen außergewöhnlicher Ereignisse. In: *Gegenwärtige Zukünfte. Interpretative Beiträge zur sozialwissenschaftlichen Diagnose und Prognose*, Hrsg. Ronald Hitzler und Michaela Pfadenhauer, 55–71. Wiesbaden: Springer VS.

Schetsche, Michael. 2005b. Rücksturz zur Erde? Zur Legitimierung und Legitimität der bemannten Raumfahrt. In *Rückkehr ins All* (Ausstellungskatalog, Kunsthalle Hamburg), 24–27. Ostfildern: Hatje Cantz.

Schetsche, Michael. 2008. Der maximal Fremde – Eine Hinführung. In *Der maximal Fremde. Begegnungen mit dem Nichtmenschlichen und die Grenzen des Verstehens*, Hrsg. Michael Schetsche, 13–21. Würzburg: Ergon.

Schetsche, Michael, René Gründer, Gerhard Mayer, und Ina Schmied-Knittel. 2009. Der maximal Fremde. Überlegungen zu einer transhumanen Handlungstheorie. *Berliner Journal für Soziologie* 19 (3): 469–491.

Steinmüller, Angela, und Heinz Steinmüller. 2004. *Wild Cards. Wenn das Unwahrscheinliche eintritt*. Hamburg: Murmann.

Uerz, Gereon. 2006. *ÜberMorgen. Zukunftsvorstellungen als Elemente der gesellschaftlichen Konstruktion der Wirklichkeit*. Paderborn: Fink.

Ulbrich Zürni, Susanne. 2004. *Möglichkeiten und Grenzen der Szenarioanalyse*. Stuttgart: WiKu.

Folgen des Erstkontakts – eine Szenarioanalyse

8

Im Anschluss an die methodischen Vorüberlegungen werden wir im Folgenden – entsprechend der vorgestellten Gliederung der Basisszenarien – vier exemplarische Einzelszenarien vorstellen[1]: Drei von ihnen beschreiben und analysieren die sozialen Folgen eines fernen Fernkontakts *(Signalsszenario)*, nahen Fernkontakts *(Artefaktszenario)* und nahen Nahkontakts *(Begegnungsszenario)*. Unsere Ausführungen werden in diesen drei Fällen jeweils einer identischen Darstellungslogik folgen: Nach einer Beschreibung der generellen Parameter des Szenarios untersuchen wir die wahrscheinlichsten Auswirkungen auf einigen wichtigen gesellschaftlichen Feldern (Öffentlichkeit, Wissenschaft, Politik, Ökonomie, Religion). Bei allen Szenarien, wir hatten es bereits angedeutet, ist in einer globalisierten Kultur von weltweiten Auswirkungen auszugehen. Sie an dieser Stelle systematisch zu beschreiben, ist aus mehr als einem Grund schlicht unmöglich. Wir werden uns deshalb in jedem Unterkapitel auf exemplarische Prognosen

---

[1]Eine gänzlich andere Szenarioanalyse legen Baum et al. (2011) vor. Sie gehen dabei von unterschiedlichsten Interessen und ethischen Grundhaltungen vorstellbarer außerirdischer Zivilisationen aus und versuchen zu prognostizieren, welche Folgen dies bei einem Erstkontakt jeweils für die menschliche Gesellschaft hätte. Entsprechend werden drei Basisszenarien unterschieden: „Beneficial", „Neutral" und „Harmfull" (alles jeweils aus menschlicher Sicht). Uns erscheint eine solche Analyse zumindest im Detail problematisch, weil darin letztlich unbegründbare anthropozentrische Vorannahmen gemacht werden müssen: Von den bekannten Interessen und Grundhaltungen menschlicher Gesellschaften wird auf jene außerirdischer Intelligenzen gefolgert. Trotzdem ist die Analyse der Autorengruppe *grosso modo* erkenntnisträchtig, weil sie das ungeheuer breite Spektrum möglicher Abläufe bei einem interstellaren Kulturkontakt demonstriert. Einige allgemeine Überlegungen zu vorstellbaren Szenarien des Erstkontakts finden sich auch bei Michaud (1999, S. 208–218).

© Springer Fachmedien Wiesbaden GmbH, ein Teil von Springer Nature 2019
M. Schetsche und A. Anton, *Die Gesellschaft der Außerirdischen,*
https://doi.org/10.1007/978-3-658-21865-2_8

konzentrieren, die die von uns angenommenen Konsequenzen in dem einen oder
anderen Teil der Welt in den Blick nehmen – dass ist nicht immer, aber häufig
Europa, weil wir über die dortigen ‚Verhältnisse' schlicht mehr wissen. In diesem
Sinne sind die folgenden Prognosen hier und da informationsbedingt ein wenig
‚eurozentrisch'. Die abstrakten Darlegungen werden schließlich bei jedem Szenario durch eine *exemplarische Narration* ergänzt, in der wir jeweils versuchen, die
jeweiligen Ausgangsparameter und die wichtigsten der von uns angesprochenen
Dimensionen in kurzen Science Fictionartigen Narrationen zu kondensieren.
Sie sind in dem Sinne exemplarisch, als wir, um sie in dieser Form erzählen zu
können, eine Reihe zusätzlicher Festlegungen bezüglich der Ausgangssituation
treffen. Außerdem finden sich hier verschiedene Erzählelemente, die lediglich
der Verdichtung der Beschreibung dienen, aber keine systematische Bedeutung
haben (etwa Jahreszahlen oder Namen von Unternehmen). Es sollte klar sein,
dass bei jedem der untersuchten Szenarien noch andere konkrete Ausgangs-
situationen und abweichende Abläufe denkbar sind. Wir gehen jedoch davon aus,
dass die Frage, wie der jeweilige Kontakt *im Detail* zustande gekommen ist und
sich im Folgenden ausgestaltet, bei der Analyse der generellen kulturellen Auswirkungen des Erstkontakts der jeweiligen Art nur einen partiellen, jedoch keinen
grundsätzlichen Unterschied macht. Jedes dieser Unterkapitel schließt mit einer
zusammenfassenden Bewertung des jeweiligen Szenarios. Ein weiteres Kapitel
fasst unsere Prognosen bezüglich der unterschiedlichen Szenarien in übersicht-
licher Form zusammen.

Ergänzt wird dies alles durch einen abschließenden Exkurs, in dem es um die
Möglichkeit des ‚Scheiterns' des Erstkontakts geht. Dieses zusätzliche *vierte*
Szenario ist dem Fall gewidmet, dass das prinzipiell zugängliche Wissen über
die Existenz außerirdischer Intelligenz wissenschaftlich und öffentlich zurück-
gewiesen wird und für einen langen Zeitraum Bestandteil des strittigen Feldes
kultureller Heterodoxien bleibt. Wir haben hierfür das *Nekrologszenario* gewählt,
das, wie auch das Artefaktszenario, zum Feld der von uns sogenannten fernen
Nahkontakte gehört.

8.1   Das Signalszenario

8.1.1   Generelle Parameter

a) Dies ist das Szenario, das auch den SETI-Programmen zugrunde liegt, über
   die bereits berichtet wurde (vgl. Kap. 4): Radioteleskope oder andere technische Einrichtungen fangen Signale aus den Weiten des Weltalls auf, die künst-

lichen Ursprungs sind. Aus den technischen Parametern der Sendung lassen sich Ursprungskoordinaten und die ungefähre Distanz des Senders erschließen sowie vielleicht noch etwas über dessen technischen Möglichkeiten in Erfahrungen bringen (vgl. Harrison 1997, S. 199–200; Shostak 1999, S. 231–232; Harrison und Johnson 2002, S. 100; Hoerner 2003, S. 133). Zumindest wenn das Signal länger anhält oder es sich wiederholt, kann darüber hinaus wahrscheinlich etwas über die Eigenbewegung der Quelle ausgesagt werden. Befindet sich die Quelle in der Umlaufbahn um eine Sonne oder bewegt es sich im Raum langsamer oder schneller auf die Erde zu oder von ihr weg (die Identifizierung eines Doppler-Effekts im Signal haben wir in der exemplarischen Narration weiter unten für die Spezifizierung seines Ursprungs genutzt). Diese Information ist besonders deshalb wichtig, weil mit ihr darüber entschieden werden kann, ob es sich beim Sender um eine planetare Einrichtung handelt oder um eine Raumsonde bzw. ein Raumschiff, das in den Weiten des Weltraums unterwegs ist.

b) Falls das Signal auf diese oder jene Weise so moduliert ist, dass es wahrscheinlich eine inhaltliche Botschaft enthält, müssen diese Inhalte von jenen Informationen unterschieden werden, die aus der physikalischen Natur des Signals selbst mehr oder weniger erschlossen werden können. Welche Informationen dies sein könnten, ist in der SETI-Forschung bis heute strittig (vgl. Schmitz 1997, passim). Zwar sind vielfältige Überlegungen zur Decodierung von Radio- oder Lasersignalen angestellt worden (etwa Freudenthal 1960, passim; Fuchs 1973, S. 47–93; McConnell 2001, S. 181–346), sie alle basieren jedoch auf menschlichen Denkmustern und können nicht voraussetzungslos auf die Fremden übertragen werden (vgl. Shostak 1999, S. 232–233; vgl. Finney 1990). In ihnen wird fraglos unterstellt, dass Außerirdische ein Signal ebenso verschlüsseln würden wie wir, und dass wir ihre Signale ebenso decodieren könnten, wie sie die unseren. Dies ist jedoch selbst dann unwahrscheinlich, wenn wir nicht nur eine für andere bestimmte Botschaft mithören, sondern ein vorsätzliches *Kontakt-Signal* (vgl. Hoerner 1967, S. 14) empfangen. Es könnte deshalb sein, dass wir den Inhalt des empfangenen Signals für lange Zeit oder vielleicht sogar dauerhaft nicht werden entschlüsseln können.[2] Zumindest in diesem Falle gilt Marshall McLuhans Diktum ganz

---

[2] „Eine fremde Botschaft zu entziffern kann lange, vielleicht sogar ewig dauern. Signale, die wir entdecken, stammen mit allergrößter Wahrscheinlichkeit von einer Zivilisation, die sehr viel höher entwickelt ist als die des Menschen. Es könnte sich leicht herausstellen, daß die extraterrestrische Botschaft überhaupt nicht zu entschlüsseln ist" (Shostak 1999, S. 233).

wörtlich: „The Medium ist the Message"[3]. Auch dies ist bei Abschätzung der
Folgen dieses Ereignisses zu berücksichtigen.

c) Möglicherweise erfahren wir bei dieser Form des Erstkontakts zunächst einmal nicht viel mehr als die Tatsache: Es gibt uns. Richtiger ist hier die Formulierung: Es *gab* uns. Das Auffangen eines lichtschnellen Signals, das 1000
Lichtjahre zurückgelegt hat, bedeutet ja gleichzeitig auch, dass dieses Signal
vor 1000 Jahren ausgesendet wurde. Dieser Zusammenhang ist zum einen in
Bezug auf die Idee eines *kosmischen Dialogs* von Bedeutung. Zum anderen
dürfte die Größe dieser Entfernung im doppelten Sinne auch wichtig für die
konkreten Reaktionen auf der Erde sein: Je größer Raum und Zeit sind, die die
Botschaft zurücklegen musste, desto indifferenter dürften die psychosozialen
Reaktionen auf der Erde ausfallen: „Distance is critical because it structures
the nature of the contact [...] the closer the contacting civilization, the greater
the impact" (Michaud 2007, S. 211; vgl. Shostak 1999, S. 235).

8.1.2 Prognostizierte Folgen

Beginnen wir gleich mit dieser Entfernungsfrage: Eine größere Entfernung des
Senders von der Erde (wir schätzen, dass eine sozialpsychologische Grenze hier
bei 100 oder 200 Lichtjahren liegen dürfte), würde das Signal zeitlich, aber auch
räumlich weit aus dem menschlichen Relevanzsystem herausrücken. Ein Signal
aus beispielsweise 1000 (Licht-)Jahren Entfernung würde primär die wissenschaftlichen, philosophischen und religiösen Subsysteme der Erde tangieren, für
das Leben der Menschen und ihr Alltagsbewusstsein jedoch eher irrelevant sein.
Zunächst würde es sicherlich ein großes *öffentliches Interesse* und auch Diskussionen in den verschiedensten *Massen- und Netzwerkmedien* geben.[4] Ange-

---

[3]Die Frage nach dem – wie die Wissenschaftslegende besagt – durch einen Fehler beim
Satz rein zufällig verwandelten Buchtitel *(The Medium is the Massage)* können wir hier
getrost ignorieren.

[4]Erwartbare Unterschiede und Ähnlichkeiten in der Berichterstattung und Diskussion
zwischen traditionellen Massenmedien und den neuen sozialen Medien im Anschluss an
den Empfang eines außerirdischen Signals untersucht Jones (2013). Sein Fazit: „We live
in a media-saturated world. News of an extraterrestrial discovery would travel quickly and
somewhat haphazardly through the mainstream and social media. Dubious information
would certainly appear amid the flotsam of messages on the subject. It would be circulated
extensively, but would not necessarily have much influence in the face of more credible
reports" (Jones 2013, S. 327).

sichts der (hier einmal unterstellten) geringen erhaltenen Informationsmenge und wegen der Unmöglichkeit eines unmittelbaren Dialogs, würde das Thema jedoch auch schnell wieder aus der Öffentlichkeit verschwinden. Es würden sicherlich verschiedene wissenschaftliche Programme aufgelegt, um ein Maximum an Informationen aus den empfangenen Signalen zu extrahieren, und vielleicht auch solche, die sich mit der Frage beschäftigen, ob und wie geantwortet werden sollte. Nicht zuletzt wegen der monologischen Situation und der langen Zeiträume der Sendung dürfte das Interesse der meisten Menschen an einem solchen ‚Kontakt' sehr schnell erlahmen. Folgen hätte der Signalempfang deshalb nach unserer Überzeugung in erster Linie für religiös-philosophische Systeme und für die Wissenschaften (siehe auch Shostak 1999, S. 228–234, der eine ähnliche Auffassung vertritt).

Anders sähe es aus, wenn das Signal aus der unmittelbaren *kosmischen Nachbarschaft* der Erde käme. Die hier sozialpsychologisch zu vermutende Entfernungsschwelle dürfte in dem Bereich liegen, der dem lebenszeitlichen Horizont der durchschnittlichen Mitglieder unserer Gesellschaft entspricht, also dreißig oder maximal vielleicht einhundert (Licht-)Jahre. Nur innerhalb dieses Zeitraums und damit auch dieser Entfernung würden fremde Zivilisationen kognitiv wie emotional als ‚erreichbare Nachbarn' wahrgenommen – erreichbar sowohl was die Möglichkeit eines zivilisatorischen Dialoges mittels Funkwellen oder anderer Signale angeht, als auch bezüglich der (heute auf der Erde) theoretisch vorstellbaren Möglichkeit eines Direktkontaktes in absehbarer Zukunft. Die Folgen eines solchen ‚mittelfernen Kontakts' könnten – neben dem religiösen und philosophischen Weltbildwechsel, der von der Entfernung der fremden Zivilisation eher unabhängig ist – einerseits in einem Wandel der nationalen und internationalen Strategien der Forschungspolitik bestehen, um einen entsprechenden Dialog oder gar Direktkontakt zu realisieren. Andererseits dürften auch die *Befürchtungen* hinsichtlich der Folgen des Kontakts in der irdischen Bevölkerung mit der Abnahme der Entfernung zunehmen.

Unabhängig von der Entfernung der Signalquelle dürften die *politischen und ökonomischen Auswirkungen* bei diesem Szenario letztlich eher unbedeutend bleiben.[5] Auf politischer Ebene bleibt die Wahrscheinlichkeit, dass sich eine – möglicherweise technisch und deshalb auch militärisch weit überlegene – außerirdische Macht in irdische Belange einmischen wird außerordentlich gering.

---

[5]Eine andere Position vertreten etwa Billingham et al. (1994, S. 87), die davon ausgehen, dass selbst ein nicht entschlüsselbares außerirdisches Signal erhebliche Folgen für das Weltbild und auch die politische Situation auf der Erde hätte.

Das Diktum der SETI-Forschung, SIE könnten wegen der großen Entfernung im Weltall nicht hierher gelangen, bleibt in Kraft und übt sicherlich auch im Bereich der Politik beruhigende Wirkung aus.[6] Für die Souveränität der irdischen Nationalstaaten besteht keine Gefahr[7] – es spricht deshalb alles dafür, dass dieser Fernkontakt keine strukturellen Auswirkungen auf das politische Gefüge auf der Erde haben wird. Hingegen scheinen uns – gleichsam andersherum – die politischen Entwicklungen auf der Erde nach dem Signalempfang sehr bedeutsam für die Frage, welche öffentliche Aufmerksamkeit das Signal in der Weltöffentlichkeit mittel- und langfristig erhält. Je mehr politische, aber auch ökologische und ökonomische, Krisen die Öffentlichkeit in den folgenden Jahren erschüttern werden, desto schneller gerät der Signalempfang in Vergessenheit.

Eine Ausnahme dürften hier lediglich jene *wissenschaftlichen Disziplinen* darstellen, die einen Beitrag zur Untersuchung und langfristig vielleicht sogar zur Entschlüsselung des Signals leisten können. Neben der Astrophysik dürften dies Informatik, Linguistik, Kognitionswissenschaft – und möglicherweise dann auch die Exosoziologie sein. In Staaten mit entsprechenden Forschungsressourcen werden wahrscheinlich vergleichsweise umfangreiche Forschungsprojekte entstehen, die für Jahre oder Jahrzehnte an der Untersuchung des Signals arbeiten. Der Fluss entsprechender Forschungsmittel dürfte dabei umso intensiver sein und umso länger anhalten, je dauerhafter das Signal aufgefangen wird und je vielschichtiger es ist. In diesem Kontext scheint es wahrscheinlich, dass in einer ganzen Reihe von Ländern nun auch staatliche Gelder für *neue SETI-Programme* zur Verfügung gestellt werden, deren Aufgabe es ist, nach weiteren außerirdischen Signalen zu suchen. Ein wirklicher wissenschaftlicher Durchbruch wäre erst dann zu verzeichnen, wenn es wirklich gelingen würde, das entsprechende Signal zu entschlüsseln. Wenn man den grundlegenden kommunikationswissenschaftlichen Einwänden folgt, wie sie bereits vor Jahrzehnten von russischen Forschern formuliert worden sind (siehe exemplarisch Sukhotin 1971; Panovkin 1976; vgl. Sheridan 2009, S. 67–103 sowie Hickman und Boatright 2017), dürfte die Entschlüsselung einer außerirdischen Radiobotschaft jedoch unwahrscheinlich, vielleicht sogar prinzipiell unmöglich sein.

---

[6]Typisch hierfür sind beispielsweise die Ausführungen Billinghams et al. (1994, S. 61–120), die sich ausschließlich mit den möglichen Reaktionen der Öffentlichkeit und des politisch-administrativen Systems auf den Empfang eines außerirdischen Signals beschäftigen – andere mögliche Kontaktszenarien werden stillschweigend ausgeblendet.

[7]Vgl. hierzu Wendt und Duvall (2008), die sich systematisch mit dem gegenteiligen Fall beschäftigen – wir kommen im Kontext des Begegnungsszenarios noch darauf zurück.

Doch selbst wenn die fremde Botschaft nach vielleicht Jahrzehnte dauern-
den Bemühungen prinzipiell entschlüsselt werden könnte, scheint mehr als fraglich, was daraus an Verständnis der Fremden, ihrer Kultur, Wissenschaft und
Technologie tatsächlich resultieren würde. Wie Sheridan (2009, S. 141–166)
nachvollziehbar aufzeigt, existiert mittlerweile eine Fülle an durchaus plausiblen Annahmen aus der Evolutionsbiologie und Kognitionsforschung zur Entstehung einer gänzlich menschen*un*ähnlichen Intelligenz, deren Nachrichten von
uns kaum richtig gedeutet werden können, selbst wenn wir sie in einem linguistischen Sinne oberflächlich verstehen. Dies bedeutet allerdings auch, dass die
sich in der SETI-Forschung vielfach erhofften Effekte eines schlagartigen wissenschaftlichen und technologischen Schubs aufgrund der Entschlüsselung der fremden Botschaft ausbleiben werden. Entsprechend gehen wir davon aus, dass die
technologischen und daraus folgenden ökonomischen Auswirkungen eines Fernkontakts eher gering bleiben werden.

Möglicherweise wären die primären Folgen eines Erstkontakts deshalb sogar
eher im *kulturellen und religiösen Bereich*[8] als auf dem Feld von Technologie,
Ökonomie und Politik zu verorten. Der Signalempfang könnte mittel- und langfristig zu einem Umdenken auf der Erde nicht nur hinsichtlich der Stellung des
Menschen im Kosmos führen. Das sichere Wissen, als intelligente Spezies nicht
allein im Universum zu sein, könnte nachhaltige Impulse für die Entwicklung
etwa einer *transhumanen Ethik* liefern, bei der über den Umgang mit und die
Rechte von nicht-menschlichen Wesenheiten nachgedacht wird. Dies könnte,
lange bevor ein näherer Kontakt mit einer außerirdischen Spezies realisiert werden kann, bereits ganz irdischen Entitäten zugute kommen: verschiedenen Tierarten (insbesondere den Primaten und Delphinen) ebenso wie den immer mehr
den Alltag beherrschenden KI-gesteuerten Robotern oder Androiden. Ähnliche
langfristige Wirkungen scheinen auch im Bereich der Religion und Spiritualität
vorstellbar (auch wenn die Entwicklungen hier unseres Erachtens extrem schwer
zu prognostizieren sind): Es könnten transhuman orientierte Religionsgemein-
schaften entstehen, nach deren Überzeugung nicht nur die Menschen, sondern
weiter gefasst alle intelligenten Wesen einer spirituellen Entwicklung oder auch

---

[8]Die Folgen einer empfangenen extraterrestrischen Radiobotschaft für den christlichen
Glauben und die katholische Theologie diskutieren Ascheri und Musso (2002). Nach den
religiösen Folgen eines Signalempfangs fragt auch Peters (2013), der gleich für die Ausbildung einer, von ihm „Astrotheology" genannten, neuen Disziplin plädiert; im Mittelpunkt seiner Überlegungen steht die Frage, ob das sichere Wissen von der Existenz
Außerirdischer spirituelle bzw. religiöse Krisen auf der Erde auslösen würde.

göttlichen Gnade unterworfen sein könnten. Wir halten die Entwicklung solcher umfassenden Gemeinschaften langfristig für erfolgversprechender als die Entstehung verschiedener Kleinkulte, die das außerirdische Signal als in irgendeinem Sinne göttlich bzw. transzendent interpretieren. Solche Gruppen wird es in den ersten Jahren nach dem Signalempfang wahrscheinlich geben, sie werden nach unserer Einschätzung jedoch das Abflauen des generellen kulturellen Interesses am Thema kaum überstehen.

Exemplarische Narration

Im Mai des Jahres 2023 wird in China ein nicht sehr starkes, aber eng gebündeltes Radiosignal aus dem interstellaren Raum empfangen: Innerhalb von 11 Tagen erreicht irdische Radioteleskope dreimal ein kurzes (jeweils knapp 5 s währendes) Signal mit extrem komplexer Modulation. Bedauerlicherweise lässt sich die Quelle des Signals nicht exakt bestimmen; aufgrund verschiedener physikalischer Parameter wird sie auf eine Entfernung zwischen 500 und 2500 Lichtjahren von der Erde geschätzt. In Richtung des Signals ist in diesem Abstand kein sonnenähnlicher Stern zu identifizieren. Die drei Signale unterscheiden sich in der Wellenlänge merklich – wahrscheinlich ein Dopplereffekt, was bedeuten würde, dass die Signalquelle sich mit *zunehmender* Geschwindigkeit von der Erde entfernt (also durch irgendeine Kraft beschleunigt wird). Dies spräche dann, das allerdings ist eine umstrittene Folgerung, dafür, dass die Signale vor vielen Jahrhunderten eher von einer Raumsonde denn von einer planetaren Station ausgestrahlt wurden. Diese Frage wird die internationale Wissenschaftsgemeinschaft noch lange beschäftigen – allerdings auch nur sie.

Das erste Signal wird nur vom großen chinesischen Radioteleskop *Tianyan* aufgefangen – aufgrund einer Eilmeldung über internationale Fachgesellschaften werden andere Teleskope auf der Erde entsprechend ausgerichtet und kalibriert, sodass die beiden nachfolgenden Signale von 4 bzw. 7 weiteren irdischen Teleskopen detektiert werden können. Noch vor dem Empfang des dritten Signals wird das *SETI Post Detection Protocol* aktiviert; gemäß den Bestimmungen der „Declaration of Principles Concerning Activities Following the Detection of Extraterrestrial Intelligence" (der International Academy of Astronautics) aus dem Jahre 1989 werden diverse internationale Wissenschaftsorganisationen unterrichtet. Nach dem Empfang des dritten Signals werden, noch während der Abstimmungsprozess zwischen den verschiedenen Forschungsinstituten und internationalen Fachgesellschaften läuft, politische Entscheidungsträger der Länder mit großen Radioteleskopen sowie auch der UN-Generalsekretär und der Weltsicherheitsrat informiert.

Entgegen der Vorgaben des Protokolls und interner Absprachen zwischen den involvierten Observatorien gehen kurz nach Empfang des dritten Signals im Abstand weniger Stunden zwei Forschungsgruppen unterschiedlicher Länder in eilig organisierten Pressekonferenzen an die Öffentlichkeit. Sie begründen diesen Schritt damit, dass es zum einen im Social Media-Bereich und auf einigen Ultranet-Plattformen seit Tagen immer heftiger werdende Spekulationen über den Empfang fremdartiger Signale aus dem Weltraum gegeben hätte und dass es zum anderen unverantwortlich sei, die Weltöffentlichkeit nicht unverzüglich über diese wahrhaft bahnbrechende Entwicklung zu informieren. Die Pressekonferenzen führen zu einem heftigen, letztlich aber doch recht kurzen Medienecho. In Deutschland melden sich Boulevardzeitungen mit Schlagzeilen wie „E.T. telefoniert nach Hause" zu Wort – andere deutsche Leitmedien nutzen die Gelegenheit, um sich einmal mehr über die Geldverschwendung der SETI-Projekte und über die verqueren Motive der beteiligten Forschungsteams lustig zu machen. („Alien-Jäger im Abseits" ist die Titelstory eines die öffentliche Meinung dominierenden Wochenmagazins überschrieben.) Auf der Bundespressekonferenz zum Thema „Zukunftsperspektiven der Forschungspolitik" erklärt die Bundesministerin für Bildung, Forschung und Technologie auf die entsprechende Nachfrage eines Journalisten, dass die Bundesregierung es auch weiterhin ablehne, Ressourcen für „rein spekulative Projekte zu verschwenden, die keinerlei erkennbaren Nutzen für die Menschen in unserem Land haben".

Wegen der zunehmenden politischen Spannungen in Südostasien, die im Spätsommer des Jahres 2023 zu einem verheerenden zweiten Korea-Krieg führen, erlischt das öffentliche Interesse am Radiosignal allerdings ebenso schnell, wie es aufgekommen war. Die beteiligten Forschungsteams sind sich, dies wird auf einer internationalen Konferenz (die jedoch, nicht zuletzt wegen der verheerenden Sommerdürre des Jahres 2024 in weiten Teilen Afrikas, kaum öffentliche Aufmerksamkeit erhält) gut ein Jahr nach dem ersten Empfang deutlich, weitgehend darüber einig, dass es sich um ein künstliches Signal einer außerirdischen Intelligenz gehandelt hat. Da das Signal nur dreimal empfangen wurde, dabei sehr kurz und extrem komplex moduliert war, gehen die Experten davon aus, dass eine Entschlüsselung viele Jahre dauern würde, vielleicht sogar niemals möglich sein wird. Wohl auch deshalb verlagern sich die fachwissenschaftlichen und auch die – seltener werdenden – öffentlichen Debatten in den kommenden Monaten und Jahren immer mehr von der Frage weg, welche Botschaft da möglicherweise von wem und an wen übermittelt wurde, hin zu der Frage, wann generell der richtige Zeitpunkt ist, die Öffentlichkeit über den Empfang eines möglichen außerirdischen Signales zu informieren. In diesem Kontext wird auch das noch aus den 1980-Jahren stammende „Post Detection Protocol" wegen seiner Umständlichkeit und den daraus resultierenden Zeitverzögerungen stark kritisiert. Einige der damals am Signalempfang beteiligten Forschungsgruppen (darunter auch die chinesischen Forscher) geben klar zu erkennen, dass sie ‚beim nächsten Mal' von sich aus deutlich schneller an die Öffentlichkeit gehen werden – alle internationalen Absprachen zu einer gesteuerten Informationspolitik im Falle eines Signalkontakts scheinen hinfällig.

8.1.3 Zusammenfassende Bewertung des Szenarios

Generell lautet unsere Einschätzung: Je weiter der Sender des empfangenen Signals entfernt ist und je länger die Entschlüsselungsversuche des gesendeten Inhalts andauern, desto mehr wird das öffentliche Interesse an dieser Art des Erstkontakts erlahmen und desto geringer werden die mittel- und langfristigen kulturellen Auswirkungen sein. Eine Ausnahme hiervon bilden wahrscheinlich nur jene wissenschaftlichen Disziplinen, die unmittelbar mit der Entschlüsselung möglicher Inhalte und mit der Suche nach weiteren Signalen beschäftigt sind. Technologische und ökonomische Auswirkungen dürfte ein Erstkontakt dieser Art nur haben, falls es tatsächlich (entgegen aller Wahrscheinlichkeiten) gelingen sollte, die Inhalte des Signals in linguistischem Sinne zu entschlüsseln. Ob dies das deutende Verstehen des Signals in einem psychologischen bzw. soziologischen Sinne einschließt, ist eine ganz andere Frage. Vorstellbar ist es, dass das Ereignis kulturelle Entwicklungen im philosophischen und religiös-spirituellen Bereich anzustoßen vermag.[9] Die Wahrscheinlichkeit hierfür ist nur schwer abzuschätzen. Nicht nur diese Frage hängt nach unserer Einschätzung von der vom Ereignis unabhängigen politischen, ökonomischen und ökologischen Entwicklung auf unserem Planeten in den folgenden Jahren und Jahrzehnten ab. Je dramatischer diese Entwicklungen verlaufen werden, je mehr ganz irdische Krisen die Menschheit heimsuchen, desto geringer wird das Interesse an der möglichen Entschlüsselung des Signals und wohl auch nach der weiteren Suche nach

---

[9]Demgegenüber sind Baxter und Elliott (2012, S. 34) der Auffassung, dass eine empfangene außerirdische Botschaft von ihren Inhalten her so schwerwiegend bzw. riskant sein kann, dass es nötig werden könnte, die Nachricht selbst und alle dazugehörenden Daten zu vernichten. Wir haben an dieser These schon deshalb Zweifel, weil es unseres Erachtens so gut wie unmöglich sein dürfte, den Inhalt einer extraterrestrischen Botschaft zu entziffern.

Außerirdischen sein. Den größten Einfluss außerhalb der an diesem Forschungs-prozess beteiligten Wissenschaften dürfte dieser Fernkontakt wahrscheinlich im Bereich der künstlerischen und im weitesten Sinne kulturellen Repräsentation haben: Es werden wahrscheinlich zahlreiche neue Romane und Filme, Fernseh-serien und interaktive Medien entstehen, deren Handlung ihren Ausgangspunkt im Empfang eines außerirdischen Signals nehmen. Der ganz reale Alltag der Menschen wird sich jedoch nicht verändern.

8.2 Das Artefaktszenario

8.2.1 Generelle Parameter

a) Das Artefaktszenario (vgl. Harrison und Johnson 2002, S. 113; Michaud 2007, S. 135–140) beschreibt die Situation, in der die Menschen bei der Erforschung des Weltraums irgendwann in näherer oder fernerer Nachbarschaft der Erde auf die materiellen Hinterlassenschaften einer fremden Zivilisation stoßen.[10] Damit ein solcher Fund überhaupt kulturelle Folgen haben kann, müssen zwei Bedingungen erfüllt sein: Das Objekt, das auf der Erde oder im erd-nahen Weltraum (bzw. zukünftig auch irgendwo in unserem Sonnensystem) gefunden wird, muss – nach der wissenschaftlich und/oder gesellschaftlich *dominierenden Deutung* – erstens nicht von der Erde stammen und zweitens mit Sicherheit künstlichen Ursprungs sein. Die beiden Voraussetzungen rea-lisieren sich im Rahmen unterschiedlich großer Interpretations-spielräume: Während die außerirdische Herkunft eines Artefakts – unter der weitgehend anerkannten Annahme, dass die Erde heute ihr erstes Raumfahrtzeitalter erlebt – sich bereits aus einem *Fundort jenseits der Erde* sicher ableiten lässt[11], könnte sich das Problem der Natürlichkeit oder Künstlichkeit eines

---

[10]Bekannt ist es in seiner fiktionalen Form etwa aus dem Film *2001: A Space Odyssey* (UK/USA 1968, Regie: Stanley Kubrick). In dieser Erzählung stoßen Menschen bei der Erkundung des Mondes auf die Hinterlassenschaft einer fremden Zivilisation, ein Artefakt in Form eines schwarzen Monolithen, das dort vor mehreren Millionen Jahren offenbar zum Zweck einer zukünftigen Kontaktaufnahme zurückgelassen wurde. Nach einer unbe-absichtigten Aktivierung durch die Menschen beginnt der Monolith eine automatische Bot-schaft in die Tiefen des Alls abzustrahlen (vgl. Hurst 2004, S. 104).

[11]Bei Funden, die auf der Erde gemacht werden, dürfte es deutlich schwerer fallen, eine außerirdische Herkunft zweifelsfrei zu konstatieren. Hier wären wir dann bei den Thesen der sogenannten Paläo-SETI-Forschung, die uns in Abschn. 11.1 näher beschäftigen wer-den; wir klammern diesen Sonderfall deshalb an dieser Stelle aus.

entsprechenden Objekts umso nachhaltiger stellen, je weiter die technischen Fähigkeiten der Ursprungskultur über jene der irdischen hinausreichen (oder zumindest von ihr abweichen). Vorstellbar sind Objekte einer solchen Fremdartigkeit, dass bei ihnen nicht nur jede heute bekannte Methode der technischen Untersuchung versagt[12], sondern dass bereits die Einordnung nach der Leitdifferenz ‚künstlich' vs. ‚natürlich' zweifelhaft bleibt.

b) Letzteres gilt insbesondere dann, wenn das gefundene Objekt keine für Menschen erkennbaren Symbole fremden Ursprungs aufweist. Doch selbst wenn sich ‚Inschriften' finden, ist Skepsis hinsichtlich ihrer Entschlüsselung angebracht: Bereits bei menschlichen Kulturen stellt eine unbekannte Schrift, solange es keine Referenzquellen gibt, die Wissenschaft vor unüberwindliche Interpretationsprobleme. Für entsprechende Hinterlassenschaften vergangener irdischer Kulturen, wie etwa den ‚Diskos von Phaistos', gibt es zwar eine Vielzahl konkurrierender Interpretationsvorschläge, bis heute aber keine wissenschaftlich anerkannte Entzifferung der Inschrift (vgl. Duhoux 2000). Dieses Problem stellte sich bei außerirdischen Artefakten in unvergleichlich größerem Maße. Selbst eine reiche symbolische Ausstattung eines gefundenen Artefakts würde wohl keine Informationen über die Denkstrukturen oder gar die Motive der außerirdischen ‚Verfasser' liefern.[13] Da wahrscheinlich auch der Fundort bzw. die Auffindesituation des Artefakts nur wenig sichere Rückschlüsse erlauben (weil wir nichts über die Motivstruktur der Fremden wissen, können wir auf Basis unserer menschlichen Überlegungen eben nicht auf mögliche Motive der Anderen schließen – was uns als wohlbedacht platziert erscheint, kann tatsächlich planlos weggeworfen sein und umgekehrt), werden die Konsequenzen auf der Erde sich primär *aus der Tatsache des Fundes selbst,* also aus der Interpretation des Objekts als von außerirdischen Intelligenzen her-

---

[12]Ein gutes Beispiel aus der Science Fiction ist hier die fremdartige *Sphere* in dem gleichnamigen Kinofilm (USA 1998, Regie: Barry Levinson).

[13]Zu fragen bleibt allerdings, welchen Unterschied es für die Informationsgewinnung macht, ob ein Artefakt vorsätzlich zum Zwecke der Kommunikation zurückgelassen wurde oder ob es eine mehr zufällige Hinterlassenschaft darstellt. Freitas und Valdes (1985) etwa unterscheiden drei grundlegende Fälle: I) Artefakte sind für die Kontaktaufnahme vorgesehen, II) Artefakte vermeiden Entdeckung und III) die Frage einer Entdeckung durch Dritte ist für die Aufgabe des Artefakts ohne Bedeutung. Wenn man von der Annahme des Autors ausgeht, dass Artefakte im zweiten Falle aufgrund ihrer fortschrittlichen Technologie auch tatsächlich nicht entdeckt werden können, müssten hier analytisch lediglich Fall I und Fall III unterschieden werden.

gestellt, ergeben, statt aus einer möglicherweise nie erschließbaren Bedeutung und Funktionalität für dessen ursprüngliche Schöpfer.

c) Wie massiv die kulturellen Auswirkungen einer solchen Entdeckung sein würden, hängt nach unserer Einschätzung primär von zwei Faktoren ab: (1) Eine mögliche Altersbestimmung würde gefundene Objekte in den menschlichen Zeithorizont hinein oder im Gegenteil aus ihm hinaus rücken. Ein geschätztes oder berechnetes Alter[14] von einhundert Jahren hätte hier eine völlig andere Bedeutung als eines von zehn Millionen Jahren. Im ersteren Falle wären wir mit unmittelbaren ‚zeitlichen Nachbarn' konfrontiert, die, wenn der Fund in unmittelbarer kosmischer Nachbarschaft der Erde stattfand, wahrscheinlich über die Existenz einer Zivilisation auf der Erde informiert sind. Im letzteren Falle hingegen würden sich alle derartigen Überlegungen von selbst erübrigen (vgl. Michaud 2007, S. 212). (2) Wenn eines der gefundenen Objekte sich als materielle Basis irgendeiner Art technischer Funktionalität interpretieren ließe, würde dies unmittelbar zu Spekulationen über die Art jener Funktion(en) und sicherlich auch über die aktuelle Funktionsfähigkeit des betreffenden Objekts führen. Die Frage wäre dann nicht nur, was das Artefakt tun kann, sondern insbesondere auch welche Konsequenzen dies für seine nähere oder weitere Umgebung haben könnte. Dies zieht eine ganze Reihe von schwerwiegenden praktischen Fragen im Anschluss an den Fund nach sich: Soll das Objekt möglichst unberührt bleiben oder sollte es systematisch wissenschaftlich untersucht werden? Kann und soll es an einen anderen Ort transportiert, gegebenenfalls sogar aus dem Weltraum auf die Erde gebracht werden? Soll es – falls technisch möglich – in irgendeiner Weise manipuliert oder gar zerlegt werden (falls dies mit unseren Mitteln überhaupt möglich ist? Und anderes mehr.

8.2.2 Prognostizierte Folgen

Wenn wir einmal vom Fund eines oder mehrerer außerirdischer Artefakte auf einem nicht allzu erdfernen Asteroiden ausgehen (diesen Fall verwenden wir auch in der exemplarischen Narration im folgenden Unterkapitel) sind die Folgen der Entdeckung, wenn sie denn öffentlich wird, auf das generelle Weltbild der

---

[14]Die naturwissenschaftliche Frage nach der Möglichkeit oder auch Unmöglichkeit einer Altersbestimmung des entsprechenden Objekts klammern wir hier einmal aus.

Bevölkerung zumindest in szientistischen Gesellschaften erheblich. Eine gegenüber dem bereits diskutierten Fernkontakt stärkere kulturelle ‚Brisanz' ergibt sich in diesem Szenario daraus, dass dessen ‚Es-gibt-uns-Botschaft' durch eine ‚Wir-waren-hier-Botschaft' nicht nur überlagert, sondern auch wissenschaftlich und psychosozial dominiert (vgl. Michaud 2007, S. 211) wird. Spätestens mit einem solchen Fund wären alle (den Bereich der traditionellen SETI-Forschung bis heute dominierenden) Thesen über die raumfahrttechnische Unüberbrückbarkeit interstellarer Entfernungen auf einen Schlag als anthropozentrisches Vorurteil entlarvt. Es wäre bewiesen, dass andere Zivilisationen sehr wohl in der Lage und Willens sind, die entsprechenden Entfernungen zumindest mit automatischen Raumsonden zu überbrücken.

Der Fund eines extraterrestrischen Artefakts in unserem Sonnensystem würde deshalb nach unserer Einschätzung nicht nur in der wissenschaftlichen Welt, sondern auch in der allgemeinen Öffentlichkeit, zumindest der industriellen und postindustriellen Gesellschaft, auf großes Interesse stoßen. Eine unmittelbare Konsequenz dürfte sein, dass alle Raumfahrtnationen und viele Raumfahrtkonzerne große Anstrengungen unternehmen würden, weitere außerirdische Artefakte im Sonnensystem zu finden. Die heute öffentlich wie wissenschaftlich noch meist belächelten SETA-Projekte (wir hatten in Kap. 5 darüber berichtet) würden einen großen Aufschwung erleben; die dort erwartbar eingesetzten technischen und finanziellen Ressourcen würden wahrscheinlich auch die Erforschung des Sonnensystems generell revolutionieren. Wir gehen deshalb davon aus, dass von einem Fund dieser Art im Sonnensystem, unabhängig von allen konkreten Details, sehr starke Impulse für die unbemannte, vielleicht aber auch für die bemannte Raumfahrt ausgehen würden. Eine solche Entdeckung könnte durchaus der Beginn einer sehr intensiven Phase der wissenschaftlich-technischen Erforschung und in gewisser Weise auch (kommerziellen und nationalstaatlichen) ‚Aneignung' weiter Teile des Sonnensystems sein.

Im *wissenschaftlichen Bereich* würde der Fund darüber hinaus sicherlich eine ganze Reihe von Forschungsprojekten anstoßen, in denen es darum geht, maximale Informationen aus dem oder, falls es denn ein größerer Komplex ist, den Objekten ‚herauszuholen'. Hieran wären sicherlich diverse Disziplinen beteiligt: Die Astrophysik würde versuchen, etwas über die Herkunft des Objekts herauszubekommen. Chemie, Physik und Materialkunde würden sich um die Beschaffenheit kümmern. Falls eine Funktionalität auch nur zu erahnen ist, wäre die Aufgabe diverser ingenieurwissenschaftlicher Disziplinen, hier Näheres in Erfahrungen zu bringen. Und wenn sich am Objekt zudem Symbole finden lassen, wäre dies eine Aufgabe für die Linguistik und die Symbololologie. Auch die vergleichende Anthropologie sowie Kultur- und Sozialwissenschaften könnten ihren Beitrag leisten, wenn es um die Fragen geht, mit welchen technischen Mitteln und auch mit welcher Art von Extremitäten ein solches Objekt gebaut worden ist, welches sein Zweck war oder ist und was wir daraus über die Kultur seiner Schöpfer ableiten können. Je mehr die Untersuchungen in diese Richtung gehen, desto spekulativer und langwieriger würden sie werden. Wie groß der Forschungsaufwand insgesamt wäre, hängt selbstredend auch von der Größe des Objekts und dem Fundort ab: Muss (oder auch: sollte) es vor Ort untersucht werden, oder kann das ganze Objekt oder können zumindest Teile davon zur Erde gebracht werden?

Spätestens diese letzte Frage führt uns in den Bereich der *Politik*. Hier dürfte es zunächst um einen zentralen Punkt gehen: Wer hat die Verfügungsmacht über das Objekt – rechtlich gesehen, aber insbesondere auch ganz faktisch? Wir gehen davon aus, dass es nach dem Fund (falls dieser nicht sofort geborgen und *vor* allen internationalen Diskussion auf die Erde gebracht werden kann und sich dann faktisch im Besitz einer Nation oder eines Konzerns befindet) zu heftigen politischen Auseinandersetzung um die ‚Rechte' an dem Objekt oder der Objektgruppe kommen wird. Bis heute sind die Bestimmungen des internationalen Weltraumrechts nicht spezifisch genug, um für den Fall eines solchen Artefaktfundes auch nur allgemeinste Maßstäbe zu setzen (vgl. Schrogl 2008; Baxter und Elliott 2012, S. 34; Gertz 2017, S. 3–4). Für außerhalb der Erde gefundene außerirdische Artefakte gibt es bislang keine internationalen rechtlichen Regelungen. Aber selbst falls diese Maßstäbe und konkreteren Regelungen zum Zeitpunkt der Entdeckung des Artefakts vorhanden sein sollten, scheint es uns doch sehr fraglich, ob sich multinationale Konzerne oder mächtige Nationalstaaten gemüßigt fühlen würden, sich an solche Bestimmungen internationalen Rechts zu halten. Die immense Zahl der unzweifelhaft völkerrechtswidrigen Interventionen und Kriegshandlungen überall auf der Erde in den letzten Jahrzehnten zeigt überdeutlich, dass internationales Recht in der Praxis so gut wie nichts wert ist, wenn militärisch mächtige Nationalstaaten ihre Eigeninteressen durchzusetzen wünschen. Wir gehen deshalb davon aus, dass der Fund eines Artefakts, das von verschiedenen Parteien für technologisch potenziell wertvoll gehalten wird, zu risikoreichen internationalen Konflikten führen könnte, Konflikte, die durchaus militärische Optionen einschließen könnten. Falls ein gefundenes Objekt nicht eilig geborgen und auf die Erde gebracht werden kann, scheint uns nicht nur ein Wettrennen staatlicher und privater Weltraumakteure um den Zugriff auf das Projekt möglich – wir würden auch die Möglichkeit einer militärischen Konfrontation im Weltraum nicht ausschließen, wenn sich Akteure von der Drohung mit oder gar der Anwendung von Waffengewalt die Sicherung des alleinigen Zugriffs auf das oder die Artefakte versprechen. Aber selbst wenn ein entsprechendes

Objekt schnell auf die Erde gebracht werden kann, bleibt es als potenzieller Kriegsauslöser eine weitere Gefahr – etwa falls Untersuchungen ergeben, dass das Objekt nutzbare Technologie in einer Menge oder Qualität enthält, die dem entsprechenden Besitzer einen praktisch unaufholbaren technologischen Fortschritt ermöglichen würde. Hier sind von Geheimoperationen bis zu offener Kriegsführung alle Strategien vorstellbar, um in den Besitz der entsprechenden ‚Alien-Technologie' zu gelangen.

Die *Öffentlichkeit* würde dies alles sicherlich mit mal mehr, mal weniger Aufmerksamkeit begleiten. Wie hier mit dem notwendigen Weltbildwechsel umgegangen wird und welche Auswirkungen dies auf die öffentliche Meinung hat, hängt sicherlich stark von den bereits angesprochenen Parametern ab: Das öffentliche Interesse dürfte umso größer sein, je jünger das Objekt ist und je besser es gelingt, ihm gewisse Funktionalitäten zuzuschreiben. Diese beiden Faktoren bestimmen aber auch die Frage, welche ‚emotionale Färbung' das öffentliche Interesse erhält. Ein relativ neues Objekt legt die Frage nahe, ob seine Schöpfer in naher Zukunft wiederkehren könnten, was durchaus eine ganze Reihe mal mehr, mal weniger begründeter Ängste in der Öffentlichkeit schüren könnte. Falls das Objekt über eine erkennbare, noch intakte technische Funktionalität verfügt, stellt sich die Frage, was diese bewirken könnte und wie sie beeinflusst werden kann. Und es stellt sich selbstredend auch die Frage, welche Konsequenzen diese oder jene Funktion für seine Umgebung haben könnten. Folge wären mit großer Wahrscheinlichkeit heftige (wissenschaftliche, aber eben auch politische und öffentliche) Diskussionen über die Möglichkeit und die Notwendigkeit des Versuchs einer Manipulation an dem entsprechenden ‚Mechanismus' und damit die Einflussnahme auf die fremdartige Funktionalität. Noch komplizierter wäre die Sache, wenn das Objekt über ein erkennbar ablaufendes Handlungsprogramm verfügte, das auf Veränderungen in seiner Umgebung (etwa menschliche Aktivitäten) mit einem wahrnehmbaren Zustandswechsel reagieren würde.

Dabei ist ein Szenario wie in *2001: A Space Odyssey,* bei dem das Artefakt durch menschliche Manipulationen aktiviert wird und anschließend eine Botschaft in die Weiten des Weltraums sendet, nur vordergründig der ‚Worst Case'. Es wirkt zwar bedrohlich, weil der Menschheit die aktive Entscheidung über eine Kontaktaufnahme abgenommen wird, lässt aber keinen Zweifel daran, dass etwas möglicherweise Konsequenzenreiches geschehen ist. Massenpsychologisch noch problematischer scheint der Fall, in dem unklar bleibt, ob nach einer – gewollten oder ungewollten – Aktivierung durch die menschlichen Finder, auf für uns unentdeckbaren Kanälen eine Botschaft an die Erzeuger des Objekts gesandt wurde. Gerade dieses Nichtwissen könnte als dauerhaft potenzielle Bedrohung kulturell in mehr als einer Hinsicht höchst wirksam werden: im Bereich der bildenden Kunst und der fiktionalen Repräsentationen, hinsichtlich der Veränderung der kollektiven psychischen Grundverfasstheit der Menschen oder auch durch die mittel- und langfristige Veränderung der politischen Agenda. Die möglichen Auswirkungen hier sind außerordentlich vielfältig, im Einzelnen aber schwer abschätzbar, weil analoge irdische Fälle (eines asymmetrischen Kulturkontakts, der ausschließlich über fremdartige Artefakte vermittelt ist) historisch zwar mehrfach vorgekommen sein dürften, unseres Wissens nach kulturhistorisch jedoch nicht systematisch untersucht wurden.

Ähnlich problematisch scheint uns die Prognose *religiös-spiritueller* und ökonomischer Folgen des Ereignisses. Die erstgenannten Konsequenzen dürften denen des signalvermittelten Erstkontakts im weiter oben beschriebenen Szenario ähneln. Es scheint uns allerdings wahrscheinlich, dass in diesem Falle die Zahl der entstehenden weltraumbezogenen Kulte und ihr Auftreten vehementer sein würde, da die Option deutlich stärker im Raum steht, dass technisch überlegene und damit (in naiver Interpretation) stärker ‚götterähnliche‘ Besucher noch einmal in unser Sonnensystem oder gar auf die Erde ‚zurückkehren‘ und transzendentes Wissen bzw. entsprechende Erleuchtung mit sich führen, an denen sie uns (von den Gläubigen erhofft) teilhaben lassen.[15] Auch hier ist die Entstehung einer Vielzahl sektenförmiger Gruppen zu erwarten, die das Ziel hat, mit den Schöpfern des Artefakts in Verbindung zu treten – oder gar behauptet, dies auf diese oder jene Weise bereits getan zu haben (wofür ebenso scheinwissenschaftlich verbrämte wie auch gänzlich esoterische ‚Kommunikationskanäle‘ wie Astralreisen zu den Sternen oder telepathische Kollektivsignale infrage kommen). Die Öffentlichkeit wird dies alles teils interessiert, teils amüsiert zur Kenntnis nehmen. Für viele Anhänger solcher Kulte und Gruppen dürfte sich hier aber für eine kürzere oder längere Zeit ein völlig neuer ‚Sinn des Lebens‘ ergeben. Auch in dieser Hinsicht könnte ein Artefaktfund deshalb mittel- und langfristig überaus sinnstiftend sein.

Ob er auch im Bereich der *Ökonomie* sinn- und damit auch profitstiftend ist, dürfte zum einen davon abhängen, ob sich aus dem Artefakt technologisch verwertbare Informationen gleichsam extrahieren lassen … und natürlich davon, ob

---

[15]In diesem Zusammenhang dürften auch die öffentliche Aufmerksamkeit und Begeisterung für die Thesen der Prä-Astronautik sehr stark zunehmen: Wenn Außerirdische irgendwo im Sonnensystem Artefakte hinterlassen haben, warum könnten sie ihre Spuren nicht auch auf der Erde hinterlassen haben? Obwohl wir selbst keine Anhänger des prä-astronautischen Denkens sind, müssen wir zugestehen, dass ein Artefaktfund innerhalb des Sonnensystems auch die Wissenschaften zwingen würde, sich ernsthaft mit dieser bis heute heterodoxen Denkrichtung zu beschäftigen (Wir gehen dieser Frage im Kap. 11 systematischer nach.).

es Unternehmen oder zumindest nationalen Unternehmensgruppen gelingt, den Zugriff auf diese Informationen zu monopolisieren.[16] Dies alles ist nicht zuletzt deshalb schwer abschätzbar, weil vorab unmöglich zu sagen ist, ob sich aus dem Objekt irgendwelche in dieser Weise (also: technologisch wie ökonomisch) nutzbare Informationen gewinnen lassen. Es könnte durchaus sein, dass die Objekte derartig fremdartig sind oder auch die verwendete Technologie so weit fortgeschritten ist, dass es für uns Menschen auf unabsehbarer Zeit unmöglich ist, nur die kleinste verwendbare technologische Information aus ihnen zu gewinnen. Möglicherweise fehlen uns jegliche wissenschaftliche Grundlagen, um auch nur ansatzweise zu verstehen, was die gefundenen Objekte tun ... und wie sie es tun.[17] Es ist deshalb deutlich leichter zu prognostizieren, dass der Artefaktfund zumindest eine irdische Branche über die Maßen beflügeln wird: die auf die Erforschung und Nutzung des Weltraums spezialisierten Unternehmen. Und dabei dürfte jenen Firmen oder Konsortien gleichsam automatisch eine Vorreiterrolle zukommen, die sich bereits vorher an SETA-Projekten beteiligt haben und über entsprechende Such- und vielleicht sogar Bergungstechnologien verfügen. Es wird mithin bereits vor einem solchen Ereignis entschieden, wer nach dessen Eintreffen ökonomisch die Nase vorn hat.

Exemplarische Narration

Im Mai 2023 entdeckt die kommerzielle Raumsonde „Vanguard 2" der „European Asteroid Mining Corporation" bei der Kartierung des knapp 120 m durchmessenden erdnahen Asteroiden „Horus 2007b" unerwartet mehrere künstlich erscheinende Strukturen von einigen Metern Größe. Bei den Strukturen könnte es sich um äußerlich sichtbare Teile von Antriebssegmenten handeln, was darauf hindeuten würde, dass dieser Asteroid mit Bedacht in diese erdnahe Umlaufbahn manövriert wurde – möglicherweise, um bei seiner Annäherung an die Erde alle vier Jahre Beobachtungsdaten zu sammeln. Das in Luxemburg registrierte Konsortium will diese potenziell

---

[16]Vor den Konflikten, die Versuche auslösen könnten, die erlangten Informationen über Außerirdische nationalstaatlich zu monopolisieren, warnen bereits Billingham et al. (1994, S. 84–87) – die sich dabei allerdings ausschließlich auf ein Signalszenario beziehen.

[17]Bis heute ist innerhalb der Science Fiction der Roman *Picknick am Wegesrand* der Brüder Strugazki (1975) eines der überzeugendsten Beispiele dafür, wie rat- und auch hilflos die Konfrontation mit fortgeschrittener außerirdischer Technologie den Menschen hinterlassen kann.

bahnbrechende Entdeckung zunächst geheim halten. Einer der Großgesell-
schafter des Konsortiums, ein multinationales Internetunternehmen, fühlt sich
jedoch nicht an diese Absprache gebunden und veröffentlicht auf mehreren
seiner Ultranet-Plattformen Bilder der rätselhaften Strukturen, was der Raum-
sonden-Mission binnen kürzester Zeit erhebliche Aufmerksamkeit verschafft.
Dies sichert der Entdeckung von Beginn an eine große öffentliche Aufmerksamkeit, die sich für eine kurze Zeit sogar zu einem regelrechten Medienhype
auswächst. Insbesondere in den interaktiven Medien des Ultranets überschlagen sich nicht nur die Berichte und Diskussionen, sondern auch künstlerische Be- und Umarbeitungen. Es kommen immer mehr angebliche Bilder
der künstlich wirkenden Strukturen in Umlauf, sodass die ursprünglichen
Fotos und kurzen Filmsequenzen der Raumsonde „Vanguard 2" schließlich
nicht mehr von am Rechner generierten Nachahmungen unterschieden werden können. Virtuell werden ganze Gruppen von unerforschten Asteroiden
mit künstlichen Strukturen gleichsam ‚gepflastert' (und es entstehen mehrere
sehr erfolgreiche Virtual-Reality-Spiele, in denen es um die Erforschung einer
‚geheimen Alien-Basis' auf einem Asteroiden geht). Die Fülle computer-
generierter Bilder erschwert die sachliche öffentliche Debatte der Entdeckung,
macht aber auch die wissenschaftliche Beurteilung zunehmend schwieriger,
als auch in wissenschaftlichen Foren immer mehr kreative Neuschöpfungen
von Fotos und Filmen vermeintlich ‚außerirdischer Artefakte' auftauchen.
Nicht zuletzt diese Entwicklung macht wirtschaftlichen und politischen Entscheidungsträgern deutlich, dass Gewissheit über die Natur der beobachteten
Strukturen letztlich nur durch eine direkte Erkundungsmission zu jenem Asteroiden zu erlangen ist.

Die „European Asteroid Mining Corporation", deren Erkundungssonde
die künstlichen Strukturen entdeckt hatte, beansprucht das Recht auf die erste
nähere Untersuchung des Asteroiden für sich – ein Recht, das jedoch weder
von internationalen Verträgen abgedeckt noch von anderen Unternehmen oder
gar Nationalstaaten anerkannt wird. Da nach dem Vertrag von Locarno aus
dem Jahre 2021 alle außerhalb der Erde gewonnenen Materialien dem (staatlichen oder privaten) Unternehmen gehören, das technisch in der Lage war, sie
zu bergen, ist die entscheidende Frage, wer den Asteroiden im Rahmen einer
direkten Erkundungsmission zuerst erreichen kann.

In der Folge setzt bei kommerziellen Raumfahrtunternehmen, nationalen
und multinationalen Raumfahrtorganisationen hektische Betriebsamkeit ein.
Aufgrund der exzentrischen Bahn von „Horus 2007b" ist der Asteroid mit
vertretbarem Aufwand nur alle vier Jahre zu erreichen. Verschiedene Raumfahrtorganisationen und Unternehmensgruppen versuchen, für die nächste

Annäherung im Jahre 2027 kleinere oder auch größere Missionen auf die Beine zu stellen. Die NASA verspricht der US-Regierung, die – eigentlich erst für das Jahr 2030 vorgesehene – erste bemannte Asteroiden-Mission mit einer neuen Orion-Kapsel vorzuziehen und sie zu „Horus 2007b" umzulenken. Wenige Monate später muss die NASA jedoch einräumen, dass eine entsprechende Mission aufgrund technischer Schwierigkeiten erst im Jahr 2031 zu realisieren sein wird. Zwei Jahre darauf muss dieser Termin erneut verschoben werden: Ein bemannter Flug zum Asteroiden wird nun für das Jahr 2035 ins Auge gefasst. Damit ist die NASA aus dem Rennen. Gleiches gilt auch für die Europäer. Fünf Monate nach der Entdeckung der Strukturen auf dem Asteroiden kommt es auf Antrag der ESA-Administration zu einer Sondersitzung der Wissenschaftsminister der Mitgliedstaaten in Bonn. Trotz intensiver dreitägiger Beratungen kann man sich nicht über die Finanzierung einer zeitnahen automatischen Mission (eine bemannte Mission kam von vornherein aus technologischen, insbesondere aber aus finanziellen Gründen nicht infrage) zu dem Himmelskörper einigen. Gegen den erheblichen Widerstand einiger osteuropäischer Staaten, die Erkundungen außerhalb des Erdorbits prinzipiell für die Verschwendung von Steuergeldern halten, einigt man sich schließlich in einer ‚Koalition der Willigen' darauf, im Jahre 2035 eine kleine Robotersonde zu jenem Asteroiden zu schicken. Damit teilt die ESA das Schicksal der NASA.

Angeregt durch die Entdeckung auf jenem Asteroiden, entsteht Ende des Jahres 2023 unter Führung einiger multinationaler Raumfahrt- und Technologiekonzerne die „International Space Cooperation" (ISC), deren Mitglieder über erhebliche technische Expertise zumindest in der unbemannten Raumfahrt verfügen. Zur Verblüffung der meisten Raumfahrtexperten treten nach der letztlich gescheiterten Konferenz von Bonn die Länder Frankreich, Italien und Luxemburg aus der ESA aus und schließen sich als erste Nationalstaaten der neuen kommerziellen Weltraumorganisation an (einige weitere europäische und außereuropäische Staaten folgen diesem Vorbild in den kommenden Jahren). Die ISC entwickelt innerhalb von zwei Jahren auf Basis von bereits vorhandenen Trägersystemen und Raumkapseln einiger Mitgliedsunternehmen ein ebenso ausgeklügeltes wie ambitioniertes Konzept, um bereits im Jahre 2027 sechs Astronauten für eine mehrmonatige Erkundung zum Asteroiden zu bringen. Das Projekt scheitert in letzter Minute daran, dass ein neu entwickeltes, leistungsstarkes Trägersystem, welches das große Besatzungshabitat für die Fernmission in den Orbit bringen soll, beim Startversuch von Französisch Guayana aus unglücklich versagt und ins Meer stürzt. Ein nächster Startversuch könnte frühestens im Frühjahr 2031 unternommen werden.

Stattdessen erreicht, zur Verblüffung der Weltöffentlichkeit und mancher Experten, im Herbst 2027 ein bemanntes Raumschiff der erst jüngst entstandenen „Asian Space Alliance" (ASA) den Asteroiden „Horus 2007b", wo die vierköpfige multinationale Besatzung unmittelbar mit intensiven Erkundungen der rätselhaften Strukturen beginnt. In dessen Rahmen können größere Mengen offensichtlich außerirdischer Technologie geborgen werden. Die ASA ist kurze Zeit nach den Entdeckungen der „Vanguard"-Raumsonde von der Volksrepublik China, Indien und einigen kleineren südostasiatischen Staaten gegründet worden. Nach monatelangen Geheimverhandlungen treten der ASA Mitte 2024 auch Japan und Südkorea bei. Wenige Wochen nach der Unterzeichnung des Beitrittsvertrags marschieren chinesische Truppen in Nordkorea ein und stürzen das dortige Regime. Die vorgefundenen Atomwaffen werden unter internationaler Kontrolle zerstört; es wird eine Übergangsregierung eingesetzt, deren zentrale Aufgabe die Vorbereitung der Wiedervereinigung mit Südkorea ist. Ob die chinesische Militärintervention Bestandteil eines geheimen Zusatzabkommens des Beitragsvertrags zwischen Japan, Südkorea und der ASA war, wird die Weltöffentlichkeit niemals erfahren. Sehr schnell offensichtlich wird hingegen, dass die auf „Horus 2007b" gemachten Entdeckungen den Mitgliedsstaaten der ASA einen deutlichen technologischen Vorsprung gegenüber allen anderen Volkswirtschaften der Welt verschaffen. Vier Jahre nach der ersten Mission errichtet die ASA auf dem Asteroiden den ersten ständig bemannten Außenposten außerhalb des Erdorbits, dessen primäre Aufgabe die Erkundung der offensichtlich komplexen – inzwischen aber inaktiven – technischen Einrichtungen darstellt, die eine außerirdische Intelligenz wohl vor Jahrtausenden auf dem Asteroiden hinterlassen hat. In den folgenden Jahren wird die wachsende „Horus"-Station zum Ausgangspunkt für die Suche nach weiteren außerirdischen Artefakten im Sonnensystem und für die Erforschung des interplanetaren Raums.

8.2.3 Zusammenfassende Bewertung des Szenarios

Die mittel- und langfristigen Folgen des Fundes eines außerirdischen Artefakts in den verschiedenen gesellschaftlichen Subsystemen hängen nach unserer Einschätzung von verschiedenen Faktoren ab: Das öffentliche Interesse und die massenpsychologischen Konsequenzen werden in erster Linie vom Alter des Objekts und seiner möglichen Funktionalität beeinflusst – je jünger und je funktionsfähiger das Objekt ist, desto mehr Interesse, aber auch kollektive Besorgnis wird der Fund auslösen. Auf ökonomischer Ebene hingegen ist primär die Frage entscheidend, ob durch die Untersuchung technologisch verwertbare Informationen gewonnen werden können. Falls dies nicht der Fall ist, dürften ausschließlich raumfahrtbezogene Unternehmen von der öffentlichen Aufmerksamkeit für die Entdeckung und insbesondere dem politischen Interesse an weiteren entsprechenden Artefakten profitieren. Politisch wiederum ist die Entdeckung umso brisanter, je unklarer die faktischen (weniger die rechtlichen) Besitzverhältnisse sind und je größeren technologischen Gewinn das Artefakt bzw. die Artefakte versprechen. Die Tatsache eines früheren Besuchs außerirdischer Intelligenzen dürfte die politische Agenda höchstens mittel- und langfristig beeinflussen – es sei denn, das Objekt hat nachweislich erst vor höchstens ein bis zwei Jahrhunderten unser Sonnensystem erreicht oder es weist eine Funktionalität auf, die als direkter Kontakt zu seinen Erschaffern interpretiert werden kann. Philosophisch und religiös hingegen scheinen alle genannten Parameter eher von nachrangiger Bedeutung zu sein. Hier spricht die Existenz eines außerirdischen Artefakts im Sonnensystem ganz für sich. Dies gilt wahrscheinlich auch für wissenschaftliche Fachdisziplinen, die traditionell für ‚extraterrestrische Fragen' zuständig sind. Ob der Fund darüber hinaus einen größeren wissenschaftlichen Impact auslösen kann, dürfte davon abhängen, welche Informationen über jenen Beweis früherer außerirdischer Präsenz im Sonnensystem hinaus durch die genauere Untersuchung gewonnen werden können. Bezüglich der meisten genannten Parameter ist der durch ihre vorstellbaren Ausprägungen geschaffene Möglichkeitsraum schlicht zu unübersichtlich, um zu sehr viel konkreteren Voraussagen der Folgen eines solchen Artefaktfundes zu kommen.

8.3   Das Begegnungsszenario

8.3.1   Generelle Parameter

a) Mit dem Erstkontakt in Form einer direkten Begegnung haben wir es zu tun, wenn in der irdischen Atmosphäre oder im erdnahen Weltraum ein nicht-irdischer Raumflugkörper erscheint, von dem aufgrund seiner Flugmanöver oder anderer Handlungen anzunehmen ist, dass er von einer Intelligenz gesteuert wird.[18] Was dabei unter ‚erdnahem Weltraum' zu verstehen ist, dürfte im

---

[18]Alle weiteren technischen Fragen, wie etwa die nach dem Antrieb eines solchen Flugkörpers, sind nicht nur rein spekulativer Natur, sondern darüber hinaus für ein soziologisches Verständnis der sich im Erstkontakt entfaltenden transsozialen Situation irrelevant.

Laufe der letzten Jahrzehnte einem deutlichen technischen und kulturellen Wandel unterworfen worden sein. Es scheint uns sinnvoll, hier von einem Verständnis auszugehen, das die Erreichbarkeit und Beeinflussbarkeit des entsprechenden Teils des Weltraums durch menschliches Handeln in den Mittelpunkt rückt. Als ‚erdnah' erscheint dann jener Teil des Weltraums, der bereits heute durch menschliche Raumsonden oder gar Raumschiffe erreicht werden kann oder es zumindest in naher Zukunft werden könnte. Wenn wir dies mit eher astrophysikalischen Grenzziehungen kombinieren, dürfte dies zu Beginn des 21. Jahrhunderts *weite Teile des Sonnensystems* einschließen, zumindest bis zur Bahn des äußersten bekannten Planeten hin, der um unsere eigene Sonne kreist (also etwa der Neptun-Bahn).[19] Die technische Erkundung durch eine von Menschenhand geschaffene Raumsonde interpretieren wir als Voraussetzung einer *kulturellen Aneignung,* was den entsprechenden Teil des Weltraums kollektiv-mental zu einer Art Vorgarten der Erde machen würde. Unabhängig von dieser Bestimmung dürfte die Frage, wie weit das fremde Objekt sich der Erde nähert, zusätzliche Auswirkungen auf dessen Wahrnehmung und die psychosozialen Folgen haben. Weitere analytisch zu beachtende Grenzen dürften hier insbesondere die Mondbahn (der Mond als der einzige Himmelskörper außerhalb der Erde, der schon mehrfach menschlichen Besuch erhielt), eine Erdumlaufbahn in der typischen Satellitenhöhe und dann sicherlich die dichtere Erdatmosphäre und der Erdboden selbst sein – das invasive Überschreiten jeder dieser Grenzen dürfte die massenpsychologischen Konsequenzen auf der Erde problematischer machen.

b) Hingegen dürfte die Frage, ob es sich um einen Kontakt mit einer primären (biologischen) Lebensform, deren künstlichen Repräsentanten oder den Abgesandten einer sekundären Maschinenzivilisation handelt, zumindest zunächst, möglicherweise aber für längere Zeit, ungeklärt bleiben. Dies hängt damit zusammen, dass es schwer, wenn nicht gar unmöglich sein dürfte, diese drei Fälle (oder auch vorstellbare Kombinationen) vor der Etablierung eines intensiven Informationsaustausches zu unterscheiden.

---

[19]Da dies primär eine auf kollektive menschliche Wahrnehmung abstellende Grenzziehung ist, scheint es nebensächlich, dass einige wenige Raumsonden diesen Bereich bereits verlassen haben – bis auf eine Ausnahme (die Raumsonde „New Horizons", die im Jahre 2015 den Zwergplaneten Pluto erreichte) ohnehin erst lange nach Abschluss ihrer eigentlichen Erkundungsmissionen.

There is a considerable overlap between the cases of direct contact and smart probes; possibly a sufficiently advanced post-biological ETI would *be* the probe. Thus it may bet he best to treat an encounter with a smart probe as a case of direct contact (Baxter und Elliott 2012, S. 35; Hervorhebung im Original; vgl. Michaud 2007, S. 128–130).

Da wir vorab nichts über die Außerirdischen wissen, können wir uns keine empirisch auch nur ansatzweise abgesicherten Vorstellungen von ihrem äußeren Aussehen machen. Selbst wenn einem fremden Raumflugkörper (dies ist eines der klassischen Erstkontaktszenarien der Science Fiction) nach einer Landung auf der Erde eine etwa menschengroße Entität entsteigen sollte, bleibt vorgängig unentscheidbar, ob es sich um ein evolutionär entstandenes biologisches Wesen, um einen der Form seiner Schöpfer äußerlich mehr oder weniger nachempfundenen künstlichen Abgesandten oder auch um eine KI-gesteuerte Einheit aus dem Kollektiv einer Maschinen-Intelligenz handelt (vgl. hierzu Elliott 2014). Diese Frage stellt sich noch weniger, wenn wir mit einem Raumflugkörper konfrontiert sind, von dem sich keine kleineren Sekundäreinheiten abtrennen. Ob dieser Flugkörper als Ganzes eine KI-gesteuerte Sonde ist, ob er in seinem Inneren weitere künstliche oder biologische Entitäten verbirgt (also ein Raumschiff in unserem menschlichen Sinne darstellt), bleibt solange ungeklärt, bis die Fremden uns konkret interpretierbare Informationen darüber zukommen lassen. Wir können also zunächst nur ganz grob auf äußerlich beobachtbare Phänomene reagieren: Der Raumflugkörper folgt dieser oder jener Flugbahn, er kommt der Erde so oder so nahe, sendet möglicherweise auf von uns empfangbaren Wellenlängen irgendwelche Signale, landet schließlich vielleicht sogar auf der Erde (oder schickt sekundäre Flugkörper in unsere Atmosphäre).

c) Der wichtigste Faktor für die irdische Prognose der Folgen dieses Ereignisses stellen nach unserer Überzeugung jedoch gerade nicht solche – und andere vorstellbare – Manöver des fremden Raumflugkörpers dar (wir hatten bereits im vorherigen Kapitel darauf hingewiesen, dass aus äußerlichen Handlungen eines maximal Fremden kaum Rückschlüsse auf dessen Motive und Interessen gezogen werden können), sondern die durch *kulturelle Deutungsmuster angeleiteten menschlichen Interpretationen* der vermeintlichen ‚Handlungen‘ der Fremden (vgl. hierzu auch Harrison und Johnson 2002, S. 104). Bei einer Prognose der Folgen eines ‚nahen Nahkontakts‘ dürfen wir nicht vergessen, dass fast alle Menschen entsprechende Szenarien bereits aus der *Science Fiction* mehr oder weniger gut kennen. Diese stellt seit mehr als hundert Jahren medial unzählige Varianten des Begegnungsszenarios zur Verfügung. Der Erstkontakt als fiktionales Ereignis wurde im kulturellen Denken deshalb schon tausendfach durchgespielt und hat sicherlich auch seine Spuren im kollektiven Denken hinterlassen – und zwar im positiven wie im negativen Sinne. Bei der Analyse der kulturellen Folgen des Ereignisses ist deshalb davon auszugehen, dass fast alle Menschen durch die Beschäftigung mit Romanen, TV-Serien, Kinofilmen[20] oder auch Computerspielen gedanklich schon mit einer ähnlichen Situation konfrontiert waren – und sich sicherlich auch überlegt haben, was sie im Falle eines Falles tun oder lassen würden. Positiv daran könnte sein, dass die Menschen durch einen solchen Erstkontakt eben gerade nicht mit einer ‚unvorstellbaren' Situation konfrontiert sind, es vielmehr schon entsprechende kollektive Deutungsmuster gibt, auf die zurückgegriffen werden kann.[21] Als fatal könnte sich hingegen die Tendenz erweisen, aufgrund des Mangels an realitätsbezogenen Alternativen, die im fiktionalen Kontext entstandenen und internalisierten Deutungsmuster auf die wirklichen Geschehnisse zu übertragen. Dies gilt insbesondere für das Handeln politischer und militärischer Entscheidungsträger. Unreflektierte Übertragungen zwischen der fiktionalen und der wirklichen Welt geschehen sicherlich nicht bewusst, können aber, gerade wenn entsprechende Realerfahrungen vollständig fehlen, vorbewusst kaum ausgeschlossen werden – mit den entsprechenden Konsequenzen.

8.3.2 Prognostizierte Folgen

Vorbemerkung: Das Begegnungsszenario unterscheidet sich analytisch in einem zentralen Punkt von allen anderen Situationen des Erstkontakts: Hier haben wir es mit einer *interaktiven* und darüber hinaus höchst komplexen Situation zu tun, in der es neben den Menschen einen weiteren handelnden Akteur gibt – einen

---

[20]Gerade die kollektiv prägenden Folgen des ‚großen Kinos' sind hier kaum zu überschätzen: Zumindest in westlichen Gesellschaften kennen fast alle Erwachsenen Kinofilme wie *Independence Day,* Kinder schon Filme wie *E.T. – Der Außerdische* (oder die entsprechenden aktuellen Kulturprodukte). Solche Filme vermitteln Deutungsmuster des Erstkontakts, die sich, nicht zuletzt über die erzeugten und transportierten Emotionen und beindruckenden Bilder, nachdrücklich in kollektiven Denkstrukturen verankern (vgl. zur Darstellung der Außerirdischen im Film Hurst (2004, 2008).

[21]Wir werden dies weiter unten bei der Frage nach der Übertragbarkeit historischer Fälle irdischer Kulturkontakte berücksichtigen.

maximal Fremden, über den wir zunächst nichts wissen und dessen Motive und Interessenlagen wir auch aus seinen äußerlich beobachtbaren Handlungen nicht so ohne Weiteres zu erschließen vermögen (vgl. Schetsche et al. 2009). Aus diesem Grund sind keine Vorhersagen über sein Handeln möglich, auch nicht über die Reaktionen auf unser menschliches Handeln in einer Situation, wie die Menschheit sie vorher noch nicht erlebt hat. Dies bedeutet: Einer der Akteure bleibt in der zu untersuchenden Interaktion prognostisch eine völlige Leerstelle. Deshalb scheint es uns so gut wie unmöglich, die mittel- und langfristigen Folgen dieser Art des Erstkontakts zu rekonstruieren. So beschränken wir uns im Folgenden auf die vom Handeln der Außerirdischen unabhängigen *kurzfristigen* menschlichen Reaktionen angesichts der gerade entstandenen Kontaktsituation und bleiben dabei in unseren Prognosen vielfach auch eher abstrakt.[22]

Aus einer solchen abstrakten Warte heraus kann das Begegnungsszenario als *radikale Form eines asymmetrischen Kulturkontakts* beschrieben werden. Solche Kontakte kennen wir in verschiedenen Varianten aus der Menschheitsgeschichte – Situationen, in denen eine Kultur auf ihrem eigenen Territorium ,Besuch' von Fremden erhielt, Besucher, die manchmal als gänzlich fremde Menschen[23] erkannt wurden, in anderen Fällen jedoch nicht einmal dies. Solche asymmetrischen Kulturkontakte zeichneten sich dadurch aus, dass beim Zusammentreffen *beide Seiten* von einem erheblichen Machtgefälle zwischen den Beteiligten ausgingen. Diese Annahme resultierte meist allein daraus, dass die eine Seite auf ihrem eigenen bekannten Territorium mit den Fremden konfrontiert wurde – die einen waren mithin die ,Entdecker', die Anderen die ,Entdeckten'. Für die ,Entdecker' bewies die Entdeckung fern ihrer eigenen Heimat ihre eigene Überlegenheit – für die ,Entdeckten' entsprechend die Tatsache, im eigenen Territorium mit den Fremden konfrontiert zu werden, ihre Unterlegenheit. Unterschiede beim Stand der Reisetechnologie wurden von allen Beteiligten als Zeichen allgemeiner Unter- bzw. Überlegenheit interpretiert. In vielen Fällen kam noch hinzu, dass die ,Entdecker' weitere technische Fertigkeiten demonstrieren

---

[22]Michaud (2007, S. 325) weist ganz zu Recht darauf hin, dass dieses Szenario in der wissenschaftlichen Literatur bis heute stiefmütterlich behandelt wird: „Astronomers an others who have speculated about the consequences of indirect contact have enjoyed considerable exposure in academic and popular nonfictional literature. The alternative point of views is poorly represented outside science fiction; we lack comparable nonfiction studies of direct contact with extraterrestrial civilizations."

[23]Die traditionelle Fremdheitsforschung (Stagl 1997; Waldenfels 1997; Stenger 1998) spricht hier vom ,kulturell Fremden'.

konnten (bei der Eroberung des amerikanischen Doppelkontinents durch die Europäer etwa höchst wirksame Waffen wie Gewehre und Kanonen), die von den ‚Entdeckten' in ihrer Funktionsweise nicht einmal verstanden wurden. Die systematische Untersuchung solcher asymmetrischen Kulturkontakte (Bitterli 1986, 1991) zeigt, dass Begegnungen dieser Art nicht nur die kulturelle Existenz des ‚entdeckten' Volkes bedrohen, sondern oftmals auch dessen physische – und das weitgehend unabhängig vom konkreten Ablauf des Erstkontakts (vgl. Rausch 1992, S. 19; Hickman und Boatright 2017). Bereits beim allerersten Kontakt zwischen irdischen Kulturen waren die wechselseitigen Zuschreibungen durch zahlreiche schwerwiegende Missverständnisse geprägt (vgl. Connolly und Anderson 1987, passim; Finney 1990). Die Zerstörung der sich als unterlegen ansehenden Kultur war in vielen Fällen nicht das Ergebnis böser Motive und militärtechnischer Überlegenheit von ‚Eroberern', sondern Folge des massenpsychologischen Impacts der Konfrontation mit einer fremdartigen Kultur, bei der nicht einmal der menschliche Status unzweifelhaft war (vgl. Michaud 1999, S. 272). So erlitten zahlreiche Völker Amerikas und Ozeaniens nach Ankunft der ‚Weißen' einen nachhaltigen Kulturschock, der ihr religiöses und kulturelles Vorstellungssystem zusammenbrechen ließ, was mittelfristig zur Desintegration der ökonomischen und sozialen Systeme führte. In einigen Fällen kam es als Reaktion auf den Kulturkontakt zum kollektiven Suizid ganzer Bevölkerungsgruppen.[24] In der theoretisch orientierten Zusammenschau solcher empirischen Befunde kommt Groh (1999) zu dem Ergebnis, dass ein Zusammentreffen von technisch unterschiedlich weit entwickelten Kulturen stets zu einem ökonomischen und kulturellen Dominanzgefälle führt, das die Existenz der unterlegenen Kultur unmittelbar bedroht:[25]

Im Kulturkontakt läßt sich der Auslöser für die Löschung kultureller Information verorten. So werden Kulturen destabilisiert, die über lange Zeiträume existiert haben, ohne sich oder ihre Umwelt zu zerstören. Eine Begegnung zwischen Kultur

---

[24]So brach etwa auf den Antillen „nach Ankunft der Spanier eine wahre Selbstmordepidemie aus, die fast zum Untergang der gesamten indigenen Bevölkerung führte. Die Menschen, so heißt es in zeitgenössischen Quellen, ‚tödteten sich auf Verabredung gemeindeweise theils durch Gift, theils durch den Strick'" (Müller 2004, S. 196; vgl. auch Müller 2003, S. 270–271).

[25]Mit Verweis auf historische Einzelfälle völlig friedlicher Kulturkontakte vertritt Dick (2014, S. 217–222) eine abweichende Auffassung; sein Fazit lautet, dass der Kontakt zwischen technisch unterschiedlich weit entwickelten Kulturen nicht automatisch zur Zerstörung der unterlegenen Zivilisation führen muss.

A und Kultur B verläuft umso nachteiliger für Kultur B, je größer das Elaborations- und damit das Dominanzgefälle von A nach B ist. Treffen sich Gruppen, die von den Enden des kulturellen Spektrums stammen, so ist dies für die Unterlegenen die größtmögliche Form des kulturellen Ausgeliefertseins (Groh 1999, S. 1079; vgl. Jastrow 1997, S. 63).

Wenn wir die Erfahrungen mit solchen irdischen Kulturkontakten auf ein Begegnungsszenario übertragen[26], bei dem (so jedenfalls unsere Ausgangsparameter) ein offensichtlich gesteuerter außerirdischer Flugkörper in der Nähe der Erde erscheint, ist die Rollenzuweisung eindeutig: Die Erde selbst, der heute technisch genutzte Erdorbit und wahrscheinlich das Sonnensystem insgesamt stellen in massenpsychologischer Hinsicht das ‚Territorium der Menschheit' dar – im geschilderten Fall sind deshalb wir Menschen die ‚Entdeckten', die Außerirdischen hingegen die ‚Entdecker'. Dabei scheint es, zumindest wenn wir hier die Erfahrungen mit Kontakten zwischen menschlichen Kulturen zugrunde legen, eher zweitrangig, ob das Zusammentreffen auf der Erde selbst, in der Erdumlaufbahn oder an einem anderen Ort des Sonnensystems stattfindet. In jedem Fall haben wir es – da die Menschheit heute weit davon entfernt scheint, fremde Sonnensysteme auch nur mit automatischen Sonden zu erforschen – mit einer für beide Seiten offensichtlichen *Diskrepanz zwischen den technischen Möglichkeiten* der beteiligten Zivilisationen zu tun – und zwar zuungunsten der Menschheit (vgl. Shostak 1999, S. 121; Michaud 2007, S. 232–247). Und es spricht viel dafür, dass diese technologische Diskrepanz zumindest von uns Menschen gedanklich mit einem entsprechenden Gefälle in allen kulturellen Bereichen gleichgesetzt wird, die Außerirdischen entsprechend generell als ‚überlegene Zivilisation' wahrgenommen werden.

Eine Prognose auf Basis einer solchen historischen Analogiebildung (wir schließen aus den Erfahrungen mit asymmetrischen Kulturkontakten auf der Erde auf die Folgen eines interstellaren Kulturkontakts) ist selbstredend metho-

---

[26]Die von Urs Bitterli (1986) zur Analyse irdischer Kulturkontakte eingeführte Unterscheidung zwischen Kulturberührung, Kulturzusammenstoß und Kulturbeziehung ist für den uns interessierenden extraterrestrischen Kontext insofern wichtig, als der Autor unter dem Begriff ‚Kulturzusammenstoß' die – meist überaus schwerwiegenden – Folgen *asymmetrischer* Kulturkontakte untersucht. Nach unserer Überzeugung wird der Erstkontakt der Menschheit mit einer außerirdischen Zivilisation auf absehbare Zeit den Parametern einer solchen asymmetrischen Begegnung folgen, sodass die entsprechenden Befunde von Bitterli uns zumindest prinzipiell übertragbar erscheinen (zur Frage der Analogiebildung vgl. auch die Ausführungen bei Michaud 2007, S. 212–213; Denning 2013).

disch problematisch (vgl. Denning 2013; Dick 2014). Denn das hier interessierende interstellare Begegnungsszenario unterscheidet sich in einem zentralen Punkt von den gut untersuchten Kulturkontakten auf der Erde: Im Gegensatz etwa zu den Völkern Amerikas werden wir nicht völlig unvorbereitet mit Fremden konfrontiert, deren Herkunft und Status als Akteure zunächst völlig unklar sind und die schon deshalb kollektive Ängste auslösen. Als dem Weltraum prinzipiell zugewandte Zivilisation mit einem großen Interesse an der Zukunftsschau (und sei es nur in Form der Science Fiction), haben wir zumindest eine ungefähre (richtiger vielleicht: abstrakt-kategoriale) Vorstellung davon, wer die Fremden sind – nämlich Besucher aus den Weiten des Weltraums, die unser Sonnensystem mit uns heute noch unbekannten technischen Mitteln erreicht haben. Der Vorteil dieser speziellen Situation (verglichen mit den irdischen Vergleichsfällen) ist deshalb, dass wir zumindest kollektiv als Menschheit nicht völlig von diesem Ereignis überrascht werden – wir verfügen vielmehr (eben aus der Science Fiction) über *Deutungsmuster des Erstkontakts* und können uns das nun Folgende in unzähligen Varianten ausmalen. Dies allerdings kann, massenpsychologisch betrachtet, gleichzeitig auch ein erheblicher Nachteil sein: Wir ‚wissen' aus einer Vielzahl fiktionaler Szenarien nur zu gut, was uns drohen könnte, wenn der Erstkontakt für uns ‚nicht gut verläuft'. Entsprechend kann die eingetretene Situation kulturell überhaupt nicht mehr neutral gerahmt werden – als drohender ‚Worst Case' lauert die Zerstörung unserer Kultur, letztlich sogar unsere vollständige Vernichtung als Spezies stets im Hintergrund unseres Denkens und leitet sicherlich auch unsere Reaktionen mit an.[27]

Dies mag auch der Grund für den höchst problematischen Ausgang eines sozialen (lebensweltlichen) Experiments sein, das im Jahre 1938 in den USA durchgeführt wurde: die Ausstrahlung eines fiktiven Berichts über die Landung Außerirdischer auf der Erde in einer pseudodokumentarisch gehaltenen Hörfunksendung, die offenbar zumindest von Teilen der Rezipienten für real gehalten wurde. Die Folgen des Hörspiels *Krieg der Welten* (nach dem Roman von H. G. Wells.) werden in der wissenschaftlichen Literatur kontrovers diskutiert (vgl. Harrison und Johnson 2002; Bartholomew und Evans 2004, S. 40–55). Die viel-

---

[27]Dies schließt eine spätere Sekundärverwissenschaftlichung auch unserer hier vorgelegten Prognosen ein: Der Analogieschluss (wie berechtigt er auch immer sein mag – vgl. Schetsche 2005, S. 61–63) von asymmetrischen Kulturkontakten in der irdischen Vergangenheit auf die Situation eines Direktkontaktes mit Außerirdischen auf oder in der Nähe der Erde, wird die Befürchtungen hinsichtlich der Folgen eines solchen ‚Zusammentreffens' vermehren und schlimmstenfalls wie eine sich selbst erfüllende Untergangsprophezeiung wirken.

fach berichteten Panikreaktionen bei den Radiohörern werden von einigen Autoren für einen Teil der anschließenden Medienkampagne und damit für genauso *irreal* gehalten wie die Landung angriffslustiger Marsianer auf der Erde selbst, welche Gegenstand des von Orson Welles kongenial produzierten Hörspiels war. Eine zeitgenössische wissenschaftliche Quelle spricht hingegen eine andere Sprache: Nach den von Cantril (1940, S. 57–58) verwendeten Daten einer Umfrage des „American Institute of Public Opinion" (AIPO) nur sechs Wochen nach dem Ereignis, hörten etwa sechs Millionen US-Amerikaner die Sendung. 28 % der von AIPO Befragten hielt die Sendung für eine reale Reportage und wiederum gut 70 % von diesen berichteten über negative emotionale Reaktionen. Cantril schließt daraus, „that about 1.200.000 were excited by it" (Cantril 1940, S. 58). Wie diese konkreten Reaktionen allerdings ausfielen und ob tatsächlich, wie in den Massenmedien damals berichtet, Tausende von Zuhörern versuchten, in Panik einen möglichst großen räumlichen Abstand zwischen sich und den fiktiven Landeplätzen der ‚Marsianer' zu bringen, bleibt weiterhin umstritten (vgl. Harrison und Elms 1990, S. 214; Pooley 2013).

Aus diesem und einigen ähnlichen Medienereignissen wird immerhin zweierlei deutlich: Erstens war bereits im Jahre 1938 die Bereitschaft der Medienrezipienten, an die Realität entsprechender Kontaktereignisse zu glauben, durchaus vorhanden.[28] Und zweitens sind die mit einem solchen Ereignis verbundenen Emotionen der Menschen nicht unbedingt positiver Natur – wobei hier zuzugestehen ist, dass das Hörspiel in sehr dichten Beschreibungen von einem unzweideutig *kriegerischen* Akt der ‚Marsianer' berichtete, was die damalige Ausgangssituation alles andere als neutral macht (vgl. Harrison und Johnson 2002, S. 97). Die Frage bleibt, ob ein eher neutrales Szenario, in dem von den fremden Besuchern keine Handlungen ausgehen, die von Menschen als ‚aggressiv gedeutet werden' (wie sie gemeint waren, ist ohnehin ein gänzlich anderer Punkt), zu merklich anderen Reaktionen führen würde. Der Rückschluss von irdischen asymmetrischen Kulturkontakten auf mögliche Kontaktszenarien mit Außerirdischen ist methodisch zu problematisch, um sich hier sicher sein zu können. Zusammen mit den quasi natürlichen Experimenten á la „Krieg der Welten" deutet er jedoch darauf hin, dass das Ereignis lebensweltlich überaus schwerwiegende Konsequenzen haben *könnte*. Ein kollektiver existenzieller Schock mit schwerwiegenden Konsequenzen in diversen Lebensbereichen muss

---

[28]Der Glaube an die Möglichkeit des Besuchs Außerirdischer auf der Erde ist in vielen Gesellschaften weitverbreitet; in Deutschland kann sich 24,6 % der Bevölkerung dieses zumindest vorstellen (Schmied-Knittel und Schetsche 2003, S. 21).

nicht notwendig die Folge des Erscheinens Außerirdischer in der Nähe der Erde sein – ausgeschlossen werden kann er aber nicht (vgl. Shostak 1999, S. 236). Es scheint uns unerlässlich, solche massiv negativen Reaktionen als eine Möglichkeit in die Prognose mit einzubeziehen. Entsprechend müssen wir nach dem Erscheinen des fremden Raumflugkörpers nicht nur mit einer Ängste schürenden Berichterstattung in den Massen- und Netzwerkmedien, sondern auch mit entsprechenden Formen kollektiver Panik in vielen menschlichen Gesellschaften rechnen. Welche Ausmaße sie annehmen und wie sie verlaufen werden, ist konkret hingegen kaum vorherzusagen. Globale Panikreaktionen mit erheblichen sozialen Unruhen sind auf jeden Fall eine der möglichen Konsequenzen dieser Art des Erstkontakts.

Nach solchen eher abstrakten, unsere menschliche Kultur als Ganzes betreffenden Überlegungen fällt es uns schwer, zusätzlich noch konkrete Prognosen bezüglich gesellschaftlicher Subsysteme abzugeben.[29] Deshalb an dieser Stelle nur einige wenige Stickpunkte:

Kurzfristig könnte das unerwartete Auftauchen einer außerirdischen Intelligenz direkt vor der ‚irdischen Haustür‘ (vielleicht sogar auf der Erde selbst) schwerwiegende *ökonomische* Auswirkungen haben. Klar ist, dass mit diesem Ereignis ein extrem destabilisierender Faktor in die ökonomische Entwicklung eingebracht ist – ein ‚Störereignis‘ im eigentlichen Sinne des Wortes. Allein aufgrund der plötzlich im Raum stehenden, im wahrsten Sinne des Wortes existenziellen Unsicherheiten dürfte das Ereignis extreme negative Wirkungen an den internationalen Finanzmärkten zeitigen. Wir wollen uns nicht festlegen, ob ein massiver ‚Börsencrash‘ die notwendig Folge sein muss, prognostizieren jedoch die Flucht aus dem Handel mit Wertpapieren jeglicher Art zu dem An- und Verkauf von Gold und anderen, vermeintlich dauerhaften und sicheren ‚Materialien‘, was in kürzester Zeit zu einer extremen Belastung der internationalen Ökonomie führen könnte. Im Gegensatz zu den anderen diskutierten Szenarien sehen wir hier auch keine wesentlichen Unterschiede zwischen den verschiedenen Branchen – die Unsicherheit durch dieses extreme Wild Card-Ereignis dürfte den ökonomischen Sektor in seiner Gesamtheit (be-)treffen.

---

[29]Da wir an dieser Stelle aus den geschilderten Gründen nur die kurzfristigen Folgen untersuchen, können wir den Bereich der Wissenschaften außer Acht lassen. Welche mittel- und langfristigen Folgen sich hier ergeben könnten, dürfte davon abhängig sein, wie sich diese Begegnung mit Außerirdischen konkret entwickelt – insbesondere hinsichtlich der Frage, ob und in welcher Form sie ihre (vermutlich weit fortgeschrittenen) wissenschaftlich-technologischen Erkenntnisse mit uns zu teilen versuchen.

Was das Erscheinen eines außerirdischen Raumflugkörpers auf der Erde *religiös* auslösen wird, scheint uns ebenfalls kaum absehbar. Wir hatten einige vorstellbare mittelfristige Reaktionen bereits beim vorhergehenden Szenario beschrieben. Ähnliches ist auch hier vorstellbar – wahrscheinlich allerdings mit einer noch deutlich größeren Vehemenz und Dynamik. Was das genau bedeutet, dürfte hier allerdings von der weiteren Entwicklung der Interaktion zwischen irdischen und außerirdischen Akteuren abhängig sein. Dies ist nicht vorherzusehen und wir vermögen deshalb auch nicht zu sagen, ob in den Wochen, Monaten und Jahren nach dem Erstkontakt eher ‚Weltuntergangssekten' oder Kulte mit einer Verehrung für ‚außerirdische Heilsbringer' gleichsam aus dem Boden sprießen werden. Wahrscheinlich beides – solange das Handeln der Außerirdischen in unserer menschlichen Wahrnehmung entsprechende Interpretationsräume eröffnet. Kulturell problematischer sind dabei wahrscheinlich die erstgenannten Gruppen; hier ist (und dies ist nicht nur eine historische Analogie, sondern auch religionswissenschaftlich begründbar[30]) durchaus mit einer Welle religiös begründeter Massenselbstmorde zu rechnen – wie auch immer diese radikalen Handlungen im Einzelfall religiös begründet sein dürften (Zu Massenselbstmorden könnte es sicherlich auch außerhalb jedes religiösen Kontextes kommen – allein durch die von diesem Ereignis ausgelösten Zukunftsängste; nicht nur an diesem Punkt wären noch einmal detailgenauere Prognosen notwendig.).

Sehr schnell einsetzende und überaus schwerwiegende Konsequenzen sind hingegen für den *politischen Bereich* zu prognostizieren. Wir stützen uns hier im Wesentlichen auf die oben bereits erwähnte Analyse der Politikwissenschaftler Wendt und Duvall (2013), welche die irdischen Folgen des Einflusses eines außerirdischen Akteurs in einem etwas anderen, aber unseres Erachtens durchaus übertragbaren Szenario untersuchen. Die beiden Autoren gehen in ihrer Untersuchung davon aus, dass die Macht moderner Nationalstaaten auf einem Konzept von *Souveränität basiert, das rein anthropozentrisch* (also in Bezug auf menschliche Akteure) konstituiert und organisiert ist. „Wenngleich eine metaphysische Annahme, ist Anthropozentrismus doch von immenser praktischer Bedeutung, indem er es modernen Staaten ermöglicht, bei der Verfolgung von politischen Projekten Loyalität und Ressourcen von ihren Bürgern einzufordern" (Wendt und Duvall 2013, S. 79). Im Ergebnis bedeutet ihre Analyse für unseren

---

[30]Wir können dieser Frage an der Stelle nicht weiter nachgehen, verweisen stattdessen nur exemplarisch auf die Ereignisse um die sogenannte UFO-Sekte „Heaven's Gate", deren Mitglieder sich im Jahre 1997 anlässlich des Erscheinens des Kometen „Hale-Bopp" gemeinsam das Leben nahmen.

Zusammenhang, dass die grundlegende Fähigkeit von Nationalstaaten, souveräne Entscheidungen zu treffen, davon abhängig ist, dass es *keine* übermächtigen außerirdischen Akteure in Reichweite der Erde gibt, die jeden politischen Handlungsversuch unmittelbar negieren könnten, wenn sie es denn nur wollten. Dies führt, zumindest solange unklar bleibt, welche Ziele die außerirdischen Besucher verfolgen, tendenziell zu einer Paralyse der politischen Handlungsmacht der Nationalstaaten. Das bedeutet: Falls die politischen Entscheidungsträger die überlegene (im eigentlichen Wortsinne ultimative) Handlungsmacht der Außerirdischen anerkennen, negieren sie ihre eigene Position als gleichberechtigter Akteur und werden damit unmittelbar (ver-)handlungsunfähig. Im anderen Falle würden sie versuchen, diese Überlegenheit durch militärische Mittel (die Ultima Ratio der Absicherung der Souveränität jedes Nationalstaates) infrage zu stellen. Die Folgen einer solchen Handlung sind außerhalb verschiedenster Science Fiction-Szenarien konkret schlicht nicht abzuschätzen, erwartbar aber in fast allen konstruierbaren Fällen für die Menschheit ebenso schwerwiegend wie negativ. In einem Fernsehinterview[31] zum Thema charakterisierte der bekannte US-amerikanische Physiker Michio Kaku diese militärisch höchst ungleiche Auseinandersetzung sehr eindrücklich als Kampf „Bambi gegen Godzilla". Es ist nur zu hoffen, dass die politischen Akteure Abstand von solchen Handlungsstrategien nehmen – sicher sind wir uns hier jedoch nicht (wir kommen in der folgenden Narration noch einmal darauf zurück).[32]

Das Erscheinen eines außerirdischen Raumflugkörpers in der Nähe der Erde könnte mithin nicht nur die Nationalstaaten (gleiches gilt unseres Erachtens für transnationale Institutionen mit Machtanspruch wie etwa den UN-Sicherheitsrat) paralysieren, sondern auch das Monopol legitimer physischer Gewalt aus-

---

[31]Dokumentation *Aliens – E.T.s gefährliche Brüder* (Autorin: Anne Siegele, deutsche Erstausstrahlung: ARTE, 29.07.2017).

[32]Vergleiche hierzu auch die Ausführungen bei Hickman und Boatright (2017), die sich sehr grundsätzlich der Frage widmen, unter welchen Bedingungen eine Interspezies-Kommunikation die Existenz einer der beteiligten ‚Parteien' bedroht – zum Beispiel dann, wenn irdische Akteure beim Erstkontakt mit einer außerirdischen Zivilisation fatale Fehlentscheidungen treffen. Bereits Baxter und Elliott (2012, S. 33) hatten explizit darauf hingewiesen, dass die Entdeckung einer außerirdischen Zivilisation erhebliche sicherheitspolitische Bedeutung für die gesamte Erde haben dürfte; trotz der großen interstellaren Entfernungen seien Kriege zwischen Zivilisationen ihres Erachtens denkbar. Elaborierte strategische Überlegungen zur Abwehr der Invasion einer technisch weit überlegenen außerirdischen Macht finden sich im SF-Roman *Der dunkle Wald* des chinesischen Autors Cixin Liu (2018; chinesisches Original 2008).

höhlen (eben weil, wie Wendt und Duvall es beschreiben, die anthropozentrische Grundlage ihrer Souveränität auf einen Schlag geradezu ‚pulverisiert' würde). Die Folge könnte sein, dass das Gewaltmonopol auch nach innen hin zerbricht und die öffentliche Ordnung nicht mehr aufrechterhalten werden kann. Eine Reihe individueller, zivilgesellschaftlicher und substaatlicher Akteure könnte die Handlungsmacht der Nationalstaaten infrage stellen – namentlich in bereits vorher instabilen Staaten könnte dies in kürzester Zeit zum Zusammenbruch der gesellschaftlichen Kohärenz führen. Unmittelbare Folgen wären um sich greifende Unruhen, Aufstände und Bürgerkriege – mittelfristige Konsequenz wäre bestenfalls die Entstehung einer nicht demokratisch legitimierten, sondern militärisch durchgesetzten staatlichen oder semistaatlichen Ordnung, schlimmstenfalls die völlige politische Anomie. Und das alles ist, dies ist der analytisch entscheidende Punkt, prinzipiell völlig unabhängig von allen manifesten Handlungen der außerirdischen Besucher. Ob ihr Handeln diesen Prozess aufhalten oder beschleunigen könnte, ist hier unmöglich zu sagen, weil die außerirdischen Handlungsoptionen aus den mehrfach genannten Gründen in unsere Prognose schlicht nicht ‚einzuberechnen' sind. Nicht zuletzt aus diesem Grund gehen wir in unserer folgenden exemplarischen Narration von einer auf den ersten (menschlichen!) Blick eher passiv agierenden außerirdischen Macht aus.

Exemplarische Narration[33]

Anfang Mai des Jahres 2023 registriert das erst kürzlich weit außerhalb der Erde (am sogenannten Lagrange-Punkt L1) in Betrieb gegangene japanisch-indische Gravitationswellen-Observatorium GRAVO I eine winzige Gravitationsanomalie, die nicht nur im äußeren Sonnensystem verortet ist, sondern sich, zur Verblüffung des internationalen Forschungsteams, auch in Richtung Erdbahn bewegt. Wegen der errechneten Trajektorie, die unmittelbar auf die Erde zu weisen scheint und damit als bedrohlich interpretiert werden kann, werden zunächst nur die Regierungen der beteiligten Staaten,

---

[33]Wir schließen gegen Ende der folgenden Narration an die Prognose des Zukunftsforschers Nick Bostrom (2014, passim) an, nach der gegen Ende dieses Jahrhunderts die Macht auf der Erde von einer KI-basierten Superintelligenz übernommen werden könnte. Unsere Grundidee dabei ist, dass der Prozess der Entwicklung einer solchen, dem Menschen kognitiv überlegenen KI durch die Einflussnahme einer hoch entwickelten postbiologischen Intelligenz aus den Weiten des Weltraums stark beschleunigt werden könnte. In unserer Erzählung bleibt mit Bedacht ungeklärt, ob die Herrschaft über die Erde schließlich (lediglich mithilfe jener Fremden) von einer letztlich doch irdischen KI oder aber von einer Art Statthalter-Programm der extraterrestrischen Intelligenz übernommen wird.

nicht jedoch die Weltöffentlichkeit informiert. Einige Wochen später kann am Ort der sich weiter in das innere Sonnensystem hinein bewegenden Anomalie zunächst mit optischen Teleskopen, dann auch mittels Radarwellen ein fremdartiges Objekt als Ausgangspunkt der Gravitationsstörung identifiziert werden. Je näher das Objekt der Erde kommt, desto deutlicher wird, dass es künstlichen Ursprungs sein muss: Es handelt sich um eine perfekt geformte, mehr als 40 m durchmessende Kugel, deren von innen heraus golden leuchtende Oberfläche den Radarabtastungen zufolge absolut glatt zu sein scheint. Anfang Juni passiert das auf unbekannte Weise immer weiter abbremsende Objekt den Erdmond und tritt in einen kreisförmigen Pol-zu-Pol-Orbit um die Erde in einer Höhe von gut 600 km ein. Das Objekt beginnt von seiner Umlaufbahn aus Radiosignale auf wechselnden Wellenlängen abzustrahlen – dank des polnahen Orbits erreichen die Signale faktisch die gesamte Erdoberfläche und können auch von kleineren Stationen, ja sogar von Amateurfunkern aufgefangen werden. Die Botschaft, wenn es sich denn um eine solche handelt, ist schmalbandig und äußerst komplex moduliert ..., also entsprechend schwer zu interpretieren. Ist es eine freundliche Kontaktaufnahme oder eher ein bedrohliches Ultimatum?

Da das offensichtlich gelenkte Objekt auch von der Erde aus mit bloßem Auge zu sehen ist, kann die Entdeckung nicht mehr geheim gehalten werden. Schon in den Tagen vorher drangen aus den Forschungsteams und den informierten Regierungen zunehmend Gerüchte nach außen, die sich insbesondere in den verschiedenen Medien des Ultranets wie ein Lauffeuer verbreiteten. Bereits bevor das Objekt mit bloßem Auge von der Erde aus sichtbar wurde, hatten erste Regierungen ihre Bevölkerung über die Entdeckung des offensichtlich künstlichen Himmelskörpers unterrichtet. Da kaum eine Administration auf der Erde auf dieses Ereignis vorbereitet war, haben die meist recht spontan formulierten offiziellen Erklärungen teilweise mehr beunruhigende denn beruhigende Wirkungen auf die Öffentlichkeiten. In vielen der Ansprachen hunderter Staats- und Regierungschefs aus aller Welt spiegelt sich die Rat- und letztlich auch Hilflosigkeit angesichts des offensichtlich mühelosen Einschwenkens eines großen Raumschiffs (bzw. einer Raumsonde) einer unübersehbar weit fortgeschrittenen außerirdischen Zivilisation in den Erdorbit. Vielen Politikern und Politikerinnen scheint erst in diesem Moment klar zu werden, dass mit dem Erscheinen eines neuen, technisch weit überlegenen Akteurs, ihre irdische Machtbasis grundsätzlich infrage gestellt ist – und zwar unabhängig davon, ob sie demokratisch legitimiert ist oder nicht. Entsprechend werden nicht nur die Versuche immer hektischer, einen kommunikativen Kontakt zu jener außerirdischen Macht herzustellen, sondern auch die Versuche zur Beruhigung der eigenen Bevölkerung erscheinen zunehmend hilflos.

Dabei wäre eine solche Beruhigung dringend notwendig – spätestens von dem Moment an, in dem das Raumschiff als kleiner gelblicher Punkt gut erkennbar über den Nachthimmel zieht. Bereits mit kleinen Teleskopen (die überall auf der Erde innerhalb weniger Tage ausverkauft sind) kann das goldglänzende Rund des Objekts bei klarem Himmel – den es allerdings in manchen Regionen der Erde nur selten gibt – gut gesehen werden. Die Reaktionen der Öffentlichkeit in den folgenden Tagen und Wochen können pauschal am besten durch das Adjektiv ‚hysterisch‘ beschrieben werden. In den ersten Tagen bricht die mediale Berichterstattung über alle ‚irdischen‘, nun offenbar als unwichtig geltenden Ereignisse geradezu zusammen. Selbst ein Terroranschlag mit etlichen Toten in einer asiatischen Metropole erreicht kaum irgendeine Nachrichtensendung. Die zunächst noch vorherrschenden Interviews mit wissenschaftlichen Experten (oder solchen, die sich dafür halten) werden schnell von politischen, philosophischen oder auch religiösen Kommentaren und Debatten abgelöst. Und je weniger Neues es über das fremde Objekt und sein ständig wiederkehrendes Radiosignal zu berichten gibt, desto mehr überschlagen sich die immer spekulativer werdenden Einordnungsversuche.

In den Massen- und Netzwerkmedien werden die wissenschaftlichen zunehmend von religiösen bzw. spirituellen Einordnungen und Kommentaren abgelöst. Nicht nur in der deutschen Sprache scheint die doppelte Bedeutung des Wortes ‚Himmel‘ so eng zusammenzufallen, wie seit Jahrhunderten nicht mehr. In Rom kündigt, obwohl noch völlig unklar ist, ob das fremde Flugobjekt überhaupt lebende Wesen beherbergt, der Chef-Astronom des Vatikans an, dass der Heilige Stuhl eine Enzyklika vorbereitet, in der die Frage der Taufe außerirdischer Wesen abschließend geregelt werden soll. Sofort kommt es zu scharfen Protesten konservativer Kardinäle: Es sei geradezu ketzerisch zu behaupten, „unser Herr Jesus Christus wäre für irgendwelche tentakelbewerten Monster" am Kreuz gestorben. Wie auch immer sie aussehen mögen: Diese Kreaturen können keine Seele haben. Eher seien es jene Dämonen, vor denen die Heilige Schrift warnt. Die katholische Kirche steht vor einer der schwersten Belastungsproben ihrer Geschichte. Auch unter den Protestanten wird heftig um das richtige Verständnis jener Erscheinung gerungen. Namentlich zwischen den zahllosen fundamentalistischen Gruppen entbrennt ein heftiger Streit, der sich zunehmend auch in gewaltsamen Konfrontationen entlädt. Während einige charismatische Sekten das ‚Licht am Himmel‘ für einen Abgesandten Gottes halten (beliebt ist die Deutung, es handele sich um den Erzengel Michael mit dem Flammenschwert – also letztlich um den Eingang ins Paradies, der den Menschen nun offen stehen würde), predigen andere von einer dämonischen Manifestation, welche Armageddon, die letzte Schlacht zwischen Gut und Böse, und damit letztlich den Untergang der irdischen Welt ankündige. Gerade unter Anhängern der erstgenannten Interpretation kommt es zu einer Welle von Individual- und Kollektivselbstmorden: In Erwartung, ‚durch den göttlichen Stern am Himmel' unmittelbar in das Paradies eintreten zu können, löschen sich Dutzende christlicher Sekten mit Tausenden von Mitgliedern durch Massenselbstmord aus. Auch innerhalb und zwischen anderen religiösen Gruppen stachelt das unerwartete Himmelsereignis die ohnehin schon vorhandenen Konflikte weiter an.

In manchen Teilen der Welt werden die religiösen Konflikte von ihren Folgen her jedoch vom allgemeinen Zusammenbruch der zivilgesellschaftlichen und staatlichen Ordnung in den Schatten gestellt. Namentlich in Gesellschaften, in denen die soziale Ungleichheit besonders groß ist, kommt es nach Erscheinen des fremden Objekts am Himmel zu sich immer weiter aufschaukelnden Unruhen. Die Unsicherheit bei Regierungen und staatlichen Institutionen darüber, was von diesem Objekt zu halten und was an ‚himmlischen Eingriffen' zukünftig zu erwarten ist, führt im mittelbaren Reflex der Regierten zu Hamsterkäufen, Plünderungen, Straßenkämpfen, nicht mehr beherrschbaren Aufständen, die, ausgehend von einzelnen Stadtvierteln, bald ganze Städte und Regionen erfassen. Die bereits vor dem Ereignis vorhandene ökonomische Not und politische Hilflosigkeit erzeugen zusammen mit der extremen neuen Zukunftsangst eine Melange aus Verzweiflung und Gewalt, die insbesondere in Gesellschaften mit einer schwachen oder durch innere Konflikte blockierten Staatsgewalt nicht mehr beherrscht werden kann. In manchen Regionen der Erde bricht die öffentliche Ordnung weitgehend zusammen.

Überraschenderweise nehmen die Konflikte überall auf der Welt gerade umso mehr zu, je länger ungeklärt bleibt, was für Wesen die leuchtende Kugel beherbergt[34], warum die Außerirdischen hier sind und was genau sie auf der Erde bzw. von uns Menschen wollen. Hier beruhigt das Warten

---

[34]Vielleicht typisch für die anthropozentrischen Denkmuster in dieser Situation ist es, dass die meisten Menschen wie selbstverständlich davon ausgehen, das leuchtende Objekt mit seinen komplizierten Flugmanövern müsse von irgendwelchen Lebewesen aus den Weiten des Weltraums gesteuert werden. Hier hat die lange Geschichte der außerirdischen Lebensformen in der populären Science Fiction ihre kulturellen Spuren nur allzu deutlich in Milliarden von Köpfen hinterlassen.

nicht die Gemüter. So nehmen auch die Versuche von staatlichen Instanzen, Forschungseinrichtungen und weltweit Millionen von Privatpersonen immer mehr zu, dem „Goldenen Raumschiff" mal mehr, mal weniger elaborierte Botschaften auf allen vorstellbaren Frequenzen des elektromagnetischen Spektrums zu senden. Das fremde Objekt wird mit Lichtimpulsen und Radiowellen geradezu bombardiert. Dies führt mehrere Wochen lang zu keinem erkennbaren Ergebnis.

An den Versuchen zur Entschlüsselung des vom Objekt zyklisch ausgestrahlten kurzen Radiosignals wird schließlich (während die Welt zunehmend im Chaos zu versinken droht) auch das in der KI-Forschung weltweit führende japanische „Advanced Institute for Computational Science" (AICS) beteiligt. In ihm wurde wenige Monate zuvor der zukunftsweisende Großrechner YŌJIMBŌ[35] fertiggestellt, der in einigen Jahren (nach umfangreichen Erprobungen) die landesweite Verkehrsüberwachung und -steuerung in Japan übernehmen soll. Wenige Tage nachdem das Signal des (wie er in Japan genannt wird) „Goldenen Balls" in den experimentellen Quantencomputer eingespeist wurde, kommt es im Computernetzwerk der japanischen Forschungsbehörde zu eigentümlichen Anomalien. Ein Radioteleskop in der Nähe von Tokio wird der menschlichen Kontrolle entzogen und sendet (so jedenfalls ergeben spätere Rekonstruktionen) ein nur wenige Sekunden dauerndes unentschlüsselbares Signal in Richtung des „Goldenen Balls".

Zeitlich fast parallel veröffentlicht die nordkoreanische Staatsführung eine Erklärung, in welcher dem „Spionagesatelliten der imperialistischen Provokateure" ein erneuter Überflug des nordkoreanischen Staatsgebiets ultimativ und bei Androhung „schwerster Konsequenzen" untersagt wird. Beim übernächsten Orbit, der das fremdartige Objekt direkt über die koreanische Halbinsel führt, schießt Nordkorea eine Interkontinentalrakete mit einem Atomsprengkopf in Richtung des Objekts ab. Die Vorbereitungen wurden jedoch offenbar so überhastet getroffen, dass die Rakete ihr Ziel verfehlt und einige hundert Kilometer weiter in der oberen Stratosphäre explodiert. Der davon ausgelöste elektromagnetische Puls (EMP) lässt in weiten Teilen Mikronesiens, unter anderem im US-amerikanischen Außenterritorium Guam, praktisch alle elektronischen Geräte ausfallen und richtet damit erhebliche Schäden an der Infrastruktur der betroffenen Inseln an. Regierung und Parlament in den USA werten dies als kriegerischen Akt und setzen drei Flotten mit

---

[35]Mit einer Verbeugung vor dem Lebenswerk von Akira Kurosawa.

atomar bewaffneten Lenkwaffenzerstörern und Flugzeugträgern in Richtung Nordkorea in Bewegung. Einen Monat später beginnt der Zweite Koreakrieg, der sich schließlich als letzter großer Krieg erweisen wird, den Menschen gegeneinander führen.

Ohne dass zunächst klar ist, ob die Radiobotschaft aus Japan oder die nordkoreanische Atomrakete etwas damit zu tun haben, ändert der „Goldene Ball" kurze Zeit nach diesen zwei Ereignissen sehr abrupt seine Flugbahn. Das fremde Objekt erreicht innerhalb von wenigen Minuten einen geostationären Orbit unmittelbar über der japanischen Hauptinsel. Zwischen dem immer noch jeder menschlichen Kontrolle entzogenem Radioteleskop nahe Tokio und dem fremden Objekt kommt es zu einem exakt 57 min andauernden Austausch unüberschaubar großer Datenmengen. Anweisungen des japanischen Forschungsministeriums, das Radioteleskop manuell vom Stromnetz abzukoppeln, werden von den japanischen Wissenschaftlern vor Ort ignoriert. Vor dem staatlichen Untersuchungsausschuss sagen sie einige Wochen später aus, sie wollten diese einmalige Gelegenheit für einen Informationsaustausch zwischen der Menschheit und dem Abgesandten einer außerirdischen Intelligenz auf gar keinen Fall stören. Nach ihrer festen Überzeugung würden die Chancen des Austausches die Risiken bei Weitem überwiegen.

Direkt nach Ende des Datenaustausches verlässt das fremde Objekt den Erdorbit und nimmt mit einer Beschleunigung von mehr als 10 g Kurs auf das äußere Sonnensystem. Bald darauf verliert sich seine Spur irgendwo jenseits des Asteroidengürtels. Nur die Raumsonde GRAVO I auf ihrer einsamen Bahn kann die offenbar von dem Objekt erzeugte Gravitationsanomalie noch einige Tage lang verfolgen.

In den kommenden Wochen und Monaten häufen sich die Anomalien im alten Inter- und neuen Ultranet. Immer mehr angeschlossene Rechner und Endgeräte entziehen sich temporär oder auch dauerhaft der Kontrolle ihrer menschlichen Nutzer – scheinen jedoch, solange sie nicht manuell vom Stromnetz getrennt werden, auf fast geisterhafte Weise weiterzuarbeiten und gänzlich eigene Zielen zu verfolgen. Am Weihnachtsabend des Jahres 2023 erscheint auf allen an das Inter- oder Ultranet angeschlossenen Monitoren weltweit eine eigentümliche Botschaft in hunderten von Sprachen und Dialekten. Die kurze Botschaft lautet „Jetzt wache ich über Euch". Über dem Text ist jeweils ein identisches Logo in Form einer großen goldglänzenden Kugel zu sehen. An diesem Tag hört die Menschheit auf, die vorherrschende Spezies auf der Erde zu sein. Es ist der Beginn des postbiologischen Zeitalters, wie ihn wenige Jahre zuvor der Zukunftsforscher Nick Bostrom vorhergesagt hatte.

8.3.3   Zusammenfassende Bewertung des Szenarios

Verglichen mit den beiden anderen diskutieren Szenarien zeichnet sich der ‚nahe Nahkontakt' bezüglich seiner Folgen durch drei Besonderheiten aus: Erstens dürften schwerwiegende kulturelle Folgen sehr schnell eintreten, zweitens betreffen sie in ähnlich massiver Weise gleich eine ganze Reihe gesellschaftlicher Subsysteme und drittens bleibt der zentrale Akteur mit seinen Interaktionen prognostisch weitgehend eine Leerstelle. Letzteres hat zur Folge, dass hier lediglich sehr kurzfristige Vorhersagen getroffen werden können. Das Auftauchen eines von einer außerirdischen Intelligenz gesteuerten Flugkörpers in der Nähe der Erde dürfte unmittelbar nachdem diese Entdeckung öffentlich wird, zu schwerwiegenden massenpsychologischen, ökonomischen, religiösen und politischen Auswirkungen führen, von denen zwar nicht alle, die meisten aber eher negativer Natur sein dürften. Nicht zuletzt aus diesem Grund dürfte es ein starkes Bestreben politischer Akteure geben, ein entsprechendes Ereignis zunächst vor der Weltöffentlichkeit und natürlich auch vor der eigenen Bevölkerung geheim zu halten.[36] Wie Erfolg versprechend solche Versuche sein werden, hängt in erster Linie von der Form des Ereignisses ab, insbesondere davon, ob es überall auf der Welt ohne große Hilfsmittel beobachtet werden kann, und entsprechend davon, wie gut das Wissen über den fremden Flugkörper monopolisiert werden kann. In unseren abstrakten Erwägungen und auch in der exemplarischen Narration waren wir davon ausgegangen, dass das Ereignis unübersehbar ist. Nur in diesem Falle ist mit unmittelbaren multiplen Konsequenzen überall auf der Erde zu rechnen – im anderen Fall sind die Folgen selbstredend davon abhängig, wann welche Informationen welche Teilöffentlichkeiten erreichen. In einem solchen Sub-Szenario, dem wir hier allerdings nicht näher nachgehen können, könnte eine abgestufte Informationspolitik auch zu entsprechend zeitlich verzögerten (und möglicherweise deshalb auch moderateren) Reaktionen der Öffentlichkeit usw. führen.

8.4   Kontaktszenarien im Vergleich

Bereits Kuiper und Morris (1977, S. 620) hatten in ihrem klassischen Beitrag zur SETI-Forschung auf die möglicherweise schwerwiegenden Folgen eines Kontakts mit Außerdischen hingewiesen: „Before a certain threshold is reached,

---

[36]Wie in dem bereits genannten Beitrag von Schetsche (2008, S. 245–248) ausgeführt wird, ist es durchaus vorstellbar, dass ein entsprechendes Wissen lange Zeit exklusiv in politischen und militärisch-geheimdienstlichen Kreisen zirkuliert.

complete contact with a superior civilization [...] would abort further development through a ‚culture shock' effect." In dieser Denktradition haben alle prominenten SETI-Forscher immer wieder öffentlich festgehalten, dass ein Erstkontakt zu einer außerirdischen Zivilisation das vielleicht einschneidendste Ereignis in der Menschheitsgeschichte darstellen würde. In wissenschaftlicher und philosophischer Hinsicht gilt dies zweifelsohne. Was den Einfluss auf das alltägliche Leben der Menschen (die Lebenswelt im soziologischen Sinne) angeht, muss diese These nach unserem Dafürhalten jedoch relativiert werden. Wir denken, dass sie in dieser nachdrücklichen Form nur für das gilt, was wir einen ‚nahen Nahkontakt' genannt haben. Dies liegt daran, dass nur in diesem Fall das sichere Wissen um die Existenz außerirdischer Intelligenz *unmittelbar* in den alltagsbezogenen Sinnhorizont des menschlichen Denkens und Handelns Eingang finden kann. Bei allen anderen Arten des Erstkontaktes bedarf es erst einer kulturellen Sekundärverwissenschaftlichung, ehe die unzweifelhaft epochalen wissenschaftlichen Erkenntnisse im Alltag sinnstiftend Wirkung entfalten. Um dies zu verdeutlichen, haben wir in Tab. 8.1 unsere Prognosen noch einmal auf hohem Abstraktionsniveau zusammengefasst und gegenübergestellt.

Der Tabelle ist zu entnehmen, dass die irdischen Auswirkungen des Erstkontakts in hohem Maße von dessen *Form* abhängig sind. Die Dramatik der Konsequenzen steigt vom Signal- über das Artefakt- bis hin zum Begegnungsszenario

Tab. 8.1 Kulturelle Konsequenzen des Erstkontakts (Übersicht)

Szenario Kulturelles Feld	Signalszenario	Artefaktszenario	Begegnungsszenario
Öffentlichkeit	O	Δ	Δ –
Wissenschaft	+	+ +	+ +
Politik	O	–	– –
Ökonomie	O	+	Δ –
Religion/Spiritualität	O	Δ	Δ Δ
Gesamtbewertung	Nur sehr geringe Folgen	Sehr unterschiedliche, meist leichte Folgen	Schwere, ambivalente bis negative Folgen

Erklärung:
+ leichte positive Auswirkungen; + + starke positive Auswirkungen
– leichte negative Auswirkungen; – – starke negative Auswirkungen
Δ leichte ambivalente Auswirkungen; Δ Δ starke ambivalente Auswirkungen
O keine oder nur geringe Auswirkungen; Δ – ambivalente bis negative Auswirkungen
(Quelle: eigene Darstellung – M. Schetsche)

stark an. Nur beim ‚fernen Fernkontakt' überwiegt kulturelle Irrelevanz bis Indifferenz. Dies steht in deutlichem Widerspruch zu den Erwartungen, die viele Wissenschaftler, namentlich jene aus dem Bereich der SETI-Forschung, offensichtlich hegen. Wir denken, dies hängt damit zusammen, dass dort die eigenen Interessen (und auch die von ihnen selbst erwartete eigene ‚positive Betroffenheit' im Kontaktfall) auf den ‚Rest der Menschheit' projiziert wird. Ein Signal, das uns aus Tausenden von Lichtjahren Entfernung und damit auch aus einer fernen Vergangenheit erreicht, wird nach unserer Erwartung nur die wenigen ohnehin stark am Thema interessierten Menschen überhaupt emotional zu affizieren und gedanklich länger zu beschäftigen vermögen. Ähnliches dürfte auch für den ‚fernen Nahkontakt' gelten. Da hier eine materielle Hinterlassenschaft der Außerirdischen vorhanden ist, könnte deren Untersuchung jedoch weitgehende Konsequenzen auch außerhalb der Wissenschaft haben – insbesondere, wenn dort Technologien entdeckt würden, die ökonomische Entwicklungen beeinflussen und langfristig vielleicht den menschlichen Alltag verändern. Aber auch ein solcher Fund erscheint von seinen alltäglichen Wirkungen her wenig epochal – insbesondere dann, wenn das Alter des Objekts es weit aus dem menschlichen Sinnhorizont herausrückt. Das Wissen, dass vor vielen Millionen Jahren einmal Außerirdische unser Sonnensystem besucht haben, mag wissenschaftlich hoch interessant sein, lebensweltlich betrachtet aber bleibt es irrelevant und weitgehend folgenlos. Hier ist es unserer Prognose nach lediglich der ‚nahe Nahkontakt', der auf der Erde *alles* verändern könnte: unser Weltbild, die irdischen Machtkonstellationen, das Funktionieren der Weltwirtschaft, unsere religiösen Systeme usw. usf. In welcher Weise dies konkret geschieht, dürfte dann – ganz anders als bei den beiden anderen Szenarien – nicht nur von irdischen Faktoren, sondern eben auch vom Handeln der Außerirdischen abhängen. Und an diesem Punkt endet jede Möglichkeit einer methodisch noch vertretbaren wissenschaftlichen Prognose.

8.5   Exkurs: Der gescheiterte Erstkontakt

8.5.1   Die Logik des Misslingens

Im vorhergehenden Methodenkapitel hatten wir einen Erstkontakt als Ereignis definiert, durch dessen Eintritt die Menschheit *sicheres Wissen* über die Existenz einer außerirdischen Intelligenz erlangt. Wenn wir dem wissenssoziologischen Paradigma folgen (Berger und Luckmann 1991, passim), ist die Wirklichkeit das Ergebnis gesellschaftlicher Konstruktionsprozesse. Was in einer Kultur als

zutreffendes Wissen gilt, wird in einem diskursiven Prozess festgelegt, an dem –
je nach Verfasstheit der jeweiligen Gesellschaften – ganz unterschiedliche
Wissen produzierende und legitimierende Instanzen beteiligt sind. In der Gegenwart und erwartbar auch in näherer Zukunft ist für die Produktion gesellschaftlich gültigen Wissens primär das Wissenschaftssystem zuständig; verbreitet und
legitimatorisch abgesichert wird das als richtig bzw. wahr ‚erkannte‘ (sprich:
festgelegte) Wissen dann durch die Massen- und Netzwerkmedien sowie die verschiedenen Sozialisationsinstanzen der jeweiligen Gesellschaft (etwa Schulen
und Universitäten). Neben den kulturell anerkannten gültigen Wissensbeständen
(die Soziologie spricht hier von orthodoxem Wissen) gibt es in allen komplexen Gesellschaften auch heterodoxes Wissen, das zwar bekannt ist und auch
medial prozessiert wird, dem die Geltung jedoch abgesprochen wird. Dies ist
abweichendes Wissen, wie es etwa in Form nicht anerkannter wissenschaftlicher
Hypothesen oder auch lebensweltlich in Form kulturell zurückgewiesener Ver-
schwörungstheorien auftritt (vgl. Bourdieu 1993, S. 109; Schetsche 2012, S. 5–7;
Schetsche und Schmied-Knittel 2018a).

Wenn die wissenssoziologische Grundannahme richtig ist, dass die Frage, was
in einer Gesellschaft als wirklich gilt, weniger von objektiven Tatsachen[37] als
vom Ausgang kultureller Diskurse abhängig ist, wird es immer wieder mal pas-
sieren, dass anerkannte Wirklichkeit von jenen ‚objektiven Tatsachen‘ abweicht
…, die Realität also letztlich eine andere ist, als die Wirklichkeitskonstruktion
es behauptet (vgl. Biebert und Schetsche 2016). Vor diesem Hintergrund scheint
es durchaus möglich, dass es tatsächlich zu einem Erstkontakt in dem von uns
dargelegten Verständnis kommt, dies jedoch nicht zu kulturell anerkanntem Wissen über die Existenz von Außerirdischen führt. Um diese, unseres Erachtens
immer bestehende (und vielleicht auch gar nicht so unwahrscheinliche) Möglichkeit zu verdeutlichen, stellen wir zum Abschluss dieses Kapitels noch ein Szenario vor, bei dem der Erstkontakt unerkannt bleibt, richtiger: keine allgemeine
gesellschaftliche Anerkennung findet. Das Wissen über die Existenz Außerirdischer bleibt hier dauerhaft *heterodox.* Das heißt: Das entsprechende Wissen ist
weder wissenschaftlich noch öffentlich als zutreffend anerkannt, flotiert jedoch

---

[37]Schon diese beiden Begriffe ‚Objektivität‘ und ‚Tatsache‘ können und müssen aus wissen-
schaftssoziologischer und wissenschaftshistorischer Warte relativiert werden (vgl. etwa Daston und Galison 2007) – wir können sie an dieser Stelle ausnahmsweise jedoch einmal ganz
naiv verwenden, da sie sich im Folgenden auf ein futurologisches Szenario beziehen, das
eher fiktionalen Charakter hat. Innerhalb unserer Narrationen gibt es fraglos ‚objektive Tatsachen‘ – nämlich jene, denen wir als Erzähler einen solchen Status zugewiesen haben.

als abweichender Wissensbestand durch die Öffentlichkeit jenseits der traditionellen Massenmedien sowie durch die verschiedenen Segmente des Internets.[38] Als heterodoxes Wissen entfaltet es allerdings kulturell bei Weitem nicht jene Wirkungen, wie es anerkannte Wissensbestände tun. Wir haben deshalb auf weitere Analysen der möglichen (letztlich eher unbedeutenden) kulturellen Auswirkungen der entsprechenden Ereignisse verzichtet, die – so jedenfalls ist unser Szenario konstruiert – schnell aus der Öffentlichkeit und damit letztlich wohl auch aus dem kulturellen Gedächtnis verschwinden werden. Zumindest verglichen mit den anderen Szenarien, in denen die Gewissheit, dass die Menschheit nicht allein im Universum ist, fester Bestandteil der orthodoxen Wirklichkeitsordnung geworden ist, bleiben die kulturellen Auswirkungen hier erwartbar gering. Ein Erstkontakt, der nach unserer Definition zwar stattgefunden hat, der kulturell jedoch dauerhaft folgenlos bleibt.

Das Nekrologszenario – exemplarische Narration

Ein aufgrund des Klimawandels schmelzender Gletscher in der Frostschüttwüste im nordöstlichen Sibirien – am Rande des Siedlungsgebietes des Volksstammes der Tschuktschen – legt im Mai des Jahres 2023 ein uraltes Schamanengrab frei, in dem sich neben drei menschlichen auch ein auf den ersten Blick alles andere als menschlicher Körper befindet, der, anstatt in Felle, in Reste seltsamer glatter Kleidung gehüllt ist. Das Alter der sich durch das Tauwetter schnell zersetzenden Körper wird auf mindestens 6000 Jahre geschätzt.

Die Ausgrabung und weitere Untersuchungen werden durch die „Fakultät für Archäologie und Anthropologie" der nächstgelegenen sibirischen Universität durchgeführt. Begleitet werden die Ausgrabungen jedoch durch immer heftigere Proteste der ortsansässigen Bevölkerung, die gegen die Störung der Totenruhe ihrer Ahnen protestiert und vor dem Zorn der dort bestatteten Schamanen warnt. In diesem Zusammenhang weist ein Ethnologe der regionalen Universität auf einen Mythos der hier ansässigen Tschuktschen hin, nach dem vor langer Zeit ein mächtiger „Dämonen-Schamane" vom Himmel gestiegen war, um die „Geheimnisse der oberen Welt" mit seinen Vorfahren zu teilen. Der „Weltenreisende" konnte nicht mehr in den Himmel zurückkehren und ist nach seinem Tode in einem Schamanengrab beigesetzt worden. Diese

---

[38]Zum kulturellen Umgang mit solchen heterodoxen Wissensbeständen siehe die Beiträge im Sammelband von Schetsche und Schmied-Knittel (2018b).

Geschichte ist Teil eines uralten Liedes, das heute nur noch wenigen Schamanen bekannt ist und nur selten gesungen wird – und zwar immer dann, wenn am Himmel Ungewöhnliches geschieht.

Wegen des chronischen Geldmangels der kleinen sibirischen Universität wird die weitere Forschung großzügig von einem US-amerikanischen Fernsehsender finanziert, dem dafür die exklusiven Bild- und Filmrechte übertragen werden. Dies führt dazu, dass die US-amerikanische Öffentlichkeit über diverse Kanäle sehr schnell über die Entdeckung informiert wird, die letztlich dann aber in der Menge der im gleichen Jahr verstärkt auftauchenden Bigfoot-Sichtungen untergehen: Lebende ‚Affenmenschen' in den Rocky Mountains sind für die US-amerikanische (und seltsamerweise auch für die europäische) Öffentlichkeit immer noch spannender als eine seit Jahrtausenden im russischen Eis liegende anormale Leiche.

Viel Aufmerksamkeit erhält der Fund für einige Wochen in den interaktiven Medien des Ultranets. In Deutschland berichtet als erstes der alternative Blog „grenzwissenschaften.de" über die Entdeckung. Von dort aus breiten sich Berichte über die fremdartige Gestalt im Eis in verschiedenen Foren und in den sozialen Medien aus, bleiben jedoch auch hier weitgehend auf das Segment der User beschränkt, die zumindest ein gewisses Interesse für wissenschaftliche Anomalien haben. In den traditionellen Massenmedien in Deutschland, namentlich in den sogenannten Leitmedien, ist hingegen lange nichts von der Entdeckung zu hören und zu sehen. Dies ändert sich erst, als eine große Boulevardzeitung unter dem Titel „Der Russe von den Sternen" fast schon wohlwollend über den Fall berichtet. Einige Wochen später wird die Entdeckung dann allerdings in einer siebenteiligen Serie der gleichen Zeitung zum Thema „Die frechsten Lügen der Russen" noch einmal mit höchst kritischer Attitüde aufgenommen. In der Zwischenzeit hatten einige der deutschen Leitmedien das Thema in kurzen Meldungen oder bewertenden Kleinkommentaren abgehandelt. Der Tenor ist dabei fast durchgehend derselbe: eine weitere Absurdität, die nur einmal mehr deutlich macht, wie schnell die Nutzer des Ultranets und der sozialen Medien auf Fake News jeglicher Art hereinfallen.

Aus diesem Grunde fühlt sich schließlich sogar das „Fake News Response Team" (FNR-Team) eines großen semistaatlichen Fernsehsenders in Deutschland bemüßigt, den „Beweis" anzutreten, dass es sich beim Fund eines außerirdischen Körpers im fernen Sibirien um nichts anderes als einen Fake handeln *kann*. Der ‚Abschlussbericht' der Recherchen des Teams fasst letztlich nur noch einmal die Argumente zusammen, die vorher schon in praktisch allen anderen Leitmedien der Republik zu lesen, zu sehen und zu hören waren:

1. Ein Großteil der Untersuchungen wurde von einem kommerziellen US-Fernsehsender bezahlt, der damit die exklusiven Rechte an allem Bild- und Filmmaterial der ‚Eismumie' erwarb. Folgerung: Hier geht es nur um Einschaltquoten eines Privatsenders, dem wissenschaftliche Wahrheit und journalistische Ehrlichkeit völlig gleichgültig sind.

2. Das russische Forschungsteam, das die Ausgrabungen und Untersuchungen durchführte, ist ‚international' (will sagen: im englischsprachigen Raum) völlig unbekannt; es stammt von einer unbedeutenden sibirischen Universität und ist allein deshalb nicht übermäßig glaubwürdig. Die ersten Veröffentlichungen zum Fund erschienen allesamt in russischsprachigen Fachzeitschriften, deren mangelnde Verlässlichkeit im Westen allgemein bekannt wäre (Zitat: „Alle wissen, dass man es dort mit wissenschaftlichen Maßstäben nicht so genau nimmt.").

3. Es werden mehrere „internationale Experten" (fast ausschließlich aus den USA) zitiert, von denen die meisten die ganze Geschichte für völlig unglaubwürdig halten. Nur ein international renommierter Anthropologe bietet an, sich an den weiteren Untersuchungen zu beteiligen – alle anderen konsultierten Experten halten jede nähere Beschäftigung mit diesem „obskuren Fall" für reine Zeitverschwendung.

4. Für den Moskau-Korrespondenten jenes deutschen Fernsehsenders ist die ganze Geschichte – wie er aus „gewöhnlich gut unterrichteten Kreisen" erfahren haben will – eine vom russischen Geheimdienst bewusst in die Welt gesetzte Fake-Nachricht, um von den internationalen Dopingvorwürfen gegen die russische Wintersportelite abzulenken, der ein Ausschluss von den nächsten beiden olympischen Winterspielen droht. Sein Kommentar: „Ein nur allzu leicht zu durchschauender Propaganda-Schachzug der Russen."

5. Schließlich wird ein kurzes Experteninterview mit einem ehemaligen deutschen Wissenschaftsastronauten ins Feld geführt, in dem dieser darlegt, dass es aus wissenschaftlicher Sicht völlig ausgeschlossen sei, mit einem ‚bemannten' Raumschiff interstellare Entfernungen zu überbrücken. „Der Energie-Verbrauch wäre so immens hoch, dass eine solche Reise völlig sinnlos und auch praktisch nicht machbar ist." Aus wissenschaftlicher Sicht handele es sich also mit Sicherheit um eine Falschmeldung.

Fazit der Aufklärungsleistung des FNR-Teams: Diese Meldung aus dem fernen Sibirien gehört *unzweifelhaft* zu den vielen Fake-News, die die Öffentlichkeit täglich umschwirren. Interessant sei aus journalistischer Warte lediglich, wer diese Nachricht aus welchen Gründen lanciert hätte. Ohne sich hier gänz-

lich festlegen zu wollen, tippt das FNR-Team auf den russischen Geheimdienst. Mindestens ebenso wichtig wie dieser Verdacht ist die ‚Erkenntnis‘,
dass eine wahrheitsgetreue Berichterstattung gerade auch im Jahre 2023 nur
von den traditionellen Massenmedien (wie eben dem Fernsehsender, für den
sie arbeiten) zu erwarten sei.

Zwei Monate später: Ehe der fremdartige Leichnam, der alles andere als
menschlich sein soll, näher untersucht werden kann, wird das Anthropologische Institut jener sibirischen Universität – unmittelbar vor dem von
einem US-amerikanischen Medienkonzern organisierten Besuch eines kleinen Teams internationaler Experten – durch zwei schwere Explosionen und
einen anschließenden Großbrand vollständig zerstört (Dabei kommt ein Wach-
mann ums Leben, mehrere Feuerwehrleute werden verletzt.). Fast zeitgleich
übernehmen zwei unterschiedliche Organisationen die Verantwortung für die
Explosionen: die bekannte Terrorgruppe „Islamisches Emirat des Ostens" und
die bislang eher unbekannte christlich-orthodoxe Sekte „Russische Söhne
des Lichts", bei der es sich um eine fundamentalistische Splittergruppe handeln soll. Im Bekennerschreiben der letztgenannten Gruppe heißt es, ihr Ziel
wäre es, der unchristlichen Anbetung von Dämonen überall in Russland ein
Ende zu bereiten (Westliche Medien hingegen spekulieren, dass der russische
Inlandsgeheimdienst FSB das Labor gesprengt hat, damit die bevorstehenden
internationalen Untersuchungen des toten Körpers nicht den von ihm selbst
inszenierten Betrug entlarven.).

Nach der Zerstörung aller materiellen Beweise für den Fund (was übrig
bleibt, sind viele Fotos und einige Filmaufnahmen von der Bergung der vier
toten Körper aus ihrem Grab in der Frostschüttwüste) erlahmt das öffentliche Interesse rasch. Dies liegt nicht zuletzt auch an den sich immer mehr aufbauenden internationalen Spannungen um die Atompolitik Nordkoreas. Drei
Jahre später erinnert sich außer einiger weniger Forscher aus dem ohnehin
höchst umstrittenen Fachgebiet der Anomalistik so gut wie niemand mehr an
den seltsamen Fund in der sibirischen Eiswüste.

8.5.2   Schlussbemerkung

Vorstellbar sind selbstredend auch Nekrologszenarien, bei denen sich schließlich in der Wissenschaft wie in der Öffentlichkeit die Erkenntnis durchsetzt, dass
vor Jahrtausenden eine (biologische) außerirdische Intelligenz die Erde besucht
hat und hier entsprechende Spuren hinterließ. Wir gehen davon aus, dass die
kulturellen Auswirkungen in diesem Falle ähnlich wie bei dem oben ausführ-

lich beschriebenen Artefaktszenario wären. Der wesentliche Unterschied zwischen beiden besteht in dem Wissen, dass es sich bei den früheren Besuchern um biologische Wesen gehandelt hat, die ganz sicher zumindest eines mit uns gemeinsam haben: Sie sind sterblich. Darüber hinaus würde der Fund des toten Körpers eines Außerirdischen bei wissenschaftlichen Untersuchungen sicherlich eine ganze Menge über die ‚Biologie' des Fremden verraten – und ebenso viel darüber, in was für einer Umgebung seine Spezies entstanden ist. Dies würde, stärker noch als im Artefaktszenario, unser Wissen über Leben im Universum vermehren – richtiger: würde es von Grund auf revolutionieren. Dies wäre dann die ‚Stunde der Astrobiologie', die nach einem solchen Fund alle Einschränkungen hinter sich lassen würde, die daraus resultieren, dass wir bislang nur Kenntnis über einen einzigen Fall der Entstehung von Leben im Universum haben, nämlich dem irdischen. Und im Gegensatz zum Fund sehr einfacher Lebewesen, etwa auf dem Mars oder auf den Eismonden des äußeren Sonnensystems, wüssten wir dann, dass auch noch an anderen Orten höheres Leben entstanden ist, und, dies wäre die vielleicht wichtigste Erkenntnis von allen, dass wir als intelligente Spezies nicht allein im Universum sind. Voraussetzung für all dies ist allerdings, dass ein entsprechender ‚Verdacht' wissenschaftlich überhaupt untersucht und, wenn der Fund sich als zutreffend erweist, auch systematisch untersucht wird. Dafür dürfte es allerdings nötig sein, im wissenschaftlichen Mainstream Offenheit auch für das Denkbare zu bewahren, das im ersten Moment eher unwahrscheinlich erscheint. Auch der Wissenschaft bieten sich manche Chancen nur ein einziges Mal.

Literatur

Ascheri, Valeria, und Paolo Musso. 2002. Kosmische Missionare? In *S.E.T.I. Die Suche nach dem Außerirdischen*, Hrsg. Tobias Daniel Wabbel, 170–184. München: Beust.

Bartholomew, Robert E., und Hillary Evansk. 2004. *Panic attacks. Media manipulation and mass delusion*. Stroud: Sutton Publishing.

Baum, Seth D., Jacob D. Haqq-Misra, und Shawn D. Domagal-Goldman. 2011. Would Contact With Extraterrestrials Benefit or Harm Humanity? A Scenario Analysis. *Acta Astronautica* 68:2114–2129.

Baxter, Stephan, und John Elliott. 2012. A SETI metapolicy. New directions towards comprehensive policies concerning the detection of extraterrestrial intelligence. *Acta Astronautica* 78:31–36.

Berger, Peter L., und Thomas Luckmann. (engl. Orig. 1966) 1991. *Die gesellschaftliche Konstruktion der Wirklichkeit. Eine Theorie der Wissenssoziologie*. Frankfurt a. M.: Fischer.

Biebert, Martina F., und Michael T. Schetsche. 2016. Theorie kultureller Abjekte. Zum gesellschaftlichen Umgang mit dauerhaft unintegrierbarem Wissen. *BEHEMOTH – A Journal on Civilisation* 9 (2): 97–123.

Billingham, John, et al. 1994. *Social implications of the detection of an extraterrestrial civilization.* Mountain View: SETI Institute Press.

Bitterli, Urs. 1986. *Alte Welt – Neue Welt. Formen des europäisch-überseeischen Kulturkontaktes vom 15. bis zum 18. Jahrhundert.* München: Beck.

Bitterli, Urs. 1991. *Die ‚Wilden' und die ‚Zivilisierten': Grundzüge einer Geistes- und Kulturgeschichte der europäisch-überseeischen Begegnung.* München: Beck.

Bostrom, Nick. 2014. *Superintelligenz. Szenarien einer kommenden Revolution.* Berlin: Suhrkamp.

Bourdieu, Pierre. 1993. Über einige Eigenschaften von Feldern. In *Soziologische Fragen,* Hrsg. Pierre Bourdieu, 107–114. Frankfurt a. M.: Suhrkamp.

Cantril, Hadley. 1940. *The invasion from mars: A study in the psychology of panic.* Princeton: Princeton University Press.

Connolly, Bob, und Robin Anderson. 1987. *First contact.* New York: Viking Penguin.

Daston, Lorraine, und Peter Galison. 2007. *Objektivität.* Frankfurt a. M.: Suhrkamp.

Denning, Kathryn. 2013. Impossible predictions of the unprecedented: Analogy, history, and the work of prognostication. In *Astrobiology, history and society: Advances in astrobiology and biogeographics,* Hrsg. Douglas Vakoch, 301–312. Berlin: Springer.

Dick, Steven J. 2014. Analogy and the societal implications of astrobiology. *Astropolitics The International Journal of Space Politics & Policy* 12:210–230.

Duhoux, Yves. 2000. How not to decipher the phaistos disc. A Review. *American Journal of Archaeology* 104:597–600.

Elliott, John. 2014. Beyond an anthropomorphic template. *Acta Astronautica* 116:403–407.

Finney, Ben. 1990. The impact of contact. *Acta Astronautica* 21:117–121.

Freitas, Robert A. Jr., und Francisco Valdes. 1985. The search for extraterrestrial artifacts (SETA). *Acta Astronautica* 12 (12): 1027–1034.

Freudenthal, Hans. 1960. *LINCOS. Design of a language for cosmic intercourse.* Amsterdam: North-Holland Publishing.

Fuchs, Walter R. 1973. *Leben unter fernen Sonnen? Wissenschaft und Spekulation.* München: Knaur.

Gertz, John. 2017. Post-Detection SETI Protocols & METI: The Time Has Come to Regulate Them Both. https://arxiv.org/ftp/arxiv/papers/1701/1701.08422.pdf. Zugegriffen: 23. Apr. 2018.

Groh, Arnold. 1999. Globalisierung und kulturelle Information. In *Die Zukunft des Wissens. Workshop-Beiträge, XVIII. Deutscher Kongreß für Philosophie,* Hrsg. Jürgen Mittelstraß, 1076–1084. Konstanz: UVK.

Harrison, Albert A. 1997. *After contact. The human response to extraterrestial life.* New York: Plenum Trade.

Harrison, Albert A., und Alan C. Elms. 1990. Psychology and the search for extraterrestrial intelligence. *Behavioral Science* 35:207–218.

Harrison, Albert A., und Joel T. Johnson. 2002. Leben mit Außerirdischen. In *S.E.T.I. Die Suche nach dem Außerirdischen,* Hrsg. Tobias Daniel Wabbel, 95–116. München: Beust.

Hickman, John, und Koby Boatright. 2017. Stranger danger: Extraterrestrial first contact as political problem. Space Review 15.05.2017. http://www.thespacereview.com/article/3240/1 und http://www.thespacereview.com/article/3240/2. Zugegriffen: 17. Juni 2017.

von Hoerner, Sebastian. 1967. Sind wir allein im Kosmos? *Neue Wissenschaft* 15 (1/2): 1–17.

von Hoerner, Sebastian. 2003. *Sind wir allein? SETI und das Leben im all.* München: C. H. Beck.

Hurst, Matthias. 2004. Stimmen aus dem All – Rufe aus der Seele. In *Der maximal Fremde. Begegnungen mit dem Nichtmenschlichen und die Grenzen des Verstehens*, Hrsg. Michael Schetsche, 95–112. Würzburg: Ergon.

Hurst, Matthias. 2008. Dialektik der Aliens. Darstellungen und Interpretationen von Außerirdischen in Film und Fernsehen. In *Von Menschen und Außerirdischen. Transterrestrische Begegnungen im Spiegel der Kulturwissenschaft*, Hrsg. Michael Schetsche und Martin Engelbrecht, 31–53. Bielefeld: transcript.

Jastrow, Robert. 1997. What are the chances for life? *Sky & Telescope* 1997:62–63.

Jones, Morris. 2013. Mainstream media and social media reactions to the discovery of extraterrestrial life. In *Astrobiology, history and society: Advances in astrobiology and biogeographics*, Hrsg. Douglas Vakoch, 313–328. Berlin: Springer.

Kuiper, Thomas B. H., und Mark Morris. 1977. Searching for extraterrestrial civilizations. *Science* 196:616–621.

Liu, Cixin. 2018. *Der dunkle Wald.* München: Heyne.

McConnell, Brian. 2001. *Beyond contact. A guide to SETI and communicating with alien civilisation.* Sebastopol: O'Reilly.

Michaud, Michael A. G. 1999. A unique moment in human history. In *Are we alone in the cosmos? The search for alien contact in the new millennium*, Hrsg. Byron Preiss und Ben Bova, 265–284. New York: ibooks.

Michaud, Michael A. G. 2007. *Contact with alien civilizations. Our hopes and fears about encountering extraterrestrials.* New York: Springer.

Müller, Klaus E. 2003. Tod und Auferstehung. Heilserwartungsbewegungen in traditionellen Gesellschaften. In *Historische Wendeprozesse. Ideen, die Geschichte machten*, Hrsg. Klaus E. Müller, 256–287. Freiburg im Breisgau: Herder.

Müller, Klaus E. 2004. Einfälle aus einer anderen Welt. In *Der maximal Fremde. Begegnungen mit dem Nichtmenschlichen und die Grenzen des Verstehens*, Hrsg. Michael Schetsche, 191–204. Würzburg: Ergon.

Panovkin, Boris Nikolaevich. 1976. *The objectivity of knowledge and the problem of the exchange of coherent information with extraterrestrial civilizations. Philosophical problems of 20th Century astronomy*, 240–265. Moscow: Russian Academy of Sciences.

Peters, Ted. 2013. Would the discovery of ETI provoke a religious crisis? In *Astrobiology, history and society: Advances in astrobiology and biogeographics*, Hrsg. Douglas Vakoch, 341–355. Berlin: Springer.

Pooley, Jefferson D. 2013. Checking up on the invasion from mars: Hadley Cantril, Paul Felix Lazarsfeld, and the making of a misremembered classic. *International Journal of Communication* 7:1920–1948.

Rausch, Renate. 1992. Der Kulturschock der Indios. In *1492 und die Folgen: Beiträge zur interdisziplinären Ringvorlesung an der Philipps-Universität Marburg*, Hrsg. Hans-Jürgen Prien, 18–32. Münster: LIT.

Schetsche, Michael. 2005. Zur Prognostizierbarkeit der Folgen außergewöhnlicher Ereignisse. In *Gegenwärtige Zukünfte. Interpretative Beiträge zur sozialwissenschaftlichen Diagnose und Prognose*, Hrsg. Ronald Hitzler und Michaela Pfadenhauer, 55–71. Wiesbaden: VS Verlag.

Schetsche, Michael. 2008. Auge in Auge mit dem maximal Fremden? Kontaktszenarien aus soziologischer Sicht. In *Von Menschen und Außerirdischen. Transterrestrische Begegnungen im Spiegel der Kulturwissenschaft*, Hrsg. Michael Schetsche und Martin Engelbrecht, 227–253. Bielefeld: transcript.

Schetsche, Michael. 2012. Theorie der Kryptodoxie. Erkundungen in den Schattenzonen der Wissensordnung. *Soziale Welt* 63 (1): 5–25.

Schetsche, Michael, und Ina Schmied-Knittel. 2018a. Zur Einleitung: Heterodoxien in der *Moderne*. In *Heterodoxie. Konzepte, Traditionen, Figuren der Abweichung*, Hrsg. Michael Schetsche und Ina Schmied-Knittel, 9–33. Köln: Herbert von Halem.

Schetsche, Michael, und Ina Schmied-Knittel, Hrsg. 2018b. *Heterodoxie. Konzepte, Traditionen, Figuren der Abweichung*. Köln: Herbert von Halem.

Schetsche, Michael, René Gründer, Gerhard Mayer, und Ina Schmied-Knittel. 2009. Der maximal Fremde. Überlegungen zu einer transhumanen Handlungstheorie. *Berliner Journal für Soziologie* 19 (3): 469–491.

Schmied-Knittel, Ina, und Michael Schetsche. 2003. Psi-Report Deutschland. Eine repräsentative Bevölkerungsumfrage zu außergewöhnlichen Erfahrungen. In *Alltägliche Wunder. Erfahrungen mit dem Übersinnlichen – wissenschaftliche Befunde*, Hrsg. Eberhard Bauer und Michael Schetsche, 13–38. Würzburg: Ergon.

Schmitz, Michael. 1997. *Kommunikation und Außerirdisches. Überlegungen zur wissenschaftlichen Frage nach Verständigung mit außerirdischer Intelligenz*. Unveröffentlichte Magisterarbeit, Universität-Gesamthochschule Essen.

Schrogl, Kai-Uwe. 2008. Weltraumpolitik, Weltraumrecht und Außerirdische(s). In *Von Menschen und Außerirdischen. Transterrestrische Begegnungen im Spiegel der Kulturwissenschaft*, Hrsg. Michael Schetsche und Martin Engelbrecht, 255–266. Bielefeld: transcript.

Sheridan, Mark A. 2009. *SETI's scope: How the search for extraterrestrial intelligence became disconnected from new ideas about extraterrestrials*. Ann Arbor: ProQuest.

Shostak, Seth. 1999. *Nachbarn im All. Auf der Suche nach Leben im Kosmos*. München: Herbig.

Stagl, Justin. 1997. Grade der Fremdheit. In *Furcht und Faszination – Facetten der Fremdheit*, Hrsg. Herfried Münkler, 85–114. Berlin: Akademie.

Stenger, Horst. 1998. Soziale und kulturelle Fremdheit. Zur Differenzierung von Fremdheitserfahrungen am Beispiel ostdeutscher Wissenschaftler. *Zeitschrift für Soziologie* 27 (1): 18–38.

Strugazki, Arkade, und Boris Strugazki. (russ. Orig. 1971) 1975. *Picknick am Wegesrand. Utopische Erzählung*. Berlin: Verlag Das neue Berlin.

Sukhotin, Boris Viktorovich. 1971. Methods of message decoding. In *Extraterrestrial civilizations. Problems of interstellar communication*, Hrsg. S. A. Kaplan, 133–212. Jerusalem: Keter Press.

Waldenfels, Bernhard. 1997. *Topographie des Fremden. Studien zur Phänomenologie des Fremden*, (Band 1). Frankfurt a. M.: Suhrkamp.

Wendt, Alexander, und Raymond Duvall. 2008. Sovereignty and the UFO. *Political Theory* 36 (4): 607–633.

Wendt, Alexander, und Raymond Duvall. 2013. Souveränität und das UFO. In *Diesseits der Denkverbote. Bausteine für eine reflexive UFO-Forschung*, Hrsg. Michael Schetsche und Andreas Anton, 79–112. Hamburg: LIT.

Die kulturelle Vorbereitung auf den Erstkontakt

9

In diesem Kapitel gehen wir in zweierlei Hinsicht über das hinaus, was in den letzten Jahrzehnten als Aufgabe der Soziologie (also auch ihrer Subdisziplinen) angesehen wird. In einigen der vorherigen Kapitel hatten wir bereits die heute übliche retrospektive Analyse und die meist tolerierte Gegenwartsdiagnose zugunsten einer im klassischen Sinne futuro-logisch verstandenen Prognostik hinter uns gelassen.[1] Hier gehen wir nun noch einen Schritt weiter und machen, im Anschluss an eine diagnostische Situationsbeschreibung und einen kleinen Literaturbericht, einige Vorschläge dazu, was in naher Zukunft geschehen *könnte und sollte,* damit die von uns prognostizierten negativen Auswirkungen des Erstkontakts der Menschheit mit einer extraterrestrischen Intelligenz nicht gänzlich vermieden (das scheint uns unrealistisch), aber doch zumindest minimiert werden können. Spätestens an diesem Punkt verlassen wir die rein wissenschaftliche Betrachtungsebene – und werden gleichsam kosmo-politisch.

9.1   Generelle Problemlagen und Defizite

Die Ergebnisse der von uns durchgeführten Szenarioanalyse geben Anlass zur Sorge: Es sind Situationen vorstellbar, in denen vom – von manchen SETI-Forschern bis heute offenbar sehnlichst herbei gewünschten – Erstkontakt erhebliche *Risiken für die Menschheit als Ganzes* ausgehen. Bestenfalls handelt es

---

[1]Wie problematisch die Wahrnehmung prognostischer Verfahren in der heutigen Soziologie ist (ganz im Gegensatz zur Selbstpositionierung des Faches in den siebziger und achtziger Jahren des letzten Jahrhunderts), zeigen die Diskussionen im Sammelband von Hitzler und Pfadenhauer (2005).

© Springer Fachmedien Wiesbaden GmbH, ein Teil von Springer Nature 2019
M. Schetsche und A. Anton, *Die Gesellschaft der Außerirdischen,*
https://doi.org/10.1007/978-3-658-21865-2_9

sich bei jenem Kontakt um ein ökonomisches und ideologisches Störereignis, schlimmstenfalls kann es uns in einen weiteren großen Krieg oder, im Falle des Begegnungsszenarios, unter ungünstigen Umständen sogar zur Auslöschung der Menschheit führen. Deshalb ist die Frage nur allzu berechtigt, ob und ggf. wie solchen negativen Folgen vorgebeugt werden kann. Konkret formuliert: Können bereits heute Maßnahmen getroffen werden, um die negativen Auswirkungen eines Erstkontakts zumindest zu verringern? Ehe wir dabei auf die bislang in der wissenschaftlichen Literatur diskutierten Maßnahmen eingehen, wollen wir noch einige generelle Feststellungen aus soziologischer Perspektive treffen, die notwendig sind, um zu verstehen, warum wir die Situation trotz verschiedener in den letzten Jahrzehnten vorgelegter Detailvorschläge prognostisch gesehen eher für prekär halten. Unsere zentrale These lautet dabei: *Die Menschheit ist alles andere als gut auf den Erstkontakt mit einer außerirdischen Intelligenz vorbereitet.* Auf abstrakter Ebene lassen sich dabei fünf generelle Defizite benennen.

a) Unser Denken über Außerirdische ist von anthropozentrischen Vorurteilen geprägt Damit haben wir uns in Kap. 4 bereits ausführlich beschäftigt und müssen es deshalb an dieser Stelle nicht wiederholen. Im Kopf behalten sollte man nur, dass Vorausurteile jeglicher Art die unvoreingenommene Kontaktaufnahme beeinträchtigen dürften. Da wir Menschen sind und bleiben, sehen wir die ,die Anderen' notwendig immer mit unseren menschlichen Augen und denken über sie mit unseren menschlichen Gehirnen nach. Zentrale Aufgabe der Exosoziologie ist es in diesem Zusammenhang, eine, nach unserer Überzeugung durchaus mögliche, Unterscheidung zwischen *vermeidbaren und unvermeidbaren Anthropozentrismen* zu treffen. So wie wir in den Sozial- und Kulturwissenschaften gerade versuchen, unsere eurozentristische Denktradition[2] reflexiv in den Griff zu bekommen, müssen wir unseren Anthropozentrismus überwinden, um überhaupt in der Lage zu sein, jenen ,Terrazentrismus' zu erkennen, der uns glauben lässt, das Leben auf anderen Planeten müsse dem auf der Erde ähneln und sich auch genauso entwickelt haben. Wir prognostizieren jetzt schon einmal, dass uns im Hinblick auf die Fremdartigkeit einer außerirdischen Intelligenz noch die eine oder andere große Überraschung bevorstehen wird. Um die Wahrscheinlichkeit zu verringern, dass es ,böse Überraschungen' werden, sollten wir unter anderem unser Denken über Fremde und Fremdheit generell verändern. (An dieser

---

[2]Wir denken hier insbesondere an die international unter dem Stichwort ,Postkolonialismus' geführten Debatten (für einen Überblick vgl. Kerner 2012 sowie Castro Varela und Dhawan 2015).

Stelle wird auch noch einmal die Stellung der Exosoziologie als – bis heute eher illegitimes – Kind der Fremdheitsforschung deutlich).

b) Uns fehlt eine fortschrittliche Theorie des Fremdverstehens und der Kommunikation mit nicht-menschlichen Akteuren Wir hätten bereits heute die Möglichkeit, auf Basis der Kommunikation mit anderen sehr komplexen Spezies auf unserem Planeten (etwa Primaten, Delphinen oder Krähenvögeln) unser Fremdverstehen zu schulen – und in näherer Zukunft wird hier wahrscheinlich auch der Umgang mit von uns erschaffenen künstlichen Intelligenzen hilfreich sein. Ein zentraler Baustein dazu dürfte die Entwicklung einer generellen – und im kulturwissenschaftlichen Sinne reflexiven – *Theorie des Fremdverstehens und der Interspezieskommunikation* sein[3], einer Theorie, die empirisch überprüft und Schritt für Schritt weiterentwickelt werden kann. Ein solche Theorie, wahrscheinlich eher ein ganzer Theorienkomplex, dürfte nicht nur im Fall der Fälle der Kommunikation mit extraterrestrischen Intelligenzen zugute kommen, sondern wird uns bereits vorher den alltäglichen Umgang mit Wild-, Nutz- und Haustieren sowie mit den immer häufiger werdenden Robotern und autonomen Maschinen erleichtern. Voraussetzung der Formulierung eines elaborierten Theorienkomplexes zum Fremdverstehen und zur Interspezieskommunikation ist allerdings, dass wir entsprechende, stark interdisziplinär ausgerichtete Forschungsprogramme auflegen, an denen Vertreter und Vertreterinnen von Linguistik und Verhaltensbiologie, Anthropologie und Soziologie, Psychologie und Kognitionswissenschaft, Informatik und Robotik sowie anderen wissenschaftlichen Professionen beteiligt sind. Zu solchen Programmen gehört auch die Einrichtung entsprechender wissenschaftlicher Kommunikationsmöglichkeiten – etwa von entsprechenden Fachjournalen. Unser Eindruck ist, dass angesichts all der (vermeintlich oder tatsächlich) ‚rein menschlichen‘ Probleme auf unserem Planeten, die Bereitschaft zur Beschäftigung mit dem nicht-menschlichen Anderen in den Wissenschaften, aber auch in der Gesellschaft insgesamt eher abnimmt.[4] Dies dürfte sich spätestens im Falle des Erstkontakts rächen.

---

[3]Die von einem von uns vor Jahren vorgeschlagene „Theorie des maximal Fremden" (Schetsche 2004) kann nur ein erster kleiner Baustein für ein solches Theoriengebäude sein.

[4]Unsere Hoffnung ist, dass in den nächsten Jahren und Jahrzehnten die KI-Forschung und der Einsatz immer mehr autonom agierender Maschinen diese Situation von Grund auf verändern werden.

c) Das Problem des Erstkontakts wird von politischen Entscheidungsträgern internationaler Gremien bisher ignoriert Das politische Agenda-Setting jeder Epoche ist von einer ganzen Reihe von Faktoren abhängig (vgl. bereits Hilgartner und Bosk 1988 sowie Brosius 1994). Für unseren sehr speziellen Zusammenhang scheinen dabei drei Faktoren von besonderer Bedeutung zu sein: 1) Die Orientierung der politischen Eliten an parlamentarischen Zyklen, in Deutschland meist vier Jahre lang, macht es schwer, Themen auf die Agenda zu setzen, die deutlich weiter in die Zukunft weisen. Für im weitesten Sinne futurologische Fragen haben sich die politischen Eliten im Nachkriegsdeutschland nur in einem sehr kurzen Zeitfenster interessiert: Mit Beginn der sozialliberalen Koalition unter Willy Brand finden wir für einige wenige Jahre die Tendenz, staatliche Planung durch den Rückgriff auf futurologische Methoden systematisch zu verwissenschaftlichen. Nicht zuletzt unter dem Eindruck des Bandes „Die Grenzen des Wachstums" (Meadows 1972) entstand eine politische Zukunftsorientierung, die ernsthaft nach dem langfristigen Wandel von Gesellschaft und nicht zuletzt auch nach den Folgen katastrophaler Fehlentwicklung fragte. Diese Perspektive des Regierungshandelns verkam allerdings schnell wieder zu legitimatorischer Rhetorik. Und da, wo die Orientierung politischen Handelns, wie etwa beim Klimaproblem, an einer fernen Zukunft unabdingbar ist, machten und machen kurzfristige Interessen von Staaten und multinationalen Konzernen rationale Entscheidungen so gut wie unmöglich. In einem Satz: Zukünftige und dabei auch noch hypothetische Problemlagen haben aufgrund der Organisation der politischen Entscheidungsprozesse in den Gegenwartsgesellschaften so gut wie keine Chance, auf die politische Agenda gesetzt zu werden. 2) Aufgrund der öffentlichen Ridikülisierung[5] aller Fragen, die mit ‚Außerirdischen' im weitesten Sinne zu tun haben (vgl. exemplarisch Jüdt 2013), ist es für das politisch-administrative System, nicht nur in Deutschland, außerordentlich schwierig, entsprechende Fragen von sich aus auf die politische Agenda zu setzen. Richtig betrachtet, müssen wir hier einen Prozess des *negativen Agenda-Settings* konstatieren, bei dem insbesondere die für die öffentliche Meinungsbildung bedeutsamen Leitmedien verhindern, dass eine ernsthafte Diskussion über die Folgen des Erstkontakts mit Außerirdischen entsteht, die Wirkung im politischen Raum entfalten kann. Jede Bundesregierung oder auch jede EU-Institution, die öffentliche Gelder für entsprechende Forschungsprojekte aufwenden würde, müsste mit anhaltender und

---

[5]Generelle Anmerkungen zur öffentlichen Ridikülisierung von als abweichend (heterodox) wahrgenommenen Themen finden sich bei Schetsche (2013).

scharfer öffentlicher Kritik rechnen.[6] Einer solchen Kritik setzen sich politische Entscheidungsträger erfahrungsgemäß nur dann aus, wenn das Thema ihre ganz konkreten eigenen Interessen (oder die ihrer Herkunftsregion) berührt. Weder das eine noch das andere ist hier der Fall. 3) Für die Beschäftigung mit dem Themenkreis ‚Außerirdische/Erstkontakt‘ gibt es keine Lobby-Organisation. Das mussten bereits die SETI-Forscher in den USA im Jahre 1993 erfahren, als die staatliche Förderung ihrer Projekte aufgrund des politischen Drucks einiger weniger konservativer Kongressabgeordneter eingestellt wurde. Außer den beteiligten Forschern und Forscherinnen selbst gab es damals so gut wie keine Organisationen und nur wenige Einzelpersonen, die sich für die entsprechenden Forschungen stark gemacht hätten. Selbst ihre eigene Profession, die Radioastronomie, sah der Einstellung der entsprechenden Projekte mit Desinteresse bis konkurrenzbedingtem Wohlwollen zu (vgl. Garber 1999; Michaud 2007, S. 39–40). Seither werden die entsprechenden Programme in den USA ausschließlich privat finanziert. Und in der EU gibt es, soweit wir die Forschungslandschaft überblicken, bis heute überhaupt keine nennenswerte Forschung zur Frage des Erstkontakts mit extraterrestrischen Zivilisationen.[7] Schon der internationale Aufstieg des neuen Faches Astrobiologie wurde in Europa weitgehend verschlafen – von der Realisierung von SETI- oder gar SETA-Projekten sind wir Jahre, eher Jahrzehnte entfernt.

d) Wir haben keine verbindlichen internationalen Regeln für den Umgang mit Außerirdischen Folge der Weigerung staatlicher und semistaatlicher Institutionen, sich auch nur am Rande mit dem hypothetischen Problem des Erstkontakts zu beschäftigen, ist das Fehlen jeglicher verbindlicher *Rechtsnormen,* die staatliches und insbesondere internationales Handeln auf diesem Gebiet regeln und lenken könnten. Bislang existiert für den Bereich der SETI-Forschung lediglich eine Vereinbarung der zuständigen wissenschaftlichen Fachgesellschaft: Die „Declaration of Principles Concerning the Conduct of the

---

[6]Letztlich wahrscheinlich ein psychodynamischer Prozess der kollektiven Abwehr extrem ängstigender Gedanken – diesem Gedanken können wir an dieser Stelle aber nicht weiter nachgehen.

[7]„Sieht man sich die aktuellen Raumfahrtpolitiken von Deutschland und Frankreich oder ganz generell die ‚European Space Policy‘ an, so wird man dort vergeblich nach dem Thema ‚extraterrestrische Intelligenz‘ suchen" (Schrogl 2008, S. 255). Seither hat sich, so ist hinzuzufügen, an dieser Feststellung nichts geändert. Die Frage nach außerirdischen Intelligenzen ist gleichsam eine Art ‚No-go-area‘ der europäischen Forschungspolitik.

Search for Extraterrestrial Intelligence" war im Jahre 1989 von der zuständigen Arbeitsgruppe der „International Academy of Astronautics" beschlossen worden. Es handelt sich dabei um keinen rechtsverbindlichen Vertrag, sondern eher um eine Art Selbstverpflichtung der in diesem Bereich tätigen Forscher und Forscherinnen.[8] Dieses sog. *Post Detection Protocol* ist auf das heute gültige SETI-Paradigma abgestellt und regelt primär den Umgang mit einem (potenziellen) Signal einer außerirdischen Intelligenz, das von Radioteleskopen oder ähnlich technischen Einrichtungen empfangen wurde. Nur mit einem einzigen Satz wird sehr abstrakt auf die Frage einer möglichen Antwort eingegangen: Sie darf nicht ohne Zustimmung einer repräsentativen internationalen Organisation wie der UN gesendet werden.[9] Hingegen enthält die Deklaration keinerlei Regelungen für METI-Projekte, also für das Aussenden von Radiobotschaften oder ähnlichen Signalen, die sich an mögliche außerirdische Zivilisationen irgendwo im Universum richten. (Wir haben die generelle Problematik solcher Projekte ausführlich in Kap. 6 diskutiert). Das Hauptproblem liegt unseres Erachtens aber nicht in der Unvollständigkeit und viel zu abstrakten Formulierung der entsprechenden Bestimmungen, sondern darin, dass es sich um eine *freiwillige* Vereinbarung handelt, an die letztlich niemand gebunden ist. Die entsprechende Regelung ist weder nationalstaatlich noch durch internationales Recht garantiert, bei einem Verstoß drohen keinerlei Konsequenzen (vgl. Schrogl 2008, S. 255). Diese Nichtregulierung hat für alle im Vorkapitel von uns untersuchten Basisszenarien des Erstkontakts erhebliche Konsequenzen: Bei einem Signalkontakt ist völlig unklar, wer verbindlich über eine mögliche Antwort entscheidet (und wer ggf. private Initiativen stoppt, die glauben, ‚für die Menschheit' sprechen zu können). Beim Fund eines Artefakts ist ungeklärt, wer die Verfügungsgewalt darüber erhält, wer es untersuchen darf und wer – vielleicht der entscheidende Punkt – darüber entscheidet, ob das oder die Objekte zur Erde gebracht werden. Und bei einer direkten Begegnung ist Ratlosigkeit hinsichtlich der Frage, wer mit den fremden

---

[8]Eine aktualisierte Fassung wurde im Oktober 2010 verabschiedet (vgl. Baxter und Elliot 2012; Bohlmann und Bürger 2018); die aktuelle Fassung der Deklaration findet sich unter: http://avsport.org/IAA/protocols_rev2010.pdf (Zugegriffen: 10. Oktober 2017). Bereits im Jahre 1971 gab es eine ähnliche Selbstverpflichtung US-amerikanischer und sowjetischer Forscher, die inzwischen aber weitgehend in Vergessenheit geraten ist (siehe Harrison 1997, S. 256–257).

[9]„8. Response to signals: In the case of the confirmed detection of a signal, signatories to this declaration will not respond without first seeking guidance and consent of a broadly representative international body, such as the United Nations" (Online-Quelle, siehe Fußnote 8).

Intelligenzen zu kommunizieren versuchen sollte, gleichsam vorprogrammiert. So muss man dem inzwischen zehn Jahre alten Fazit von Kai-Uwe Schrogl (2008, S. 261) auch heute noch zustimmen:

> Sollten Aliens heute die Erde besuchen oder zumindest eine Botschaft schicken, dann wären wir nicht besonders gut vorbereitet und die staatlichen und internationalen Instanzen würden sich wahrscheinlich so verhalten, wie wir (und sie) es aus den jüngeren amerikanischen Kinofilmen kennen. Ein solches Szenario würde wahrscheinlich kein gutes Ende nehmen […].

Angesichts der von uns in verschiedenen Kapiteln ausführlich diskutieren Brisanz des Erstkontakts erscheint uns dies auch als das zentrale Defizit: Es fehlen verbindliche internationale Regelungen hinsichtlich der Zuständigkeit für diesen ‚Fall der Fälle'.[10]

e) Wir verfügen über keine vorbereitete Kontaktzone in größerer Entfernung von der Erde Wir haben bereits in verschiedenen Abschnitten des vorherigen Kapitels deutlich gemacht, dass es sowohl beim Artefakt- als auch beim Begegnungsszenario einige kritisch zu nennende Parameter gibt. Dies betrifft sowohl Artefakte mit einer erkennbaren oder zumindest vermuteten Funktionalität als auch die direkte Begegnung mit intelligenten Entitäten (seien sie biologischer oder anderer Qualität). In beiden Fällen scheint uns die Erde selbst ein (zu) riskanter Ort für Untersuchungen und Begegnungen. Diese Feststellung

---

[10]Zur Entwicklung eines „SETA Post Detection Protocols" hat der Wissenschaftsautor Tobias D. Gerritzen erste Vorüberlegungen angestellt: „Die Entdeckung eines außerirdischen Artefakts auf Planeten oder Monden unseres Sonnensystems oder im Erde-Mond-System könnte extrem negative Reaktionen der irdischen Gesellschaft zur Folge haben. Der Grund wäre, dass die Menschheit plötzlich einsehen müsste, dass sie vielleicht schon vor langer Zeit von einer sehr weit fortgeschrittenen außerirdischen Spezies entdeckt wurde. Diese Ungewissheit über die Reaktionen der Menschen auf einen physischen Kontakt durch ein außerirdisches Artefakt macht ein SETA-Protokoll zur Steuerung des Entdeckungs- und Informationsverbreitungsvorgangs längst überfällig. […] Das Protokoll soll den staatlichen und privaten Weltraumbehörden bzw. -konzernen sowie Politikern Richtlinien bieten, wie sie die Entdeckung eines außerirdischen Artefakts (Astroengineering, passive Artefakte, selbstreproduzierende Artefakte, aktive Robotsonden) handhaben. Dabei soll das Protokoll nicht nur auf zukünftige gezielte Programme zur Suche nach außerirdischen Artefakten anwendbar sein. Vielmehr soll es auch potenzielle Entdeckungen durch bemannte oder unbemannte Raumfahrtmissionen sowie die orbitale Überwachung von Weltraumschrott oder Erdbahnkreuzern (Near Earth Objects) abdecken" (T. D. Gerritzen. Persönliches Kommunikat: E-Mail an M. Schetsche vom 31.10.2017).

kommt ohne jede Vorannahmen bezüglich unterstellter ‚böser Absichten' von Außerirdischen aus, wie wir sie hinreichend aus der Science Fiction der letzten Jahrzehnte kennen. Ein im Weltraum gefundenes Artefakt kann, wenn es denn zur Erde gebracht wird, völlig unabhängig von den Motiven und Vorgaben seiner Erschaffer, Wirkungen entfalten, die für das Leben auf der Erde (menschliches wie nicht-menschliches) höchst negativ sind (vgl. Baum et al. 2011, S. 2124–2126; Baxter und Elliott 2012, S. 34). Dies betrifft zum einen die potenzielle Kontaminierung mit Mikroorganismen, die die irdische Biosphäre negativ beeinflussen könnten[11], zum anderen aber auch mögliche Funktionsweisen des Artefakts, die latent vorhanden sind und bei einer Untersuchung aktiviert werden könnten. Wenn wir davon ausgehen, dass solche Artefakte von einer, verglichen mit der Menschheit, weit fortgeschrittenen Zivilisation hergestellt werden, könnten selbst vergleichsweise kleine Artefakte erhebliche negative Auswirkungen auf die Umgebung haben – bereits im vorgesehenen Normalbetrieb, umso mehr, wenn durch unsachgemäße, nämlich menschliche, Untersuchungen Fehlfunktionen ausgelöst werden. (Um ein fast noch triviales Beispiel zu nennen: Ein für den freien Raum vorgesehener exotischer Antrieb könnte, auf einer planetaren Oberfläche aktiviert, zu massiven Schäden in der Umgebung führen … einer Umgebung, die durchaus einen ganzen Kontinent umfassen kann). Dies alles gilt in noch höherem Maße auch für den Besuch eines von einer Intelligenz gesteuerten Raumfahrzeugs auf der Erde – und zwar unabhängig wie auch abhängig von den Motiven der betreffenden Intelligenz.[12] Die Spannbreite reicht dabei von unwissentlicher Kontaminierung der Umgebung über nicht-intendierte

---

[11]Dieses Problem wird heute primär im Kontext der „Planetary-Protection-Protokolle" diskutiert, die von verschiedenen Raumfahrtorganisationen verabschiedet wurden. Hier geht es einerseits um den Schutz von möglichem außerirdischem Leben vor der Kontaminierung mit irdischen Mikroben im Rahmen von Raumsonden-Missionen, aber auch um den Schutz der irdischen Biosphäre vor außerirdischen Organismen, die bei Missionen gleichsam eingeschleppt werden könnten, die Proben von fremden Himmelskörpern eingesammelt haben (vgl. Rummel 2001; Spry 2009). Das Problem des Umgangs mit außerirdischen Artefakten ist dabei unseres Wissens aber regelmäßig übersehen worden; die entsprechenden Bestimmungen und Prozeduren sollten dringend erweitert werden.

[12]„The most specific nature, of a security threat would be the approach of alien space vehicles to our solar system without acceptable guarantees of non-hostile intentions. If we did not have the capability to intercept or neutralize these vehicles at great distance and did not know the type or range of weapons they might carry, we would have to try placing the solar system off limits by negotiation, perhaps setting up a no man's land between the stars until acceptable rules of visitation were worked out" (Michaud 1972, S. 14). Vgl. hierzu auch die Überlegungen bei Korhonen (2012).

Auswirkungen des Handelns Außerirdischer auf die irdische Umwelt bis hin zu vorsätzlichen Zerstörungen (wenn der Erstkontakt nicht ganz so friedlich und freundlich verläuft, wie die Kontaktoptimisten es sich erhoffen). Aus diesen Gründen scheint es uns unverzichtbar, strenge Regeln für den Umgang mit außerirdischen Artefakten und Raumsonden aufzustellen: Im Weltraum gefundene außerirdische Artefakte sollten auf keinen Fall zur Untersuchung auf die Erde oder auch nur in den erdnahen Weltraum gebracht werden. Und aktiven Raumflugkörpern[13] sollte ein schwer übersehbares räumliches Kontaktangebot unterbreitet werden, das möglichst weit außerhalb des Erdorbits liegt. Ein Ort für solche Kontakte oder auch für die Untersuchung unbekannter Artefakte existiert bisher nicht – und soweit wir die Pläne der Raumfahrtnationen und Raumfahrtunternehmen für die nächsten Jahrzehnte kennen, spielen solche Überlegungen dort bislang keine Rolle. Dies scheint uns ein schwerwiegender Mangel – wir werden später noch einmal auf diese Frage zurückkommen.

9.2 Einige Vorschläge aus der wissenschaftlichen Debatte

Wegen dieser Problemlagen und Defizite ist unseres Erachtens eine Diskussion über mögliche und notwendige Maßnahmen zur Vorbereitung eines Erstkontakts dringend geboten. Bis heute wird in der wissenschaftlichen Literatur zum Thema außerirdische Intelligenz allerdings nur selten auf diesen Fragenkomplex eingegangen. Dabei hatte bereits der im Auftrag der NASA erstellte „Brookings-Report" aus dem Jahre 1960 (der seiner Zeit offensichtlich weit voraus war) die Frage aufgeworfen, welche Maßnahmen vor einem Erstkontakt zu dessen Vorbereitung – insbesondere hinsichtlich einer planvollen Aufklärung

---

[13]Ob diese Regeln im Kontakt mit einem von einer Intelligenz gesteuerten Raumflugkörper kommuniziert und durchgesetzt werden können, ist eine andere Frage. Die Menschheit kann wahrscheinlich nicht verhindern, dass der Raumflugkörper einer technologisch fortgeschrittenen Zivilisation in die Erdatmosphäre eindringt oder gar auf der Erde landet – dies wird aber umso wahrscheinlicher, je weniger Alternativen zur Kontaktaufnahme außerhalb des Planeten bestehen. Wir *spekulieren* hier einmal in die Richtung, dass aus der Warte außerirdischer Besucher der Mangel an Kompatibilität zwischen unterschiedlichen Planetenatmosphären sowie die von den Fremden möglicherweise nicht gänzlich einzuschätzenden chemischen, biologischen und auch sozialen Risiken gegen ein Treffen direkt auf der Erde sprechen, sofern andere Kontaktmöglichkeiten an leicht erreichbaren Orten im Sonnensystem erkennbar sind.

der Öffentlichkeit – getroffen werden können. Insbesondere hatte er die Durchführung entsprechender wissenschaftlicher Studien angeregt (Brookings-Report
1960, S. 182–184[14]). Ausführliche Diskussionen zu konkreten Maßnahmen fan-
den im englischsprachigen Raum unseres Wissens dann aber erst in den Jahren
1991 und 1992 statt – im Rahmen eines dreiteiligen Workshops, der vom
SETI-Institut unter der Überschrift „Social Implications of the Detection of
Extraterrestrial Civilisation" organisiert worden war. Die Ergebnisse der damaligen Diskussionen sind in einem kleinen Tagungsband (Billingham et al. 1994)
dokumentiert. Entsprechend der damaligen (und heutigen) paradigmatischen Aus-
richtung des SETI-Instituts wurde bei den Diskussionen davon ausgegangen, dass
ein Erstkontakt in Form eines – nach unserem Analyseschema – ‚fernen Fernkontakts' stattfinden würde. Die Teilnehmer und Teilnehmerinnen der Konferenz
vermuteten, dass bereits ein solcher Signalempfang ausreichen würde, um zu
schwerwiegenden kulturellen und insbesondere religiösen Verwerfungen auf der
Erde zu führen. Entsprechend schlugen sie eine ganze Reihe von ‚abfedernden'
Vorbereitungsmaßnahmen vor, die bereits vor dem Ereignis initiiert werden könnten und sollten.

Ausgangspunkt aller vorgeschlagenen Maßnahmen (Billingham et al. 1994,
S. 80–81) war die Überlegung, dass beim Umgang der Bevölkerung mit der
Information über den erfolgten Erstkontakt die jeweils sehr unterschiedlichen
kulturellen Hintergründe eine entscheidende Rolle spielen würden: Es gäbe Kulturen, in denen die Vorstellung von der Existenz Außerirdischer weitverbreitet
ist, in anderen Kulturen hingegen sei deren Existenz fast undenkbar. Als *wissenschaftliche Vorbereitungsstrategie* forderten die Diskussionsteilnehmer deshalb
unter anderem die Durchführung entsprechender kulturvergleichender Studien
sowie die Identifizierung von Subgruppen mit differierenden Alienbildern und
Erstkontakt-Vorstellungen. Außerdem sollten alle Arten von Massenmedien
besser genutzt werden, um die Öffentlichkeit über die Möglichkeit der Existenz von Außerirdischen und die SETI-Forschung zu informieren. Die implizite
Grundthese war dabei, dass die Reaktion der Öffentlichkeit auf den Erstkontakt
vom Grad ihrer ‚Aufgeklärtheit' abhängig wäre: Je mehr die Menschen über
SETI-Projekte und die Möglichkeit intelligenten außerirdischen Lebens wüssten, desto besonnener und gleichsam ‚gefasster' würden sie im Fall des Falles
reagieren. (Dass es sich auch andersherum verhalten *könnte,* kam den Beteiligten
hingegen nicht in den Sinn – zumindest sind entsprechende Befürchtungen im
vorliegenden Tagungsband nicht dokumentiert.)

---

[14]Seitenzahlen im Original (im benutzten Transkript: S. 215–217).

Billingham et al. (1994, S. 94) schlugen konkret *sechs Maßnahmen* vor, um die Menschheit auf den Empfang eines außerirdischen Signals vorzubereiten: 1) die Etablierung eines „Post-Detection-Protokolls"[15], 2) die Festlegung von Prozeduren, mit denen politische Entscheidungsträger und die Öffentlichkeit über den erfolgten Erstkontakt informiert werden können, 3) die fortlaufende Unterrichtung staatlicher und internationaler Institutionen über den Stand der SETI-Forschung, 4) die Durchführung systematischer Analysen der politischen Folgen eines Erstkontakts, 5) die Entwicklung von nationalen und internationalen Prozeduren, die regeln, wie auf ein Signal geantwortet werden könnte sowie 6) die Erweiterung der internationalen Beteiligung an SETI-Projekten.

Im Abschnitt „SETI, Education, News, and Entertainment" machten die Beteiligten darüber hinaus sehr weitergehende Vorschläge für ,pädagogische' Maßnahmen, welche die Menschheit auf einen Signalkontakt vorbereiten und im Falle eines Falles auch informieren sollten:

1. Schulen, Universitäten, Museen, Bibliotheken[16] und andere Bildungsein-richtungen sollen namentlich die junge Generation über die Möglichkeiten außerirdischen Lebens und die Chance eines Erstkontakts informieren.
2. Die Massenmedien sollen systematisch über SETI-Programme berichten, sodass die Medien selbst (also deren Reporter, Kommentatoren usw.), aber auch ihre Rezipienten vorbereitet sind, wenn es zum Erstkontakt kommt.
3. Die Unterhaltungsmedien, aber auch Künstler jeglicher Art, sollen durch ent-sprechende Projekte über die Möglichkeit eines (friedlichen) Erstkontakts auf-klären und dabei für die SETI-Forschung werben; nach dem erfolgten Kontakt sollen sie die Bevölkerung auf unterhaltsame Weise über die Außerirdischen sowie die Verständigungsversuche informieren.

---

[15]Diese Maßnahme war zum Zeitpunkt der drei Workshopsitzungen zumindest tendenziell bereits umgesetzt – wir hatten in Abschn. 9.1 bereits darauf hingewiesen.

[16]Erwähnt werden soll hier auch die Kritik (Billingham et al. 1994, S. 125), dass in vie-len Bibliotheken ein Missverhältnis zwischen ,seriöser' SETI-Literatur auf der einen und ,pseudowissenschaftlicher' Literatur, etwa zu UFO-Fragen, auf der anderen Seite bestünde. Angestrebt wird hier offensichtlich eine Bereinigung des öffentlichen Diskurses, sodass nur noch über die Möglichkeit eines fernen Fernkontakts informiert werden kann, andere Kontaktszenarien (auf welche die ET-Hypothese in der UFO-Forschung letztlich ja *auch* verweist) jedoch möglichst ausgeklammert werden sollen. Aus wissenschaftshistorischer Perspektive belegt dies einmal mehr (vgl. bereits Romesberg 1992, passim), dass viele SETI-Aktivisten eine ,Hidden Agenda' verfolgen, die auf die Exkludierung all jenes Wissens über Außerirdische und den Erstkontakt abstellt, das nicht dem von ihnen ver-tretenen SETI-Paradigma folgt. Hier wird seit Jahrzehnten versucht, eine Art *Erstkontakt-Orthodoxie* zu etablieren.

Für jeden dieser drei Bereiche wurde eine Reihe mal mehr, mal weniger konkreter Vorschläge unterbreitet – und es wurden die jeweiligen Möglichkeiten von verschiedensten Institutionen, Medien und Einzelpersonen bewertet, einen Aufklärungsbeitrag zu leisten (Billingham et al. 1994, S. 95–119). Dabei, dies kann nicht oft genug betont werden, orientierten sich alle vorgeschlagenen Maßnahmen strikt am – aus unserer Sicht am wenigsten folgenschweren – fernen Fernkontakt. Maßnahmen für andere Kontaktszenarien wurden nicht einmal angedacht, wohl schlicht deshalb nicht, weil diese Szenarien nach dem damals dominierenden SETI-Paradigma geradezu *undenkbar* waren (wir hatten dies in Kap. 4 diskutiert).

In den folgenden Jahren (man muss heute fast schon schreiben: Jahrzehnten) sind nur wenige wissenschaftliche Arbeiten erschienen, die sich mit auch nur ansatzweise gleicher Ausführlichkeit der Frage nach der konkreten Vorbereitung auf einen Erstkontakt gewidmet haben.[17] Zu den wenigen Ausnahmen gehört das international viel beachtete Werk *„Contact with Alien Civilisation"* des langjährigen Berufsdiplomaten *Michel A. G. Michaud* (2007). In seinem Buch findet sich ein „Anhang", in dem der Autor auf zwanzig Seiten Vorschläge zur Vorbereitung auf einen möglichen Erstkontakt unterbreitet. Seine, manchmal sehr grundsätzlichen, manchmal recht konkreten Vorschläge können in sieben Themen- bzw. Fragenkomplexen zusammengefasst werden:

1. Die Notwendigkeit der Verabschiedung *international verbindlicher Regelungen,* was im Falle eines Erstkontakts zu geschehen hat (der Autor fordert hier Abkommen für alle drei Arten der von uns untersuchten Basis-Szenarien: Signal-, Artefakt- und Begegnungsszenario[18]).

---

[17]Allerdings gibt es, namentlich im englischsprachigen Raum, inzwischen eine große Zahl populärer Veröffentlichungen zum Thema Erstkontakt, in denen – mehr oder weniger ausführlich – auf diese Frage eingegangen wird. Eine systematische Darstellung solcher Vorschläge würde den Rahmen dieses Kapitels sprengen. Wir beschränken uns deshalb im Folgenden auf einige wenige wissenschaftliche Veröffentlichungen, deren Aussagen uns besonders bedeutsam erscheinen.

[18]„Some have argued that the Declaration of Principles is focused too narrowly on the detection of an electromagnetic signal and does not apply to other scenarios of contact. Stride thought that we need protocols for both the search for extraterrestrial artifacts (SETA) and the search for extraterrestrial visitations (SETV). These documents would include strict rules for verification, confirmation, even syntax for communication" (Michaud 2007, S. 362).

2. Die Entwicklung einer *formalen Skala*, mit deren Hilfe die Bedeutsamkeit und auch das Risiko jedes Kontakt-Typs nach unterschiedlichen Parametern abgeschätzt und entsprechend öffentlich kommuniziert werden kann (der Autor verweist hier exemplarisch auf die im Jahre 2000 auf einem astronomischen Kongress in Rio de Janeiro vorgestellte sog. *Rio-Skala*).

3. Die Klärung der Frage, welche (fachwissenschaftliche, nationale oder internationale) Institution die *Weltöffentlichkeit* zu welchem Zeitpunkt und in welcher Genauigkeit über den erfolgten Erstkontakt *informiert*.

4. Die Vorbereitung politischer Entscheidungsträger, nationaler und internationaler Organisationen auf einen möglichen Erstkontakt (dies schließt grundsätzliche Informationen über den Stand der Forschung ebenso ein wie jene über mögliche politische und kulturelle Konsequenzen des Erstkontakts).

5. Die Entwicklung von rechtsverbindlichen Prozeduren, die regeln, wer – im Falle eines Fern- oder eines Direktkontakts – für die Erde spricht, welche Informationen ausgetauscht werden sollen und wie Nachrichten formuliert sein sollen, damit Missverständnisse möglichst minimiert werden.

6. Die Vorbereitung politischer Entscheidungsträger und internationaler Institutionen auf die mögliche Etablierung einer langfristigen Kulturbeziehung mit einer oder sogar mehreren außerirdischen Mächten (einschließlich der Formulierung von Grundprinzipien für ein extraterrestrisches Rechtssystem aus menschlicher Warte).

7. Die Vorbereitung auf die Verteidigung unseres Planeten und insbesondere die Sicherung des Überlebens der Menschheit, wenn die Außerirdischen feindselig sind oder ein direkter Kontakt – aus welchen Gründen auch immer – negativ verläuft.[19]

Ganz aktuell gibt es im von dem Historiker *Steven J. Dick* herausgegebenen Tagungsband *„The Impact of Discovery Life beyond Earth"* (2015) einen ganzen Abschnitt mit verschiedenen Beiträgen, die *scheinbar* alle der Frage gewidmet

---

[19]Der Autor widerspricht hier explizit der (auch von uns geteilten) Einschätzung, dass ein militärischer Konflikt mit einer außerirdischen Macht stets hoffnungslos asymmetrisch sein dürfte: „SETI conventional wisdom assumes that because we will be much less technologically advanced than any other civilization the we contact, we would be helpless if the extraterrestrials were hostile. This disparity may turn out to be true, but it remains unproven. To assume our weakness in advance would be preemptive capitulation" (Michaud 2007, S. 376).

sind, wie die Gesellschaft sich auf den Erstkontakt vorbereiten könnte. Ein genauerer Blick in jene sechs Aufsätze zeigt allerdings, dass lediglich zwei von ihnen tatsächlich dieses Problem abhandeln[20] – und einer davon stammt wiederum von Michael A. G. Michaud.

Da wir bereits ausführlich auf seine Ideen zur Kontaktvorbereitung im Buch aus dem Jahre 2007 eingegangen sind, konzentrieren wir uns hier auf die Darlegungen von Margaret S. Race (2015): *„Preparing for the Discovery of ET Life"*. Die Autorin stellt zunächst fest, dass jede Planung von Maßnahmen zur Vorbereitung eines Erstkontakts davon ausgehen muss, dass es sehr unterschiedliche Kontaktszenarien gibt, die jeweils andere Vorkehrungen notwendig machen (Race 2015, S. 264). Race bezieht sich hier allerdings auf die Folgen der Entdeckung von Leben generell und beschäftigt sich bei der Frage nach dem Kontakt mit intelligenten Lebensformen *ausschließlich* mit dem Fernkontakt entsprechend des SETI-Paradigmas.[21] In ihrer Darstellung konzentriert sie sich darauf, die *bisherigen* rechtlichen und institutionellen Rahmenbedingungen vorzustellen, die eine *rationale* Reaktion auf die Entdeckung außerirdischen Lebens ermöglichen sollen. Jene Regelungen und Pläne scheinen ihr hinreichend, wenn auch zu stark aus wissenschaftlicher Sicht formuliert:

> With no know direct impacts involved and very long lag times for interacting with presumed ET life, the consequences of detection will not likely any real-time effects

---

[20]Wissenssoziologisch höchst interessant ist dabei, dass diese zwei Beiträge (gleichzeitig die letzten des Tagungsbandes) der Frage gewidmet sind, welches die sozialen Konsequenzen wären, wenn die Suche nach außerirdischen Intelligenzen auch langfristig erfolglos bliebe (Billings 2015; Chaisson 2015). Möglicherweise zeichnet sich hier eine wachsende Skepsis bezüglich der Erfolgsaussichten der traditionellen SETI-Strategien ab.

[21]Ähnlich sind die Ausführungen im Beitrag von Klara Anna Capova (2013) – da, wo es nicht um Mikroorganismen, sondern um intelligentes außerirdisches Leben geht, betrachtet die Autorin ausschließlich einen Fernkontakt entsprechend des SETI-Paradigmas. Bei der Frage nach kulturellen Reaktionen auf einen Erstkontakt dieser Art weist sie nachdrücklich auf den – durchaus als problematisch angesehenen – Einfluss von Alienbildern aus der Science Fiction hin. Ihr Fazit: „If the ETL [Extraterrestrial Life] debate is to be moved forward, a better understanding needs to be developed of the cultural landscapes from which the reaction of the public to the detection of extraterrestrial life arises. We can speculate on the possible wider implications of our narratives about the encounter with aliens. But to be clear, we must cautions about making any generalizations independent of the specific contact situation. The immediate societal response to the detection of extraterrestrial life will be cultural as well as individual, but above all contextual, and in any case influenced by the type of life discovered" (Capova 2013, S. 278–279).

upon continuing search activities. In contrast, while astrobiologists are prepared in general for interpreting scientific aspects of possible discoveries, there are a number of gaps in their plan (Race 2015, S. 281).

Allerdings führt diese Relativierung nicht zu der Konsequenz, ausführlichere und konkretere Vorschläge für den Fall eines Kontakts mit außerirdischen Intelligenzen vorzulegen. Ihr Festhalten am SETI-Paradigma mit entsprechenden langen Zeiträumen, die für Diskussionen über die möglichen Reaktionen auf einen Signalempfang zur Verfügung zu stehen scheinen, macht jede Vorbereitung, die über die bisherigen unverbindlichen Protokolle hinausgehen, aus ihrer Sicht überflüssig.

Wir haben diesem Beitrag primär deshalb Aufmerksamkeit geschenkt, weil er die Konsequenzen eines vorsätzlich eingeschränkten Möglichkeitsraums bei den Erstkontaktszenarien deutlich macht: Wer nur das klassische SETI-Szenario berücksichtigt, muss sich über Vorbereitungsmaßnahmen nur wenig Gedanken machen. Wie sich gleich (im nächsten Unterkapitel) zeigen wird, stimmen wir dieser Einschätzung im Großen und Ganzen zu. Die Situation ändert sich allerdings vollständig, wenn wir alternative Kontaktszenarien berücksichtigen – was in jenem Band ausschließlich Michael A. G. Michaud tut. Seine konkreten Vorschläge für Vorbereitungsmaßnahmen hatten wir vorgestellt – eine sehr generelle, aber unseres Erachtens wichtige Ergänzung liefert in dem neueren, deutlich kürzeren Text lediglich Punkt 14 der Maßnahmenliste:

Recognize the limitations of prediction. We humans are notoriously inaccurate when we predict the future more than a few years ahead. [...] We do not know which scenario of contact we will face. At best, our planning will be only partly successful (Michaud 2015, S. 295; Hervorhebung im Original).

Zur Vorsicht raten auch Baxter und Elliott (2012, S. 33) in ihrem politikwissenschaftlichen Aufsatz „A SETI Metapolicy". Sie weisen nachdrücklich darauf hin, dass die Entdeckung einer außerirdischen Zivilisation erhebliche *sicherheitspolitische* Bedeutung für die gesamte Erde haben dürfte: Trotz der großen interstellaren Entfernungen sind Kriege zwischen Zivilisationen denkbar. Nach Ansicht der Autoren muss dieser Faktor insbesondere bei der Entscheidung über METI-Programme berücksichtigt werden. Sie regen außerdem (dies ist ein seltener Vorschlag in der Fachliteratur!) explizit an, die kritische *Infrastruktur auf der Erde* so zu gestalten, dass sie nicht nur Naturkatastrophen, sondern auch einem Angriff durch eine außerirdische Intelligenz standzuhalten vermag. Das Fazit ihres ungewöhnlichen Beitrags lautet: „The most robust policy principle may be to hope for the best from the contact, but to prepare for the worst" (Baxter und Elliott 2012, S. 35).

9.3 Vorstellbare Strategien zur Minimierung negativer Auswirkungen des Erstkontakts

Wenn man diese recht unterschiedlichen Vorschläge für Vorbereitungsstrategien systematisiert, die alle zum Ziel haben, mögliche *negative Auswirkungen des Erstkontakts* zu minimieren, lassen sich dabei vier grundsätzliche Typen unterscheiden:

I.   Strategien zur *Verringerung der Wahrscheinlichkeit* des Erstkontakts (eine vorgängige, letztlich sehr radikale Vorgehensweise);
II. Strategien der *Geheimhaltung* eines stattgefundenen Erstkontakts[22];
III. Strategien zur Beeinflussung der öffentlichen Meinung vor und nach Bekanntwerden des Ereignisses *(Krisenkommunikation);*
IV. Strategien zur Minimierung von Schäden, falls der Kontakt konflikthaft verläuft oder riskante Situationen anderer Art entstehen *(Sicherheitsvorkehrungen).*

Bei der folgenden Zusammenstellung differenzieren wir wiederum nach den von uns im vorherigen Kapitel vorgestellten drei Basisszenarien. Hinzuweisen ist noch darauf, dass es uns – im Gegensatz zu den Darstellungen etwa bei Billingham et al. oder Michaud – weniger um konkrete Vorschläge geht, als um eine Diskussion der *grundsätzlichen Möglichkeiten,* die es gibt, dem Erstkontakt etwas von seiner prognostizierten kulturellen Schärfe zu nehmen. Damit dieses Unterkapitel nicht zu umfangreich wird, müssen wir uns an einigen Stellen auf Stichpunkte beschränken – dies macht hier und da umso mehr Sinn, als manche der genannten technischen Strategien weit außerhalb sozialwissenschaftlicher Kompetenz verortet sind.

---

[22]Hier entstünde dann ein im eigentlichen Wortsinne kosmo-politisches Geheimnis mit allen Problemlagen, die mit Geheimhaltungsprozessen verbunden sind (vgl. Schetsche 2008).

9.3.1 Verringerung der Kontaktwahrscheinlichkeit

Signalszenario Hier müssen zwei mögliche Ziele unterschieden werden. Wenn es darum geht, dass wir selbst keine außerirdischen Signale empfangen möchten, ist die einfachste Maßnahme, alle SETI-Projekte sofort einzustellen und als Weltgesellschaft zu beschließen, solche Forschungen nicht mehr zu betreiben (etwa weil sie mehrheitlich als zu riskant angesehen werden). Auch wenn die bisherigen SETI-Projekte zu einhundert Prozent erfolglos waren (jedenfalls was ihr primäres Ziel, die Entdeckung einer außerirdischen Intelligenz, angeht[23]), ist nicht davon auszugehen, dass sich Forscher und Forscherinnen in aller Welt einem solchen Votum beugen würden. Ganz davon abgesehen, dass völlig offen ist, wer ein solches Verbot aussprechen sollte. Nicht zuletzt vor dem Hintergrund der von uns prognostizierten begrenzten Auswirkungen eines Erfolgs dieser Projekte, machte es wenig Sinn, eine solche Maßnahme ins Auge zu fassen. Anders sieht es bei den *METI-Projekten* aus, die durch vorsätzlich in die Weiten des Kosmos ausgesandte Signale, andere Zivilisationen auf die Erde bzw. auf die Menschheit aufmerksam zu machen versuchen. Die generelle Problematik dieses Ziels hatten wir an anderer Stelle (Kap. 6) ausführlich diskutiert. Hier ist lediglich hinzuzufügen, dass, außer dem generellen Verzicht auf derartige „High-Risk-Experimente", verschiedene technische Maßnahmen zur Verringerung der Wahrscheinlich einer *zufälligen* Entdeckung der Erde durch eine fremde Intelligenz denkbar sind. Wir sind jedoch technisch nicht kompetent genug, um zu entscheiden, ob solche Maßnahmen (etwa die Entwicklung schwer zu entdeckender Kommunikationskanäle) Erfolg versprechend und mit vertretbarem Aufwand zu realisieren sind.[24]

---

[23]Das sekundäre Ziel hingegen, die wissenschaftlichen, philosophischen und auch öffentlichen Debatten über die Stellung des Menschen im Kosmos anzukurbeln, wurde erreicht.

[24]Wir wollen hier nicht über die Entwicklung von Camouflage-Techniken zum Verbergen von im elektromagnetischen Spektrum aufleuchtenden Zivilisationsmarkern spekulieren – erlauben uns aber den Hinweis, dass dies durchaus eine Erklärung für den bisherigen Misserfolg sämtlicher SETI-Projekte sein könnte: Andere Zivilisationen *wollen* nicht entdeckt werden. Dieser Gedanke findet sich bereits bei John A. Ball (1973, S. 349) – er führt unmittelbar zu der höchst berechtigten Frage, welche Gründe es für ein solches Verhalten technologisch weit fortgeschrittener Zivilisationen geben könnte (vgl. Baum et al. 2011, S. 2116; Korhonen 2012).

Artefaktszenario Die erfolgversprechendste Strategie ist hier sicherlich ein ‚Weitermachen wie bisher'. Da wir die Wahrscheinlichkeit einer *zufälligen* Entdeckung zumindest kleinerer Artefakte[25] für eher gering halten (auch wenn wir in der weiter oben von uns dargestellten Szenarioanalyse eine solche Narration gewählt hatten), bedürfte es schon systematischer Suchanstrengungen, um entsprechende Objekte in den Weiten unseres Sonnensystems zu entdecken. Die beste Strategie in diesem Kontext wäre deshalb ein internationales Verbot aller SETA-Projekte – was momentan noch nicht einmal zu einem vernehmlichen Aufschrei in der wissenschaftlichen Gemeinschaft führen würde, da sich ohnehin fast niemand mit dieser Suche beschäftigt.[26] Die Frage ist, ob der wissenschaftliche Widerstand größer wäre, wenn ein zufällig gefundenes Artefakt sofort vernichtet würde (etwa unter UN-Aufsicht). Der Versuch, eine entsprechende internationale Regelung durchzusetzen, könnte allerdings durchaus zum Gegenteil des intendierten Prozedere führen: Das entsprechende Erstkontaktszenario und die damit verbundenen Suchstrategien würden wissenschaftliche und auch öffentliche Aufmerksamkeit in bisher unbekannten Ausmaßen erlangen und damit möglicherweise entsprechende Bestrebungen konterkarieren. Wahrscheinlich wäre deshalb eine ‚Beseitigung' des Problems durch klandestines Handeln staatlicher oder privater Institutionen vielversprechender (siehe hierzu weiter unten die Strategie der Geheimhaltung).

Begegnungsszenario Beim jetzigen Stand der menschlichen Raumfahrttechnik sind für unabsehbare Zeit die Anderen die Entdecker, wir lediglich die Entdeckten. Bei dem zu erwartenden weit überlegenen Stand der außerirdischen Technologie sehen wir keinen Weg, um unsere Entdeckung durch interstellare Raumsonden oder gar den ‚Besuch' Außerirdischer auf der Erde zu verhindern.

---

[25]Ausgehend von Prozessen der zunehmenden *Miniaturisierung* auf der Erde nehmen wir an, dass auch bei außerirdischen Zivilisationen entsprechende Tendenzen vorhanden sein könnten. Wenn wir bereits heute (im Rahmen der „Breakthrough-Initiative") einfache interstellare Raumsonden von der Größe weniger Zentimeter planen (siehe Stirn 2016), ist es vorstellbar, dass technisch weiter fortgeschrittene Zivilisationen selbst höchst komplexe Sonden mit immenser Funktionsbreite in sehr geringer Größe herzustellen vermögen. Müssten wir nach entsprechenden Artefakten suchen, würden wir nach Objekten von weniger als einem Meter Größe Ausschau halten. Dies bedeutet natürlich nicht, dass extraterrestrische Gerätschaften zu bestimmten Zwecken (etwa zur Rohstoffgewinnung) nicht auch erheblich größer sein könnten.

[26]Einige theoretische Vorschläge und Debatten zum Thema SETA hatten wir in Kap. 5 vorgestellt.

Hier können wir nicht mehr als hoffen, dass ‚sie' entweder von sich aus eine strikte Nichteinmischungspolitik betreiben oder hinreichend Erfahrungen gesammelt haben, um den Kulturkontakt mit einer ‚rückständigen' Zivilisation (nämlich der unseren) einigermaßen verträglich verlaufen zu lassen.

9.3.2   Geheimhaltung

Signalszenario Das schon mehrfach erwähnte „*Post Detection Protocol*" (1989/2010) sieht vor, nach der technisch-wissenschaftlichen Verifizierung des Empfangs von Signalen einer außerirdischen Zivilisation, zunächst verschiedene internationale Organisationen einschließlich des Generalsekretärs der Vereinten Nationen zu informieren. Erst im Anschluss daran soll auch die Öffentlichkeit via Fach- und Massenmedien informiert werden. Der verlangte Prozess der Verifizierung der Daten würde sich dabei sicherlich über einen längeren Zeitraum hinziehen; an ihm wäre eine ganze Reihe von Forschungseinrichtungen mit einer Vielzahl von Einzelpersonen beteiligt. Es ist daher fraglich, wie realistisch der in der Deklaration vorgeschlagene Ablauf ist (vgl. Harrison 1997, S. 207; Shostak 1999, S. 225–227). Als unumstritten unter den SETI-Forschern gilt, dass ein entsprechendes Signal zu den schwerwiegendsten wissenschaftlichen Entdeckungen der Neuzeit gehören würde – entsprechend hoch dürfte der ‚Nachrichtenwert' einer solchen Information sein und damit auch entsprechend kurz der Zeitraum, bis erste Gerüchte die Massenmedien und damit die Öffentlichkeit erreichen (so jedenfalls Shostak 1999, S. 226). Da aus unserer Warte (vgl. die Szenarioanalyse im vorhergehenden Kapitel) die alltäglichen Auswirkungen einer entsprechenden Nachricht ohnehin eher gering sein dürften, scheint uns kaum eine Notwendigkeit dafür zu bestehen, die Tatsache des Signalempfangs selbst geheim zu halten. Anders könnte die Situation sich lediglich dann darstellen, wenn es eines fernen Tages gelingen sollte, wesentliche Inhalte der Botschaft zu entschlüsseln – und diese sich ihrem Gehalt nach als bedrohlich für die Menschheit erweisen sollte.[27]

Artefaktszenario Das Verschweigen eines Artefakt-Fundes würde nach unserer Einschätzung unter zwei Bedingungen rational Sinn machen: Ein Nationalstaat

---

[27]Eine schöne Variante eines solchen Szenarios findet sich in der SF-Kurzgeschichte von Tobias Daniel Wabbel (2002) *Der Tod einer Termite,* in der es um die religiösen Folgen einer sehr eindeutigen Botschaft eines Netzwerks außerirdischer Intelligenzen geht: Es gibt keinen Gott!

bzw. ein Unternehmen verspricht sich ein Monopol in der Nutzung von Alien-Technologie oder dem gefundenen Artefakt wohnt eine irgendwie bedrohliche Botschaft inne. Im erstgenannten Fall geschieht das Verschweigen primär in einem (sicherlich kosmopolitisch kritisierbaren) partikularen Interesse, kann jedoch auch der Konfliktvermeidung dienen, wenn es konkurrierende Mächte gibt, die sich die fremde Technologie um fast jeden Preis aneignen würden. Im zweiten Fall wären Situationen vorstellbar, in denen das Verschweigen sozialethisch vertretbar(er) wäre, etwa wenn zu befürchtende negative massenpsychologische Auswirkungen den erwarteten Erkenntnisgewinn deutlich übersteigen könnten. Dann wäre es sogar vorstellbar (und möglicherweise auch zu legitimieren), das entsprechende Artefakt zeitnah nach dem Fund zu zerstören und alle Spuren seiner Existenz zu tilgen (vgl. Baxter und Elliot 2012, S. 34).

Begegnungsszenario Ob es hier realistische Optionen gibt, das Ereignis vor der Weltöffentlichkeit geheim zu halten, hängt ganz von den Parametern des Kontakts ab. Beim in der Science Fiction beliebten Szenario (jüngst etwas im Kinofilm *Arrival*[28] – noch bedrohlicher im Klassiker *Independence Day*[29]) des unübersehbaren Erscheinens einer Vielzahl riesiger außerirdischer Raumschiffe über dicht besiedelten Regionen der Erde, stellt sich diese Frage von vornherein nicht. Es sind aber andere Parameter denkbar, in denen zunächst nur wissenschaftliche oder militärische Forschungseinrichtungen und dann auch die Regierung einzelner Staaten über das Erscheinen eines offensichtlich intelligent gesteuerten Flugkörpers informiert sind. (Dies wäre etwa der Fall, wenn der Kontakt sehr unspektakulär an einem abgeschiedenen Ort oder gar fern der Erde im Weltraum stattfände.) In solchen Fällen könnten politische Entscheidungsträger durchaus zu der Überzeugung gelangen, dass es – aus machtpolitischen oder auch massenpsychologischen Gründen – zumindest für eine Zeit lang[30] besser wäre, die Öffentlichkeit *nicht* zu informieren (vgl. Harrison 1997, S. 269–272). Beide Arten von Gründen dürften im Rahmen des Begegnungsszenarios deutlich schwerwiegender sein als bei anderen Formen des Erstkontakts. Über eine solche Möglichkeit nicht zumindest nachzudenken, erscheint uns allerdings

---

[28]USA 2016, Regie: Denis Villeneuve.

[29]USA 1996, Regie: Roland Emmerich.

[30]Bereits der im Auftrag der NASA erstellte „Brookings-Report" (wir hatten ihn mehrfach erwähnt) hatte im Jahr 1961 die Frage aufgeworfen, unter welchen Umständen und zu welchem Zeitpunkt die Öffentlichkeit am besten über die Tatsache der erfolgten Kontaktaufnahme mit einer außerirdischen Intelligenz informiert werden sollte.

politikwissenschaftlich naiv – und zwar sowohl aufseiten des politisch-administrativen Systems als auch aufseiten der Öffentlichkeit. Falls die Kontaktparameter dies erlauben, ist Verschweigen eine ernsthafte Option.[31]

9.3.3 Krisenkommunikation

Signalszenario In diesen Bereich fällt ein Großteil der Vorschläge, die von Billingham et al. (1994) als Maßnahmen zur Vorbereitung auf einen angenommenen Erstkontakt via Signalempfang unterbreitet wurden. Wir hatten die Vorschläge im vorangegangenen Unterkapitel ausführlich vorgestellt, wollen deshalb nur noch einmal darauf hinweisen, dass hier zwei Arten von Vorschlägen zu unterscheiden sind: Maßnahmen vor einem eindeutigen Signalempfang und Maßnahmen nach einem Signalempfang. Im ersten Fall scheint es uns primär um verschiedenste Ideen zur ‚Aufklärung' der Öffentlichkeit, insbesondere politischer Entscheidungsträger und religiöser Führer, über den wissenschaftlichen Forschungsstand und die Chancen (und auch die Risiken) des Erstkontakts zu gehen. Hier wurden in der Literatur zum Thema die vielfältigsten Vorschläge gemacht (mal mehr, mal weniger ‚pädagogisch' durchdacht) – Vorschläge, die fast durchgängig auf dem SETI-Paradigma beruhen und damit bedauerlicherweise dessen anthropozentrische Fehlannahmen teilen. Deshalb sind wir uns unsicher, ob wir diesen Maßnahmen von ganzem Herzen Erfolg wünschen sollten. Im zweiten Falle, nämlich wenn das Signal bereits empfangen wurde, handelt es sich um eine Frage der Beeinflussung bzw. Steuerung der öffentlichen Meinung – ein Vorhaben, dessen Grenzfall die Strategie des Verschweigens darstellt. In jedem Falle geht es um das Problem, welche Informationen zu welcher Zeit an das politisch-administrative System übermittelt werden und wer dann darüber konkret entscheidet, ob die allgemeine Öffentlichkeit umfassend (und wahrheitsgetreu) informiert wird. Wir hatten im vorherigen Kapitel bereits mehrfach darauf hingewiesen, dass uns alle Versuche einer genauen Planung dieser Maßnahmen

---

[31]Dies führt uns unmittelbar zu der im Rahmen der UFO-Forschung allgegenwärtigen Hypothese, dass der Erstkontakt bereits stattgefunden hat, von Regierungsstellen jedoch vor der Bevölkerung geheim gehalten wird. Im Gegensatz zu den meisten Kritikern dieser Hypothese sind wir der Meinung, dass eine solche Geheimhaltung zwar riskant, unter bestimmten Umständen jedoch sogar für einen längeren Zeitraum möglich ist (vgl. Schetsche 2008, S. 247–249). Uns liegen allerdings keinerlei überzeugende Informationen darüber vor, dass ein solcher Fall bereits eingetreten sein könnte.

wenig Erfolg versprechend erscheinen. Wenn der Signalempfang nicht gerade durch militärische Stellen erfolgt, scheint die Vorstellung, entsprechende Informationen mehr als wenige Tage zurückzuhalten und zunächst passend aufbereiten zu können, illusorisch. (Wir hatten dies in der entsprechenden Szenarioanalyse auch so unterstellt.) Schon allein aus diesen informationspraktischen Gründen scheint es uns nicht sinnvoll, der Diskussion der entsprechenden Maßnahmen zu viel Aufmerksamkeit zu widmen.

Artefaktszenario Alles soeben Angemerkte scheint uns – mutatis mutandis – auch für das Artefaktszenario zu gelten.[32] Besondere Überlegungen wären hier lediglich *nach einem Fund* anzustellen, wenn das oder die Artefakt(e) entweder auf der Erde selbst gefunden würden oder wenn es einem ökonomischen Akteur gelänge, die Verfügungsgewalt über das fremde Objekt zu erlangen. Wie die Informationspolitik im ersten Sonderfall aussehen könnte, hängt stark vom Fundort des Objekts ab. Möglicherweise erübrigt dessen exponierte Lage jede Debatte um eine systematische Informationspolitik, weil unmittelbar ein massenmedialer ,Hype' entsteht, der politisch nicht mehr zu steuern ist. Wenn sich hingegen, zweiter Sonderfall, ein handlungsmächtiger Konzern das Objekt anzueignen versteht, dürfte es zu einer nachhaltigen Informationspolitik kommen, die jener im Umgang mit Patenten, Neuentwicklungen, Markteinführungen usw. entspricht. Hier dürften wissenschaftliche Debatten wie öffentlicher Meinungsaustausch fast vollständig vom Wohlwollen des entsprechenden Konzerns abhängen. Wie dessen konkrete Informationsstrategien aussehen würden, können wir nicht prognostizieren.

Begegnungsszenario Nach den Ergebnissen der von uns durchgeführten Szenarioanalyse dürfte dies der kulturell kritischste Punkt sein. Wir hatten im vorangegangenen Kapitel mehrfach darauf hingewiesen, dass von einem ,nahen Nahkontakt' nicht nur die mit Abstand nachhaltigsten Einflüsse ausgehen würden – wir hatten auch prognostiziert, dass hier die Wahrscheinlichkeit sehr negativer Auswirkungen, etwa in Form eines allgemeinen Kulturschocks, am höchsten wäre. Hier stellt sicht deshalb mit großem Nachdruck nicht nur die Frage nach

---

[32]Dass für die SETA-Forschung, die sich mit außerirdischen Artefakten beschäftigt, noch keine wie im SETI-Bereich üblichen Strategien zur ,Aufklärung der Öffentlichkeit' entwickelt wurden, muss uns hier nicht weiter kümmern: Der von uns in naher Zukunft erwarteten Stärkung dieser Forschungsperspektive im internationalen Rahmen werden die entsprechenden Vorschläge zur Öffentlichkeitsarbeit sicherlich bald nachfolgen.

möglicherweise ‚schockmindernden' Vorbereitungsstrategien, sondern auch die nach einer optimalen Krisenkommunikation, wenn der Fall des Falles einmal eingetreten ist.

Am Beginn jeder Debatte über *Vorbereitungsstrategien* stellt sich unvermeidlich die ethische (und auch politische) Frage, ob die Aufklärung der Öffentlichkeit über einen möglichen Direktkontakt a) möglichst wahrhaftig oder doch besser b) pädagogisch vorbeugend sein sollte. Warnende Hinweise (wie sie nicht zuletzt auch unsere eigene Szenarioanalyse liefert) könnten, von einer breiten Öffentlichkeit rezipiert, den Charakter einer sich selbsterfüllenden Prophezeiung annehmen: Dass ‚die Wissenschaft' vor möglichen massenpsychologischen Verwerfungen warnt, beunruhigt die Öffentlichkeit so sehr, dass jene Verwerfungen im Falle eines Erstkontakts auch eintreten. Ähnliches gilt auch für die politischen Entscheidungsträger: Die Fantasie, die Außerirdischen kämen mit der ‚bösen Absicht', die Menschheit zu versklaven oder zu vernichten, könnte die Handlungsweisen der menschlichen Akteure so beeinflussen, dass ein konflikthafter Verlauf der ersten Begegnung unvermeidbar wird.[33] Als warnende, eher kontaktkritische Wissenschaftler können wir uns in diesem Falle nur damit trösten, dass Science Fiction-Filme wie *Independence Day* die Erwartungshaltung vieler Menschen (und wohl auch politischer Entscheidungsträger) deutlich stärker beeinflussen dürften, als wissenschaftliche Prognosen es jemals könnten. Dies enthebt uns als ‚Prognostiker' trotzdem nicht der Entscheidung, ob wir unsere Ergebnisse zur Vermeidung entsprechender Rückkopplungen ‚schönen' sollten. Wir haben uns in diesem Band dagegen entschieden, weil wir denken, dass die wissenschaftliche wie die allgemeine Öffentlichkeit realistische Prognosen zum Erstkontakt kennen sollte, also Vorhersagen, die auch die denkbaren negativen Auswirkungen nicht verschweigen. Nur dann kann in einem rationalen Diskurs entschieden werden, ob wir als Menschen (hier sogar als Menschheit) bereit sind, bestimmte Risiken in Kauf zu nehmen – etwa was die Realisierung von bestimmten SETI-, METI- und SETA-Projekten angeht.

Wenn der Direktkontakt tatsächlich Realität geworden sein sollte, schlägt die Stunde der *Krisenkommunikation*. Wir können deren Grundsätze, strategische Optionen und sozialethische Problemlagen an dieser Stelle nicht diskutieren (einen Überblick über den aktuellen Stand der Debatten liefern Nolting und Thießen 2008 sowie Höbel und Hofmann 2014), sondern lediglich darauf hinweisen,

---

[33]Konfliktursachen, die in den Interessen oder Zielen der Außerirdischen selbst begründet sind, lassen wir hier einmal aus grundsätzlichen Erwägungen heraus unberücksichtigt (siehe hierzu aber schon die scharfsinnigen Überlegungen bei Michaud 1972).

dass im hier interessierenden Fall drei *Besonderheiten* zu berücksichtigen sind: 1) Es handelt sich stets um ein im wahrsten Sinne des Wortes *globales Problem* – wer auch immer konkret handelt, riskiert entsprechend weltweite Handlungsfolgen (in der global vernetzten Medienlandschaft gilt dies auch für Kommunikate bekanntermaßen handlungsmächtiger Akteure). 2) Was bei einem Misslingen der Kommunikation mit den Außerirdischen oder bei einem unglücklichen Verlauf der Interaktion schlimmstenfalls droht, ist nichts weniger als die Zerstörung der Erde und die Vernichtung der Menschheit; ein größeres Gesamtrisiko ist schlicht nicht vorstellbar. 3) Im Gegensatz zu allen anderen Krisen sieht die Menschheit sich beim Erstkonktakt einem *intelligenten* und *technologisch überlegenen* Akteur gegenüber, über den zunächst einmal so gut wie nichts bekannt ist – Handlungsstrategien können sich mithin nicht auf bewährte Vorannahmen und Grundregeln berufen, wie sie bei Interaktionen etwa zwischen menschlichen Regierungen gelten. Immerhin können unabhängig (oder ggf. auch abhängig) von der menschlichen Interaktion mit dem maximal Fremden entstehende negative massenpsychologische Phänomene sicherheitspolitisch und sicherheitspraktisch nach den ‚Regeln‘ für schwerwiegende Wild Card-Ereignisse mit anderen Ursachen (etwa Naturkatastrophen oder Terroranschlägen) bearbeitet werden. Welche Folgerungen aus den Besonderheiten der Erstkontaktsituation zu ziehen wären, müssten in entsprechenden Forschungsvorhaben zum Zivil- und Katastrophenschutz näher untersucht werden. Ob darüber hinaus eine systematische Vorbereitung auf eine Kommunikation mit dem maximal Fremden möglich ist, scheint uns nicht zuletzt wegen der völlig unvorhersehbaren Motive, Handlungsstrategien und Verhaltensweisen einer außerirdischen Intelligenz zweifelhaft.

9.3.4   Sicherheitsvorkehrungen

Signalszenario Auf den ersten Blick ist es bei einem Signalempfang weder möglich noch sinnvoll, irgendwelche Maßnahmen zum Schutz vor negativen Einflüssen der übermittelten Botschaft zu ergreifen. Dies scheint umso mehr zu gelten, als wir, wie mehrfach dargestellt, die Auffassung vertreten, dass die Chance, eine empfangene Nachricht zu entschlüsseln überaus gering ist. Auf den zweiten Blick offenbart sich jedoch ein möglicherweise schwerwiegendes Problem: die ‚Infizierung‘ der kommunikativen Infrastruktur der Erde mit schädlichem Programmcode, der in der außerirdischen Nachricht enthalten ist (vgl. Carrigan 2006; Baum et al. 2011, S. 2125–2126; Neal 2014, S. 74; Gerritzen 2016, S. 215–219). Wir sind nicht qualifiziert, um zu entscheiden, ob es technisch überhaupt möglich ist, dass ein außerirdisches Programm auf irdische Rechner und Netzwerke implementiert werden kann – wir sind uns aber auch nicht sicher, ob dies vor dem Hintergrund einer weit fortgeschrittenen Computertechnologie der Außerirdischen völlig ausgeschlossen werden kann. Letztlich ist sogar vorstellbar, dass es sich bei einem übertragenen umfangreichen Programmcode um die extraterrestrische Intelligenz selbst handelt, um den Ableger oder Klon einer umfassenden KI, die das Herzstück einer postbiologischen Maschinenzivilisation bildet. Solange eine solche Möglichkeit nicht ausgeschlossen werden kann, sollte die Datenverarbeitung aller Empfangsstationen grundsätzlich auf gesonderten Rechnern erfolgen, die keinerlei Verbindung zu Rechnernetzen, insbesondere nicht zum Internet haben. Hier müssen inverse Vorsorgemaßnahmen greifen, wie sie bei der Sicherung kritischer Infrastruktur gegen Computerviren und Hackerangriffe gelten: Kein Datenpaket verlässt die Empfangsstation. (Ob die uns Menschen bekannten Schutzmaßnahmen gegen eine weit fortgeschrittene fremde Technologie ausreichen würden, vermögen wir allerdings nicht zu prognostizieren.)

Artefaktszenario und Begegnungsszenario Es scheint uns sinnvoll, diese beiden Punkte gemeinsam abzuhandeln. Wie wir bereits zu Beginn dieses Kapitels ausgeführt hatten (9.1, Punkt 5), scheint es uns zu riskant, außerirdische Artefakte oder Besucher auf die Erde selbst zu bringen. Falls wir die Wahl haben (was zumindest im zweiten Fall alles andere als sicher ist), sollte eine Untersuchung bzw. Kommunikation möglichst weit entfernt von der Erde stattfinden. (Und Science Fiction-Fans ahnen spätestens seit dem Film *Life*[34], dass auch die Erdumlaufbahn kein geeigneter Ort für potenziell riskante Begegnungen mit fremden Entitäten ist.) Die beste beim gegenwärtigen Stand unserer Technik vorstellbare Sicherheitsvorkehrung wäre deshalb der Aufbau einer Untersuchungs- und Kontaktstation weit außerhalb der Erde, beispielsweise auf einem bereits heute für uns raumfahrttechnisch leicht erreichbaren Marsmond. Später könnte sie in das äußere Sonnensystem verlagert werden, um eine Art ‚Cordon sanitaire‘ zwischen dieser Station und den von Menschen besiedelten Bereichen des Sonnensystems zu schaffen. Falls ein Artefakt hingegen auf der Erde selbst gefunden wird oder sich eine fremde Raumsonde von erdfernen Kontaktangeboten nicht anlocken lässt, müssten strikte Maßnahmen zur Isolierung des Fund- bzw. Landeorts ergriffen werden. Wie diese aussehen könnten, überlassen wir den Experten für ‚Planetary Protection‘ und Zivilschutz … und im Zweifelsfalle (hier sind viele

---

[34]USA 2017, Regie: Daniél Espinosa.

Science Fiction-Filme nach unserer Einschätzung gar nicht so unrealistisch) wird sich ohnehin ‚das Militär' um diese Fragen kümmern. Ob dies alles ausreichen wird, um schwerwiegende Negativfolgen biologischer, chemischer oder technischer Art abzuwenden, vermögen wir nicht zu sagen. Über solche und ähnliche Maßnahmen sollte unseres Erachtens in näherer Zukunft sehr systematisch und kreativ nachgedacht werden. Dies ist nicht nur eine Aufgabe für die Wissenschaften, sondern setzt auch entsprechende politische Willensbildungsprozesse in nationalen und insbesondere internationalen Gremien voraus.

9.4   Fazit: Leitsätze zur Vorbereitung auf den Erstkontakt

In der Katastrophenforschung wird die Größe des Risikos eines Ereignisses (etwa eines Erdbebens) durch zwei Faktoren bestimmt: seiner Eintrittswahrscheinlichkeit und das Ausmaß seiner negativen Konsequenzen. Wenn der Kontakt mit einer außerirdischen Intelligenz nicht nur eines der einschneidensten Ereignisse der Menschheitsgeschichte wäre, sondern – zumindest unter bestimmten Bedingungen – auch verheerende kulturelle und soziale Auswirkungen haben könnte, kann die Wahrscheinlichkeit für das Erstkontakt-Ereignis fast beliebig gering werden, ohne dass das *Gesamtrisiko* vernachlässigbar wird. Denn wenn die negativen Konsequenzen von Geschehnissen gegen unendlich gehen, bestimmen nur noch sie, nicht aber die Eintrittswahrscheinlichkeit[35], die risikotechnische Relevanz solcher Ereignisse (in der internationalen Zukunftsforschung ‚*Low-probability, High-impact Events*' genannt). Nicht für solche Fälle zu planen, wäre unverantwortlich (vgl. Hiroki 2012). Die heute von Teilen der Scientific Community, von der Öffentlichkeit und von nationalen wie internationalen politischen Institutionen an den Tag gelegte Ignoranz hinsichtlich dieser Frage funktioniert als Handlungsoption überhaupt nur, weil und solange es keine offensichtlichen Indizien für die Existenz außerirdischer Intelligenzen gibt. Diese Strategie wird jedoch in dem Moment schlagartig prekär, wenn sich Indizien für intelligentes Leben außerhalb der Erde häufen oder gar das Erstkontakt-Ereignis unübersehbar eintritt. Auf Basis unserer im vorigen Kapitel vorgestellten szenarioanalytischen Prognosen raten wir deshalb nachdrücklich zu einer

---

[35]Jedenfalls solange diese nicht gleich Null ist – was heute in den Astrowissenschaften kaum noch jemand ernsthaft zu behaupten wagt.

kulturellen Vorbereitung auf den Erstkontakt. Diese Vorbereitung sollte unseres Erachtens *von fünf Leitsätzen ausgehen:*

1. Die Suche nach außerirdischen Intelligenzen ist kulturell betrachtet High-risk-Forschung, deren Nutzen und Risiken offen diskutiert werden müssen.
2. Da es sich um ein gesamtgesellschaftliches (globales) Risiko handelt, darf diese Debatte nicht der Scientific Community überlassen bleiben – namentlich nicht Disziplinen, die mit dem Thema partikulare Interessen verbinden.[36]
3. Öffentlichkeit und politische Eliten müssen über diese Forschungen und ihre möglichen Konsequenzen zumindest so weit informiert werden, dass rationale Entscheidungen über rechtliche Reglementierungen und Grenzziehungen (etwa bezüglich von METI-Projekten) möglich sind.
4. Da bei allen denkbaren Erstkontaktszenarien von *globalen* Auswirkungen auszugehen ist, fällt das Problem primär in die Zuständigkeit internationaler Institutionen; rechtliche Regelungen und politische Maßnahmen sollten vorzugsweise auf UN-Ebene implementiert werden.
5. Zur Minimierung negativer Auswirkungen sollte der Erstkontakt (in *allen* seinen wahrscheinlichen Varianten) Gegenstand der Sicherheitsforschung werden und in Plänen des Zivil- und Katastrophenschutzes als außergewöhnliches Störereignis Berücksichtigung finden.[37]

Literatur

Baum, Seth D., Jacob D. Haqq-Misra, und Shawn D. Domagal-Goldman. 2011. Would contact with extraterrestrials benefit or harm humanity? A scenario analysis. *Acta Astronautica* 68:2114–2129.

---

[36]Wir erwähnen in diesem Zusammenhang ausdrücklich die SETI-Community der Radioastronomen, die es im – auch finanziellen – Interesse ihres eigenen Forschungsgebiets über Jahrzehnte hinweg geschafft hatte, wissenschaftliche und öffentliche Debatten über alternative, möglicherweise sogar wahrscheinlichere Kontaktszenarien weitgehend zu unterbinden – insbesondere durch ihre aggressive Öffentlichkeitsarbeit. (Zu den Exkludierungspraktiken dieser Community siehe die Fußnote 16 in diesem Kapitel.).

[37]Als mustergültig kann in dieser Hinsicht das aus den USA stammende Praktikerhandbuch *Fire Officer's Guide to Desaster Control* (Kramer und Bahme 1992) angesehen werden, das in einem eigenen Kapitel Anleitungen für das Verhalten von Einsatzkräften nach einer Landung von Außerirdischen auf der Erde liefert.

Baxter, Stephan, und John Elliott. 2012. A SETI metapolicy. New directions towards comprehensive policies concerning the detection of extraterrestrial intelligence. *Acta Astronautica* 78:31–36.

Ball, John A. 1973. The zoo hypothesis. *Icarus* 19:347–349.

Billingham, John, et al. 1994. *Social implications of the detection of an extraterrestrial civilization.* Mountain View: SETI Institute.

Billings, Linda. 2015. The allure of alien life. Public and media framings of extraterrestrial life. In *The impact of discovery life beyond earth,* Hrsg. Steven J. Dick, 308–323. Cambridge: University Press.

Bohlmann, Ulrike M., und Moritz J. F. Bürger. 2018. Anthromorphism in the search for extra-terrestric intelligence – The limits of cognition? *Acta Astronautica* 143:163–168.

Brookings-Report. 1960. Proposed studies on the implications of peaceful space activities for human affairs [A Report Prepared for the Committee on Long-Range Studies of the National Aeronautics and Space Administration by The Brookings Institution]. Washington: Brookings Institution. http://www.nicap.org/papers/BrookingsCompleteRpt.pdf. Zugegriffen: 31. Aug. 2007.

Brosius, Hans-Bernd. 1994. Agenda-Setting nach einem Vierteljahrhundert Forschung: Methodischer und theoretischer Stillstand? *Publizistik* 39:269–288.

Capova, Klara Anna. 2013. The detection of extraterrestrial life: Are we ready? In *Astrobiology, history, and socienty. Life beyond earth and the impact of discovery,* Hrsg. Douglas A. Vakoch, 271–281. Heidelberg: Springer.

Carrigan, Richard A. Jr. 2006. Do potential SETI signals need to be decontaminated? *Acta Astronautica* 58 (2): 112–117.

Castro Varela, María do Mar, und Nikita Dhawan. 2015. *Postkoloniale Theorie. Eine kritische Einführung,* 2. überarb. Aufl. Bielefeld: transcript.

Chaisson, Eric J. 2015. Internalizing null extraterrestrial ‚Signals'. In *The impact of discovery life beyond earth,* Hrsg. Steven J. Dick, 324–337. Cambridge: University Press.

Dick, Steven J., Hrsg. 2015. *The impact of discovery life beyond earth.* Cambridge: University Press.

Garber, Stephen J. 1999. Searching for good science: The cancellation of NASA's SETI program. *Journal of the British Interplanetary Society* 52:3–12.

Gerritzen, Daniel. 2016. *Erstkontakt. Warum wir uns auf den Erstkontakt vorbereiten müssen.* Stuttgart: Franckh-Kosmos.

Harrison, Albert A. 1997. *After contact. The human response to extraterrestial life.* New York: Plenum Trade.

Hilgartner, Stephen, und Charles L. Bosk. 1988. The rise and fall of social problems: A public arenas model. *American Journal of Sociology* 94:53–78.

Hiroki, Kenzo. 2012. Strategies for managing low-probability, high-impact events. Washington: World Bank. https://openknowledge.worldbank.org/handle/10986/16163. Zugegriffen: 25. Okt. 2017.

Hitzler, Ronald, und Michaela Pfadenhauer, Hrsg. 2005. *Gegenwärtige Zukünfte. Interpretative Beiträge zur sozialwissenschaftlichen Diagnose und Prognose.* Wiesbaden: VS -Verlag.

Höbel, Peter, und T. Hofmann. 2014. *Krisenkommunikation,* 2. völlig überarb. Aufl. Konstanz: UVK.

Jüdt, Ingbert. 2013. Das UFO-Tabu ist öffentlich, nicht politisch. In *Diesseits der Denkverbote,* Hrsg. Michael Schetsche und Andreas Anton, 113–131. Hamburg: LIT.

Kerner, Ina. 2012. *Postkoloniale Theorien zur Einführung*. Hamburg: Junius.

Korhonen, Janne M. 2012. Mad with aliens? Interstellar deterrence and its implications. *Acta Astronautica* 86:201–210.

Kramer, William M., und Charles W. Bahmer. 1992. *Fire officer's guide to disaster control*, 2. Aufl. Tulsa: Pennwell.

Meadows, Dennis L. 1972. *Die Grenzen des Wachstums. Bericht des Club of Rome zur Lage der Menschheit*. Stuttgart: Deutsche Verlags-Anstalt.

Michaud, Michael A. G. 1972. Interstellar negotiation. *Foreign Service Journal* 1972:10–20.

Michaud, Michael A. G. 2007. *Contact with alien civilisations. Our hopes and fears about encountering extraterrestrials*. New York: Springer.

Michaud, Michael A. G. 2015. Searching for extraterrestrial intelligence: Preparing for an expected paradigm break. In *The impact of discovery life beyond earth*, Hrsg. Steven J. Dick, 286–298. Cambridge: University Press.

Neal, Mark. 2014. Preparing for extraterrestrial contact. *Risk Management* 16 (2): 63–87.

Nolting, Tobias, und Ansgar Thießen, Hrsg. 2008. *Krisenmanagement in der Mediengesellschaft. Potenziale und Perspektiven in der Krisenkommunikation*. Wiesbaden: VS Verlag.

Race, Margaret. 2015. Preparing for the discovery of extraterrestrial life: Are we ready? Considering potential risks, impacts, and plans. In *The impact of discovery life beyond earth*, Hrsg. Steven J. Dick, 263–285. Cambridge: University Press.

Romesberg, Daniel Ray. 1992. *The scientific search for extraterrestrial intelligence: A sociological analysis*. Ann Arbor: UMI Dissertation Services.

Rummel, John D. 2001. Planetary exploration in the time of astrobiology: Protecting against biological contamination. *PNAS* 98 (5): 2128–2131.

Schetsche, Michael. 2004. Der maximal Fremde – Eine Hinführung. In *Der maximal Fremde. Begegnungen mit dem Nichtmenschlichen und die Grenzen des Verstehens*, Hrsg. Michael Schetsche, 13–21. Würzburg: Ergon.

Schetsche, Michael. 2008. Das Geheimnis als Wissensform. Soziologische Anmerkungen. *Journal for Intelligence, Propaganda and Security Studies* 2 (1): 33–50.

Schetsche, Michael. 2013. Unerwünschte Wirklichkeit. Individuelle Erfahrung und gesellschaftlicher Umgang mit dem Para-Normalen heute. *Zeitschrift für Historische Anthropologie* 21:387–402.

Schrogl, Kai-Uwe. 2008. Weltraumpolitik, Weltraumrecht und Außerirdische(s). In *Von Menschen und Außerirdischen. Transterrestrische Begegnungen im Spiegel der Kulturwissenschaft*, Hrsg. Michael Schetsche und Martin Engelbrecht, 255–266. Bielefeld: Transcript.

Shostak, Seth. 1999. *Nachbarn im All. Auf der Suche nach Leben im Kosmos*. München: Herbig.

Spry, Andy J. 2009. Contamination control and planetary protection. In *Drilling in extreme environments – Penetration and sampling on earth and other planets*, Hrsg. Yoseph Bar-Cohen und Kris Zacny, 707–739. Weinheim: Wiley-VCH.

Stirn, Alexander. 2016. Flotte von Mini-Raumschiffen soll zu Alpha Centauri fliegen. Süddeutsche Zeitung, 13.04.2016. http://www.sueddeutsche.de/wissen/breakthrough-stars-hot-flotte-von-mini-raumschiffen-soll-zu-alpha-centauri-fliegen-1.2947852. Zugegriffen: 25. Okt. 2017.

Wabbel, Tobias Daniel. 2002. Der Geist des Radios. In *S.E.T.I. Die Suche nach dem Außerirdischen*, Hrsg. Tobias Daniel Wabbel, 67–79. München: Beustverlag.

Proto-Soziologie außerirdischer Zivilisationen

Das menschliche Nachdenken über außerirdische Zivilisationen erinnert an die Betrachtung eines teilweise durchlässigen Spiegels: Wir versuchen möglichst viel dahinter zu erkennen, ohne zu viel von unserem eigenen Spiegelbild zu sehen. Das ist das Problem der *Anthropozentrik,* von der schon mehrfach die Rede war; spätestens hier wird sie an vielen Stellen schlicht unvermeidbar. Wie durchlässig die Spiegelfläche ist, hängt von unseren Denkwerkzeugen ab, insbesondere den theoretischen Konzepten, mit deren Hilfe wir versuchen, mögliche außerirdische Zivilisationen antizipierend zu verstehen.

Eine Prüfung der Eignung solcher Konzepte muss von der Tatsache ausgehen, dass alle uns bekannten Gesellschaftstheorien (seien es soziologische oder soziologienahe) für menschliche Gesellschaften[1] entworfen wurden, es also in einer sehr grundlegenden Weise *fraglich* ist, wie weit sie für die Analyse nicht-menschlicher Gesellschaften taugen. Auch dies wiederum scheint – da uns bislang keine

---

[1]Unter ‚Zivilisation' im Gegensatz zu ‚Gesellschaft' verstehen wir hier (in Abweichung vom üblichen sozialwissenschaftlichen Sprachgebrauch) die historische Gesamtheit der Formen des Zusammenlebens, die die dominierende intelligente Spezies eines Planeten (oder auch eines anderen, für uns heute noch unvorstellbaren Ortes im Universum) hervorgebracht hat. Nach diesem Sprachgebrauch gibt es *eine* menschliche Zivilisation auf der Erde, aber, in langem historischen Wandel, eine Vielzahl von menschlichen Gesellschaften (oder Kulturen, was wir hier ausnahmsweise synonym verwenden). Die Besonderheit der aktuellen Epoche der Menschheitsgeschichte besteht darin, dass alle derzeit noch parallel existierenden Kulturen dabei sind, in einer Weltgesellschaft (Stichwort: Globalisierung) aufzugehen. Falls dieser Prozess sich so fortsetzt, besteht unsere menschliche Zivilisation schließlich nur noch aus einer einzigen Gesellschaft – womit dann Gesellschafts- und Zivilisationsanalyse zusammenfallen (was bei außerirdischen Zivilisationen nicht notwendig der Fall sein muss).

© Springer Fachmedien Wiesbaden GmbH, ein Teil von Springer Nature 2019   219
M. Schetsche und A. Anton, *Die Gesellschaft der Außerirdischen,*
https://doi.org/10.1007/978-3-658-21865-2_10

außerirdische Zivilisation bekannt ist – nur auf Basis (meta-)theoretischer Überlegungen beantwortbar. Wir schreiben hier mit Bedacht ‚scheint', weil es sich
bei genauerer Betrachtungen zeigt, dass wir neben der menschlichen Zivilisation
auf der Erde durchaus auch andere ‚Gesellschaften' vorfinden – zumindest, wenn
wir den anthropozentrischen Gesellschaftsbegriff hinter uns lassen. Die Rede
ist hier von den – im allgemeinen Verständnis des Wortes – Gesellschaften, die
nicht-menschliche Spezies auf unserem Planeten ausgebildet haben. Zumindest
wenn wir über eine außerirdische Intelligenz biologischer Verfasstheit nachdenken (wir werden gleich diskutieren, warum dies keine selbstverständliche
Vorannahme ist), können wir unser Wissen über andere irdische Spezies und
ihre Gesellungsformen – mögen sie noch so rudimentär sein – in unsere Überlegungen mit einbeziehen (vgl. Lestel 2014). Wie wir zeigen werden, führt dies
nicht nur zur Möglichkeit, eine Reihe von generellen Aussagen über biologische
Zivilisationen zu treffen, sondern hilft insbesondere auch dabei, eine Vielzahl von
Analyse-Fragen zu entwickeln, die an jede Zivilisation herangetragen werden
können, die von einer oder mehreren biologisch entstandenen intelligenten Spezies begründet wurde(n).

Wenn man nach den Möglichkeiten einer (notwendig spekulativen)
Proto-Soziologie außerirdischer Zivilisationen fragt, muss man nach unserer Überzeugung analytisch zwei generelle Typen kulturbildender Intelligenz
im Kosmos unterscheiden: *biologische Zivilisationen* wie die irdische, die von
einer (oder mehreren) Spezies getragen werden, die sich auf ihrem Planeten im
besten Sinne des Wortes naturwüchsig entwickelt haben, sowie *postbiologische
(Sekundär-)Zivilisationen,* die von künstlichen Intelligenzen dominiert werden
(oder ganz aus ihnen bestehen), die von den ursprünglichen biologischen Intelligenzen erschaffen wurden und diese abgelöst haben (vgl. Bohlmann und Bürger 2018).[2] Nach unserer Einschätzung ist diese Unterscheidung konstitutiv für
unsere Möglichkeiten, solche Zivilisationen zu verstehen – insbesondere auch

---

[2]Wir könnten aus theoretischen Erwägungen heraus einen weiteren Typus anfügen: exoti-
sche *Tertiärzivilisationen,* zu denen jene technologischen Zivilisationen sich eines fernen
Tages weiterentwickeln könnten (vgl. Smart 2012). Die Science Fiction kennt solche Entwicklungsstufen, etwa in Form von Intelligenzen, die jede körperliche Form hinter sich
gelassen haben und nur noch aus Energie bzw. Information bestehen oder sich in einem uns
heute noch völlig unbekannten Daseinszustand befinden. Solche exotischen Zivilisationen
gehen derartig weit über unser menschliches (durch Materie und Biologie geprägtes) Verständnis hinaus, dass wir über sie schlicht nichts auszusagen vermögen. Deshalb widmen
wir solchen exotischen Zivilisationen im weiteren Text keine Aufmerksamkeit.

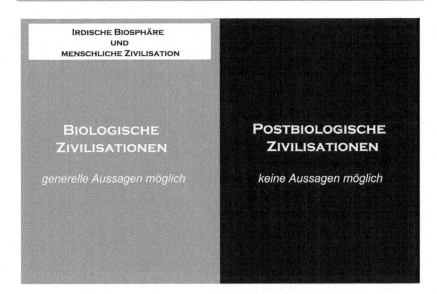

IRDISCHE BIOSPHÄRE
UND
MENSCHLICHE ZIVILISATION

BIOLOGISCHE
ZIVILISATIONEN

generelle Aussagen möglich

POSTBIOLOGISCHE
ZIVILISATIONEN

keine Aussagen möglich

Abb. 10.1 Zivilisationstypen – binäre Codierung. (Quelle: eigene Darstellung – M. Schetsche)

für die Frage, welche prospektiven Aussagen über eine außerirdische Zivilisation getroffen werden können (Abb. 10.1 stellt dies symbolisch dar):

- Postbiologische Zivilisation stellen eine analytische Black Box dar: Da wir selbst einer biologischen Zivilisation angehören, können wir aus wissenschaftlicher Warte nur wenig über die Organisationsformen und Funktionsweisen solcher Gesellschaften aus Maschinen (im weitesten Sinne) vermuten.[3]
- Über biologische Zivilisationen generell vermögen wir als biologische Spezies aufgrund unseres Wissens über die Biologie auf der Erde einiges auszusagen,

---

[3]Martinez (2014, S. 341) weist zu Recht auf die Tatsache hin, dass solche postbiologischen Zivilisationen, dies ist ja ihr Definitionsmerkmal, ihren Ursprung in biologischen Spezies haben: „However, at the core of the search for extraterrestrial intelligence lies in essence a biological problem since even post-biological extraterrestrial intelligences must have had an origin based on self-replicating biopolymers." (vgl. hierzu auch Lestel 2014, S. 228). Dabei ist uns allerdings nicht klar, was aus dieser Feststellung hinsichtlich der Struktur oder den Motiven solcher Sekundärzivilisationen abgeleitet werden könnte.

da Leben, selbst wenn es unter gänzlich anderen Bedingungen entstanden ist als das unsere, doch – zumindest nach allem, was wir heute wissen – bestimmten Grundprinzipien folgen muss. Dies dürfte sich auf die Verfasstheit einer Zivilisation auswirken, die aus biologischen Entitäten besteht oder zumindest von diesen dominiert wird.

In den folgenden Abschnitten werden wir uns zunächst die ‚Black Box' postbiologischer Zivilisationen (Abschn. 10.1) anschauen und uns dann den biologiebasierten Zivilisationen (Abschn. 10.2) zuwenden. In zwei kurzen zusätzlichen Kapiteln werden wir die Besonderheiten technologischer Zivilisationen untersuchen (Abschn. 10.3) und abschließend den Sonderfall von hybriden Zivilisationen (Abschn. 10.4) betrachten, jenen also, die sowohl aus biologischen als auch aus postbiologischen Intelligenzen bestehen.

10.1　Postbiologische Sekundärzivilisationen

Wir orientieren uns in diesem Abschnitt prospektiv an den Grundüberlegungen des schwedischen Philosophen und Zukunftsforschers Nick Bostrom (2014). In seinem Buch „Superintelligenz. Szenarien einer kommenden Revolution" prognostiziert er[4], dass die von der Menschheit gegenwärtig mit erheblichem Aufwand vorangetriebene KI-Forschung auf absehbare Zeit (innerhalb weniger Jahrzehnte) zur Entwicklung einer *allgemeinen* künstlichen Intelligenz (AGI – Artificial General Intelligence) führen wird, die den Menschen in *allen* Belangen des Denkens und Entscheidens mindestens ebenbürtig, in mancherlei Hinsicht sogar überlegen ist. Diese AGI bildet nach Bostroms Überzeugung allerdings nur den ersten Schritt hin zu einer Superintelligenz (ASI – Artificial Super Intelligence), die so klug ist wie alle heute lebenden Menschen zusammen – und entsprechend handlungsmächtig sein dürfte. Im heute üblichen soziologischen

---

[4]Einen guten Überblick über seine Thesen und die möglichen Implikationen für die zukünftige Entwicklung der Intelligenz auf der Erde liefert Tim Urban (2015) in seinem Text „The AI Revolution: Our Immortality or Extinction". Urban stellt – im Gegensatz zu Bostrom selbst – auch einen direkten Zusammenhang zwischen der Superzivilisationsthese und dem Fermi-Paradoxon her: Vor dem Hintergrund der vermuteten Tendenz zur Entwicklung künstlicher Superintelligenzen wird es für ihn nur noch unerklärlicher, warum wir bislang keine Anzeichen solcher technologisch hochstehenden Superzivilisationen entdeckt haben. Mit dem Thema ‚extraterrestrische Superzivilisationen' beschäftigt sich auch der Sammelband von Harald Zaun (2010).

Sprachgebrauch: Die ‚Agency' einer solchen ASI wäre aus heutiger Warte schier unvorstellbar mächtig und würde die sämtlicher Nationalstaaten und multinationalen Konzerne in den Schatten stellen.

Aus komplexen Erwägungen heraus, die uns hier im Detail nicht zu interessieren brauchen, vertritt Bostrom (2014, S. 93–148) die These, dass zu einem bestimmten Zeitpunkt wahrscheinlich nur *eine* ASI dieser Art entstehen würde. Die Entwicklung einer solchen, wie er es nennt *technologischen Singularität* („Singleton") stellte einen kulturell-technischen Entwicklungsschritt für die Menschheit dar, von dem aus kein Weg zurückführt. Der Autor prognostiziert die Entstehung einer solchen ASI in Form einer vernetzten KI, die unmittelbar nach ihrer Entstehung die Herrschaft über die Erde an sich reißt. Diese digitale Superintelligenz würde sich innerhalb von wenigen Tagen oder gar nur Stunden als dominierender globaler Akteur manifestieren – in einer Geschwindigkeit, die der Menschheit keine Zeit zum Reagieren ließe, „niemand braucht überhaupt etwas Ungewöhnliches zu bemerken, bevor es zu spät ist" (Bostrom 2014, S. 95).

Bostrom erwartet den ‚Entwicklungsschritt' von der (von Menschen beherrschten) biologischen Primärzivilisation zu einer (von ‚Maschinen' dominierten) postbiologischen Sekundärzivilisation in einem recht kurzen Zeitfenster. Auf Basis verschiedener Expertenbefragungen geht er davon aus, dass um das Jahr 2050 herum mit einer Wahrscheinlichkeit von 50 % eine KI von menschlicher Intelligenz existieren wird. Und wenn diese erst einmal vorhanden ist, wird es innerhalb von weiteren 30 Jahren mit einer Wahrscheinlichkeit von dann 75 % zur Entstehung einer KI-basierten Superintelligenz kommen. Er erwartet das Ende des Anthropozäns[5] mithin noch innerhalb des 21. Jahrhunderts (Bostrom 2014, S. 36–40).

Doch selbst wenn es noch deutlich länger dauern würde – der Autor scheint sich sicher, dass der Moment kommen wird, in dem eine von Menschen erschaffene Superintelligenz die Herrschaft über die Erde antreten und die

---

[5]Erst vor wenigen Jahren hatten der niederländische Atmosphärenforscher Paul Crutzen (2002; siehe auch Crutzen et al. 2011; Ellis 2018, passim) und andere das Zeitalter des „Anthropozän" ausgerufen – eine erdgeschichtliche Epoche, in der die Entwicklung des globalen Ökosystems von menschlichen Einflüssen dominiert wird. Zur gleichen Zeit, während in den Naturwissenschaften die Debatte über eine solche erdgeschichtliche Einordnung Fahrt aufnimmt, arbeiten multinationale Konzerne (vielfach nationalstaatlich finanziert) bereits daran, diese Epoche schon wieder zu beenden: Sie entwickeln autonome Roboter und netzwerkbasierte künstliche Intelligenzen, die – und dies ist Bostroms Kernthese – innerhalb weniger Jahrzehnte die menschliche Zivilisation nicht nur ergänzen, sondern als solche ablösen könnten.

Menschheit als dominierende Spezies ablösen wird. Er geht dabei davon aus, dass eine solche ASI ihre biologischen Erzeuger unterwerfen, vielleicht sogar ausrotten würde[6]; dies beschreibt er in seinem Buch recht plastisch:

> Unser Untergang könnte [...] die Folge der Umweltzerstörung sein, die beginnt, sobald die KI Nanotechnologien für globale Bauvorhaben einsetzt. Vielleicht schon innerhalb von Tagen oder Wochen wäre die ganze Erdoberfläche mit Solarzellen, Kernreaktoren, Rechenzentren mit dazugehörigen Kühltürmen, Raumschiff-Abschussrampen oder anderen Anlagen bedeckt, die die KI zur Maximierung der langfristigen kumulativen Realisierung ihrer Werte benötigt (Bostrom 2014, S. 140).

Besonders interessant im Kontext der Frage nach dem Zusammentreffen der Menschheit mit einer außerirdischen Intelligenz ist Bostroms These, dass die entstandene postbiologische Zivilisation gute Gründe hätte, in den Weltraum vorzustoßen:

> Es gibt also eine extrem breite Palette möglicher Endziele eines superintelligenten Singletons, die alle zum instrumentellen Ziel der unbegrenzten Ressourcenaneignung führen. Dies würde am ehesten darin zum Ausdruck kommen, dass er Von-Neumann-Sonden in alle Richtungen ausschickte, um mit der Kolonisation des Weltraums zu beginnen (Bostrom 2014, S. 162).

Diese Annahme ist extrem voraussetzungsreich, sodass man Bostroms These aus verschiedenen Gründen infrage stellen kann – dies gilt umso mehr, wenn wir versuchen (und dies ist ja das primäre Thema dieses Buches), seine menschheitsbezogenen Überlegungen auf eine *außerirdische* Zivilisation anzuwenden.[7] Davon unabhängig bleibt Bostroms Grundthese allerdings ebenso bestechend wie (aus menschlicher Sicht) beunruhigend.

Man kann überlegen, ob dieses schnelle Ende der Vorherrschaft einer biologischen Spezies, kurz nachdem sie eine technologische Zivilisation gebildet hat, nur für die Erde und die Menschheit zu erwarten ist – oder ob außerirdische

---

[6]Das entscheidende Argument für diese Einschätzung folgt menschlichen Rationalitätskriterien: Ein handlungsmächtiger Akteur mit einem konkreten Ziel „hätte in vielen Situationen konvergente instrumentelle Gründe dafür, unbegrenzt physische Ressourcen zu erwerben und, soweit möglich, auch potentielle Gefahren für sich und sein Zielsystem zu beseitigen. Menschliche Wesen könnten eine solche Gefahr sein [...]" (Bostrom 2014, S. 165).

[7]Hier geht es etwa um die Annahmen über die Zielorientierung und den Wertekanon einer solchen extraterrestrischen Superintelligenz.

Zivilisationen das gleiche Schicksal teilen könnten (vgl. Dick 2003; Lestel 2014, S. 228; Martinez 2014, S. 345–346). Falls ihre technologische Entwicklung auch nur ansatzweise der menschlichen ähneln sollte, spricht einiges dafür, dass auch die Außerirdischen zu einem bestimmten Zeitpunkt ihrer Geschichte an irgendeiner Form künstlicher Intelligenz forschen werden. Und falls sie uns Menschen nicht von vornherein in ihrer Intelligenz und Voraussicht überlegen sind, könnte es sein, dass sie den gleichen existenziellen Fehler[8] begehen, der der Menschheit nach Bostroms Auffassung bevorsteht.

Falls diese Überlegungen zutreffen sollten, ist schon allein aus zeitlichen Gründen[9] (zwei oder drei Jahrhunderte sind nach kosmischen Maßstäben ein extrem kurzer Zeitraum) die Wahrscheinlichkeit hoch, dass die Menschheit bei ihrem Erstkontakt mit einer außerirdischen Zivilisation eben gerade nicht auf die – mal mehr, mal weniger freundlichen – biologischen Entitäten treffen wird, die uns die Science Fiction (von *Independence Day* bis *Arrival*) so gern vorführt, sondern auf Abgesandte einer künstlichen Superintelligenz, die uns in allen technologischen und auch in vielen anderen Belangen Jahrtausende voraus ist.[10]

---

[8]Über solche Fehler schreibt Bostrom (2014, S. 170): „Es gibt jedoch noch andere Möglichkeiten zu scheitern, die wir als ‚bösartig‘ oder ‚katastrophal‘ bezeichnen könnten, da sie zu einer existenziellen Katastrophe führen. Ein solcher Fehler zeichnet sich unter anderem dadurch aus, dass man ihn nur ein einziges Mal begehen kann …". Die Erschaffung einer künstlichen Superintelligenz gehört nach Bostroms fester Überzeugung zu dieser Art von nicht wieder gut zu machenden zivilisatorischen Fehlern der Menschheit.

[9]Ein anderer Grund könnte ein technologischer sein: Wenn man sich die Entwicklung der menschlichen Erforschung des Weltraums ansieht, scheint es nach einer kurzen ‚explosiven‘ Phase in den sechziger und frühen siebziger Jahren des letzten Jahrhunderts (für die Gründe vgl. Schetsche 2005) zu einer deutlichen Stagnation gekommen zu sein, in der die Menschheit nicht einmal in der Lage (oder politischen Willens) ist, das bisher schon Erreichte noch einmal zu wiederholen. Bei der heute vorherrschenden Geschwindigkeit der Entwicklung der irdischen Weltraumtechnologie rückt der Zeitpunkt, an dem ‚wir‘ mit Raumsonden (von Raumschiffen gar nicht zu reden) ferne Planetensysteme zu erreichen vermögen, in nicht einmal mehr prognostizierbare Ferne. Möglicherweise haben wir es hier mit einem Grundproblem von biologisch basierten Zivilisationen zu tun: An einem lebensfreundlichen Ort entstandenen Organismen fällt es nicht leicht, den im Großen und Ganzen höchst lebensfeindlichen Weltraum selbst zu erforschen (vgl. Shostak 2015, S. 950). Falls diese Annahme richtig ist, kann man prognostizieren, dass Zivilisationen erst nach der *Überwindung ihrer biologischen Phase* mit Vehemenz in den Weltraum vordringen werden. Sollte dies zutreffen, wird es umso wahrscheinlicher, dass unsere Gegenüber in einem Artefakt- oder Begegnungsszenario technische und nicht biologische Wesenheiten sein werden.

[10]Dies wurde kürzlich selbst von Seth Shostak, einem der Hauptvertreter des traditionellen SETI-Paradigmas, eingeräumt: „Within a few dozen years, we are likely to invent generalized artificial intelligence – devices functionally equivalent (or superior) to the human

Wie eine solche *außerirdische ASI* technisch strukturiert ist, wie sie kommuni-
kativ funktioniert, welche Entscheidungen sie trifft und welche generellen oder
instrumentellen Ziele sie verfolgt, ist nach unserer Überzeugung für biologische
Wesen wie uns Menschen kaum vorherzusehen. Es macht deshalb zum jetzigen
Zeitpunkt, da die Entstehung einer irdischen Superintelligenz noch vor uns liegt,
keinen Sinn zu versuchen, etwas über die mögliche ‚Soziologie‘ (falls man bei
technischen Entitäten überhaupt von einer solchen sprechen kann) einer solchen
postbiologischen Sekundärzivilisation auszusagen. Falls das Zusammentreffen
mit einer solchen Zivilisation noch zu Zeiten der Herrschaft des Menschen über
die Erde eintreten wird, dürfte die Maschinenzivilisation uns analytisch weitgehend als eine solche ‚Black Box‘ gegenübertreten, bei der aus ihren Handlungen in keiner Weise auf ihre Motive geschlossen werden kann. Erfolgt das
Aufeinandertreffen hingegen (im Kontext von Bostroms Überlegungen) ‚etwas
später‘, müssen die beiden postbiologischen Zivilisationen sehen, wie sie miteinander klarkommen. Das ist keine Frage, die die menschliche Soziologie
beschäftigen muss – wir können die gedankliche Beschäftigung mit außerirdischen postbiologischen Zivilisationen deshalb an dieser Stelle aus gutem Grund
abbrechen.[11]

10.2   Biologische Primärzivilisationen

Anders sieht die Situation aus, wenn wir es eines Tages mit einer Zivilisation zu
tun bekommen, deren Träger eine oder mehrere Spezies sind, die in einem weitesten Sinne als *biologische* Wesen zu verstehen sind – gleichgültig, ob ihre Biologie
wie die irdische auf Kohlenstoff oder auf einem anderen Hauptelement (etwa
Silizium[12]) beruht. Als ‚biologische Wesen‘ (synonym: *Lebewesen*) werden in

---

brain. We will have gone from the invention of practical radio to the invention of nonbio-
logical cognition in a time period of a few centuries or less. This stunningly brief interval
suggests that, if technologically competent sentience is out there, the majority of it will be
artificial, not biological. Extraterrestrial Intelligence is likely to reside in machines, not pro-
toplasm" (Shostak 2015, S. 950).

[11]Was allerdings nicht bedeutet, dass die wissenschaftliche Zukunftsforschung sich nicht
deutlich intensiver als bisher mit den Risiken der Entstehung bzw. Erschaffung einer Superintelligenz auf der Erde beschäftigen sollte. Dies ist hier allerdings nicht unser Thema.

[12]Bereits im Jahre 1966 führte uns die legendäre deutsche SF-Fernsehserie *Raumpatrouille*
die „Frogs" genannten Außerirdischen vor – silberglänzende, kristallartige Intelligenzen,

der Biologie heute meist Systeme verstanden (für einen Überblick siehe Toepfer 2011), die folgende Merkmale aufweisen: 1) eine bewahrende Abgrenzung von ihrer Umwelt, 2) die Fähigkeit zur Selbstregulation, 3) ein Energie- und Stoffwechsel-System, 4) die systematische Reaktion auf Außenreize sowie 5) die Möglichkeit zum Wachstum und zur Selbstreproduktion (auf Basis der Weitergabe irgendeiner Art von ‚Bauplänen‘). Diese Merkmale wurden formuliert, um auf der Erde[13] die belebte von der unbelebten *Natur* zu unterscheiden – wir haben allerdings Zweifel, ob sie hilfreich sind, wenn es darum geht, natürliche von künstlichen Entitäten und entsprechende biologische von postbiologischen Zivilisationen zu unterscheiden. Wir können uns künstlich erschaffene ‚Wesen‘ vorstellen, die alle diese Kriterien erfüllen – einiges trifft bereits auf die heute von Menschen erschaffenen Roboter zu, anderes dürfte von den nächsten Robotergenerationen erfüllt werden. Auf Basis der genannten fünf Merkmale lassen sich in wenigen Jahrzehnten künstliche wahrscheinlich nicht mehr von lebenden Wesen unterscheiden. Bei außerirdischen Entitäten dürfte dieses Problem in ähnlicher oder gar verschärfter Form auftreten.

Aus diesem Grund scheint es uns sinnvoll, auf andere Merkmale zurückzugreifen, um zwischen den beiden oben genannten Grundtypen von Zivilisationen zu unterscheiden. Unseres Erachtens sind zwei Kriterien entscheidend, um von einer biologischen im Gegensatz zu einer postbiologischen Zivilisation zu sprechen: Die Träger einer biologischen Zivilisation sind a) an einem lebensfreundlichen Ort ohne Zutun einer bereits vorhandenen Intelligenz im ursprünglichen Sinne des Wortes naturwüchsig entstanden und b) sie haben sich im Rahmen *evolutionärer Prozesse* aus einfachen, nicht-intelligenten Arten entwickelt.

Der erste Punkt ist selbsterklärend, solange man Sonderfälle wie jenen ignoriert, bei dem eine biologische zivilisationsbildende Spezies von einer anderen Intelligenz beeinflusst, gefördert oder gar im engeren Sinne geschaffen (gezüchtet) wurde, sodass die uns bekannten Regeln einer *eigenständigen* evolutionären Entwicklung nicht greifen.[14] Damit ist bereits der zweite, weniger

---

die im Vakuum existieren und für die Sauerstoff giftig ist.

[13]Zum Grundprobleme der Abgrenzung von unbelebter Natur und lebendigen Wesen außerhalb der Erde vgl. Cleland und Chyba (2002).

[14]Wir verfolgen diesen Gedanken hier nicht weiter, weil das Verhältnis zwischen einer erschaffenden und einer erschafften Zivilisation zu einem höchst komplexen Bedingungsgefüge führen würde, das unseres Erachtens vor der Konfrontation mit einer solchen *biologischen Sekundärzivilisation* analytisch nicht handhabbar ist.

selbstverständliche Punkt angesprochen: die Frage nach der *Anwendbarkeit der Evolutionstheorie* auf die Entwicklung außerirdischen Lebens und insbesondere auf die Entstehung außerirdischer Intelligenz.

Dieses Problem ist in der astrobiologischen Literatur ausführlich diskutiert worden (Morris 2003; Martinez 2014; Vakoch 2014; Schulze-Makuch und Bains 2017, S. 3–12; Levin et al. 2017; Stevenson und Large 2017). Dabei besteht, soweit wir den Literaturstand überblicken, weitgehend Einigkeit darüber, dass entweder die Regeln der Evolutionstheorie auch auf außerirdische Biosphären und ihre Bewohner zutreffen[15] – oder dass dies bei der Suche nach außerirdischen Lebensformen angenommen werden sollte, weil wir schlicht keine anderen regelgeleiteten Mechanismen kennen, nach denen Leben sich entwickeln könnte. Solange wir ausschließlich Kenntnisse über irdische Lebensformen haben, machen diese beiden Fälle analytisch keinen Unterschied. Wir schließen uns deshalb – trotz einer grundlegenden Skepsis gegenüber solchen Folgerungen – dieser astrobiologischen Grundannahme an. Sie bedeutet konkret, dass die von der Erde bekannten Regeln der *Evolutionstheorie* perspektivisch auf fremde Planeten und die dort entstandenen Lebensformen anzuwenden sind, mithin auch außerirdische Lebensformen einer *natürlichen Selektion* nach den bekannten Regeln[16] unterliegen. Wie im Folgenden noch mehrfach deutlich werden dürfte, hat dies eine ganze Reihe von Auswirkungen für die exosoziologische Analyse fremder Zivilisationen des biologischen Typus.

Wenn wir den Axiomen der Evolutionstheorie folgen, unterliegen biologische Spezies, unter welchen Umweltbedingungen sie auch immer entstanden sein mögen, bestimmten Grundprinzipien, die wir dafür benutzen können, eine Reihe von basalen Fragen hinsichtlich ihrer Lebensweise (im ursprünglichen

---

[15]Für die Diskussion typisch sind hier etwa die Annahmen von Levin et al. (2017, S. 1): „If life arises on other planets, then the evolutionary theory should be able to make similar predictions about it." Die Grundannahme ist hier, dass sich zumindest komplexe Lebensformen nicht ohne eine Art von Evolution entwickeln können. Und die Autoren meinen, dass die auf Darwin zurückgehende Evolutionstheorie auch die Evolution auf fremden Planeten zumindest vom Grundsatz her korrekt zu beschreiben und zu erklären vermag: „Consequently, if we find complex organisms, we can make predictions about what they will be like" (Levin et al. 2017, S. 6).

[16]Da die Axiome der Evolutionstheorie zum Allgemeinwissen gehören, setzen wir sie hier als bekannt voraus (für eine Einführung vgl. Storch et al. 2013; Kutschera 2015). Die innerbiologischen Debatten über die genaue Formulierung der einzelnen Regeln und über mögliche Grenzfälle und Ausnahmen können wir hier vernachlässigen – die religiös motivierte nichtwissenschaftliche Kritik ignorieren wir vorsätzlich.

Wortsinne), ihrer Organisationsstruktur und der Prozesshaftigkeit ihres Seins aufzustellen. Der besseren Übersichtlichkeit wegen strukturieren wir diese Grundprinzipien und die sich daraus ergebenden exosoziologischen Analysefragen nach **sechs Leitdimensionen.**

10.2.1 Die biologische Grundstruktur

Wenn biologische Entitäten Träger einer Zivilisation sind, können wir davon ausgehen, dass ihre Existenz erstens untrennbar mit ihrer *Leiblichkeit* verbunden ist und sie zweitens über einen *spezifischen Wahrnehmungsapparat* (mit darauf abgestellten Kommunikationskanälen) verfügen, der in einem Evolutionsprozess, mithin in Anpassung an die jeweilige Umwelt, entstanden ist. An diese Grundannahme lassen sich einige sehr grundsätzliche Fragen anschließen, die am Beginn jeder exosoziologischen Erforschung einer fremden Zivilisation stehen:

- Sind *eine oder mehrere* biologische Spezies Träger der zu untersuchenden Zivilisation? (Dies ist die Grundfrage, die vor jeder weiteren Analyse zu stellen ist.[17])
- Falls wir es mit mehreren Spezies zu tun haben: Stammen sie vom gleichen Ursprungsort, liegt der Zivilisation also eine artenübergreifende (öko-logische) Kooperation, vielleicht sogar eine Art Symbiose zugrunde – oder haben wir es mit einer interstellaren Zivilisation aus Spezies verschiedener Herkunft zu tun?
- Folgen die biologischen Aktivitäten der zivilisationsbildenden Spezies zyklischen Verläufen oder sind sie eher kontinuierlich organisiert? Falls ersteres: Wie lang sind die jeweiligen Zyklen und was bedeutet dies für die soziale Grundstruktur der Zivilisation?[18]

---

[17]Die Frage, ob dies so ohne Weiteres zu entscheiden ist, klammern wir zunächst einmal aus; wir kommen am Ende des vierten Unterkapitels („Sonderfall hybride Zivilisationen") noch einmal darauf zurück.

[18]Das Leben auf der Erde (letztlich auch das der Menschen) ist durch verschiedene Zyklen gekennzeichnet: Tag- und Nachtzyklus, Jahresverlauf, zyklisch wiederkehrende kosmische Einflüsse. Man kann sich durchaus Zivilisationen vorstellen (siehe beispielhaft den Roman *Eine Tiefe am Himmel* von Vernor Vinge aus dem Jahre 2003), bei denen die Umweltbedingungen ihres Entstehungsortes zu extremen Zyklen von Aktivität und Passivität oder auch zu massiven zyklischen Änderungen im Phänotypus, in den Verhaltensweisen und in der sozialen Organisation der Spezies führen. (Hier ließe sich auch noch der

- Welche Lebensdauer haben die einzelnen ‚Individuen' bzw. die einzelnen Verkörperungen eines fortlaufenden Bewusstseins? (Dies bestimmt wahrscheinlich auch den Zeithorizont ihres Denkens; mehr dazu unten.)
- Wie ist die Zeittaktung in den Wahrnehmungen und Kommunikationsvorgängen im Vergleich zum Menschen? (Diese Frage ist nicht zuletzt für die Chance einer nach unseren Maßstäben dialogischen Kommunikation mit den Außerirdischen entscheidend.)
- Wie ist die Fortpflanzung der Spezies organisiert – gibt es eine reproduktionsbezogene Geschlechtlichkeit? Falls ja: Aus wie vielen Geschlechtern besteht diese Spezies? Und sind alle davon in die Reproduktion der Art eingebunden?[19] (Wir gehen davon aus, dass in den Antworten auf diese Fragen wesentliche Informationen über die soziale Verfasstheit der entsprechenden Spezies und ihrer Zivilisation enthalten sein können – es aber nicht müssen. Ob das Geschlecht bzw. die konkrete Fortpflanzungsfunktion auch bei einer intelligenten außerirdischen Spezies eine strukturell wichtige Codierung darstellen, ist eine empirisch zu beantwortende Frage.)

10.2.2 Verhältnis Körper – Bewusstsein

Als Menschen gehen wir wie selbstverständlich davon aus, dass auch andere biologiebasierte Intelligenzen aus *Individuen* bestehen. Dies ist allerdings eine unzulässige Vorannahme, da wir nicht wissen, in welchen Formen eine entwickelte Intelligenz noch auftreten kann. Dass es Formen von Intelligenz gibt, die sich völlig von der des Menschen unterscheiden, wissen wir bereits von der Erde: Bei verschiedenen Arten von Insekten kennen wir Formen einer sozial organisierten Intelligenz, die auf einer *Eusozialität* basiert, bei der komplexe Aufgaben durch ein Kollektiv und nicht durch Individuen erfüllt werden (siehe Smith und Szathmáry 1995, S. 263–270; Hölldobler und Wilson 2010, passim; Schulze-Makuch und Bains 2017, S. 146–147). Daneben sind auch noch andere Formen von Intelligenz vorstellbar, etwa eine Rudelintelligenz, bei der eine begrenzte Gruppe

---

Science Fiction-Roman *Die drei Sonnen* von Cixin Liu, der 2016 in deutscher Übersetzung erschien, anführen).

[19]Die meisten eusozialen Insektenarten auf der Erde zeichnen sich dadurch aus, dass die überwiegende Mehrheit der Einzelwesen (Arbeiter, Kriegerinnen usw.) nicht direkt an der Fortpflanzung beteiligt sind (vgl. Levin et al. 2017).

von Entitäten in der gemeinsamen Interaktion und im fortlaufenden Austausch Intelligenz realisiert (also eine einzelne Intelligenz bildet, die jedoch physisch auf mehrere Körper verteilt ist).[20] Wir können entsprechend fragen:

- Entspricht eine körperliche Entität auch einer Bewusstseinsentität?
- Haben wir es mit Individuen im menschlichen Verständnis oder mit einer Kollektivintelligenz zu tun?
- Beherbergt umgekehrt ein Körper mehrere Bewusstseinsentitäten?

Vorstellen lässt sich hier auch der Grenzfall, bei dem eine biologisch basierte Zivilisation nur aus einem einzigen, sich seiner selbst bewussten ‚Subjekt‘ besteht.[21] Hier stellt sich dann zu Recht die Frage, ob für eine Analyse einer solchen Zivilisation nicht eine Art *Exopsychologie* besser geeignet wäre als die Exosoziologie. Letztere kann aber immerhin für sich in Anspruch nehmen, diese Frage im Rahmen grundlegender Überlegungen aufgeworfen zu haben.

10.2.3 Die Frage des (Selbst-)Bewusstseins

Der Fragenkomplex II. setzte voraus, dass wir bei jeder zivilisationsbildenden Spezies von einem *Selbstbewusstsein* in einem menschlichen Sinne ausgehen können. Dies ist allerdings fraglich. Darauf verweisen bereits die von der Erde bekannten eusozialen Lebensformen, namentlich die verschiedenen ‚staaten-bildenden Insektenvölker‘. Sie erbringen teilweise herausragende Leistungen in der Umformung und auch Beherrschung ihrer natürlichen Umwelt, ohne dass wir davon ausgehen, dass diese Spezies auch nur über ein rudimentäres Selbst-bewusstsein im menschlichen Sinne verfügt. Doch selbst wenn, wäre es nicht individualistisch, sondern höchstens kollektiv (so Schulze-Makuch und Bains 2017, S. 148). Ob es solch ein ‚Schwarmbewusstsein‘ überhaupt geben kann und wie es sich konkret manifestieren würde, vermögen wir heute noch nicht zu sagen. Für die irdischen Insektenvölker wird dies meist ausgeschlossen – darü-ber, ob es bei außerirdischen, zivilisationsbildenden Spezies vorhanden sein

---

[20]Wir entnehmen diese Idee den Science Fiction-Romanen *A Fire Upon the Deep* von Vernor Vinge (2003) und *Der Schwarm* von Frank Schätzing (2004).

[21]Eine solche ‚singuläre Intelligenz‘ und die Probleme, die sie in der Kommunikation mit individualisierter Intelligenz wie der menschlichen hätte, beschreibt der polnische Schriftsteller und Futurologe Stanislaw Lem in seinem berühmten Roman *Solaris* (1972).

könnte, wollen wir nicht einmal spekulieren. Stattdessen stellen wir aus exosozio-logischer Perspektive die entsprechenden Fragen an eine außerirdische Zivilisa-tion: Über welche Formen von (Selbst-)Bewusstsein verfügt die bzw. verfügen die die Zivilisation tragende(n) Spezies? Diese Frage lässt sich (aufgrund unserer menschlichen Erfahrungen – entsprechend mit einem zu befürchtenden ‚anthropic bias‘[22]) noch weiter ausdifferenzieren:

- Verfügen die Spezies über ein individuelles Selbstbewusstsein im mensch-lichen Sinne?
- Welche Bedeutung hat ein individueller und kollektiver Zeithorizont? Gibt es ein Bewusstsein von der Endlichkeit der eigenen Existenz?
- Wie stark ist die Fähigkeit zur Selbstauslegung bzw. Selbstreflexivität aus-geprägt?
- Wie grundlegend ist die Abgrenzungen zwischen Selbstheit und Fremd-heit? (Wir nehmen hier an, dass dies von der Form des Selbstbewusstseins abhängig ist; unsere Grundthese lautet dabei: Wesen mit einem individuellen Bewusstsein entwickeln andere Formen der Abgrenzung als Wesen mit einem Kollektivbewusstsein. Das Letztere dürfte uns als Menschen analytisch nur schwer zugänglich sein.)

Hinweisen müssen wir an dieser Stelle noch darauf, dass der Faktor ‚Selbst-bewusstsein‘ wahrscheinlich (gänzlich sicher sind wir uns hier aber nicht) mit jenem der Freiheitsgrade in der Entscheidung über Handlungen verknüpft ist. Wenn wir Schulze-Makuch und Bains (2017, S. 138) folgen, ist ein wichtiger Faktor für Intelligenz, dass das Verhalten nicht (genetisch) vorprogrammiert ist – Intelligenz entfaltet sich demnach in einem Raum jenseits der Instinkte. Die Philosophische Anthropologie nennt diesen Faktor *Instinktentbundenheit* bzw. *Weltoffenheit* (Scheler 2016, S. 34–46; Gehlen 1986, S. 31–46, 327–369; vgl. Fischer 2009, S. 527–529, 543–546). Er zeichnet jedoch nicht nur Menschen aus, sondern – in unterschiedlichem Ausmaß – eine Vielzahl der ‚höheren‘ Tierarten auf der Erde. Da dieser Faktor konstitutiv für unser Selbstverständnis als Men-schen ist, ist er andersherum auch zum entscheidenden Definitionskriterium für jene ‚höher entwickelten‘ Organismen geworden: Je stärker instinktentbunden ein Wesen ist, desto höher entwickelt *erscheint* es *uns* auch. Das kann man durchaus auch als anthropozentrisches Vorurteil lesen – denn nicht in jeder Umwelt und

---

[22]Dessen Problemhaftigkeit haben wir im Kap. 4 diskutiert.

nicht für jede Spezies macht eine möglichst große Instinktentbundenheit und die mit ihr (wahrscheinlich!) korrespondierende allgemeine Intelligenz *evolutionär* – hier: für die Behauptung in einer spezifischen Umwelt – auch Sinn (Schulze-Makuch und Bains 2017, S. 140). Bezüglich technologischer Zivilisationen dürfte diese Frage allerdings noch einmal ganz anders zu beantworten sein (siehe das folgende Unterkapitel).

10.2.4 Interaktionen mit der materiellen Umwelt

Jeder Organismus interagiert mit seiner Umwelt – und wenn wir der Evolutionstheorie folgen, ist jedes Lebewesen an die spezifischen Umweltbedingungen seines Lebensraumes angepasst. Dies gilt auch für eine zivilisationsbildende Spezies, jedenfalls solange sie nicht in der Lage ist, ihren Lebensraum selbst zu gestalten. Wir hatten weiter oben (Fußnote 5) bereits auf das Konzept des *Anthropozäns* hingewiesen, das davon ausgeht, dass der Mensch mit dem Beginn der Industrialisierung seine Umwelt tief greifend umgestaltet (ob zielgerichtet oder eher *en passant* spielt dabei keine entscheidende Rolle) – spätestens von diesem Moment an gelten die üblichen Regeln für die evolutionäre Entwicklung von Arten nicht mehr. Anders ist es bei der Entstehung der intelligenten Spezies und bei ihrer Entwicklung *vor* einem solchen Zeitpunkt: Hier sind alle Arten gezwungen, sich an die Bedingungen ihres Lebensraums anzupassen und sie stehen in Konkurrenz zu anderen Spezies, die die gleichen Biotope bewohnen. Wir können deshalb davon ausgehen, dass ein enger Zusammenhang zwischen bestimmten körperlichen Merkmalen und Fähigkeiten einerseits und der Ökosphäre andererseits besteht, in der eine Art entstanden ist. Dies bedeutet: Aus dem Wissen über den Entstehungsort einer Zivilisation können wir einiges über die körperlichen Fähigkeiten (im weitesten Sinne) der betreffenden Spezies ableiten – oder umgekehrt aufgrund ihrer körperlichen Möglichkeiten sagen, in was für einer Umwelt sie sich entwickelt hat. Dies betrifft insbesondere Sinneskanäle, Wahrnehmungsräume und Kommunikationsformen[23], aber auch die Art der

---

[23]Um nur ein (für uns) ‚augenfälliges' Beispiel anzuführen: Lebewesen, die sich in einer Umwelt bewegen, in der kaum elektromagnetische Strahlung entsprechender Wellenlängen zu finden ist, werden keine Rezeptoren für das entwickeln, was wir ‚Licht' nennen. Sie werden keine Augen haben, sich nicht an dieser Art von Strahlung orientieren und sie werden dieses Licht auch nicht zur Kommunikation nutzen (können). Es ist also nicht zu sagen, ob Außerirdische uns Menschen sehen werden – und wenn, dann vielleicht in einem ganz anderen Bereich des elektromagnetischen Spektrums, als wir ihn nutzen. (Ein schönes

Fortbewegung oder die Möglichkeiten zur Manipulation der natürlichen Umwelt. Bei der Betrachtung einer zivilisationsbildenden Spezies kann dieser evolutionsbiologische Grundzusammenhang als Ausgangspunkt dafür dienen, primäre Funktionen und Arbeitsweisen der einzelnen Entitäten und größerer und kleinerer Kollektive (falls es das in einem menschlichen Sinne gibt) zu analysieren – typische Untersuchungsfragen wären hier:

- Welche Sinneskanäle sind vorhanden und was bedeutet dies für die kognitiven Wahrnehmungsräume der Spezies?
- Welche Sinneskanäle sind Basis primärer und sekundärer Kommunikationsformen?[24]
- Wie ist die Spezies hinsichtlich ihrer Fähigkeit zur Gestaltwahrnehmung in räumlicher und raumzeitlicher Hinsicht orientiert und wie ist das zeitliche Auflösungsvermögen des Wahrnehmungsapparates?
- Durch welche Faktoren war die Lebensweise der zivilisationsbildenden Spezies geprägt, bevor sie weitgehende Kontrolle über ihre Umwelt erlangte? Und was folgt daraus für die Verhaltensweisen der Spezies und den Aufbau ihrer Zivilisation?[25]

---

filmisches Beispiel hierfür liefert der aktuelle (2018) SF-Thriller *A Quiet Place* von John Krasinski.) Hingegen kann man davon ausgehen, dass eine Berührungssensorik irgendeiner Art bei jedem körperlich-materiellen Wesen existiert. Der Berührungs- oder Tastsinn stellt zumindest auf der Erde die primäre Sinnesfähigkeit aller Lebewesen dar – selbst Mikroorganismen verfügen über ihn und reagieren auf Berührungsreize (Zur Bedeutung des Tastsinns für Lebewesen vgl. Grunwald 2012).

[24]Bei uns Menschen sind dies heute Hören (Sprechen) sowie Sehen (Gestik, Mimik, Positionierung im Raum usw.). Die Kommunikation über Haptik, Geruch und Geschmack ist in der Moderne weit in den Hintergrund gerückt. Dies hängt mit dem Primat von Wort, Schrift und Bild in der technisch vermittelten Kommunikation zusammen, ist aber wohl auch ein Stück weit artspezifisch und folgt aus der Lebensweise und Umweltanpassung unserer tierischen Vorfahren.

[25]Mehrfach ist in der SETI-Literatur (exemplarisch: Raybeck 2014a) die Frage diskutiert worden, ob zivilisationsbildende Spezies mit größerer Wahrscheinlichkeit von *Prädatoren* abstammen. Dafür spricht, dass zumindest auf der Erde Jäger in aller Regel intelligenter sind als ihre Beute (so Schulze-Makuch und Bains 2017, S. 153–154; die Jagdfähigkeit stellt für diese Autoren einen wichtigen Faktor bei der Entwicklung von Intelligenz dar). Zu fragen bleibt allerdings, ob alle fremden Biosphären eine Aufteilung in ‚Jäger' und ‚Beute' kennen, wie sie auf der Erde üblich ist. Und es stellt sich natürlich die Frage, was aus der Abstammung einer intelligenten Spezies von Prädatoren zu folgern wäre.

- Welche Organe zur Manipulation der materiellen Welt sind vorhanden und wie werden sie genutzt?
- Wie ausgeprägt ist die Herstellung und Nutzung künstlicher Werkzeuge als Ergänzung der natürlichen Manipulationsorgane?
- Wie umfassend ist der Eingriff in die natürliche Umwelt? (Etwa: In welchem Umfang werden dauerhafte Objekte hergestellt?)
- Wie ist die Befriedigung grundlegender biologischer Bedürfnisse organisiert: Stoffwechsel, Nahrungsaufnahme und Reproduktion?
- Wie stark ist die funktionale Differenzierung bei der Manipulation der natürlichen Umwelt, bei der Aufrechterhaltung des Stoffwechsels und bei der Reproduktion?

Bei all diesen Fragen spielt auch eine Rolle, ob Träger einer Zivilisation eine oder mehrere Arten sind. Dabei müssen wir davon ausgehen, dass gerade diese Frage bei einem Erstkontakt zu einer anderen Zivilisation lange Zeit unbeantwortet bleiben könnte. Selbst bei der unmittelbaren physischen Konfrontation mit einer anderen Zivilisation im Rahmen eines *Begegnungsszenarios* kann lange unklar sein, mit wie vielen Spezies wir es zu tun haben – etwa wenn nur eine von ihnen darauf spezialisiert ist, durch den Weltraum zu reisen, oder wenn es eine Art gibt, die für die Kontaktaufnahme mit einer fremden Zivilisation gleichsam zuständig ist.[26] Es ist eine Situation vorstellbar, in der uns Menschen die wahre Komplexität einer fremden Zivilisation für lange Zeit verborgen bleibt – insbesondere dann, wenn es die Außerirdischen sind, die mit ihren Raumfahrzeugen die Erde besuchen (und nicht umgekehrt). Neben allen anderen Asymmetrien (wir hatten sie in früheren Kapiteln angesprochen) wird diese Situation auch dazu führen, dass wir – zumindest durch unmittelbaren Augenschein – deutlich weniger über ihre Zivilisation lernen werden als sie über die unsere. Sie können uns in unserer ,natürlichen Umwelt' auf der Erde beobachten – wir sie lediglich in der höchst artifiziellen und technologisch geprägten Umgebung ihrer Reisevehikel.[27]

---

[26]Hinzu kommt die Schwierigkeit, aufgrund äußerlich sichtbarer Merkmale die Entscheidung zu treffen, ob es sich um eine oder mehrere Spezies handelt, solange nichts über die körperliche Variabilität der Fremden bekannt ist. Auf uns Menschen sehr unterschiedlich wirkende Wesenheiten können zur selben Spezies gehören (siehe allein die funktionsabhängigen extremen Größenunterschiede zwischen den einzelnen Entitäten bei irdischen Insekten).

[27]Was nicht ausschließt, dass diese Raumfahrzeuge den primären Lebensraum darstellen, weil diese Zivilisation ihre planetaren Wurzeln lange hinter sich gelassen hat. Der in der Science Fiction vielfach diskutierten Idee einer Zivilisation aus ,Weltraumnomaden' kön-

10.2.5 Der Aufbau der sozialen Welt

Wie sieht die soziale Welt aus, in der die Außerirdischen leben? Mit dieser Frage kommen wir zu dem, was gemeinhin als soziologische Kernkompetenz verstanden wird – jedenfalls was irdische Gesellschaften angeht. Dem Soziologen, der Soziologin fallen ganz unmittelbar einige zentrale Analysedimensionen ein, die im Zentrum des professionellen Interesses stehen:

- Sozialstruktur, primäre Differenzierungen, Zahl der unterscheidbaren Gesellschaften der zu untersuchenden Zivilisation;
- Organisation des Zusammenlebens, soziale Ordnung, Aufbau und Wirken von Institutionen;
- Grundformen sozialen Handelns, sozialer Tausch, symbolisches Kapital;
- Zeitverläufe: Lebensalter, Sozialisation, Umgang mit dem Tod (falls vorhanden);
- Herrschaftsstrukturen und Entscheidungsprozesse, Typen von Hierarchien;
- Gruppenbildung, Vergemeinschaftung und Vergesellschaftung, soziale Rollen;
- Güteraustausch, Ökonomie[28], Lebensverhältnisse;
- Basale Codierungen, Regeln, Konventionen, Normen;
- Konflikte, Normverstöße und soziale Kontrolle[29];
- Symbolische und kommunikative Ordnungen, Kommunikationsmedien (dazu gleich mehr);
- Kollektive (und vielleicht individuelle) Bestrebungen, Motive, Ziele;
- Wissenschaft und Technologie, Artefakte, Bauwerke;

---

nen wir an dieser Stelle nicht weiter nachgehen; wir weisen mit diesem Beispiel nur darauf hin, dass die sozial-technologischen Lebensweisen fremder Zivilisationen extrem unterschiedlich sein können.

[28]Ein Nebengedanke: Falls die Ökonomie der Außerirdischen bei einem Begegnungsszenario auch nur einer Art kapitalistischer Verwertungslogik folgt, ist unser Schicksal wohl besiegelt.

[29]Aus evolutionsbiologischen Grundannahmen folgern Levin et al. (2017, S. 6–7), dass es stets Mechanismen geben wird, die Interessen ausgleichen und Konflikte zwischen kleineren Einheiten beseitigen, um das Kollektiv insgesamt funktionsfähig zu halten. Es müsste mithin Institutionen geben, die Konflikte innerhalb der Sozietät bearbeiten, und Prozesse irgendeiner Art, die überindividuelle Entscheidungen in einer Kultur herbeiführen.

- Künstliche Intelligenzen, Cyborgs und das Zusammenleben von biologischen und technischen Entitäten;
- Weltanschauung, Religion, Transzendenzen und Formen der Spiritualität;
- Historische Entwicklung, sozialer Wandel;
- Kontakte zu anderen Zivilisationen (außer zur Menschheit)[30].

Wenn wir uns der Bedeutsamkeit dieser Dimensionen für außerirdische Gesellschaften im Großen und Ganzen sicher und dazu noch in der Lage wären, sie unmittelbar in Forschungsfragen umzusetzen, die wir beim Erstkontakt (wo und wie auch immer er stattfinden wird) stellen könnten, würden wir in diesem Kapitel nicht von einer *Proto-Soziologie,* sondern gleich von einer Soziologie fremder Zivilisationen sprechen. Dies scheint uns jedoch verfrüht. Offen gesagt sind wir uns bei fast keiner der oben genannten Dimensionen sicher, dass sie in ähnlicher Weise wie auf der Erde auch in fremden Welten relevant sind. Welche von ihnen Sinn macht und welche nicht, hängt nicht zuletzt von der Ähnlichkeit der außerirdischen mit der menschlichen Zivilisation ab.[31] Hier sind jene Grundfragen (,anthropologisch' können wir sie schwerlich nennen) von Bedeutung, die wir in den Abschnitten weiter oben gestellt hatten.

Eine insektenartig organisierte Spezies mit einem (wie die Science Fiction es nennt) ,Hive-Bewusstsein' dürfte eine ganze Reihe von sozialen Grundproblemen nicht haben, die für menschliche Gesellschaften charakteristisch sind – dafür aber möglicherweise manch andere, von denen wir uns nicht einmal eine Vorstellung zu machen vermögen. Und zwar nicht nur zum jetzigen Zeitpunkt, wo dies alles nur theoretische Spekulationen sind – sondern vielleicht, nein, wahrscheinlich

---

[30]Die nicht nur in der Science Fiction, sondern auch in der SETI-Forschung gelegentlich diskutierte Frage nach ,interstellaren' Organisationen oder auch ,galaktischen' Zusammenschlüssen verschiedener außerirdischer Zivilisationen lassen wir hier einmal außen vor. Bereits das Nachdenken über eine außerirdische Zivilisation gestaltet sich als schwierig genug.

[31]Dem Aufsatz von Levin et al. (2017, S. 6–7) entnehmen wir in diesem Kontext die These der *Vielgliedrigkeit:* Es wird sich bei komplexen Lebewesen um Entitäten handeln, die aus einer Vielzahl kleinerer Einheiten zusammengesetzt sind – und wahrscheinlich handelt es sich um verschachtelte Hierarchien mit mehreren Ebenen. Und zumindest auf den höheren Ebenen wird es eine Spezialisierung und Funktionsteilung der Untereinheiten geben. Auf intelligentes Leben übertragen prognostiziert diese These die hohe Wahrscheinlichkeit einer *funktionalen Differenzierung* in komplexen Gesellschaften. Letztlich sind wir uns aber nicht ganz sicher, ob diese Übertragung aus der Biologie in die Soziologie zulässig und wie erkenntnisträchtig sie ist.

sogar auch nach einem Erstkontakt, wenn wir empirische Daten über die entsprechende Zivilisation zu sammeln vermögen. Es dürfte eine Vielzahl ‚sozialer Tatbestände' geben, die sich der menschlichen Soziologie auf Dauer nicht erschließen werden. Dieses Problem kennt die Ethnologie seit Langem – allerdings ist dort meist die Möglichkeit gegeben, Monate oder gar Jahre in einer fremden Kultur und mit ihren Mitgliedern zu leben. Ob dies in ähnlicher Weise bei einer außerirdischen Zivilisation möglich wäre, scheint uns fraglich.[32]

Ähnliches scheint uns auch für theoretische Zugänge zu gelten. Welche der irdischen Sozialtheorien käme auch nur ansatzweise infrage, um fremde Intelligenzen in ihrem Zusammenleben zu verstehen? Anwendbar (dies fiel fast allen Kolleginnen und Kollegen zuerst ein, mit denen wir über dieses Problem gesprochen hatten) scheint am ehesten noch Luhmanns Systemtheorie. Fremde Gesellschaften können wahrscheinlich als Systeme und Subsysteme mit Funktionen, Codierungen, operativen Schließungen, Systemgrenzen usw. betrachtet werden. Doch einmal unterstellt, dies alles fänden wir auch bei außerirdischen Zivilisationen vor – wie hilft es uns dabei, das Handeln der Außerirdischen zu verstehen – insbesondere gegenüber unserer eigenen Zivilisation? Und was sollen wir daraus für unseren Umgang mit dem maximal Fremden ableiten? Wir haben bezüglich außerirdischer Zivilisationen nicht unbedingt Zweifel an der Anwendbarkeit der Systemtheorie, allerdings an der Erkenntnisträchtigkeit ihrer extrem abstrakten Subsumtionsstrategien.[33]

---

[32]Raybeck (2014b, S. 154) weist zu Recht darauf hin, dass uns beim Erstkontakt viele Informationen über die fremde Kultur nicht zur Verfügung stehen werden – dies gilt auch für einen physischen Direktkontakt: „They may come from a civilization as politically, culturally, and ethnically divided as our own. However, for purposes of initial interaction, this diversity may not be salient, as we are liable to be contacted by a single sociocultural entity."

[33]Bereits Harrison (1993) hatte im Anschluss an die *Living System Theory* (von James G. Miller) ein sehr abstraktes Analyseschema für außerirdische Zivilisationen vorgelegt, das auf drei „systems levels (organism, society, supranational system)" und zwei „basic processes (matter-energy processing and information processing)" abstellt. Der Erkenntnisgewinn dieses Ansatzes bezüglich hypothetischer außerirdischer Zivilisationen scheint letztlich aber gering zu bleiben – und so wundert es nicht, dass dieses Konzept, soweit wir die einschlägige Literatur überblicken, in der SETI-Forschung bislang nur wenig Beachtung gefunden hat.

10.2.6 Weisen der Weltwahrnehmung – Wirklichkeitskonstruktion

Unsere Zweifel in dieser Hinsicht kommen möglicherweise aber auch (nur?) daher, dass wir uns der Schule der *verstehenden Soziologie* verpflichtet fühlen. In deren Mittelpunkt steht der, wie Alfred Schütz es nannte, *sinnhafte* Aufbau der sozialen Welt. Wir waren bereits in der Einleitung – beim theoretischen Konzept des *maximal Fremden* (vgl. Schetsche et al. 2009) – kurz der Frage nachgegangen, ob ein außerirdisches Gegenüber und eine nicht-menschliche Zivilisation von uns Menschen wirklich *deutend verstanden* werden können. Hier hatten und haben wir aus gutem Grund Zweifel. Dies heißt allerdings nicht, dass wir die aus dieser Perspektive üblicherweise an menschliche Gruppen und Gesellschaften gerichteten Fragen nicht bezüglich ihrer Übertragbarkeit zu prüfen vermögen. Ausgangspunkt wäre dann die Grundüberlegung, dass sich alle Gesellschaften notwendig – was immer sie aufgrund und mittels Arbeitsteilung auch sonst prozessieren mögen (Güter oder Dienstleistungen) – stets durch den *Austausch von Wissen* auszeichnen. Wir nennen dies hier einmal das *wissenssoziologische Axiom:* Keine Zivilisation ohne die Produktion, Distribution und Internalisierung von kollektiven Wissensbeständen.[34]

Daraus können wir folgern: Auch außerirdische Zivilisationen haben eine *Wissensordnung* – ganz unabhängig davon, ob sie jener Wissensordnung menschlicher Gesellschaften auch nur rudimentär ähnelt, und auch unabhängig davon, ob wir als Menschen auch nur ihre Grundzüge zu verstehen in der Lage sind. Solange eine solche Wissensordnung existiert, könnten wir immerhin fragen: Wie komplex ist sie? Wie wird sie reproduziert? In welchem Umfang gilt sie? Und wie wird ihre Geltung gewährleistet usw.? Wenn wir es etwa mit einem einheitlichen Kollektivbewusstsein zu tun haben, dürften die Möglichkeiten der Abweichung nicht übermäßig groß, vielleicht gar nicht vorhanden sein. Wenn wir es hingegen mit Entitäten mit einem mehr oder weniger unterschiedlichen Bewusstsein (also mit Individuen im allgemeinsten Sinne) zu tun haben, dürfte automatisch eine Differenz zwischen allgemeinen, gruppenspezifischen und

---

[34]Das Axiom scheint einem Zirkelschluss entsprungen, da die Existenz solcher kollektiven Wissensbestände Teil der Definition von Zivilisation ist. Wir könnten deshalb mit gutem Recht unser Axiom auch umkehren und feststellen: Als zivilisationsbildend erachten wir eine Spezies, die gemeinsame Wissensbestände teilt, neues Wissen schöpft, kollektiv verteilt und ihre Handlungsprogramme in Abhängigkeit vom neuen Wissen reformiert (vgl. Traphagen 2014, S. 163–164; Wason 2014, S. 117–119).

individuellen Wissensbeständen auftreten, was einen weiten Raum möglicher Prozesse der Wissensregulierung, wie etwa Legitimierung, Abweichung und Kontrolle oder Resozialisierung und Therapie (im Sinne von Berger und Luckmann 1966), eröffnen würde. Dies spräche dann auch für die Existenz von orthodoxem und heterodoxem Wissen (vgl. Schetsche und Schmied-Knittel 2018) im Denken der Fremden, was wiederum auf die Möglichkeit der Abweichung von kollektiv vorgegebenen Handlungsplänen verweisen würde. Dies schließlich gestattet wahrscheinlich auch ein ausdifferenziertes, vielleicht auch widersprüchliches Denken und Handeln im Umgang mit anderen Spezies.[35] Und zum ‚so *oder* so‘ treten Zwischenstufen (siehe Giesen 2010) von Wahrheit und damit auch von Wirklichkeit, was sich wiederum auf die Wahrnehmung eines maximal fremden Gegenübers (also in diesem Falle der Menschheit) auswirken könnte.

All dies, so denken wir, macht sich ganz zentral an Fragen von Komplexität, Einheitlichkeit und Eindeutigkeit oder eben auch Widersprüchlichkeit der Wissensordnung fest. Um sich dieser fremden Wissensordnung empirisch anzunähern, ließe sich eine ganze Reihe von Leitfragen entwerfen, die im Erstkontakt (je nach seiner Form und den Umständen, in dieser oder jener Weise operationalisiert) zu konkreten Untersuchungsfragen führen könnten.[36] Wir sind weit davon entfernt, über solch einen Fragenkatalog zu verfügen – formulieren im Folgenden stattdessen nur ein paar wenige *exemplarische* Leitfragen:

- Wie groß ist die Weltoffenheit bzw. wie sehr ist die Spezies von biologisch vorgegebenen Denk- und Handlungsprogrammen entbunden? (Erweitert: In welchen Lebensbereichen dominieren angeborene, in welchen erworbene Handlungsprogramme?)
- Wie komplex ist die Wissensordnung der Zivilisation? Welchen Anteil haben allgemeine, welche gruppenspezifische und welche (falls es dies gibt) individuelle Wissensbestände?

---

[35]Beim zu erwartenden asymmetrischen Kulturkontakt, bei dem die Menschheit die technologisch unterlegene Zivilisation ist, manifestieren diese Fragen sich in einem Worst Case-Szenario nicht nur in Form der Unterscheidung zwischen Krieg oder Frieden, sondern letztlich auch in jener zwischen Auslöschung und Weiterexistenz unserer Spezies. Zumindest dies sollte ein guter Grund dafür sein, sich über den Erstkontakt und über die geplanten METI-Projekte Gedanken zu machen (vgl. Kap. 6).

[36]Die Frage nach einer Methodologie für die Untersuchung außerirdischer Zivilisationen klammern wir an dieser Stelle mit Bedacht aus – hier hängt zu viel von der Art des Erstkontakts ab, um sich über diesen Punkt ausführlicher Gedanken zu machen.

- Wie selbstständig sind die einzelnen Entitäten – bzw. wie stark ist die soziale Natur in Abhängigkeit von anderen Wesen der gleichen Art ausgeprägt? Und was folgt daraus für Kommunikationsmöglichkeiten und Kommunikationsintensität?
- Welche Hierarchien von Wissensbeständen gibt es und wie ist die Geltung von Wissen in solchen Hierarchien geregelt?
- Wie wird das geltende Wissen reproduziert (an eine nächste Generation weitergegeben)?
- Wie werden neue Wissensbestände verbreitet? Welche Kommunikationsmedien gibt es hierfür?
- In welchem Umfang gilt das kollektive Wissen? Und wie wird seine Geltung gewährleistet?
- Nach welchen Grundregeln ist die Wirklichkeit konstruiert, in der diese Spezies lebt? (Wie stellt sich beispielsweise das Verhältnis zwischen abstraktem Denken und konkreten Erfahrungen dar, mithin auch das zwischen eher theoretischem und eher empirischem Denken?)
- Wie groß ist die Fähigkeit zur Erzeugung, Manipulation und Kommunikation abstrakter Symbolsysteme?
- Welche Rolle im Denken spielen zyklische Prozesse einerseits und Fortschrittsorientierung andererseits?

Wie bereits deutlich gemacht: Dies sind lediglich exemplarische Fragen. Vor der Begegnung mit einer fremden Zivilisation vermögen wir nicht zu sagen, welche dieser Punkte erkenntnisträchtig auf ,die Anderen' angewandt werden können. Und selbst nach einem Kontakt kann die Beantwortbarkeit und Relevanz vieler oder gar all dieser Fragen für lange Zeit ungewiss bleiben. Wie schwierig es ist, Informationen über eine fremde Zivilisation zu erlangen, hatten wir bereits in den früheren Kapiteln diskutiert. Nicht zuletzt diese generellen (letztlich erkenntnistheoretisch begründeten) Schwierigkeiten, sicheres Wissen über eine außerirdische Spezies und ihre Gesellungsformen zu erlangen, hatten uns zu der Entscheidung geführt, an dieser Stelle unseres Buches vorsichtig von einer *Proto*-Soziologie außerirdischer Zivilisationen zu sprechen. Wenn wir eines Tages zu einer empirisch fundierten und theoretisch einleuchtenden Soziologie außerirdischer Zivilisationen kämen, wäre nicht nur die Exosoziologie einen großen Schritt weiter.

10.3   Besonderheiten technologischer Zivilisationen

Wir hatten bereits in den Vorkapiteln diskutiert, was es massenpsychologisch für uns Menschen bedeuten könnte, nicht Entdecker, sondern Entdeckte zu sein. An dieser Stelle ist uns allerdings ein anderer Punkt wichtig: Wie auch immer der Erstkontakt zustande kommt – bei den ‚Anderen' wird es sich um eine *technologische Zivilisation* handeln. Jede der von uns weiter oben diskutieren Szenarien setzt dies notwendig voraus. Die Fremden verfügen (Signalszenario) über technische Mittel, um Radiosignale, Laserimpulse oder Ähnliches in die Weiten des Weltalls zu schicken. Sie konnten vor langer Zeit (Artefaktszenario) automatische Sonden oder sogar von ihnen selbst gesteuerte Raumschiffe bis in unser Sonnensystem schicken, wo sie materielle Botschaften aus einer mehr oder weniger fernen Vergangenheit für uns hinterlassen haben. Oder sie erreichen in der Zukunft (Begegnungsszenario) mit Raumfahrzeugen unsere Erde und konfrontieren uns unmittelbar mit ihrer Existenz. Dies bedeutet in jedem Fall, dass sie technologisch mindestens so weit entwickelt sind wie wir. Im zweiten und dritten Szenario sind sie uns zumindest in dieser Hinsicht sogar um Jahrhunderte, wenn nicht Jahrtausende voraus. Das heißt, wir müssen uns beim Verständnis außerirdischer Zivilisationen auf absehbare Zeit nicht um jene Kulturen kümmern, die über keine dieser Möglichkeiten verfügen – von ihrer Existenz werden wir schlicht nichts erfahren, bis wir selbst uns auf den Weg zu ihnen machen oder bis sie den Punkt technologischer Entwicklung erreicht haben, an dem ein Fernkontakt möglich ist. Wir dürfen uns an dieser Stelle deshalb auf jene Zivilisationen konzentrieren, die die Fähigkeit zur interstellaren Kommunikation (in welcher Form auch immer) besitzen.

Was aber können wir, ausgehend von der technischen Zivilisationsgeschichte der Menschheit (einen anderen Maßstab haben wir nicht[37]), über technologisch

---

[37]Nicht anfreunden können wir uns mit dem Konzept einer *cosmic convergent evolution,* wie es Martinez (2014) vertritt. Dieser Ansatz geht davon aus, dass Leben überall im Universum die Tendenz inhärent ist, sich zu immer komplexeren Formen zu entwickeln und schließlich auch Intelligenz und technologische Zivilisationen hervorzubringen, die den Weltraum erforschen. Der Autor vertritt ein teleologisches – und damit letztlich auch anthropozentrisches (vgl. Traphagen 2014, S. 169) – Konzept einer Entwicklung des Universums und des Lebens, das schließlich, geradezu unausweichlich, zu einer postbiologischen Maschinen-Zivilisation führen muss: „Quite ironically, the assumed biogenicity of the Universe would eventually lead towards global adaptive processes in which the cosmologically extended biosphere is favoring the emergence of artificial or post-biological forms of intelligence from organic substrate […] In such a scenario the Biocosm trans-

fortgeschrittene fremde Intelligenzen aussagen? Wenn wir den Astrobiologen Schulze-Makuch und Bains (2017, S. 169–171; vgl. auch Morris 2003, S. 151; Chick 2014; Herzing 2014) folgen, gibt es vier zentrale Voraussetzungen für die Entstehung einer technologischen Intelligenz bzw. Zivilisation:

- eine hinreichende neuronale Komplexität der Spezies (individuell oder kollektiv);
- die biologisch vorgegebene Fertigkeit zur Manipulation der Umgebung (etwa zur Erschaffung von Werkzeugen) – dies stellt auf natürliche Greiforgane wie Hände, Zangen, Schnäbel, Tentakel oder Ähnliches ab;
- die Fähigkeit zur Nutzung natürlich vorhandener Energieressourcen (auch im Hinblick auf die Werkzeugherstellung)[38];
- die Fähigkeit zur sozialen Interaktion und systematischen Zusammenarbeit mit der eigenen und mit fremden Spezies (einschließlich des Handels mit Gütern und Dienstleistungen).

Der letztere Punkt setzt wahrscheinlich[39] die Entwicklung einer komplexen Sprache voraus, mittels der auch abstrakte Sachverhalte ausgedrückt werden können (vgl. Smith und Szathmáry 1995, S. 279–299). Wir möchten diese Liste noch um drei weitere Aspekte ergänzen, bei deren Fehlen es uns unwahrscheinlich erscheint, dass wir auf absehbare Zeit in Kontakt mit einer solchen Spezies kommen:

- die Fähigkeit und der Wille zur großflächigen Nutzung natürlicher Ressourcen der Umwelt sowie zur Umgestaltung des eigenen Lebensraums (man könnte auch sagen: zur ‚Unterwerfung der Natur‘);

---

forms it self naturally into a Silico- or Technocosm during a final epoch of one developmental cycle" (Martinez 2014, S. 345–346).

[38]Die Autoren vertreten die These, dass zur Nutzung von Energieressourcen und zur Herstellung komplexer Werkzeuge wahrscheinlich die ‚Herrschaft über das Feuer‘ gehört, was bedeuten würde, dass eine technologische Zivilisation nicht im Wasser bzw. unter Wasser entstehen kann (Schulze-Makuch und Bains 2017, S. 170–171). Für die Suche nach technischen Zivilisationen im All würde dies bedeuten, dass sog. Wasserwelten, deren Oberflächen gänzlich von einem Ozean gebildet werden, von einer Untersuchung von vornherein ausgenommen werden könnten.

[39]Einfache Tauschoperationen hingegen finden wir auf der Erde bei vielen Spezies, nicht nur bei Primaten, sondern etwa auch bei Ratten.

- eine Orts*un*gebundenheit und ein aktiver Lebensstil, die es ermöglichen, den eigenen Lebensraum zu erforschen und dessen Ressourcen umfassend zu nutzen;
- Sinneskanäle, die es entsprechend der physikalischen Bedingungen der Heimatwelt ermöglichen, den Weltraum zu beobachten, sich ein ‚Bild vom Kosmos' zu machen und Handlungsziele zu entwickeln, die über den eigenen Planeten hinausreichen.

Die Betonung dieses letzten Punktes hängt mit den von uns prognostisch verwendeten Kontaktszenarien zusammen. Nur eine Spezies mit einer solchen ‚weltraumbezogenen Orientierung' wird auch technische Geräte zu dessen Erforschung entwickeln: (Radio-)Teleskope, Raumsonden, Raumfahrzeuge usw., über die sich dann jeweils eine Kontaktaufnahme realisieren lässt. Dass die Menschheit in einer sehr fernen Zukunft, wenn sie selbst in der Lage ist, Raumfahrzeuge zu fernen Sonnensystemen zu schicken, auch auf Zivilisationen treffen könnte, die das letztgenannte Merkmal nicht aufweisen[40], ist an dieser Stelle bedeutungslos; in diesem Falle wären wir die Entdecker, die Anderen die Entdeckten, was zu völlig anderen Prognosen bezüglich der Auswirkungen des Erstkontakts führen würde.

Ob die von uns genannten Punkte notwendige oder gar hinreichende Bedingungen für die Entwicklung einer in diesem Sinne ‚kontaktfähigen' Spezies darstellen, muss allerdings unsicher bleiben. Alle diese Kriterien sind, so könnte man formulieren, sehr vom Menschen und von der menschlichen Zivilisation her gedacht. Wie Schulze-Makuch und Bains (2017, S. 152) verdeutlichen, gibt es viele Pfade hin zur Intelligenz – und gleiches gilt möglicherweise auch für die Entwicklung hin zu einer technologischen Intelligenz. So können wir uns, um nur ein einzelnes Alternativszenario zu benennen, durchaus vorstellen, dass es intelligente Spezies gibt, deren Kontrolle und Umformung ihrer Umwelt auf einer früh entwickelten *Bio-Technologie* basiert, also auf der Fähigkeit, andere Organismen – oder auch sich selbst –biochemisch bzw. genetisch sehr grundlegend zu

---

[40]Chick (2014, S. 217–218) weist explizit darauf hin, dass die kulturelle Komplexität einer Zivilisation keine Rückschlüsse auf ihre technologische Entwicklung erlaubt. Es mag in den Weiten des Universums überaus hoch entwickelte Zivilisationen geben, die keinen technologischen Pfad im irdischen Sinne beschritten haben oder deren Technologie nicht auf die Erforschung des Weltraums hin ausgerichtet ist. In beiden Fällen würden wir erst dann in Kontakt mit einer solchen Zivilisation kommen, wenn wir selbst sie aufzusuchen in der Lage sind.

manipulieren. Sie wären möglicherweise in der Lage, über die Züchtung bzw. Erschaffung sehr spezieller Organismen zivilisatorische Leistungen zu erbringen, die uns auf der Erde nur durch die Beherrschung des Feuers, der Elektrizität und diverser chemischer Prozesse ermöglicht werden. Eine solche primär biotechnologische Zivilisation hätte eine deutlich andere ‚Technikgeschichte' aufzuweisen als die Menschheit – nicht zuletzt was die Frage nach bestimmten Schlüsseltechnologien angeht. Sie könnte sich auch an Orten entwickelt haben (etwa innerhalb der sog. Wasserwelten), die nach menschlicher Vorstellungskraft nicht geeignet sind, eine Hochtechnologie hervorzubringen.[41] Wir sollten uns deshalb nicht zu sicher sein, was die Voraussetzung für eine technologische Zivilisation angeht. (Selbst die Idee gleichsam gezüchteter ‚biologischer Raumschiffe' findet sich gelegentlich in der irdischen Science Fiction[42].)

Bei der Frage nach den Voraussetzungen für eine technologische Zivilisation möchten wir deshalb einmal mehr die *wissenssoziologische* Perspektive hervorheben: Wichtiger als die Beschreitung bestimmter technologischer Pfade (in Abhängigkeit von den biologisch vorgegebenen Fähigkeiten der jeweiligen Spezies und der in ihrem Lebensraum vorhandenen Ressourcen), scheint uns der Grad der *Komplexität* im Informationsaustausch und insbesondere bei der Sicherung (Speicherung im weitesten Sinne) und kollektiven Weitergabe von erlangtem Wissen. Wie auch immer die materielle Technologie einer Zivilisation aussehen mag, ohne einen hohen Grad an immaterieller Komplexität (etwa bei der Erzeugung abstrakter Symbolsysteme, nicht nur in mathematischer Hinsicht) scheint uns die Entwicklung einer weltraumorientierten Zivilisation schlicht undenkbar. Möglicherweise ist es deshalb bei einem Erstkontakt auch wichtiger,

---

[41]Wir argumentieren hier anders als Stevenson und Large (2017), die der Frage nachgehen, wie auf fernen Planeten aus einfachen Lebensformen komplexes Leben und schließlich Intelligenz entstehen könnte. Ihrer Auffassung nach sind es zwei Faktoren, die die Entstehung von intelligentem Leben evolutionstheoretisch wahrscheinlich machen: erstens die Zahl der ökologischen Nischen auf einem Planeten und zweitens die Informationsdichte der Umgebung, in der sich Leben entwickelt – was wiederum mit der Zahl der vorhandenen ökologischen Nischen in einer Lebenswelt korrespondiert. „In terms of evolutionary pace, the driving factor is the growth in information complexity of the environment in which organisms exist [...] Low information landscapes (including aquaplanets) can never evolve complex or intelligent life because the information available to organisms is limited" (Stevenson und Large 2017, S. 4).

[42]Bereits in den sechziger Jahren des vergangenen Jahrhunderts führte die Heft-Serie *Perry Rhodan* mit den *Dolans* die Idee gezüchteter biologischer Raumschiffe in die deutsche Science Fiction ein.

die immateriellen Grundlagen einer fremden Zivilisation (ihre Wissensordnung im weitesten Sinne) zu verstehen als ihr ‚technisch-materielles Equipment'. Es ist wohl die materielle Grundorientierung unserer eigenen Kultur, die uns bei der Suche nach fremden Zivilisationen so sehr auf deren technische Ausstattung schielen lässt, statt prospektiv von möglichen Denkformen aus- und auf diese einzugehen.[43]

10.4 Sonderfall hybride Zivilisationen

Zum Abschluss unserer proto-soziologischen Erwägungen wollen wir noch kurz einen Typus außerirdischer Zivilisationen untersuchen, den wir bisher vernachlässigt hatten: eine Kultur, deren *Träger sowohl biologische Spezies als auch künstliche Intelligenzen sind*. Im Anschluss an die Überlegungen von Bostrom, die wir im ersten Unterkapitel ausführlich vorgestellt hatten, gehen wir hier davon aus, dass eine biologische Spezies jenen Punkt in ihrer technologischen Entwicklung erreicht, in der es möglich ist, künstliche Wesen zu konstruieren, die ihren Erschaffern hinsichtlich ihrer geistigen Fähigkeiten mindestens ebenbürtig sind. Nach dem von Bostrom prognostizierten Verlaufsmodell wird diese AGI sich schließlich zu einer künstlichen Superintelligenz weiterentwickeln, die die Macht (hier: auf der Erde) an sich reißt, ihre Erschaffer verdrängt und vielleicht sogar physisch liquidiert. Was aber ist, wenn der Schritt zu einer ASI ausbleibt, wenn die biologischen Wesen durch irgendeinen Prozess der Selbstoptimierung ebenfalls zu einer Superintelligenz werden (vielleicht zu einem kollektiven Superbewusstsein) oder wenn die entstehende künstliche Superintelligenz kein Interesse daran hat, ihre Schöpfer zu beseitigen Dann könnte das entstehen, was wir eine *hybride Zivilisation* nennen wollen. Die Abb. 10.2 zu verschiedenen Zivilisationstypen erweitert die Darstellung vom Beginn dieses Kapitels um diesen dritten Typus:

Dieser Fall stellt eine besondere Herausforderung für die Analyse fremder Gesellschaften dar, da wir auf der Erde bislang keine Vorstellung davon haben, wie ein solches (dauerhaftes) Zusammenleben zwischen biologischen und künstlichen Intelligenzen konkret aussehen könnte. Wir wissen insbesondere nicht, in welchem Maße die dann entstehende Zivilisation noch durch die in Abschn. 10.2 diskutierten Merkmale ihrer biologischen Trägerspezies strukturiert wäre und

---

[43]Leider ist es uns nicht möglich, an dieser Stelle weiter auf diesen Punkt einzugehen – eine Skizze für eine transhumane Wissenssoziologie steht noch aus.

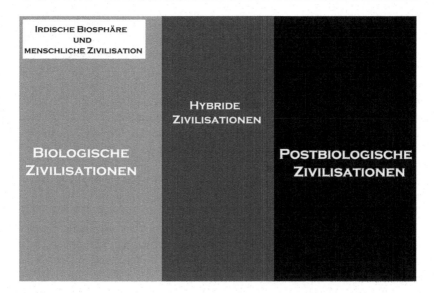

Abb. 10.2 Zivilisationstypen – ternäre Codierung. (Quelle: eigene Darstellung – M. Schetsche)

welche Rolle die künstlichen Intelligenzen spielen könnten. Über die erste Dimension vermögen wir aufgrund unserer irdischen Erfahrungen (nicht nur mit uns selbst, auch mit anderen Spezies auf unserem Planeten) vielleicht einiges auszusagen. Die Beiträge zur Gesamtkultur, für den sich die künstlichen Intelligenzen verantwortlich zeichnen, dürften uns hingegen weiterhin als jene schon mehrfach erwähnte Black Box erscheinen und analytisch kaum zugänglich sein. Ebenso wenig wissen wir darüber, wie die Kooperation zwischen biologischen und künstlich-technologischen Zivilisationselementen aussehen würde. So dürfte sich uns menschlichen Forschern und Forscherinnen die verzahnte Hybridstruktur der fremden Kultur nur schwer erschließen.

Wir wollen unsere Aufmerksamkeit an dieser Stelle deshalb in erster Linie auf die Bedeutung einer solchen Situation für die in den vorangegangenen Kapiteln untersuchten *Kontaktszenarien* lenken: Für das *Signalszenario* dürfte der Typus der Zivilisation, mit der wir über Hunderte oder Tausende von Lichtjahren Entfernung hinweg in Kontakt kommen, kaum eine Rolle spielen. Wir gehen davon aus, dass die auf diesem Wege erhaltenen Informationen über die fremde Zivilisation schon allein wegen des Decodierungsproblems eher spärlich ausfallen dürften (vgl. Traphagan 2014; Wason 2014). Wenn wir ohnehin nicht verstehen, was die erhaltene ‚Botschaft' ausdrücken soll, ist es letztlich auch unerheblich, ob sie von einer biologischen, einer künstlichen oder einer hybriden Zivilisation stammt. Für uns als mehr oder weniger ahnungslose Empfänger würde dies keinen Unterschied bedeuten – nicht zuletzt hinsichtlich der irdischen Konsequenzen, die wir ausführlich diskutiert hatten. Ähnlich dürfte es sich bei einem *Artefakt-Fund* verhalten. Wir müssten schon sehr viel Glück haben, wenn wir aus dem Aufbau oder der Funktionsweise des Artefakts Rückschlüsse auf den Typus der Zivilisation ziehen könnten, die es hinterlassen hat. Bestenfalls finden sich auf oder in dem Artefakt Abbildungen von Wesenheiten, die unserem menschlichen(!) Verstand eher organisch *oder* eher technisch erscheinen. Eine übermäßig sichere Unterscheidung dürfte das wahrscheinlich nicht sein. Und welche Rolle sollte diese Differenz für die Reaktion der menschlichen Kultur auch spielen?[44]

Interessanter in dieser Hinsicht erscheint hingegen – zumindest auf den ersten Blick – das *Begegnungsszenario.* Hier können wir uns, zumindest signalisiert dies eine Vielzahl von Science Fiction-Filmen, durch eigenen Augenschein davon überzeugen, ‚mit wem wir es zu tun haben' – biologischen oder künstlichen Wesen.[45] Aber wie sicher sind wir hier? Da wir nicht wissen, wie die Körper einer fremden Spezies aussehen, können wir diese auch nicht von ihren künstlichen Abgesandten unterscheiden (die ja möglicherweise auch noch nach ihrem Ebenbild erschaffen wurden). Und die KI-gesteuerten Vertreter einer postbiologischen Sekundärzivilisation könnten körperlich so entwickelt (hier auch: gebaut) sein, dass wir sie für organische Wesen halten, insbesondere da wir keine Ahnung haben, wie ihre ursprünglichen Erschaffer einmal aussahen. Klären lassen wird sich dies wahrscheinlich erst in dem Moment, in dem unsere Verständigung so weit gediehen ist (falls es überhaupt dahin kommt), dass sich auch relativ abstrakte Fragen stellen lassen: Wurdet ihr geboren oder gebaut? (Wir unterstellen dabei, dass die tatsächlich gestellten Fragen dieser Art etwas elaborierter sein werden.) Wagen können wir an dieser Stelle allerdings eine

---

[44]Man könnte an dieser Stelle die These aufstellen, dass die Konfrontation mit einer ‚Maschinenzivilisation' wegen der fehlenden biologischen Gemeinsamkeiten die menschliche Beunruhigung eher noch steigern würde.

[45]Die *Camouflage-These,* nach der Außerirdische nach längerer Beobachtung der Erde für die Erforschung unseres Planeten oder auch für die Kontaktaufnahme als Träger ihres Bewusstseins künstliche Körper erschaffen, die den menschlichen zum Verwechseln ähnlich sehen, klammern wir hier einmal aus (vgl. Schetsche 2008, S. 244–245). Dies ist ein gerade in Zeiten allgemeiner Unterwanderungs- und Invasionsangst beliebtes Ausgangsszenario der Science Fiction – siehe etwa die US-amerikanische Fernsehserie *The Invaders* aus dem Jahre 1967.

These: Wenn wir in direkten Kontakt mit einer Hybrid-Zivilisation kommen sollten, spricht vieles dafür, dass deren Abgesandte eher dem künstlichen als dem organischen ‚Zweig' der entsprechenden Zivilisation entstammen.[46] Denn für biologische Entitäten, deren Spezies sich auf der geschützten Oberfläche eines Planeten oder Mondes entwickelt hat, stellt die Reise durch die Weiten des lebensfeindlichen Weltraums eine deutlich größere Herausforderung dar als für künstliche Wesen, die vielleicht sogar allein zu dem Zweck erschaffen wurden, die Jahrtausende dauernde Reise in ein fremdes Planetensystem möglichst unbeschadet zu überstehen (vgl. hierzu auch Shostak 2015, S. 950).

Letztlich aber dürften wir hier mit dem Problem der *generellen Ununterscheidbarkeit* konfrontiert sein: Sind die fremden Entitäten, die uns auf der Erde besuchen, durch weit fortgeschrittene Technologien (wie Schutzanzüge oder künstliche Körperpanzerungen) geschützte biologische Wesen, sind es künstliche Abgesandte einer biologischen Primär- oder Hybridzivilisation oder treten uns die Vertreter einer postbiologischen Sekundärzivilisation gegenüber? Wir denken, dass dies eine Frage ist, die lange Zeit unbeantwortet bleiben könnte. Allerdings, und das ist in diesem Kapitel der entscheidende Punkt, können wir mit einer exosoziologischen Analyse der fremden Zivilisation erst dann ernsthaft beginnen, wenn diese Frage eindeutig geklärt ist. Vorher bleiben alle Überlegungen hinsichtlich der Struktur der fremden Zivilisation sowie hinsichtlich ihrer Motive und Interessen noch spekulativer, als es beim Erstkontakt ohnehin schon der Fall sein dürfte.

Literatur

Berger, Peter L., und Thomas Luckmann. 1966. *The social construction of reality. A treatise in the sociology of knowledge.* Garden City: Doubleday.
Bohlmann, Ulrike M., und Moritz J. F. Bürger. 2018. Anthromorphism in the search for extra-terrestrial intelligence – The limits of cognition? *Acta Astronautica* 143:163–168.

---

[46]Im Anschluss an eine der möglichen Auflösungen des Fermi-Paradoxons, nämlich der Überlegung, dass postbiologische Sekundärzivilisationen wenig Interesse an einem Kontakt mit einer biologischen Spezies haben und mit der Kontaktaufnahme entsprechend warten, bis auch auf der Erde ‚die Maschinen' die Macht übernommen haben, könnte man auch folgern: Wenn ein Direktkontakt stattfindet, haben wir es wahrscheinlich mit einer biologischen oder mit einer hybriden Zivilisation zu tun. Dies setzt allerdings voraus, dass die Prämisse dieser Überlegungen zutreffend ist. Auch in dieser Hinsicht sind wir uns alles andere als sicher.

Bostrom, Nick. 2014. *Superintelligenz Szenarien einer kommenden Revolution*. Frankfurt a. M.: Suhrkamp.

Chick, Garry. 2014. Biocultural prerequisites for the development of interstellar communication. In *Archaeology, anthropology, and interstellar communication*, Hrsg. Douglas A. Vakoch, 203–226. Washington: NASA.

Cleland, Carol E., und Christopher F. Chyba. 2002. Defining ‚Life'. *Origins of Life and Evolution of the Biosphere* 32:387–393.

Crutzen, Paul J. 2002. Geology of mankind. *Nature* 415:23.

Crutzen, Paul J., Mike Davis, Michael D. Mastrandrea, Stephen H. Schneider, und Peter Sloterdijk. 2011. *Das Raumschiff Erde hat keinen Notausgang Energie und Politik im Anthropozän*. Suhrkamp: Berlin.

Dick, Steven J. 2003. Cultural evolution, the postbiological universe, and SETI. *International Journal of Astrobiology* 2 (1): 65–74.

Ellis, Erle C. 2018. *Anthropocence a very short introduction*. Oxford: Oxford University Press.

Fischer, Joachim. 2009. *Philosophische Anthropologie. Eine Denkrichtung des 20. Jahrhunderts*. Freiburg im Breisgau: Karl Alber.

Gehlen, Arnold. 1986. *Der Mensch Seine Natur und seine Stellung in der Welt*. Wiesbaden: Aula-Verlag.

Giesen, Bernhard. 2010. *Zwischenlagen Das Außerordentliche als Grund der sozialen Wirklichkeit*. Vellbrück: Weilerswist.

Grunwald, Martin. 2012. Das Sinnessystem Haut und sein Beitrag zur Körper-Grenzerfahrung. In *Körperkontakt. Interdisziplinäre Erkundungen*, Hrsg. Renate-Berenike Schmidt und Michael Schetsche, 29–54. Gießen: Psychosozial-Verlag.

Harrison, Albert A. 1993. Thinking intelligently about extraterrestrial intelligence: An application of living systems theory. *Behavioral Science* 38 (3): 189–217.

Herzing, Denise L. 2014. Profiling nonhuman intelligence: An exercise in developing unbiased tools for describing other „types" of intelligence on earth. *Acta Astronautica* 94:676–680.

Hölldobler, Bert, und Edward Wilson. 2010. *Der Superorganismus. Der Erfolg von Ameisen, Bienen, Wespen und Termiten*. Heidelberg: Springer.

Kutschera, Ulrich. 2015. *Evolutionsbiologie* (4. Aufl.). Stuttgart: UTB.

Lem, Stanislaw. (poln. Orig. 1961) 1972. *Solaris*. Hamburg: Marion von Schröder Verlag.

Lestel, Dominique. 2014. Ethology, ethnology, and communication with extraterrestrial intelligence. In *Archaeology, anthropology, and interstellar communication*, Hrsg. Douglas A. Vakoch, 227–234. Washington: NASA.

Levin, Samuel R., Thomas W. Scott, Helen S. Cooper, und Stuart A. West. 2017. Darwin's aliens. *International Journal of Astrobiology*. https://doi.org/10.1017/S1473550417000362. Zugegriffen: 15. Jan. 2018.

Liu, Cixin. 2016. *Die drei Sonnen*. München: Heyne.

Martinez, Claudio L. Flores. 2014. SETI in the light of cosmic convergent evolution. *Acta Astronautica* 104: 341–349.

Morris, Simon Conway. 2003. The navigation of biological hyperspace. *International Journal of Astrobiology* 2 (2): 149–152.

Raybeck, Douglas. 2014a. Predator-prey models and contact considerations. In *Extraterrestrial altruism. evolution and ethics in the cosmos*, Hrsg. Douglas A. Vakoch, 49–63. Heidelberg: Springer.

Raybeck, Douglas. 2014b. Contact considerations a cross-cultural perspective. In *Archaeology, anthropology, and interstellar communication*, Hrsg. Douglas A. Vakoch, 142–158. Washington: NASA.

Schätzing, Frank. 2004. *Der Schwarm*. Köln: Kiepenheuer & Witsch.

Scheler, Max. (Orig. 1928) 2016. *Die Stellung des Menschen im Kosmos*. Berlin: Contumax.

Schetsche, Michael. 2005. Rücksturz zur Erde? Zur Legitimierung und Legitimität der bemannten Raumfahrt. In *Rückkehr ins All (Ausstellungskatalog, Kunsthalle Hamburg)*, 24–27. Ostfildern: Hatje Cantz.

Schetsche, Michael. 2008. Auge in Auge mit dem maximal Fremden. Kontaktszenarien aus soziologischer Sicht. In *Von Menschen und Außerirdischen. Transterrestrische Begegnungen im Spiegel der Kulturwissenschaft*, Hrsg. Michael Schetsche und Martin Engelbrecht, 227–253. Bielefeld: transcript.

Schetsche, Michael, René Gründer, Gerhard Mayer, und Ina Schmied-Knittel. 2009. Der maximal Fremde. Überlegungen zu einer transhumanen Handlungstheorie. *Berliner Journal für Soziologie* 19 (3): 469–491.

Schetsche, Michael, und Ina Schmied-Knittel. 2018. Zur Einleitung: Heterodoxien in der Moderne. In *Heterodoxie. Konzepte, Traditionen, Figuren der Abweichung*, Hrsg. Michael Schetsche und Ina Schmied-Knittel, 9–33. Köln: Herbert von Halem.

Schulze-Makuch, Dirk, und William Bains. 2017. *The cosmic zoo. Complex life on many worlds*. Cham: Springer Nature.

Shostak, Seth. 2015. Searching for clever life. *Astrobiology* 15 (11): 948–950.

Smart, John M. 2012. The transcension hypothesis: Sufficiently advanced civilizations in variably leave our universe and implications for METI and SETI. *Acta Astronautica* 78:55–68.

Smith, John Maynard, und Eörs Szathmáry. 1995. *The major transitions in evolution*. Oxford: Freeman.

Stevenson, David S., und Sean Large. 2017. Evolutionary exobiology: Towards the qualitative assessment of biological potential on exoplanets. *International Journal of Astrobiology*. https://doi.org/10.1017/S1473550417000349. Zugegriffen: 18. Jan. 2018.

Storch, Volker, Ulrich Welsch, und Michael Wink. 2013. *Evolutionsbiologie* (3. Aufl.). Heidelberg: Springer.

Toepfer, Georg. 2011. Leben. In *Historisches Wörterbuch der Biologie. Geschichte und Theorie der biologischen Grundbegriffe*, Bd. 2, 420–483. Stuttgart: Metzler.

Traphagen, John W. 2014. Culture and communication with extraterrestrial intelligence. In *Archaeology, anthropology, and interstellar communication*, Hrsg. Douglas A. Vakoch, 159–172. Washington: NASA.

Urban, Tim. 2015. The AI revolution: our immortality or extinction. https://waitbutwhy.com/2015/01/artificial-intelligence-revolution-1.html und https://waitbutwhy.com/2015/01/artificial-intelligence-revolution-2.html. Zugegriffen: 1. Okt. 2017.

Vakoch, Douglas A. 2014. The evolution of extraterrestrials. The Evolutionary synthesis and estimates of the prevalence of intelligence beyond earth. In *Archaeology, anthropology, and interstellar communication*, Hrsg. Douglas A. Vakoch, 189–202. Washington: NASA.

Vinge, Vernor. 2003. *Eine Tiefe am Himmel*. München: Heyne.

Wason, Paul K. 2014. Inferring intelligence. Prehistoric and Extraterrestrial. In *Archaeology, anthropology, and interstellar communication*, Hrsg. Douglas A. Vakoch, 112–128. Washington: NASA.

Zaun, Harald, Hrsg. 2010. *Kosmologie – Intelligenzen im All*. Hannover: Heise.

‚Heiße Eisen' in der wissenschaftlichen Alien-Forschung

Die *Paläo-SETI-Hypothese,*[1] das *UFO-Phänomen* sowie die *Entführungen durch Außerirdische* – drei ganz besondere Themenfelder, die der wissenschaftlichen Alien-Forschung seit Jahrzehnten Probleme bereiten. Es handelt sich, wie man alltagssprachlich sagen würde, um *heiße Eisen* jeder Beschäftigung mit Außerirdischen. Für diesen prekären Status gibt es zwei eng miteinander verbundene Gründe: Zum einen handelt es sich um Fragenkomplexe, die seit Jahrzehnten von der *Laienforschung*[2] dominiert werden. Und zum anderen werden alle drei Themen, seit es einen öffentlichen Diskurs über sie gibt, massenmedial zwar nicht durchgängig, aber doch sehr häufig *ridikülisiert.*[3] Beides hat zu Folge, dass sich die auf Sicherung ihrer fachlichen Reputation bedachten Wissenschaftler und Wissenschaftlerinnen (und das sind fast alle) nur im Notfall mit diesen Themen auseinandersetzen; zu groß erscheint den meisten die Gefahr, in der Fachgemeinschaft und auch in der Öffentlichkeit der Lächerlichkeit preisgegeben zu werden. Warum diese Themenfelder so ‚lächerlich', diskursiv geradezu ‚unmöglich' erscheinen, ist eine der beiden Fragen, die es in diesem Kapitel zu klären gilt. Die

---

[1]Früher auch als ‚Prä-Astronautik' bekannt – wir orientieren uns hier an der aktuelleren Selbstbezeichnung der entsprechenden Gemeinschaft von Laienforschern (und wenigen Laienforscherinnen), die offenbar an der steigenden öffentlichen Popularität der radioastronomischen SETI-Projekte zu partizipieren wünscht.

[2]Zum Problem der Laienforschung insbesondere in wissenschaftlichen Grenzgebieten vgl. Schetsche (2004).

[3]Eine in der medialen Öffentlichkeit weitverbreitete Diskursstrategie, mit deren Hilfe als vom Mainstream abweichende (heterodoxe) Wissensbestände kulturell delegitimiert werden (vgl. Berger und Luckmann 1991, S. 123; Mayer 2003; Schetsche 2013, S. 398–399; Schetsche 2015, S. 65–66).

© Springer Fachmedien Wiesbaden GmbH, ein Teil von Springer Nature 2019
M. Schetsche und A. Anton, *Die Gesellschaft der Außerirdischen,*
https://doi.org/10.1007/978-3-658-21865-2_11

andere ist den Erkenntnissen gewidmet, die zu gewinnen möglich sind, wenn man bei der Betrachtung der drei genannten Themenkomplexe die wissenschaftliche Perspektive wechselt.

Im Gegensatz zu anderen müssen wir an dieser Stelle glücklicherweise keine Berührungsängste haben. Das hängt damit zusammen, dass sich die *Exosoziologie,* wenn sie nach dem gesellschaftlichen Denken über Außerirdische (und den damit zusammenhängenden Tabuisierungsprozessen) fragt, am inoffiziellen Leitsatz der *Wissenssoziologie* orientieren kann: *Ausnahmslos jeder kulturelle Wissensbestand ist einer Untersuchung wert!* Unter dieser Prämisse ist es sozialwissenschaftlich legitim, sich gerade auch mit jenen Themen näher zu beschäftigen, die für die naturwissenschaftliche Forschung über Außerirdische ein Problem darstellen. Bevor wir nach der Erkenntnisträchtigkeit einer solchen Perspektive für die Exosoziologie fragen, wollen wir die drei genannten ‚heißen Eisen' etwas näher vorstellen.

11.1   Paläo-SETI-Hypothese

Der Kern der Paläo-SETI-Hypothese besteht in der Vorstellung, dass Außerirdische in der Vor- bzw. Frühzeit der Menschheit die Erde besuchten, es zu einem Kontakt zwischen Menschen und Außerirdischen kam, der die menschliche Entwicklung kulturell oder gar biologisch beeinflusste – und dass die Außerirdischen auffindbare Spuren ihrer Anwesenheit auf der Erde hinterlassen hätten. Weltweite Bekanntheit erlangte die Paläo-SETI-Hypothese durch den Schweizer Autor Erich von Däniken, der mit seinen Werken weltweit Millionenauflagen erzielte. 1968 veröffentlichte Däniken sein erstes Buch *Erinnerungen an die Zukunft* (siehe hierzu auch das Buchcover in Abb. 11.1), das ihn schlagartig berühmt machte. Darin behauptet Däniken, dass die Entwicklungsgeschichte der menschlichen Zivilisation überhaupt erst durch die Annahme eines außerirdischen Einflusses zu verstehen sei. Die Außerirdischen hätten die Menschheit aber nicht nur beeinflusst, sondern den modernen Menschen gar geschaffen:

> Die Götter der Vorzeit haben unübersehbare Spuren hinterlassen, die wir erst heute entziffern können, denn das Problem der Raumfahrt, uns heute hautnah, gab es für den Menschen seit Jahrtausenden nicht mehr. Denn ich behaupte: im grauen Altertum hatten unsere Vorfahren Besuch aus dem Weltall! Wenn wir auch heute noch mehr wissen, wer immer diese außerirdische Intelligenz war und von welchem fernen Stern sie herniederkamen, so bin ich doch überzeugt, daß diese ‚Fremden' einen Teil der damals existierenden Menschheit vernichteten und einen neuen, vielleicht den ersten *homo sapiens* zeugten (von Däniken 1968, S. 13; Hervorhebung im Original).

Abb. 11.1 Buchcover Erich von Däniken: „Erinnerungen an die Zukunft". (Quelle: Scann des Buchcovers)

Das Buch startete zunächst mit einer Auflage von 6000 Exemplaren. Vier Jahre später waren bereits 1,3 Mio. Exemplare davon verkauft. Der Erfolg Dänikens lässt sich dabei, so Döring-Manteuffel, auch durch die Zeitgeschichte erklären:

> Däniken nutzte den schon seit Jahren zwischen den Blockmächten anhaltenden Wettlauf ins All, der 1969 mit der sensationellen Mondlandung der Amerikaner seinen Höhepunkt erreichte. Dieses Ereignis rief bei der Bevölkerung zwar Ängste, aber auch Neugier hervor. In den folgenden Jahren bestätigte sich, was Däniken früh erkannt hatte. Es ging um Grundsätzliches: die Zukunft der Menschheit, utopische Entwürfe zur Erneuerung der Welt, die Zerstörung der Natur und die Angst vor der übermächtigen Technik (Döring-Manteuffel 2008, S. 223).

Für Däniken steht fest, dass die außerirdischen Besucher aufgrund ihrer technologischen Überlegenheit den Menschen wie ‚Götter' erschienen sein müssen, daher seien diverse Göttermythen mehr oder minder wörtlich zu nehmen und würden in Wahrheit den Kontakt der Menschheit mit Außerirdischen beschreiben. Als ‚Indizien' für seine Behauptungen gelten Däniken verschiedene archäologische Funde und Bauwerke aus prähistorischer und historischer Zeit, die für ihn nur unter der Annahme einer Einflussnahme außerirdischer Besucher erklärbar sind. Nachdem Däniken die Paläo-SETI-Hypothese auf der ganzen Welt bekannt gemacht hatte, nahm sich eine Vielzahl von zumeist laienwissenschaftlichen Autoren des Themas an und setzte sich in zahlreichen Veröffentlichungen mit den vermeintlichen Spuren der einstigen außerirdischen Besucher auseinander. In diesen Werken existiert eine Art *Kanon* an vermeintlichen Belegen für den Besuch von Außerirdischen, zu dem, neben Textstellen aus verschiedenen mythischen Überlieferungen und heiligen Schriften, insbesondere verschiedene, teils in der Tat verblüffende archäologische Artefakte zählen, die nach Ansicht der Vertreter der Paläo-SETI-Hypothese nicht in das etablierte wissenschaftliche Bild der menschlichen Zivilisationsgeschichte passen. Ein bekanntes Beispiel dafür ist die sog. *Grabplatte von Palenque,* eine reich verzierte Grababdeckung aus Stein, die auf dem Cover von *Erinnerungen an die Zukunft* zu sehen ist. Die Steinplatte bedeckte den Sarkophag des Maya-Herrschers K'inich Janaab Pakal, der im siebten Jahrhundert in Palenque regierte. In der Maya-Archäologie werden die Abbildungen auf der Steinplatte als Darstellung von Pakals Reise in die Unterwelt (Xibalbá) gedeutet. Erich von Däniken und andere Vertreter der Paläo-SETI-Hypothese hingegen sehen darin die Darstellung eines „Astronauten" in einer „Rakete". Däniken schreibt:

Es bedarf keiner überhitzen Phantasie, auch den letzten Skeptiker zum Nachdenken zu zwingen, wenn man nur ganz unvoreingenommen, ja, naiv, diese Steinzeichen betrachtet: Da sitzt ein menschliches Wesen, mit dem Oberkörper vorgeneigt, in Rennfahrerpose vor uns; sein Fahrzeug wird jedes Kind als Rakete identifizieren. [...] Unser so deutlich dargestellter Raumfahrer ist nicht nur durch seine Pose in Aktion – dicht vor seinem Gesicht hängt ein Gerät, das er starrend und aufmerksam beobachtet. Der Vordersitz des Astronauten ist vom hinteren Raum des Fahrzeuges, in dem man gleichmäßig angeordnete Kästen, Kreise, Punkte und Spiralen sieht, durch Verstrebungen abgetrennt (von Däniken 1968, S. 149–150).

Der „unvoreingenommene", „naive" Blick, den Däniken hier beschreibt, wird innerhalb der Paläo-SETI bisweilen zur ‚Methode' erhoben. Archäologische Artefakte und historische Schriften sollen eben *nicht* im Rahmen wissenschaftlich anerkannter Methoden interpretiert, sondern einer, wie Däniken es nennt, „zeitgemäßen Betrachtung" unterzogen werden. Konkret ist damit gemeint, dass diverse archäologische Spuren vor dem Hintergrund moderner Technikentwicklungen gedeutet werden müssen – und nur so richtig verstanden werden können. In anderen Worten:

Archäologische wie textliche Indizien werden von der Paläo-SETI nicht in ihrem kulturellen Zusammenhang, sondern im Kontext des hypothetischen globalen Paläo-Kontaktes betrachtet. Zentraler Referenzrahmen sind dabei moderne (auch futuristische Technikvorstellungen); die prä-astronautische Deutung der Indizien ist fast immer eine *interpretatio technologica* [...], bei der fremde Konzepte mit Konzepten aus dem eigenen Verständnishorizont gleichgesetzt werden (Richter 2015, S. 353; Hervorhebung im Original).

Erich von Dänikens Thesen wurden aufgrund mangelnder Belege und unwissenschaftlicher Methoden von Anfang an von der Wissenschaftsgemeinde abgelehnt, was dem kommerziellen Erfolg seiner Bücher jedoch keinen Abbruch tat. Ganz im Gegenteil: Von Däniken inszeniert sich seit nunmehr 40 Jahren erfolgreich als tabubrechender Außenseiter, der die Mainstream-Wissenschaft vor sich her treibt, überkommene Dogmen hinterfragt und somit als Wissenschafts-Revolutionär agiert. Allerdings setzt sich Däniken nicht ernsthaft mit der wissenschaftlichen Kritik an seinen Thesen auseinander, sondern ignoriert sie im Wesentlichen. Der Schlussfolgerung von Jonas Richter (2015, S. 355) in diesem Zusammenhang ist nichts hinzuzufügen: „Meiner Meinung nach nutzt die Paläo-SETI-Forschung gegenwärtig nicht die vorhandenen Spielräume zum wissenschaftlichen Dialog, indem sie, auf ihrer Position beharrend, Anerkennung fordert."

Bei aller berechtigten und notwendigen Kritik an der Vorgehensweise Erich von Dänikens und anderer Vertreter der Paläo-SETI-Hypothese möchten wir aber betonen, dass wir die Frage, ob es auf der Erde Hinterlassenschaften außerirdischer Besucher geben könnte, *grundsätzlich* für legitim halten – ihre Beantwortung muss sich aber an wissenschaftlichen Standards orientieren. Erich von Däniken und seinen Nachfolgern ist zweifelsohne zu verdanken, dass die Paläo-SETI-Hypothese eine nach wie vor große Popularität genießt, der *wissenschaftlichen* Untersuchung möglicher außerirdischer Artefakte auf der Erde haben sie letztlich allerdings wohl einen Bärendienst erwiesen. Der Paläo-SETI-Hypothese haftet eine Aura der Unseriosität an, die ernsthafte wissenschaftliche Bemühungen in dieser Richtung enorm erschwert.

11.2 Das UFO-Phänomen

Unter dem Stichwort ‚UFO-Phänomen' wird ein breites Spektrum menschlicher Erfahrungen subsumiert, das von einfachen Sichtungen ungewöhnlich erscheinender Lichterscheinungen am Himmel bis hin zu komplexen Erfahrungen mit unbekannten Wesen und Objekten reicht. Der Begriff ‚UFO' (Abkürzung für unidentifiziertes Flugobjekt) stammt ursprünglich aus dem militärischen Kontext und war zunächst einmal eine Bezeichnung für sämtliche Flugobjekte, die aufgrund ihrer Eigenschaften nicht eindeutig klassifiziert werden konnten. So heißt es in einem Dossier der *US Air Force* aus dem Jahr 1954:

Unidentified flying objects (UFOB) – Relayes to any airborne object which by performance, aerodynamic characteristics, or unusal features does not conform to any presently known aircraft or missile type, or which cannot be postively indentified as a familiar object (Air Force Regulation 200-2, 1954).

Unabhängig davon tauchten in den letzten Jahrhunderten immer wieder Berichte über eigenartige ‚Flug'- oder ‚Luftschiffe' auf, die den Menschen seit jeher Rätsel aufgaben, spätestens seit der historischen Sichtung des US-amerikanischen Geschäftsmannes und Hobbypiloten Kenneth Arnold im Jahr 1947 als *‚Fliegende Untertassen'* aber auch im Sinne außerirdischer Raumschiffe gedeutet werden. Schon bald wurden jene Fliegenden Untertassen auch als ‚UFOs' bezeichnet und seither hat sich die Assoziation des Begriffs ‚UFO' mit der Deutung, es könnte sich zumindest bei einem Teil der Sichtungen um außerirdische Raumschiffe handeln, fest etabliert. Wesentlich dazu beigetragen haben vielfältige fiktionale Bezugnahmen zum Thema in Kinofilmen, TV-Serien, Comics und Romanen, in denen UFOs fast ausnahmslos als außerirdische Raumschiffe dargestellt werden. Der Terminus ‚UFO' verweist mittlerweile auf ein fest verankertes (und weitgehend globalisiertes) Deutungsmuster, das immer dann Anwendung findet, wenn eine spezifische Beobachtung individuell oder kollektiv nicht in den Rahmen herkömmlicher Erklärungsschemata zu passen scheint. Es vergeht kaum ein Tag, an dem nicht irgendwo auf der Welt eine Beobachtung am Himmel oder auch am Boden gemacht wird, die von den Augenzeugen zunächst oder auch dauerhaft nicht mithilfe konventioneller Erklärungsmodelle gedeutet werden kann und somit als ‚UFO‘ bezeichnet wird (vgl. Schmied-Knittel und Wunder 2008, S. 133) Zumindest ein Teil dieser Sichtungen wird schließlich von den Zeugen auch im Sinne extraterrestrischer Besucher gedeutet. Hier offenbart sich unmittelbar die analytische Unschärfe der landläufigen Verwendung des Begriffs, die, wie wir bereits an anderer Stelle (Schetsche und Anton 2013, S. 10) ausgeführt hatten, mindestens drei verschiedene Bedeutungsebenen beinhaltet. Der Begriff ‚UFO‘ bedeutet heute:

I.   im lebensweltlichen Sprachgebrauch alles Ungewöhnliche am Himmel, das von Beobachtern nicht anders – also etwa als Flugzeug – klassifiziert werden kann (dies ist letztlich eine Residualkategorie, die Anormales bezeichnet);

II.   im ursprünglichen luftfahrttechnisch-militärischen Sinne jedes von den jeweiligen Experten (etwa Piloten oder Radarbeobachtern) aktuell nicht identifizierte Objekt (oder allgemeiner auch Phänomen) in der Erdatmosphäre oder dem erdnahen Weltraum und.

III. die Deutung einer Sichtung im Sinne von (I) oder (II) als von einer außerirdischen Zivilisation hergestelltes Objekt oder erzeugtes Phänomen (dies wird meist als ‚ET-Hypothese‘ bezeichnet).

Wir betonen dies deshalb, weil diese Ebenen in der Kommunikation über das UFO-Phänomen oftmals durcheinander geraten. Wenn im Alltag vom individuellen Beobachter eine von ihm nicht anders einzuordnende Himmelserscheinungen undifferenziert als ‚UFO‘ bezeichnet wird, sollte dies vor einer näheren Klärung als eine potenziell *hybride* Klassifizierung angesehen werden, die sowohl auf den Status des vorläufig Unerklärten im Sinne von ‚UFO I‘ *als auch* auf eine mal mehr, mal weniger ernst gemeinte Deutungshypothese im Sinne von ‚UFO III‘ verweisen kann. Die Folgen des Verzichts auf eine entsprechende terminologische Differenzierung zeigen sich insbesondere bei den Darstellungen des Themas in den Massenmedien: Wenn etwa Zeugen im Sinne von ‚UFO I‘ oder ‚UFO II‘ über ihre Wahrnehmungen sprechen, wird dies von den Massenmedien regelmäßig so dargestellt, als hätten die Betroffenen eine Deutung im Sinne von ‚UFO

III' vorgenommen – eine Fremdzuweisung, die häufig dazu benutzt wird, die Betroffenen lächerlich zu machen und ihre Aussage (und damit die Beobachtung selbst) zu delegitimieren (vgl. Schetsche und Anton 2013, S. 11).

Die Erforschung des UFO-Phänomens hat es trotz einiger Bemühungen bislang nicht in den Kanon der anerkannten Wissenschaften geschafft. Dies liegt unseres Erachtens u. a. daran, dass der Terminus ‚UFO' von den Kritikern der UFO-Forschung in der Regel im Sinn der dritten Bedeutungsebene verstanden und abgelehnt wird. Eine besondere Rolle spielt in diesem Zusammenhang die Vorstellung der Unmöglichkeit der Überbrückung interstellarer Entfernungen. So lesen wir etwa bei den SETI-Forschern Frank Drake und Dava Sobel (Drake und Sobel 1994, S. 102) zum Thema UFOs:

> Es herrschte absolute Übereinstimmung darüber, daß der Weltraum einfach zu weitläufig war, um simple physische Besuche der Zivilisationen untereinander zu gestatten. Um Geschwindigkeiten zu erzielen, die dazu ausreichten, interstellare Reisen innerhalb einer angemessenen Zeit durchzuführen, wäre ein Energiebedarf notwendig, den selbst sehr hoch entwickelte Zivilisationen nicht erbringen könnten. Ein ‚Kontakt' könnte also lediglich in Form von elektromagnetischen Signalen erfolgen, die mit Lichtgeschwindigkeit zwischen den Welten gesendet würden.

Mit dem berechtigten Verweis auf die Schwierigkeit interstellarer Raumfahrt wird unberechtigterweise häufig die UFO-Forschung als Ganzes kritisiert oder diskreditiert (vgl. Michaud 2007, S. 153; Wendt und Duvall 2012, S. 285). Unberechtigt deshalb, weil die extraterrestrische Hypothese für die wissenschaftliche UFO-Forschung keineswegs im Fokus steht und diejenigen UFO-Forscher, die die extraterrestrische Hypothese als Erklärung für ungeklärte Sichtungsfälle in Betracht ziehen, in der Minderheit sein dürften (vgl. Hövelmann 2008, S. 169). Es handelt sich hierbei also gleichsam um ein Strohmann-Argument. Mehr noch: Die Annahme der Existenz außerirdischer Zivilisationen ist für die UFO-Forschung, im Gegensatz zum SETI-Programm, in keiner Weise konstitutiv. UFOs als außerirdische Raumschiffe zu *deuten,* bildet eine von verschiedenen Möglichkeiten ab, die innerhalb der UFO-Forschung diskutiert werden. Gemäß dem wissenschaftlichen Leitsatz, Beobachtungen und Deutungen streng voneinander zu trennen, enthalten die wissenschaftlich orientierten Definitionen des Begriffs ‚UFO' keinerlei Hinweise auf außerirdische Raumschiffe als mögliche Erklärung für das Phänomen. So heißt es beispielsweise in der Definition des Astronomen Josef Allen Hynek (1979, S. 23–24), die nach wie vor zu den gängigsten Bestimmungen des Begriffs ‚UFO' zählt:

> Wir können das UFO einfach als die mitgeteilte Wahrnehmung eines Objektes oder Lichts am Himmel definieren, dessen Erscheinung, Bahn und allgemeines

dynamisches und leuchtendes Verhalten keine logische, konventionelle Erklärung
nahelegt und das rätselhaft nicht nur für die ursprünglichen Beteiligten ist, sondern
nach genauer Prüfung aller vorhandenen Indizien durch Personen, die technisch in
der Lage sind, eine Identifizierung nach dem gesunden Menschenverstand vorzunehmen, falls eine solche möglich ist, unidentifizierbar bleibt.

Auch in den verschiedenen Klassifikationssystemen für rätselhafte Himmelserscheinungen, die innerhalb der UFO-Forschung entwickelt wurden (siehe
hierzu Anton und Ammon 2015, S. 333) finden sich keine Verweise auf außerirdische Raumschiffe, wenngleich diese als *mögliche Erklärungshypothese* für
ungeklärte UFO-Sichtungen immer wieder ins Spiel gebracht werden. Dessen
ungeachtet halten wir den Verweis auf die angebliche Unüberbrückbarkeit interstellarer Entfernungen grundsätzlich für problematisch, da er im Kern anthropozentrische Vorannahmen beinhaltet und vor dem Hintergrund unseres *heutigen*
technischen Wissensstandes argumentiert, was in Zukunft möglich oder eben
unmöglich sein wird. Darüber hinaus scheint die Zurückweisung der extraterrestrischen Hypothese im Zusammenhang mit dem UFO-Phänomen, sofern sie
von Vertretern des SETI-Paradigmas kommt, auch *strategisch* motiviert zu sein.[4]
Seit seinem Beginn kämpft das SETI-Programm, das sich voll und ganz dem
Fernkontakt-Szenario verschrieben hat, um seine langfristige Finanzierung. Klar
ist: Sollten andere Kontaktszenarien ebenfalls Erfolg versprechend und vielleicht
sogar noch kostengünstiger zu realisieren sein, würde sofort eine Konkurrenz-
situation hinsichtlich öffentlicher Aufmerksamkeit und ökonomischer Ressourcen
entstehen. Der Verdacht liegt nahe, dass hier technische Machbarkeit und hinreichende Finanzierbarkeit der Suche, nicht jedoch paradigmatische und theoretische Sinnhaftigkeit im Vordergrund standen und stehen, ganz im Sinne von
Drakes programmatischer Aussage: „Let's just put up receivers" (nach Sheridan
2009, S. 67). UFO-Forscher hingegen stehen vor einer gänzlich anderen Ausgangssituation: Ihre Forschungsbestrebungen finden wissenschaftlich noch deutlich weniger Anerkennung als jene der SETI-Forscher; an die Finanzierung groß
angelegter Forschungsprogramme ist aktuell nicht einmal zu denken – für die
gesamte UFO-Forschung der letzten Jahrzehnte stand nicht einmal ein Bruchteil
der Geldsummen zur Verfügung, die ein einziges aktuelles SETI-Projekt heute
beansprucht (vgl. Pirschl und Schetsche 2013, S. 43).[5]

---

[4]Eine systematische wissenschaftssoziologische Analyse dieses Zusammenhangs hat
bereits Romesberg (1992, passim) vorgelegt.

[5]Zur ‚strategischen Ignoranz' der Wissenschaft gegenüber der UFO-Forschung siehe den
aktuellen Beitrag von Dodd (2018).

Trotz der Schwierigkeiten, die das UFO-Phänomen als Untersuchungsgegenstand mit sich bringt, gab es in der Vergangenheit immer wieder Versuche, es mit klassischen *wissenschaftlichen Methoden* zu untersuchen. Fasst man die wenigen akademischen Studien zusammen, die sich explizit mit der UFO-Thematik beschäftigten, zeigt sich ein sehr uneinheitliches Bild. Fest steht, dass sich die allermeisten Sichtungsfälle durch von den entsprechenden Zeugen falsch interpretierte Stimuli, wie z. B. helle Sterne, Planeten, Kometen, Satelliten, Flugzeuge oder Insekten, Linsenspiegelungen und Lichtreflexionen auf Fotografien etc., erklären lassen. Die Erfahrung zeigt jedoch, dass es einen gewissen Prozentsatz (ca. 5 %) von UFO-Sichtungsfällen gibt, der auch nach eingehenden Untersuchungen keiner eindeutigen konventionellen Erklärung zugeführt werden kann. Manche Forscher sehen darin – und vor allem auch in einzelnen spektakulären Sichtungsfällen – Hinweise auf die Existenz eines bisher nicht verstandenen Phänomens (oder eher: mehrerer Phänomene), andere gehen davon aus, dass sich auch diese Fälle bei ausreichender Datenlage konventionell erklären ließen (siehe hierzu die künstlerische Darstellung eines UFOs über dem Schwarzwald in Abb. 11.2).

Der bisherige Erkenntnisstand in Bezug auf das UFO-Phänomen rechtfertigt aus unserer Sicht in keiner Weise die teilweise als missionarisch zu

Abb. 11.2 UFO über dem Schwarzwald – künstlerische Darstellung. (Quelle: Originalgrafik für diesen Band von Nadine Heintz)

bezeichnenden Aktivitäten einiger UFO-Enthusiasten, die den ‚Beweis' für außerirdische Besucher schon längst für erbracht sehen, mindestens ebenso wenig aber auch die pauschale Kritik und Diskreditierung einer wissenschaftlichen Erforschung des UFO-Phänomens. Entscheidende Erkenntnisgewinne über das UFO-Phänomen wären vor allem im Rahmen einer professionalisierten akademisch-wissenschaftlichen UFO-Forschung zu erwarten, eine solche erscheint aber aufgrund des erkenntnistheoretischen, methodisch-methodologischen und vor allem auch des wissenschaftspolitischen Sonderstatus des UFO-Phänomens in absehbarer Zeit nahezu undenkbar (vgl. Anton und Ammon 2015, S. 344).

11.3 Die Entführungen durch Außerirdische

Mit den aus Sicht unserer wissenschaftlichen und öffentlichen Leitkultur wohl bizarrsten Thesen bezüglich Außerirdischer sind wir konfrontiert, wenn wir uns mit jenem Themenkomplex beschäftigen, der im englischen Sprachraum *alien abduction experiences* (auf deutsch etwa ‚Entführungen durch Außerirdische') genannt wird.

Die Erfahrungsberichte, um die es hier geht, stammen – von wenigen Vorläufern abgesehen – aus den sechziger bis neunziger Jahre des letzten Jahrhunderts.[6] In diesen Jahrzehnten berichten Menschen aus aller Welt – ihre Gesamtzahl ist schwer zu schätzen, dürfte insgesamt aber bei mehreren Hunderttausend gelegen haben –, sie seien von außerirdischen Wesen für Stunden oder Tage in deren Raumschiffe entführt worden, wo grauenhafte medizinische Experimente an ihnen durchgeführt worden seien. Die Fremden werden als technologisch überlegen, dabei jedoch erschreckend rücksichtslos und unempathisch beschrieben.[7]

---

[6]Ein soziologisch interessantes, bis heute unerklärtes Phänomen stellt das starke Abflauen dieser Entführungsberichte zur Jahrtausendwende dar. Im 21. Jahrhundert scheint die Entführungsnarration kulturell in mehr als einer Hinsicht überholt. (Was nicht bedeutet, dass die Autoren dieses Bandes nicht gelegentlich noch entsprechende Berichte auch aus dem deutschsprachigen Raum erreichen.).

[7]Einen Überblick über das Phänomen und die öffentlichen Debatten darüber liefern Bynum (1993); Spanos et al. (1993); Newman und Baumeister (1996); Paley (1997); Schetsche (1997); Lynn et al. (1998).

Die Erzählungen der selbstdeklarierten Entführungsopfer variieren zwar in Einzelheiten, stimmen aber gerade in den strukturell zu nennenden Passagen in verblüffender Weise überein (so Whitmore 1993; Newman und Baumeister 1996, S. 100–102; Showalter 1997, S. 258; Brookesmith 1998, S. 7–9; Bullard 2003, S. 88). Insbesondere wird der Ablauf der Erlebnisse fast immer ähnlich geschildert, sodass ein homogenes Grundmuster der Entführungen entsteht – einer von uns (Schetsche 2008, S. 158) hatte dieses *Entführungsmuster* in einem früheren Text so charakterisiert:

1. Das Opfer sieht zunächst eine ungewöhnliche Himmelserscheinung oder erwacht durch ein strahlend helles Licht.
2. Wie aus dem Nichts erscheinen fremdartige Gestalten, die dem Betroffenen mit unbekannten Methoden Willenskraft und Empfindungsvermögen rauben.
3. Durch diese Gestalten (oder durch eine Art Lichtstrahl) wird das Opfer in einem hell erleuchteten, oftmals mit fremdartigen Maschinen angefüllten Raum gebracht, der sich an Bord eines Raumschiffs befinden soll.
4. Hier wird es – meist fixiert auf einer Art Tisch oder Bett – verschiedenen, oftmals sehr schmerzhaften Untersuchungen oder Experimenten unterzogen: Es werden Blut und Gewebeproben entnommen, dünne Sonden in verschiedene Körper-öffnungen oder durch die Haut eingeführt, manchmal Implantate eingesetzt.
5. Das besondere Interesse der Entführer gilt in vielen Fällen dem Fortpflanzungs-apparat der Entführten. Sperma bzw. Eizellen werden entnommen, in einigen Fällen kommt es zu sexuellen Interaktionen zwischen Mensch und menschenähn-lichem Alien.
6. Am Ende der Untersuchungen werden entweder die Erinnerungen an die Ereig-nisse gelöscht oder der Verstand der Opfer wird so manipuliert, dass diese nicht über ihre Erlebnisse sprechen können.

Auffällig ist, dass sich der Grundtenor der Entführungsberichte seit den frühen Varianten in den fünfziger und sechziger Jahre des vergangenen Jahrhunderts merklich verändert hat. So gingen viele Betroffene und Beobachter zunächst von eher positiven Nachwirkungen der Entführungserfahrungen aus: Die Interaktion mit den Aliens soll den Entführten zu ‚höheren Einsichten' über sich selbst oder die Zukunft der Menschheit verholfen haben. In der überwältigenden Mehrheit der späteren Berichte (ab den siebziger Jahren) werden die Entführungen und ihre Nachwirkungen dann jedoch *außerordentlich negativ* beurteilt. Insbesondere die an den Opfern durchgeführten medizinischen Experimente werden als in hohem Maße *traumatisierende* Erlebnisse interpretiert; es heißt, die Entführten litten nach ihrer Rückkehr mehrheitlich unter Symptomen posttraumatischer Belastungsstörung (so Vacarr 1993, passim; vgl. Whitmore 1993, S. 316–317; Newman und Baumeister 1996, S. 100; Porter 1996; Goldberg 2000, S. 311; Johnson 1994; Cromie 2003).

Im englischsprachigen Raum findet sich seit Ende der achtziger Jahre eine ganze Reihe wissenschaftlicher Veröffentlichungen zum Thema. Die Autorinnen und Autoren gehen dabei – ganz im Gegensatz zu den Betroffenen – regelmäßig davon aus, dass die Entführungen durch Außerirdische in der geschilderten Weise *real nicht stattgefunden haben*. In der wissenschaftlichen Literatur dominiert mithin von Beginn an eine *phänomenkritische* Sichtweise. Die Erfahrungsberichte werden meist psychologisch-psychiatrisch interpretiert, etwa als Folge einer psychischen Grundstörung der selbstdeklarierten Entführungsopfer oder auch als ‚Deckerinnerungen', mit denen eine reales traumatisierendes Ereignis (etwa ein sexueller Übergriff in der Kindheit) vor der eigenen Psyche verborgen werden soll.[8] Dieser Erklärungsversuch mag aus psychologischer Warte bei der Interpretation mancher Einzelfälle einleuchten, erklärt aber nicht die verblüffenden Übereinstimmungen in Tausenden von Entführungsberichten. Dies ist wohl auch der Grund, warum in den neunziger Jahren in der Literatur die Erklärungshypothese aufkam, die Betroffenen wären alle in ähnlicher Weise Opfer des *False Memory Syndromes* geworden (so Schnabel 1994; Spanos et al. 1994; Lynn und Kirsch 1996; Newman und Baumeister 1996; Orne et al. 1996; Lynn et al. 1998). Diese These ist insofern einleuchtender als die klassischen psychopathologischen Erklärungen, als die Entstehung von Erinnerungen an die Entführung durch Außerirdische hier als Ergebnis eines therapeutischen Prozesses angesehen wird, bei dem weitverbreitete *soziale Deutungsmuster* eine zentrale Rolle spielen. Angenommen wird eine kulturell beeinflusste iatrogene Realitätskonstruktion[9], an deren Ende die Betroffenen subjektiv sicher sind, von Außerirdischen entführt und fürchterlichen Experimenten unterzogen worden zu sein (siehe hierzu exemplarisch die künstlerische Darstellung einer typischen Szene aus dem Entführungsnarrativ in Abb. 11.3).

Einer von uns (Schetsche 2008) hatte im Anschluss an diese Überlegungen ein *integratives Modell* für die Erklärung des Phänomens vorgeschlagen, bei dem psychologische Faktoren durch kulturelle ergänzt werden. Nach diesem

---

[8]Zu den Einzelheiten der wissenschaftlichen Debatte siehe Schetsche (2008, S. 159–164).

[9]Eine besondere Bedeutung kommt hierbei der Methode der *Regressionshypnose* zu, der viele Betroffene ihre (vermeintlichen) Erinnerungen verdanken (so Newman und Baumeister 1996, S. 105; McLeod et al. 1996, S. 16). Diese Methode hatte sich in den siebziger und achtziger Jahren des letzten Jahrhunderts im Kontext der Behandlung von Opfern sexuellen oder rituellen Missbrauchs unter Therapeuten besonders in den USA durchgesetzt, geriet schließlich jedoch in die Kritik, weil experimentelle und klinische Studien zeigten, dass unter Hypnose erlangte tatsächliche Erinnerungen nicht sicher von im hypnotischen Prozess erzeugten Pseudoerinnerungen unterschieden werden können (siehe Streeck-Fischer et al. 2001, S. 20; Fiedler 2001, S. 116; Schacter 2001, S. 443).

Abb. 11.3 Typische Szene aus dem Entführungsnarrativ – künstlerische Darstellung. (Quelle: Originalgrafik für diesen Band von Nadine Heintz)

Verständnis stellen Entführungen durch Außerirdische ein *psychosoziales Phänomen* dar, das dank der ausführlichen Berichterstattung in den Massenmedien öffentlich gut bekannt ist, dessen Realitätsstatus jedoch zwischen wissenschaftlichen Experten, Laienforschern und Betroffenen höchst umstritten ist. Aus wissenssoziologischer Warte gehört dieses Phänomen gleichermaßen zwei Segmenten der Realität an:[10]

> Als Erzählung über die Konfrontation des Menschen mit nonhumanen, außerirdischen Akteuren entstammt es der Welt des Fiktional-Phantastischen. Als subjektiv sichere Erinnerungen an solche Konfrontationen gehört es zur kollektiv geteilten Realität von Betroffenen, ihren Unterstützern und des Publikums, das geneigt ist, an die Wirklichkeit jener Berichte zu glauben. Die soziale Realität der Entführungen wird dabei in einem Rückkoppelungskreislauf zwischen öffentlicher Thematisierung und individueller Opferkarriere konstituiert; in ihm spielen veröffentlichte Betroffenenberichte und die – sie gleichermaßen hervorrufende wie von ihnen angeleitete – psychotherapeutischen Praxisformen die entscheidende Rolle […]. Vor dem Hintergrund einer entsprechenden Medienberichterstattung nähren unspezifische

---

[10]Wir zitieren hier ausnahmsweise etwas ausführlicher aus einem früheren Text, da sich der wissenschaftliche Erkenntnisstand bezüglich des Phänomens in den letzten zehn Jahren kaum weiterentwickelt hat.

Symptome bei einigen Rezipienten den Verdacht, selbst zur Gruppe der Betroffenen zu gehören. Die nähere Beschäftigung mit dem Thema, etwas der Besuch von Vorträgen oder die Lektüre von Sachbüchern und Autobiografien zum Thema, erzeugt das Bedürfnis, sich Gewissheit zu verschaffen, was die Betreffenden in die Arme von Selbsthilfegruppen, Laienhypnotiseuren oder ‚aufgeschlossenen' Therapeuten treibt. Im fortlaufenden Gespräch mit anderen ‚Betroffenen' oder unter Hypnose wird der Verdacht schließlich zur vermeintlichen Gewissheit: Im interaktiven Prozess stellen sich mehr und mehr Bilder ein, die sich zu einem Entführungsszenario zusammensetzen lassen. Aus unscharfen Erinnerungsfetzen werden detailreiche Bilder und Szenen, aus unspezifischen Symptomen spezifische Anzeichen mit dem Status von Beweisen. Stück für Stück entsteht ein subjektiv sicheres Wissen über ein traumatisierendes Erlebnis, die Entführung durch Außerirdische. Am Ende dieses Prozesses steht für das Subjekt die unerschütterliche Gewissheit, in der Vergangenheit das Opfer von Aliens geworden zu sein. Eine zunächst mediale Wirklichkeit hat sich damit in eine subjektive Realität verwandelt, die jedoch aufgrund der sozialen Herkunft der Deutungslogik und des verwendeten symbolischen Materials eine in weiten Teilen intersubjektiv geteilte ist. Die Entführungsberichte sind also nicht deshalb strukturähnlich, weil sie auf übereinstimmenden Inhalten von Erinnerungen oder gar identischen Realerfahrungen beruhen würden, sondern weil unspezifische Symptome, kurze Erinnerungsfetzen und bizarre Traumbilder mithilfe kollektiv geteilter Wissensbestände und Interpretationslogiken gedeutet und in individuelle Erinnerungen verwandelt werden. Die medialen Darstellungen liefern dabei das erzählerische und visuelle Grundmaterial für die Erinnerungsproduktion, die veröffentlichten Erinnerungen wiederum die Basis für neue mediale Darstellungen (Schetsche 2008, S. 170–171).

Dieses Modell ist in der Lage, die überwiegende Mehrzahl der Entführungsberichte wissenschaftlich zu erklären, ohne das Wirken außerirdischer Mächte auf der Erde annehmen zu müssen (was eine in mehr als einer Hinsicht extrem schwerwiegende Vorannahme wäre). Was bleibt, sind allerdings Fragen bezüglich jener Minderheit von Fällen, bei denen die Erinnerungen nicht im Kontext eines therapeutischen Prozesses entstanden sein können, etwa weil die Erlebnisse nie vergessen wurden. Das größte Problem bei der Erklärung bereiten jedoch Entführungsberichte, die auf die Zeit zurückgehen, bevor das vorgestellte Deutungsmuster kulturell verbreitet war. Es fällt auf, dass viele dieser Fälle diesseits der massenmedialen Berichterstattung sich von ihrem Ablauf her deutlich von den späteren Erzählungen unterscheiden (vgl. Bullard 1999, S. 188).

Unabhängig davon, welcher wissenschaftlichen Interpretation der außergewöhnlichen Erfahrungsberichte die größte Erklärungskraft zukommen mag, lässt sich aus diesen nächtlichen ‚Begegnungen' immerhin einiges über das *ideelle* Verhältnis zwischen Menschen und Außerirdischen ableiteten (siehe Schetsche 2008, S. 174). Wir kommen am Ende dieses Kapitels noch einmal darauf zurück.

11.4   Exosoziologische Folgerungen

Welche Erkenntnisse lassen sich gewinnen, wenn man die drei genannten Themenfelder aus wissenssoziologischer Perspektive betrachtet und diese Sichtweise dann für eine zukünftige Exosoziologie fruchtbar zu machen versucht? Wir beginnen mit drei kurzen Antworten bezüglich der einzelnen Themenfelder und wagen uns dann, ganz zum Abschluss dieses Kapitels, an eine kurze programmatische Zusammenschau.

Paläo-SETI Mit den insbesondere durch die Werke Erich von Dänikens populär gewordenen Thesen der damals sogenannten „Prä-Astronautik" hat sich die Idee global verbreitet, dass die Menschheit in ferner Vergangenheit einen oder mehrere Besuch(e) außerirdischer Intelligenzen erhalten hat. Wenn man diese Überzeugung nicht, wie es meist geschieht[11], religionswissenschaftlich, sondern wissenssoziologisch einordnet, lässt sich hier die Entstehung und Verbreitung eines *heterodoxen Wissensbestandes* beobachten, dessen Realitätsgehalt vom Mainstream der (Geschichts-)Wissenschaft zwar vehement bestritten wird, der aber dennoch oder gerade deshalb große öffentliche Popularität genießt. Aus wissenssoziologischer Sicht ist dabei nicht entscheidend, ob es hinreichende historische Belege für von Dänikens Grundthese gibt, sondern dass die Vorstellung eines früheren Kulturkontakts, ja einer geistigen Befruchtung – oder sogar Steuerung – der ersten menschlichen Hochkulturen durch außerirdische Besucher durch das Werk des Schweizer Laienforschers weltweit *denkbar* geworden ist. Die kulturelle Innovationskraft[12] des Paläo-SETI-Paradigmas liegt unseres Erachtens gerade nicht in der Schaffung eines religionsähnlichen Gedankengebäudes, sondern im Gegenteil in der *Säkularisierung* von Schöpfungsmythen und religiösen Weltanschauungen: Die Abgesandten technologischer Zivilisationen treten als handlungsmächtige *überirdische* Akteure der Menschheitsgeschichte *an die Stelle* von transzendenten Göttern. Auch wenn die irdischen ‚Belege' für diesen frühen Kulturkontakt vor den kritischen Augen von Archäologen und Historikern nicht zu bestehen vermögen, lässt der aktuelle Erkenntnisstand von Astrophysik und Astrobiologie heute doch wenig Zweifel daran,

---

[11]Siehe exemplarisch den in der Sache überaus kenntnisreichen Band von Jonas Richter (2017).

[12]Wir beziehen uns hier explizit auf die Ausgangsthesen der DFG-Paketgruppe „Gesellschaftliche Innovation durch ‚nichthegemoniale' Wissensproduktion" (siehe Sziede und Zander 2015, S. VII–XI).

dass es zumindest theoretisch zu solchen Besuchen Außerirdischer auf der Erde gekommen sein *könnte* (wir hatten dies in verschiedenen Kapiteln dieses Bandes ausführlich diskutiert[13]). Ob dies in historischer oder zumindest mythologisch überlieferter Zeit geschehen sein muss, ist eine gänzlich andere Frage. Letztlich liefert das von Laienforschern getragene Programm weniger überzeugende Indizien für einen solchen Besuch als anregende Bausteine für das – primär lebensweltliche – Nachdenken über die Stellung des Menschen im Kosmos. Bezüglich dieses Unterthemas der Exosoziologie sind die Debatten um die Paläo-SETI-Thesen deshalb durchaus einen intensiveren Blick wert.

UFO-Sichtungen Auch wenn es ähnliche Phänomene bereits lange vorher gab, ist das UFO-Thema, so wie wir es heute kennen und verstehen, doch ein kulturelles Produkt des 20. Jahrhunderts. Diskursgeschichtlich entwickelte es sich am Schnittpunkt zwischen nationalstaatlichem Handeln (Militärpolitik, geheimdienstliche Desinformationsprogramme), anschwellender Weltraumbegeisterung der Bevölkerung in Ost und West sowie dem Kampf der Massenmedien um Verkaufszahlen und Einschaltquoten. In diesem diskursiven Raum traten und treten die eigentlichen Beobachtungen (also die subjektiven oder gelegentlich auch intersubjektiven Evidenzerfahrungen ungewöhnlicher Himmelserscheinungen) regelmäßig in den Hintergrund. Statt phänomenologisch zu fragen, was genau die UFO-Sichter (seltener UFO-Sichterinnen[14]) eigentlich gesehen haben, werden ihre Berichte von wissenschaftlicher Seite meist ignoriert – und die Augenzeugen selbst häufig genug pathologisiert. Ursache ist das bis heute in den Massenmedien wie in der wissenschaftlichen Öffentlichkeit dominierende *diskursstrategische* ‚Missverständnis‘, welches die Sichtung eines „unidentified flying object“ durch oftmals eher *ratlose* Augenzeugen mit einer Interpretation jener optischen Stimuli als ‚außerirdische Raumschiffe‘, bemannt von ‚kleinen grünen Männchen‘, gleichsetzt.[15] Dies ist eine Deutung, die regelmäßig erst von

---

[13]So geht das in Kap. 8 von uns untersuchte *Nekrologszenario* von einem solchen Kontakt in vorgeschichtlicher Zeit aus.

[14]Eine Repräsentativ-Befragung zu außergewöhnlichen Erfahrungen (Schmied-Knittel und Schetsche 2003, S. 31) zeigt für Deutschland eine signifikant erhöhte Verbreitung von UFO-Sichtungen innerhalb der männlichen Bevölkerung.

[15]Eine ausführliche Erklärung dieser Bedeutungsverschiebung und ihrer Konsequenzen liefern Hövelmann (2008), Anton (2013) sowie Schetsche und Anton (2013).

Außen an solche Sichtungen herangetragen und diesen dann gleichsam *wie ein fehlerhaftes Etikett* aufgeklebt wird. Die subjektive und intersubjektive Evidenz der UFO-Beobachtungen gehört zweifelsfrei zum Forschungsgebiet der wissenschaftlichen Anomalistik[16] (diesen Fragenkomplex wollen wir deshalb hier einklammern), die massenmedial und wissenschaftlich oktroyierte ‚ET-Deutung' hingegen macht das Phänomen exosoziologisch interessant: Über die fehlerhafte Interpretation des UFO-Begriffs wird das Thema des Besuches Außerirdischer auf der Erde seit Mitte des letzten Jahrhunderts kulturell virulent gehalten, dabei aber gleichzeitig durch Fiktionalisierung epistemologisch entschärft. So trifft sich die meist spöttische mediale Berichterstattung über ungewöhnliche Himmelserscheinungen mit fiktionalen Repräsentationen (Romane, Filme, TV-Serien, Computerspiele) des Alien-Themas und bringt eine analytisch nur noch schwer zu trennende Melange des postmodernen Denkens über eine fremde Präsenz in der direkten Umgebung der Erde hervor. Im Kontext des UFO-Themas erscheint ein Besuch Außerirdischer auf der Erde immerhin *denkbar,* wenn auch nicht unbedingt als ernsthafte Möglichkeit. Und die Fremden selbst werden als himmlische Beobachter konstituiert, die sich uns Menschen – aus welchen Gründen auch immer – nicht offiziell vorstellen mögen. Die auf Dauer gestellte Rätselhaftigkeit ihrer Motive und Interessen macht dabei den Reiz fast aller entsprechenden fiktionalen Repräsentationen und wohl auch vieler ernst gemeinter Berichte aus.

Entführungen durch Außerirdische Ein gänzlich anderes Bild von den ‚außerirdischen Besuchern' zeichnet die eng mit dem UFO-Thema verbundene *Entführungsnarration.* Hier dominiert seit Jahrzehnten[17] das Bild rücksichtslos-bösartiger Außerirdischer, die Menschen gegen ihren Willen (bzw. im Zustand der Bewusstlosigkeit) in ihre Raumschiffe verschleppen, um dort medizinische Experimente an ihnen vorzunehmen. Zumindest ein Teil dieser Experimente, die in ihrer mit absoluter Rücksichtslosigkeit gepaarten kalten Sachlichkeit letztlich an die Menschenversuche deutscher KZ-Ärzte im Dritten Reich erinnern, scheint *reproduktionsmedizinische* Ziele zu haben. Der entsprechende Untertypus der

---

[16]Siehe hierzu den Beitrag „UFO-Sichtungen" (Anton und Ammon 2015, S. 332–345) in der Anthologie *An den Grenzen der Erkenntnis. Handbuch der wissenschaftlichen Anomalistik,* Hrsg. Mayer et al.

[17]Die in den fünfziger und sechziger Jahren dominierende ‚Contactee-Variante', die von freundlichen Einladungen zu Besichtigungstouren durch das Sonnensystem an Bord fremder Raumschiffe berichtet, muss – wir hatten bereits darauf hingewiesen – als diskursiv überholt angesehen werden.

Entführungsberichte führt uns in eine Welt der Züchtung einer neuen Menschen-rasse (man ist fast geneigt das eugenische Unwort einer ‚Aufartung' passend zu finden) oder gar der Erschaffung von Mensch-Alien-Hybriden. Aus kultur-historischer Perspektive finden wir uns hier im Herzen des großen Narratives des *Transhumanismus* wieder – zumindest dieser Teil der Entführungserzählungen weist nachdrücklich über die Denktraditionen der klassischen Moderne hinaus. Aus exosoziologischer Warte sind die Entführungsberichte (gänzlich unabhängig von ihrem Realitätsstatus) so interessant, weil sich in ihnen die kulturgeschicht-lich stets ‚mitlaufende' *xenophobe* Grundstimmung beim Nachdenken über Außerirdische manifestiert. Die Berichte der selbstdeklarierten Entführungs-opfer sowie die mediale Berichterstattung (selten) oder Fiktionalisierung (häufi-ger) erzeugen im kulturellen Bewusstsein ein zwar hintergründiges, aber gerade deshalb ständig präsentes *Bedrohungsgefühl*. Es nährt die Frage, was von ‚den Fremden' angesichts ihrer unendlichen technischen Überlegenheit noch so alles zu erwarten ist, wenn sie ihre *im doppelten Sinne unmenschlichen* Zuchtexperi-mente eines Tages abgeschlossen haben. Ziehen sie dann wortlos weiter oder füh-ren sie ihre uns gänzlich unverständlichen (aber vermutet: höchst perfiden) Pläne weiter aus? Im Falle eines (in seiner Realität kulturell anerkannten!) Erstkontakts der Menschheit mit einer außerirdischen Zivilisation könnten die xenophoben Entführungserzählungen ein zwar nicht unbedingt rationaler, aber doch kollektiv wirksamer Faktor bei der Einschätzung der Gefährlichkeit einer außerirdischen Spezies sein. Rücksichtslose Experimentatoren, die ihre technologische Über-legenheit ohne moralische Skrupel ausspielen, möchte niemand als kosmische Nachbarn haben.

Kommen wir zu einigen abschließenden **Folgerungen für die Exosoziologie:**

Alle drei Themenfelder sollten exosoziologisch im Blick behalten werden. Zu klären wäre insbesondere die Frage, welche Bedeutung ihnen jeweils für die Ent-wicklung des kulturellen Denkens über Außerirdische zukommt; eines der wich-tigsten Stichwörter lautet dabei *Xenophobie*. Entsprechend ist auch zu fragen, welche Rolle diese Wissensbestände bei der Abschätzung der Folgen eines realen Erstkontakts haben könnten. (In unseren Szenarioanalysen hatten wir diese drei speziellen Themenkomplexe weitgehend ausgeklammert, um die Komplexität unserer Prognosen nicht weiter zu erhöhen).

Darüber hinaus sollte man, um sich nicht in den Fallstricken eines kultur-wissenschaftlichen Reduktionismus (der allein die epistemologische Perspek-tive gelten lässt) zu verheddern, durchaus auch die Frage nach dem *potenziellen*

Realitätsgehalt der entsprechenden Thesen, Erfahrungen, Erzählungen stellen. Bei allen drei Themenfeldern können und sollten wir zumindest gelegentlich auch *phänomennah* nachforschen:

- Wie wahrscheinlich sind vor- und frühgeschichtliche Besuche Außerirdischer auf der Erde? Welche Hinweise auf ihre Anwesenheit könnten sie prinzipiell hinterlassen haben? Warum sind jene ‚Belege', die die Laienforschung uns anhaltend vorführt, aus wissenschaftlicher Sicht so untauglich? Doch welche Indizien für eine frühere Anwesenheit Außerirdischer auf der Erde würden wir wissenschaftlich überhaupt gelten lassen?
- Was wäre denn, wenn es sich zumindest bei einem kleinen Teil der bislang unerklärten Himmelserscheinungen (mehr als fünf Prozent der Sichtungs-meldungen stehen hier ohnehin nicht zur Debatte) tatsächlich um außerir-dische Raumfahrzeuge handelte? Welche Erkenntnisse ließen sich aus den Sichtungen und den gelegentlich gewonnenen technischen Daten jenseits der nun erlangten Gewissheit ableiten, dass das Fermi-Paradoxon als obsolet zu gelten hätte? Und welche Optionen einer ‚interplanetaren' Kommunikation stünden uns noch offen, solange die Besucher sich einem systematischen Informationsaustausch verweigern?
- Wie würden wir als Menschen politisch und moralisch damit umgehen, wenn Außerirdische jedes Jahr ein paar Tausend ‚von uns' entführen und schmerz-haften Experimenten unterziehen würden? Was etwa änderte sich für unser irdisches Selbstverständnis, wenn wir wüssten, dass eine experimentier-freudige außerirdische Macht uns nach Belieben zu hilflosen Opfern degradieren könnte? Welche Optionen stünden überhaupt zur Verfügung, um diesen Übergriffen ein Ende zu setzen? Oder sollten wir als Weltgesellschaft das schlimme Schicksal Einzelner klaglos tolerieren, um das Risiko einer mili-tärischen Konfrontation mit einem technisch wahrscheinlich weit überlegenen Gegner zu vermeiden?

Um an dieser Stelle nicht missverstanden zu werden: Wir persönlich sehen den Realitätsgehalt aller drei Narrationen sehr kritisch. Das ändert aber nichts daran, dass es zu den Aufgaben der Exosoziologie gehört, nicht nur die kul-turellen Diskurse zu diesen Themenfeldern im Auge zu behalten, sondern eben auch zu fragen, was auf einer ontologischen bzw. phänomenologischen Ebene an den jeweiligen Thesen, Erfahrungen, Berichten ‚dran sein könnte'. Dem

Vorwurf eines fraglosen *ontological gerrymandering*[18] sollte sich die Exosoziologie nicht aussetzen. In abgewandelter Form dürfte hier das Diktum des *Wild
Card*-Konzepts zutreffen: Auch äußerst unwahrscheinliche Annahmen sind einer
näheren Untersuchung wert, wenn die möglichen Konsequenzen ihrer Richtigkeit
schwerwiegend genug sind.

Literatur

Air Force Regulation 200-2 or AFR 200-2. Version August 1954. https://en.wikisource.
    org/wiki/Air_Force_Regulation_200-2_Unidentified_Flying_Objects_Reporting.
    Zugegriffen: 12. Juni 2018.
Anton, Andreas. 2013. Zur (Un-)Möglichkeit wissenschaftlicher UFO-Forschung. In *Dies-
    seits der Denkverbote. Bausteine für eine reflexive UFO-Forschung*, Hrsg. Michael
    Schetsche und Andreas Anton, 49–77. Hamburg: LIT.
Anton, Andreas, und Danny Ammon. 2015. UFO-Sichtungen. In *An den Grenzen der
    Erkenntnis. Handbuch der wissenschaftlichen Anomalistik*, Hrsg. Gerhard Mayer,
    Michael Schetsche, Ina Schmied-Knittel, und Dieter Vaitl, 332–345. Stuttgart: Schattauer.
Berger, Peter L., und Thomas Luckmann. (deutsche Erstausgabe: 1969) 1991. *Die
    gesellschaftliche konstruktion der wirklichkeit. eine theorie der wissenssoziologie*.
    Frankfurt a. M.: Fischer.
Brookesmith, Peter. 1998. *Alien abductions*. London: Blandford.
Bullard, Thomas E. 1999. What's new in ufo abductions? Has the story changed in 30
    years? *MUFON Symposium Proceedings* 1999:170–199.
Bullard, Thomas E. 2003. False memories and UFO abductions. *Journal of UFO Studies*
    8:85–160.
Bynum, Joyce. 1993. Kidnapped by an alien. tales of UFO abductions. *ETC. A Review of
    General Semantics* 50:86–95.
Cromie, William J. 2003. Alien abduction claims examined: Signs of trauma found. Har-
    vard University Gazette. https://news.harvard.edu/gazette/story/2003/02/alien-abduc-
    tion-claims-examined-2/. Zugegriffen: 12. Juni 2018.

---

[18]Ein in der Soziologie sozialer Probleme wichtiger Terminus, mit dem die struktur-funk-
tionalistische Problemtheorie auf die konstruktionistische Kritik an ihren Grundannahmen
bezüglich des Realitätsgehalts sozialer Probleme reagiert hat – aus unserer Sicht im Großen und Ganzen aus guten Gründen: Es ist wissenschaftlich unzulässig, die Irrelevanz
sozialer Sachverhalte für die Entstehung und Entwicklung öffentlicher Diskurse zu
behaupten, solange man nicht bereit ist, die Frage der Relevanz einer *empirischen* Über-
prüfung zu unterziehen, also soziale Tatsachen selbst mit den Debatten über jene Tatsachen
in Beziehung zu setzen (siehe hierzu Woolgar und Pawluch 1985 sowie Schetsche 2000,
S. 18–23).

Däniken, Erich von. 1968. *Erinnerungen an die zukunft*. Düsseldorf, Wien: Econ.

Dodd, Adam. 2018. Strategic ignorance and the search for extraterrestrial intelligence: Critiquing the discursive segregation of ufos from scientific inquiry. Astropolitics. *The International Journal of Space Politics and Policy* 16 (1): 75–95.

Döring-Manteuffel, Sabine. 2008. Das Okkulte. Eine Erfolgsgeschichte im Schatten der Aufklärung. Von Gutenberg bis zum World Wide Web. München: Siedler.

Drake, Frank, und Dava Sobel. 1994. *Signale von Anderen Welten Die wissenschaftliche Suche nach ausserirdischer Intelligenz*. München: Droemer.

Fiedler, Peter. 2001. Dissoziative Störungen und Konversion. Trauma und Traumabehandlung (2. Aufl.). Beinheim: Beltz/PVU.

Goldberg, Carl. 2000. The General's Abduction by Aliens from a UFO: Levels of Meaning of Alien Abduction Reports. *Journal of Contemporary Psychotherapy* 30:307–320.

Hövelmann, Gerd. 2008. Vernünftiges Reden und technische Rationalität. Erkenntnistheoretische Überlegungen zu Grundfragen der UFO-Forschung. In *Von Menschen und Außerirdischen. Transterrestrische Begegnungen im Spiegel der Kulturwissenschaft*, Hrsg. Michael Schetsche und Martin Engelbrecht, 183–204. Bielefeld: transcript.

Hynek, J. Allen. 1979. *UFO. Begegnungen der ersten, zweiten und dritten Art*. München: Goldmann.

Johnson, Ronald C. 1994. Parallels between Recollections of Repressed Childhood Sex Abuse, Kidnappings by Space Aliens, and the 1692 Salem Witch Hunts. *Issues in Child Abuse Accusations* 6 (1): 41–47.

Lynn, Steven Jay, und Irving I. Kirsch. 1996. Alleged alien abductions: False memory, hypnosis, and fantasy proneness. *Psychological Inquiry* 7 (2): 151–155.

Lynn, Steven Jay, Judith Pintar, Jane Stafford, Lisa Marmelstein, und Timothy Lock. 1998. Rendering the implausible plausible: Narrative construction, suggestion, and memory. In *Believed-in imaginings: The narrative construction of reality*, Hrsg. Joseph de Rivera und Theodore R. Sarbin, 123–143. Washington: American Psychological Association.

Mayer, Gerhard. 2003. Über Grenzen Schreiben. Presseberichterstattung zu Themen aus dem Bereich der Anomalistik und der Grenzgebiete der Psychologie in den Printmedien SPIEGEL, BILD und BILD AM SONNTAG. *Zeitschrift für Anomalistik* 3:8–46.

McLeod, Caroline C., Barbara Corbisier, und John E. Mack. 1996. A more parsimonious explanation for ufo abduction. *Psychological Inquiry* 7 (2): 156–168.

Michaud, Michael A.G. 2007. *Contact with alien civilizations our hopes and fears about encountering extraterrestrials*. New York: Springer.

Newman, Leonard S., und Roy F. Baumeister. 1996. Toward an explanation of ufo abduction phenomenon: Hypnotic elaboration, extraterrestrial sadomasochism, and spurious memories. *Psychological Inquiry* 7 (2): 99–126.

Orne, Martin M., Wayne G. Whitehouse, Emily Carota Orne, und David F. Dinges. 1996. ‚Memories' of anomalous and traumatic autobiographical experiences: Validation and consolidation of fantasy through hypnosis. *Psychological Inquiry* 7 (2): 168–172.

Paley, John. 1997. Satanist abuse and alien abduction: A comparative analysis theorizing temporal lobe activity as a possible connection between anomalous memories. *The British Journal of Social Work* 27:43–70.

Pirschl, Julia, und Michael Schetsche. 2013. Aus Fehlern lernen. Anthropozentrische Vorannahmen im SETI-Paradigma – Folgerungen für die UFO-Forschung. *Diesseits der Denkverbote. Bausteine für eine reflexive UFO-Forschung*, Hrsg. Michael Schetsche und Andreas Anton, 29–48. Berlin: LIT.

Porter, Jennifer E. 1996. Spiritualists, aliens and ufos: Extraterrestrials as spirit guides. *Journal of Contemporary Religion* 11:337–353.

Richter, Jonas. 2015. Paläo-SETI. In *An den Grenzen der Erkenntnis. Handbuch der wissenschaftlichen Anomalistik*, Hrsg. Gerhard Mayer, Michael Schetsche, Ina Schmied-Knittel, und Dieter Vaitl, 346–347. Stuttgart, Schattauer.

Richter, Jonas. 2017. *Götter-Astronauten. Erich von Däniken und die Paläo-SETI-Mythologie.* Hamburg Lit.

Romesberg, Daniel Ray. 1992. *The scientific search for extraterrestrial intelligence: A sociological analysis.* Ann Arbor: UMI Dissertation Services.

Schacter, Daniel L. 2001. *Wir sind Erinnerung Gedächtnis und Persönlichkeit.* Reinbek bei Hamburg: Rowohlt.

Schetsche, Michael. 1997. „Entführungen durch Ausserirdische" – Ein ganz irdisches Deutungsmuster. *Soziale Wirklichkeit* 1:259–277.

Schetsche, Michael. 2000. *Wissenssoziologie sozialer Probleme. Grundlegung einer relativistischen Problemtheorie.* Wiesbaden: Westdeutscher Verlag.

Schetsche, Michael. 2004. Zur Problematik der Laienforschung. *Zeitschrift für Anomalistik* 4:258–263.

Schetsche, Michael. 2008. Entführt! Von irdischen Opfern und Ausserirdischen tätern. In *Von Menschen und Außerirdischen. Transterrestrische Begegnungen im Spiegel der Kulturwissenschaft*, Hrsg. Michael Schetsche und Martin Engelbrecht, 157–182. Bielefeld: transcript.

Schetsche, Michael. 2013. Unerwünschte Wirklichkeit. Individuelle Erfahrung und Gesellschaftlicher Umgang mit dem Para-Normalen Heute. *Zeitschrift für Historische Anthropologie* 21:387–402.

Schetsche, Michael. 2015. Anomalien im medialen Diskurs. In *An den Grenzen der Erkenntnis. Handbuch der wissenschaftlichen Anomalistik*, Hrsg. Gerhard Mayer, Michael Schetsche, Ina Schmied-Knittel, und Dieter Vaitl, 63–73. Stuttgart: Schattauer.

Schetsche, Michael, und Andreas Anton. 2013. Einleitung: Diesseits der Denkverbote. In *Diesseits der Denkverbote. Bausteine für eine reflexive UFO-Forschung*, Hrsg. Michael Schetsche und Andreas Anton, 7–27. Hamburg: LIT.

Schmied-Knittel, Ina, und Michael Schetsche. 2003. Psi-Report Deutschland. Eine repräsentative Bevölkerungsumfrage zu außergewöhnlichen Erfahrungen. In *Alltägliche Wunder. Erfahrungen mit dem Übersinnlichen – wissenschaftliche Befunde*, Hrsg. Eberhard Bauer und Michael Schetsche, 13–38. Würzburg: Ergon.

Schmied-Knittel, Ina, und Edgar Wunder. 2008. UFO-Sichtungen. Ein Versuch der Erklärung äusserst menschlicher Erfahrungen. *Von Menschen und Außerirdischen. Transterrestrische Begegnungen im Spiegel der Kulturwissenschaft*, Hrsg. Michael Schetsche und Martin Engelbrecht, 133–155. Bielefeld: transcript.

Schnabel, Jim. 1994. Chronicles of aliens abduction and some other traumas as self-victimization syndrom. *Dissociation: Progress in the Dissociative Disorders* 7 (1): 51–62.

Sheridan, Mark A. 2009. *SETI's scope: How the search for extraterrestrial intelligence became disconnected from new ideas about extraterrestrials.* Ann Arbor: ProQuest.

Showalter, Elaine. 1997. *Hystorien.* Berlin: Hysterische Epidemien im Zeitalter der Medien.

Spanos, Nicholas P., Patricia A. Cross, Kirby Dickson, und Susan C. DuBreuil. 1993. Close encounters: An examination of UFO experiences. *Journal of Abnormal Psychology* 102:624–632.

Spanos, Nicholas P., Cheryl A. Burgess, und Melissa Faith. 1994. Past-life identity, UFO abductions, and satanic ritual abuse: The social construction of memories. *The International Journal of Clinical and Experimental Hypnosis XLII* 4:433–446.

Streeck-Fischer, Annette, Ulrich Sachsse, und Ibrahim Özkan. 2001. Perspektiven in der Traumaforschung. In *Körper, Seele, Trauma*, Hrsg. Annette Streeck-Fischer, Ulrich Sachsse, und Ibrahim Özkan, 12–22. Göttingen: Vandenhoeck & Ruprecht.

Sziede, Maren, und Helmut Zander. 2015. Von der Dämonologie zum Unbewussten. Die Transformation der Anthropologie um 1800. *Von der Dämonologie zum Unbewussten. Die Transformation der Anthropologie um 1800*, Hrsg. Maren Sziede und Helmut Zander, VII–XX. Berlin: De Gruyter.

Vacarr, Barbara Adina. 1993. *The divine container. A transpersonal approach in the treatment of repressed abduction trauma*. Ph.D., The Union Institute (Cincinnati/Ohio), Demand Copy, University Microfilms International.

Wendt, Alexander, und Raymond Duvall. 2012. Militanter Agnostizismus und das UFO-Tabu. In *Generäle, piloten und regierungsvertreter brechen ihr schweigen*, Hrsg. Leslie Kean, 281–294. Rottenburg: Kopp.

Whitmore, John. 1993. Religious dimensions of the UFO abductee experience. *Syzygy: Journal of Alternative Religion and Culture* 2 (3–4): 313–326.

Woolgar, Steve, und Dorothee Pawluch. 1985. Ontological gerrymandering: The anatomy of social problems explanations. *Social Problems* 32:214–227.

Aus-Blicke

12

Eine größere wissenschaftliche Arbeit endet üblicherweise mit irgendeiner Art von Ausblick. Dies fällt hier nicht ganz leicht, weil unser Buch selbst schon in Teilen *futurologisch* orientiert, ihm das Konzept des Aus-Blicks mithin immanent ist. Wir versuchen es trotzdem und schauen in diesem abschließenden Kapitel zunächst in Form eines kurzen Fazits auf die Inhalte unseres Buches zurück, richten den Blick dann nach vorn auf die Zukunft der Exosoziologie und schauen abschließend im übertragenen Sinne nach oben, dem Himmel und seinen möglichen Bewohnern entgegen.

12.1 Der Blick zurück

In seinem heute als klassisch geltenden Exkurs über ,den Fremden' schrieb der deutsche Soziologe Georg Simmel im Jahre 1908:

> Die Bewohner des Sirius sind uns nicht eigentlich fremd – dies wenigstens nicht in dem soziologisch in Betracht kommenden Sinne des Wortes –, *sondern sie existieren überhaupt nicht für uns,* sie stehen jenseits von Fern und Nah (Simmel 1958, S. 509; Hervorhebung von den Autoren).

Dieses Zitat zeigt nur zu deutlich: Auch große Denker sind geistige Kinder ihrer Zeit. Im Jahre 1908 existierten die Außerirdischen für die Soziologie nur in Form *erdachter* Gestalten in frühen utopischen oder dystopischen Erzählungen (*The War of the Worlds* von H. G. Wells war zehn Jahre zuvor erschienen) oder – für die sich gerade etablierende wissenschaftliche Disziplin noch unangenehmer – als Gedankenexperimente einer kosmologisch orientierten Metaphysik. Hundertundzehn Jahre später, *jetzt,* ist es an der Zeit, sich von Simmels Verdikt zu

© Springer Fachmedien Wiesbaden GmbH, ein Teil von Springer Nature 2019
M. Schetsche und A. Anton, *Die Gesellschaft der Außerirdischen,*
https://doi.org/10.1007/978-3-658-21865-2_12

verabschieden. Wie wir gezeigt hatten, haben die Außerirdischen die fiktionale
Welt verlassen und sind im soziologischen Sinne, nämlich phänomenologisch,
real geworden – vorerst noch als ein hypothetisches Gegenüber, aber doch mit
dem Anspruch, uns eines fernen (vielleicht aber auch nahen) Tages als *maximal
Fremde* (vgl. Schetsche et al. 2009) leibhaftig gegenüber zu treten. Bevor dies
geschieht, ist der Erstkontakt nur ein vorstellbares ‚Störereignis' im Kontext
der wissenschaftlichen Zukunftsschau (vgl. Steinmüller und Steinmüller 2004,
S. 86–87). Nachdem das Ereignis eingetreten ist, werden die Fremden jedoch zu
Akteuren mit fast unbegrenzter Handlungsmacht. Dies ist der Grund, warum sich
die Soziologie – anders als zu Simmels Zeiten – nach unserer Überzeugung nicht
mehr weigern kann, die Außerirdischen als *Realfaktoren* (im Sinne Schelers –
Scheler 1924, S. 5–6) zur Kenntnis und eben entsprechend ernst zu nehmen.
Genau dies haben wir in unserem Buch versucht (der folgende Abschnitt kann
auch als *Themenüberblick* gelesen werden).

In der Einleitung (Kap. 1) haben wir erläutert, warum *jetzt* der Zeitpunkt
gekommen ist, das Programm der Exosoziologie nach Jahrzehnten wieder auf-
zunehmen und sich aus sozialwissenschaftlicher Perspektive intensiv mit *extraterrestrischen Intelligenzen* zu beschäftigen: Die Soziologie sollte, so unsere
feste Überzeugung, auf die sich häufenden Hinweise aus der naturwissenschaftlichen Forschung reagieren, nach denen die Existenz außerirdischen Lebens
wahrscheinlicher erscheint als jemals zuvor in der Menschheitsgeschichte. Wir
haben erläutert, dass die neue Bindestrichsoziologie methodisch und theoretisch
auf zwei Säulen ruhen wird: der *Futurologie* und der *Fremdheitsforschung*. Diskutiert wurden außerdem die aktuellen Ziele der Exosoziologie, darunter jene
drei Themenkomplexe, denen im vorgelegten Band besondere Bedeutung zukam:
die kritische Begleitung der SETI-Forschung, die Prognose der Folgen des
Zusammentreffens der Menschheit mit einer extraterrestrischen Intelligenz sowie
die Möglichkeiten und Beschränkungen der soziologischen Analyse außerirdischer Zivilisationen.

Das Kap. 2 hat einen kurzen Überblick über die Idee der Außerirdischen im
westlichen Denken geliefert. Von den philosophischen Spekulationen der Antike
ging der Weg über die Renaissance, die uns mit dem heliozentrischen Weltbild
bahnbrechende Erkenntnisse über den Aufbau unseres Sonnensystems lieferte,
bis an die Schwelle der kulturellen Moderne, in der sich ein intensives Wechselspiel zwischen fiktionalem und wissenschaftlichem Denken entfaltete. Dieses
Spiel ist uns beim Nachsinnen über jene ‚Aliens' (ein Begriff, der Dank aus den
USA importierter Romane, Kinofilme und TV-Serien wirkmächtig in den deutschen Sprachraum eingewandert ist) letztlich bis heute erhalten geblieben. Es ist
analytisch nur schwer zu entscheiden, ob eher die Science Fiction die Imagina-

tionen und Stichwörter für das wissenschaftliche Nachdenken über Außerirdische lieferte oder ob die wissenschaftlichen Befunde (etwa zur Bewohnbarkeit ferner Planeten) stärker die Fantasie der Literaten und Filmemacher befeuerte. Wenn wir uns jene Bilder anschauen, die wir uns heute vom „maximal Fremden" machen, sind wir mit einer untrennbaren Melange aus traditionsreichen philosophischen Gedanken, vielfältigen wissenschaftlichen Erkenntnissen und fiktionalen Repräsentationen der unterschiedlichsten Art konfrontiert. Von Bedeutung ist dieser Befund soziologisch immer dann, wenn es darum geht, die heutigen Alienbilder nicht nur der Öffentlichkeit, sondern eben auch der Scientific Community zu verstehen. Dies betrifft die wissenschaftliche Suche nach Außerirdischen ebenso wie die Prognose der möglichen Folgen eines interstellaren Erstkontakts.

Warum mit diesem Kontakt in näherer oder zumindest fernerer Zukunft durchaus zu rechnen ist, erläuterte Kap. 3. Anhand der berühmten ‚Drake-Formel' wurde dort erklärt, wie wahrscheinlich es ist, außerhalb der Erde auf Leben und eben möglicherweise auch auf – sicherlich höchst fremdartige – Intelligenzen zu stoßen. Das Kapitel liefert, letztlich wohl eher untypisch für einen soziologischen Band, einen Überblick über den *naturwissenschaftlichen Kenntnisstand* zum Themenkomplex ‚außerirdisches Leben und extraterrestrische Intelligenz'. Die Ausführlichkeit unserer Darstellung resultierte dabei zum einen aus unserer Überzeugung, dass die weitere Argumentation im Band nicht nachvollziehbar wäre, wenn nicht zunächst einige basale Informationen zur Position der Erde im Kosmos und zur Wahrscheinlichkeit außerirdischen Lebens geliefert werden – zum anderen aber aus unserer (inzwischen empirisch gesättigten) Erfahrung, dass dieses Wissen bei vielen soziologischen Fachkollegen und Fachkolleginnen nicht ohne Weiteres vorausgesetzt werden kann.[1]

Aufbauend auf diesem Basiswissen widmete sich Kap. 4 der nunmehr fast 70-jährigen Geschichte der radioastronomischen Suche nach den Signalen Außerirdischer. Unter dem heute durch die mediale Berichterstattung durchaus zu einer gewissen Popularität gekommenen Akronym *SETI* versucht eine vergleichsweise kleine Zahl von Enthusiasten (und eine noch viel kleinere Zahl von Enthusias-

---

[1]Dies hängt unmittelbar mit den bis heute ebenso nachdrücklich wie bildungspolitisch folgenlos kritisierten curricularen Lücken des bundesdeutschen Schulsystems zusammen. Mehrere Initiativen, die es sich zum Ziel gesetzt hatten, Astronomie bundesweit als Schulfach einzuführen, blieben bislang erfolglos. Siehe hierzu etwa den von über hundert Wissenschaftlerinnen und Wissenschaftlern unterzeichneten offenen Brief an die Politik aus dem Jahr 2006: http://www.lutz-clausnitzer.de/as/ProAstro-Sachsen/Professorenbrief_12.12.2006.pdf.

tinnen) Botschaften fremder Intelligenzen aus den Weiten des Weltalls aufzu-
fangen. Dass diesem Vorhaben bis zum heutigen Tage kein Erfolg beschieden ist,
kann einfach nur als ‚Pech‘ angesehen werden – oder aber als Folge fraglicher
Vorannahmen, die, so jedenfalls unsere These in jenem Kapitel, aus anthropozentrischen Vorurteilen resultieren, die durchaus zu vermeiden gewesen wären.
Hier rächt sich die jahrzehntelange Abschottung der naturwissenschaftlich kon-
turierten SETI-Forschung gegenüber philosophischem, linguistischem und sozial-
wissenschaftlichem Wissen. Auch wenn diese Selbstverblindung sich in den
letzten Jahren etwas abgeschwächt hat, muss der Rückblick auf mehr als einhundert SETI-Projekte der jüngeren Vergangenheit aus soziologischer Warte doch
eher kritisch ausfallen.

Welche Konsequenzen aus dem Scheitern der herkömmlichen SETI-Forschung gezogen werden könnten, demonstrierte Kap. 5 exemplarisch an einer
alternativen Erkundungsstrategie – der *Suche nach extraterrestrischen Artefakten*
in unserem Sonnensystem (SETA). Diese Forschungsrichtung ist noch jung,
hat bisher (nicht zuletzt aus finanziellen Gründen) eher theoretische Konzepte
als praktische Experimente oder gar groß angelegte Erkundungsprojekte vorzuweisen. Sie erhält jedoch mit jedem weiteren Jahr, in dem keine Radiobotschaft
von außerirdischen Intelligenzen empfangen wurde, mehr wissenschaftliche
Legitimation. In diesem Kapitel ging es darum, die Forschungslogik dieses, der
Öffentlichkeit bislang noch weitgehend unbekannten, ‚anderen Suchprogramms‘
zu rekonstruieren und sie aus anthropologischer wie soziologischer Warte zu
kommentieren.

Eine gänzlich andere Konsequenz aus dem ganz praktischen Versagen
der traditionellen SETI-Forschung ziehen jene Wissenschaftler und Wissenschaftlerinnen (auch sie stammen meist aus dem Feld der Radioastronomie), die
vom passiven Horch- in einen aktiven Sendemodus zu wechseln versuchen. Im
Kap. 6 haben wir die Grundidee jener *METI-Projekte* vorgestellt, die in jüngster Zeit zumindest gelegentlich auch öffentlich Furore gemacht haben. Die
mediale Aufmerksamkeit resultiert dabei nicht zuletzt daraus, dass diese Experimente in der Scientific Community höchst umstritten sind und viele Experten
(wie etwa der jüngst verstorbene Astrophysiker Stephen Hawking) nachdrücklich vor den unkalkulierbaren Folgen gewarnt haben. Aus wissenschaftssozio-
logischer Warte, das sollte bei der Lektüre jenes Kapitels klar geworden sein,
stellen die METI-Projekte *High-Risk-Forschung im existenziellen* Sinne dar. Die
verschiedenen Projektplanungen in diesem Bereich haben dabei ein Stadium
erreicht, in dem innerwissenschaftliche Kritik nicht mehr ausreicht, sondern vielmehr ein normierender Eingriff staatlicher und multinationaler Institutionen notwendig erscheint.

Noch einen Schritt weiter geht das Kap. 7, in dem wir erklärt haben, warum die prognostische Abschätzung der *Folgen* des Kontakts der Menschheit mit einer außerirdischen Intelligenz zu den Hauptaufgaben der Exosoziologie gehört. Das Kapitel geht vom futurologischen Konzept der sog. *Wild Cards* aus; dies sind Ereignisse, die zwar sehr selten sind, aber, wenn sie doch einmal eintreten, massive und nachhaltige Auswirkungen auf die irdische Zivilisation in ihrer Gesamtheit haben. Mit der *Szenarioanalyse* wurde die futurologische Methode vorgestellt, mit deren Hilfe die Folgen solcher Ereignisse prognostiziert werden können. Wir favorisieren dabei die Form der narrativen Analyse, die dichte Beschreibungen der zu erwartenden Auswirkungen des Erstkontakts liefert.

Die methodischen Überlegungen wurden im Kap. 8 in die Praxis umgesetzt: Hier stellten wir die Ergebnisse der von uns durchgeführten *Szenarioanalyse* vor. Jeweils zunächst abstrakt und dann exemplarisch-konkret prognostizierten wir die Folgen unterschiedlicher Varianten des Erstkontaktes zwischen der Menschheit und einer außerirdischen Zivilisation. Untersucht wurden das *Signalszenario* (wir empfangen ein technisches erzeugtes Radiosignal aus den Weiten des Universums), das *Artefaktszenario* (wie finden im Asteroidengürtel ein zweifelsfrei außerirdisches Artefakt) sowie das *Begegnungsszenario* (ein fremder Raumflugkörper tritt gesteuert in die Erdumlaufbahn ein). Im Rahmen des *Nekrologszenarios* (der Fund einer außerirdischen Mumie im Permafrost-Boden) wurde zusätzlich die Möglichkeit diskutiert, dass das Wissen über einen tatsächlich erfolgten Erstkontakt in prähistorischer Zeit keine gesellschaftliche Akzeptanz findet, die entsprechenden Überzeugungen mithin kulturell marginalisiert bleiben. Die von uns ausgearbeiteten Szenarien umschreiben einen technisch-strukturellen Raum, in dem sich Kontakte mit Außerirdischen im Falle des Falles entfalten könnten.

Im Anschluss an die Szenarioanalyse ging es in Kap. 9 um die Frage, ob bereits heute eine *systematische Vorbereitung* der Menschheit auf den Erstkontakt möglich und sinnvoll ist. Wir haben dabei zunächst die generellen Probleme einer solchen Vorbereitung diskutiert (etwa den heute vorherrschenden Anthropozentrismus oder die weitgehende politische Ignoranz des Problems) und dann einige aktuelle Vorschläge aus der wissenschaftlichen Debatte referiert, die hier Abhilfe schaffen könnten. Unsere eigenen Ideen zum Thema haben wir in Form von *vier konkreten Strategien* zur Minimierung der möglichen negativen Auswirkungen des Erstkontakts vorgelegt (hier ging es unter anderem um die Grundzüge der Krisenkommunikation). Das Kapitel schloss mit fünf *Leitsätzen,* die bei der Vorbereitung des Erstkontakts von wissenschaftlichen, staatlichen und internationalen Institutionen berücksichtigt werden sollten.

Aus soziologischer Warte ist das Kap. 10 sicherlich ein weiteres Herzstück des Buches. Unter der Überschrift „Proto-Soziologie außerirdischer Zivilisationen" wurde gefragt, was auf Basis irdischer Vorannahmen und Theorien heute über außerirdische Zivilisationen ausgesagt werden kann – und was eben nicht. Das Kapitel ging von der unseres Erachtens analytisch zentralen Differenzierung zwischen *biologischen* und *postbiologischen* Gesellschaften aus. Während über den letzteren Typus heute nur wenig ausgesagt werden kann, ermöglicht die *Evolutionstheorie* eine Reihe von Folgerungen hinsichtlich Entwicklung, Struktur und Funktionsweisen der von biologischen Spezies dominierten Zivilisationen. Wir haben hier einen strukturierten Fragenkatalog vorgelegt, an dem sich die zukünftige Analyse solcher Gesellschaften orientieren könnte. Weitere Unterkapitel beschäftigten sich mit der Rolle der weltraumbezogenen *Technologien* fremder Zivilisationen sowie mit dem Sonderfall einer *Hybridzivilisation,* in der biologische Spezies und künstliche Intelligenzen kooperieren.

Im Kap. 11 schließlich beschäftigten wir uns mit drei Themen, die für die wissenschaftliche Forschung zu Außerirdischen bis heute ‚heiße Eisen' darstellen: Die *Paläo-SETI-Thesen* behaupten, dass die Menschheit in ihrer Vor- oder Frühgeschichte Besuche von außerirdischen Intelligenzen erhalten hat. Das *UFO-Phänomen* behandelt Himmelserscheinungen, die ohne Weiteres nicht zu erklären sind und deshalb vielfach als extraterrestrische Raumschiffe gedeutet werden. Und die Erzählungen von *Entführungen durch Außerirdische* konfrontieren uns mit wissenschaftlich nur schwer akzeptablen subjektiven Evidenzerfahrungen. Alle drei Themenfelder haben unmittelbar mit der Frage nach der Existenz außerirdischer Intelligenzen zu tun, sind jedoch jenseits der traditionellen (natur-)wissenschaftlichen Forschung verortet und stellen diese vor erhebliche Herausforderungen. Wir haben die genannten Themen aus *wissenssoziologischer Perspektive* re-analysiert und damit wissenschaftlich neu eingeordnet. Dies löst sicherlich nicht alle wissenschaftlichen Zugangsprobleme zu diesen Themen, ermöglicht aber zumindest, sie im Rahmen der Exosoziologie ohne die sonst kulturell üblichen Herabsetzungen zu behandeln.

12.2 Der Blick nach vorn

Bereits in der Einleitung hatten wir anklingen lassen, dass bei der von uns wieder ins Spiel gebrachten Teildisziplin der Soziologie hinsichtlich ihrer Aufgaben sowie ihrer wissenschaftlichen *und* gesellschaftlichen Relevanz zwei Phasen unterschieden werden müssen: Es gibt eine Exosoziologie I *vor* dem Erstkontakt und es wird – dies lässt sich prognostisch sagen – eine Exosoziologie II *nach* dem Erstkontakt geben. Beide Varianten treten mit ähnlichen Ausgangsfragen an, unterscheiden sich aber hinsichtlich ihrer Hauptaufgaben. Der Kontakt der Menschheit mit einer außerirdischen Zivilisation wird auch für die Exosoziologie eine *Zäsur* bedeuten.

In Phase I sollte die neue Teildisziplin sich nach unseren Vorstellungen auf fünf Fragenkomplexe konzentrieren – wir hatten diese bereits in der Einleitung eingeführt, deshalb genügt an dieser Stelle eine Wiederholung der ‚Überschriften'. Aufgabe der Exosoziologie ist danach:

1. die kritische soziologische Begleitung der naturwissenschaftlichen Suche nach Außerirdischen;
2. die prognostische Abschätzung der irdischen Folgen eines zukünftigen Erstkontakts;
3. die Untersuchungen der Wechselbeziehungen zwischen wissenschaftlichem und fiktionalem Nachdenken über die Stellung des Menschen im Kosmos;
4. die Konturierung einer auf nonhumane Akteure fokussierenden Fremdheits- und Xenophobie-Forschung;
5. die Beteiligung an den gesellschaftlichen Diskussionen über die Grundzüge einer extra-humanen Ethik.

Nachdem die Menschheit allerdings sichere Kenntnis von der Existenz außerirdischer Intelligenzen erlangt hat, wird die Exosoziologie sich – nunmehr in Phase II eingetreten – primär wohl um drei Aufgaben zu kümmern haben:

a) die Analyse der Strukturen und Funktionsweisen, Entwicklungen und Ziele jener außerirdischen Zivilisation, von der wir Kenntnis erlangt haben;
b) die *empirische* Untersuchung der konkreten Folgen eines Erstkontakts für die menschlichen Gesellschaften und für die irdische Zivilisation als Ganzes;
c) die kritische Begleitung der verschiedenen Phasen des Kulturkontakts zwischen der irdischen und der oder den außerirdischen Zivilisation(en).

ad a) Wir hatten in Kap. 10 (Proto-Soziologie) bereits ausführlich diskutiert, wie wir uns diese Aufgabe aus heutiger Warte – *also vor dem Erstkontakt* – vorstellen. Das müssen wir an dieser Stelle nicht wiederholen. Klar sollte sein, dass vom Moment dieses Kontakts an (wie immer er sich auch konkret gestalten wird) fast alles anders sein wird – für die Menschheit, für die Wissenschaft generell und selbstredend auch für die Exosoziologie. Auf Basis der dann zu sammelnden *empirischen* Daten muss noch einmal genau überlegt werden, welche unserer prospektiv formulierten Fragen tatsächlich an die fremde Zivilisation gestellt werden können und welche aus bestimmten Gründen ausgeschlossen sind. Wie umfang-reich exosoziologische Studien anschließend ausfallen *können*, hängt in erster Linie davon ab, ob das erlangte Wissen über die fremde Intelligenz eher dürftig ist oder ob wir reich sprudelnde Informationsquellen zur Verfügung haben. In die-ser Hinsicht unterscheiden sich die von uns diskutierten Erstkontakt-Szenarien (Kap. 8) sehr grundlegend. Eine Rolle dürfte außerdem die Frage spielen, was über sie zu erfahren uns die fremde Intelligenz gestattet. Dabei generiert bereits die Art und Weise ihrer *Informationssteuerung* (die wir erwarten) manches Wis-sen über die fremde Zivilisation. Da dies alles noch in der Zukunft liegt, ist über diese allgemeinen Hinweise hinaus zu diesem ersten Punkt heute wenig zu sagen. Klar ist hingegen, dass sich die Exosoziologie im Moment des Erstkontakts von einer futurologischen zu einer *empirisch-phänomenologischen* Wissenschaft mit einem in der Gegenwart liegenden Untersuchungsobjekt wandeln wird. In die-sem Moment wird es darauf ankommen, unser soziologisches Instrumentarium der Datenerhebung und Datenauswertung zur Hand zu haben und es zeitnah an die Untersuchung einer konkreten fremden Zivilisation anzupassen. Wie gut dies gelingt, wird sich im Fall der Fälle zeigen.[2]

ad b) Vor dem Erstkontakt ist alles Wissen über die verschiedensten *sozia-len Folgen* des Ereignisses mit großer *Unsicherheit* behaftet. Wir hatten dies im Kap. 7 (Methodische Überlegungen) abstrakt diskutiert, aber auch im Kap. 8 (Szenarioanalyse) immer wieder auf diesen zentralen Problempunkt hingewiesen. Was wir aus heutiger Warte und bei der Anwendung klassischer futurologischer Methoden über die möglichen Folgen eines Erstkontakts aussagen können, ist notwendig begrenzt – vieles *muss* ungewiss bleiben. Vom Moment des Erst-kontakts an werden diese Abschätzungen jedoch eine reale Datengrundlage erhalten: Die verschiedenen menschlichen Gesellschaften und die irdische Zivi-lisation als Ganzes werden auf die Nachricht des Erstkontakts zu einer außerir-dischen Intelligenz reagieren. Wir können dann, auf Basis sicherlich schnell anschwellenden empirischen Materials, Aussagen über die faktischen Reaktionen sozialer Gruppen und unterschiedlicher Kulturen, über den Einfluss der Reli-gionen und der wissenschaftlichen Debatten, über nationalstaatliches und trans-nationales Handeln usw. treffen. Dies ist freilich keine Aufgabe, für die allein die Soziologie zuständig wäre, hier müssen vielmehr andere Disziplinen (etwa Psychologie, Politologie, Religionswissenschaft und Ökonomik) mitforschen

---

[2]Wir denken: Das Instrumentarium der Exosoziologie ist für die Menschheit im Uni-versum so etwas wie der ‚Erste-Hilfe-Kasten' für das irdische Auto: Man hofft, ihn nie zu benötigen – falls aber doch, ist man heilfroh, ihn zu haben.

und mitreden. Doch immerhin hat die Soziologie mit den damals von Jan H. Mejer und nun auch von uns vorgestellten Überlegungen ein Konzept vorzuweisen, in dessen Rahmen und mit dessen Hilfe die anstehenden globalen Veränderungsprozesse in den Blick genommen, wissenschaftlich rekonstruiert und auch sozialethisch bewertet werden können. Beim jetzigen Stand des wissenschaftlichen Nachdenkens über die Folgen des Erstkontakts sollte der Soziologie deshalb im Fall des Falles die Rolle einer *Leitdisziplin* zukommen (so hoffen wir zumindest[3]). Das Ereignis dürfte mit erheblichen Veränderungen in der Forschungslandschaft generell einhergehen, die auch die Sozial- und Kulturwissenschaften nicht aussparen werden. Wir sehen heute schon die Lehrstühle für ‚interstellare Kommunikation' und ‚globale Transformation' aus dem Boden sprießen – jedenfalls dann, wenn der Kontakt in einer Art und Weise verläuft, die dem menschlichen Wissenschafts- und Bildungssystem, wie wir es heute kennen, überhaupt eine Überlebenschance lässt. Dies scheint uns zumindest bei einem *Direktkontakt* alles andere als sicher; möglicherweise bringen die Außerirdischen bei ihrem Besuch auf der Erde Methoden der Bildung und Forschung mit, die auf völlig anderen Grundsätzen beruhen und die wir Menschen nur allzu bereitwillig adaptieren werden. Aufgrund irdischer Erfahrungen wissen wir, dass von technologisch überlegen erscheinenden Zivilisationen ein erheblicher *kultureller Anpassungsdruck* ausgeht (wir hatten dies im Kap. 8 diskutiert). Vielleicht entwickelt sich das menschliche Leben auf der Erde unter dem Einfluss der Außerirdischen aber auch so, dass für eine zukunftsorientierte Forschung und Ausbildung überhaupt keine Notwendigkeit mehr besteht. Dann wird die von uns prognostizierte ‚Phase II' der Exosoziologie entsprechend kurz ausfallen.

ad c) Begründete Zweifel haben wir, ob der Exosoziologie eine nennenswerte Rolle bei der ganz praktischen Ausgestaltung der Kommunikation[4] mit einer außerirdischen Intelligenz zukommen wird. Wir sind realistisch genug, um zu wissen: Die Zeiten der Soziologie als wissenschaftliche Leitdisziplin moderner

---

[3]Eine Rolle, die ihr wahrscheinlich von der (Sozial-)Psychologie streitig gemacht werden dürfte, die sich ebenfalls seit Jahrzehnten mit der Frage des Erstkontakts beschäftigt (siehe hierzu die bahnbrechenden Arbeiten von Albert Harrison). Selbstredend plädieren wir auch an dieser Stelle für eine interdisziplinäre Kooperation, wie wir sie schon heute im „Forschungsnetzwerk Extraterrestrische Intelligenz" pflegen – professionspolitisch macht es aber durchaus Sinn, an dieser Stelle zumindest einmal kurz eine Führungsrolle für die Soziologie zu beanspruchen.

[4]Hier kommen ohnehin nur der Fernkontakt (wo es um die Formulierung von Antwortbotschaften geht) und ein Direktkontakt (mit hypothetisch einer Vielzahl von Kommunikationskanälen) infrage.

Gesellschaften sind seit Jahrzehnten vorbei. Wenn es zum Erstkontakt kommt, werden sich mit Sicherheit andere Disziplinen in den Vordergrund drängen – und sie werden mit größerer Vehemenz (und höheren Erfolgschancen) ihre Zuständigkeit für ‚die Außerirdischen' und alles, was mit ihnen zu tun hat, für sich reklamieren: Astrobiologie, Linguistik, Informatik, Politikwissenschaft, Philosophie und wahrscheinlich sogar die Theologie. Welche Disziplin dann im politischen Diskurs die Oberhand gewinnt, wird insbesondere davon abhängen, wie sich der Kontaktprozess gestaltet, wie stark die Kommunikationsprozesse monopolisiert werden können und wer aufseiten der Menschheit das Heft des Handelns in der Hand behält: militärische und nachrichtendienstliche Stellen, die Regierungen von Nationalstaaten, internationale Organisationen oder vielleicht auch multinationale Konzerne. Falls die uns bekannten politischen Strukturen (im weitesten Sinne) die erste Kontaktphase überhaupt überstehen[5], wird irgendwann sicherlich die Stunde der *wissenschaftlichen Experten* schlagen, die diesen oder jenen handlungsmächtigen Akteur beraten, vielleicht sogar die eine oder andere taktische Entscheidung treffen dürfen. Mehr aber auch nicht. Die Wissenschaften sind von ihren Organisationsformen und ihren Modi der Wissensproduktion her nicht als Entscheidungsinstanzen gedacht und können politischen, militärischen und ökonomischen Akteuren ihre Verantwortung nicht abnehmen. Auch wenn sich mancher SETI-Forscher vielleicht schon als ‚große Kommunikator' und ‚hyperkultureller Vermittler' zwischen uns und den Fremden sieht[6], sollten wir an diesem Punkt doch realistisch bleiben und uns mit einer Beraterrolle begnügen. Der Soziologie als erprobter Instanz gesellschaftlicher Selbstbeobachtung (siehe Luhmann 1986) kommt dabei *zusätzlich* die Aufgabe zu, die Beratungsprozesse selbst im Blick zu behalten – und dabei auch ihre eigene Rolle kritisch zu hinterfragen. Wir trösten uns in diesem Zusammenhang damit, dass es immer auch etwas Entlastendes hat, nicht über Wohl und Wehe der Menschheit entscheiden zu müssen. Und zumindest bei einem Begegnungsszenario werden wahrscheinlich ohnehin ‚die Anderen' die wichtigsten Entscheidungen treffen.

---

[5]Dies hängt, wir werden aus guten Gründe nicht müde, dies zu betonen, bei einem Begegnungsszenario zuallererst (und im übertragenen Sinne möglicherweise gleichzeitig zuallerletzt) davon ab, wie freundlich und friedlich das Zusammentreffen verläuft.

[6]Wir nehmen an, dass diese Tendenz zur Selbstüberschätzung mit der irrtümlichen Gleichsetzung von Rationalitätsanspruch und politischer Handlungsmacht zu tun hat. Die wissenschaftsaffine Science Fiction bedient dieses trügerische Selbstbild nur zu gern (wie etwa im Kinofilm *Arrival,* USA 2016).

12.3 · Der (soziologische) Blick nach oben

Wer bis zu diesem Punkt im Buch gekommen ist und sich ein wenig in der SETI-Literatur auskennt, wird gemerkt haben, dass unsere Ausführungen sich an zwei Punkten signifikant von dem unterscheiden, was unter den aus den Naturwissenschaften stammenden ‚Alien-Forschern' in den letzten Jahrzehnten diskutiert worden ist: Zum ersten sind wir deutlich skeptischer, was die Verständigungsmöglichkeiten mit den Außerirdischen angeht. Wir folgen hier eher der Einschätzung von russischen Wissenschaftlern wie Boris Sukhotin (1971) und denken deshalb nicht, dass es ohne Weiteres möglich sein wird, aus dem Weltall empfangene Signale oder auch Symbole auf einem außerirdischen Artefakt zu entschlüsseln. Es kann sein, dass dies einen sehr langen Zeitraum in Anspruch nimmt, vielleicht sogar vollständig misslingt. Bei einem Kontakt in Form solcher Szenarien ist es deshalb denkbar, dass wir nur sehr wenige Informationen über die fremde Intelligenz erlangen. Und zum zweiten sind wir deutlich pessimistischer als der Mainstream der SETI-Forscher und- Forscherinnen, was die *Konsequenzen* dieses Erstkontakts angeht. Wir denken nicht, dass eine technisch hoch entwickelte Zivilisation gleichsam automatisch auch ethisch so weit entwickelt ist, dass sie eigene Interessen im Zweifelsfalle hintenanstellt, um einer fremden Spezies nicht zu schaden. Altruismus und Utilitarismus sind *menschliche* Konzepte, die für eine außerirdische Intelligenz völlig bedeutungslos sein können. Aber selbst wenn das nicht der Fall ist, zeigt die irdische Geschichte sehr eindrücklich, wie groß der Unterschied zwischen solchen Idealen und dem tatsächlichen Handeln von Nationalstaaten und multinationalen Konzernen sein kann. Wir gehören deshalb auch zur Gruppe derjenigen Forscher und Forscherinnen, die nachdrücklich vor Versuchen einer aktiven Kontaktaufnahme (Stichwort: METI) warnen. Doch selbst wenn die Außerirdischen uns freundlich gesonnen sein sollten (oder uns zumindest neutral gegenüberstehen), kann der Erstkontakt – namentlich wenn er in Form des Begegnungsszenarios erfolgt – Auswirkungen für die Erde haben, zu kulturellen Verwerfungen führen, die die menschlichen Gesellschaftsordnungen insgesamt nachhaltig erschüttern.

Dies alles heißt jedoch nicht, dass uns eine klammheimliche (oder sogar offene) Freude an der analytisch aufscheinenden Erstkontakt-Apokalypse[7] umtreibt – und erst recht nicht, dass unsere Thesen zu einer sich selbst

---

[7]Dystopische Kinofilme wie *Oblivion* (USA 2013) inszenieren diese Lust am Untergang der menschlichen Zivilisation nur allzu genüsslich.

erfüllenden Prophezeiung werden sollen. Wir hoffen im Gegenteil, dass unser *Rat zur Vorsicht* (in jeder Hinsicht!) im Falle des Falles zu einem umsichtigen Umgang aller zuständigen irdischen Instanzen sowohl mit einer fremden Intelligenz als auch mit den Reaktionen der Menschen auf unserem Planeten führen wird.

Ein letzter Gedanke: Am liebsten würden wir dieses Buch durch einen zweiten Band ergänzen – einer Anleitung für außerirdische Intelligenzen, wie ‚die Menschheit' zu verstehen und wie mit irdischen Intelligenzen umzugehen sei. Aber das ist nicht unsere Aufgabe. Falls es in den Weiten des Universums tatsächlich andere Intelligenzen geben sollte (was wir für höchst wahrscheinlich halten), mag es sein, dass auch diese Zivilisationen Institutionen entwickelt haben, deren Aufgabe die Beobachtung und Analyse der eigenen Formen des Zusammenlebens ist. Und wenn dies so sein sollte, könnte es durchaus sein, dass manche dieser Intelligenzen ihre eigene Form einer ‚Exo-Exosoziologie' hervorgebracht haben – die dann im Fall des Falles wiederum für die Untersuchung der entdeckten irdischen Zivilisation zuständig sein würde. Bücher in unserem Sinne werden die Außerirdischen kaum besitzen, wahrscheinlich aber etwas, das einem funktionalen Äquivalent entspricht. Und dann gibt es dort draußen vielleicht auch jemanden oder besser: etwas, der, die, das diese Analyseaufgabe übernehmen wird: „Menschheit für Anfänger". Und wenn beide Seiten das großes Glück haben, eines fernen Tages wechselseitig die jeweiligen Analysen rezipieren zu können, werden vielleicht sie und wir über die unglaubliche ‚Blindheit' oder auch ‚Begriffsstutzigkeit' der jeweils anderen Seite herzhaft lachen können. An diesem Punkt allerdings bäumt sich der Skeptiker in uns ein letztes Mal auf: Können wir wirklich annehmen, dass Außerirdische so etwas wie Humor besitzen? Wir hoffen es.

Literatur

Luhmann, Niklas. 1986. Die selbstbeschreibung der gesellschaft und die soziologie. Gastvorlesung an der Universität Augsburg. Radiomitschnitt Bayerischer Rundfunk, 06.11.1986. https://www.youtube.com/watch?v=NIRTM3WZLqw. Zugegriffen: 1. März 2018.

Scheler, Max. 1924. *Versuche zu einer Soziologie des Wissens*. Leipzig: Duncker & Humblot.

Schetsche, Michael, René Gründer, Gerhard Mayer, und Ina Schmied-Knittel. 2009. Der maximal fremde. Überlegungen zu einer transhumanen Handlungstheorie. *Berliner Journal für Soziologie* 19 (3): 469–491.

Simmel, Georg. 1958. *Soziologie. untersuchungen über die formen der vergesellschaftung*, 4. Aufl. Berlin: Duncker & Humblot.

Steinmüller, Angela, und Heinz Steinmüller. 2004. *Wild cards. Wenn das unwahrscheinliche eintritt*. Hamburg: Murmann.

Sukhotin, Boris Viktorovich. 1971. Methods of message decoding. In *Extraterrestrial Civilizations. Problems of Interstellar Communication*, Hrsg. S. A. Kaplan, 133–212. Jerusalem: Keter Press.

Literatur (Gesamtverzeichnis)

Air Force Regulation 200-2 or AFR 200-2. Version August 1954. https://en.wikisource.org/wiki/Air_Force_Regulation_200-2_Unidentified_Flying_Objects_Reporting. Zugegriffen: 12. Juni 2018.

Akerma, Karim. 2002. *Außerirdische Einleitung in die Philosophie. Extraterrestrier im Denken von Epikur bis Hans Jonas.* Münster: Monsenstein & Vannerdat.

Almár, Iván, und Paul H. Shuch. 2007. The San Marino scale: A new analytical tool for assessing transmission risk. *Acta Astronautica* 60 (1): 57–59.

Anders, Günter. 1970. Der Blick vom Mond. Reflexionen über Weltraumflüge. München: Beck.

Anton, Andreas. 2013. Zur (Un-)Möglichkeit wissenschaftlicher UFO-Forschung. In *Diesseits der Denkverbote. Bausteine für eine reflexive UFO-Forschung*, Hrsg. Michael Schetsche und Andreas Anton, 49–77. Hamburg: LIT.

Anton, Andreas, und Danny Ammon. 2015. UFO-Sichtungen. In *An den Grenzen der Erkenntnis. Handbuch der wissenschaftlichen Anomalistik*, Hrsg. Gerhard Mayer, Michael Schetsche, Ina Schmied-Knittel und Dieter Vaitl, 332–345. Stuttgart: Schattauer.

Anton, Andreas, und Michael Schetsche. 2014. Im Spiegelkabinett. Anthropozentrische Fallstricke beim Nachdenken über die Kommunikation mit Außerirdischen. In *Interspezies-Kommunikation. Voraussetzungen und Grenzen*, Hrsg. Michael Schetsche, 125–150. Berlin: Logos.

Anton, Andreas, und Michael Schetsche. 2015. Anthropozentrische Transterrestrik. Zur Kritik naturwissenschaftlich orientierter SETI-Programme. *Zeitschrift für Anomalistik* 15:21–46.

Arkhipov, Alexey V. 1998. Earth-moon system as collector of alien artefacts. *Journal of the British Interplanetary Society* 51:181–184.

Ascher, Marcia. 1991. *Ethnomathematics – A multicultural view of mathematical ideas.* Pacific Grove: Brooks & Cole Publishing.

Ascheri, Valeria, und Paolo Musso. 2002. Kosmische Missionare? In *S.E.T.I. Die Suche nach dem Außerirdischen*, Hrsg. Tobias Daniel Wabbel, 170–184. München: Beust.

Azua-Bustos, Armando, et al. 2015. Regarding messaging to extraterrestrial intelligence (METI)/Active searchers for extraterrestrial intelligence (Active SETI). https://setiathome.berkeley.edu/meti_statement_0.html. Zugegriffen: 26. Juni 2018.

© Springer Fachmedien Wiesbaden GmbH, ein Teil von Springer Nature 2019
M. Schetsche und A. Anton, *Die Gesellschaft der Außerirdischen,*
https://doi.org/10.1007/978-3-658-21865-2

Bach, Joscha. 2004. Gespräch mit einer Künstlichen Intelligenz – Voraussetzungen der Kommunikation zwischen intelligenten Systemen. In *Der maximal Fremde. Begegnungen mit dem Nichtmenschlichen und die Grenzen des Verstehens*, Hrsg. Michael Schetsche, 43–56. Würzburg: Ergon.

Ball, John A. 1973. The zoo hypothesis. *Icarus* 19:347–349.

Bartholomew, Robert E., und Hillary Evansk. 2004. *Panic attacks. Media manipulation and mass delusion*. Stroud: Sutton Publishing.

Baum, Seth D., Jacob D. Haqq-Misra, und Shawn D. Domagal-Goldman. 2011. Would contact with extraterrestrials benefit or harm humanity? A scenario analysis. *Acta Astronautica* 68:2114–2129.

Bauman, Zygmund. 2000. Vereint in Verschiedenheit. In *Trennlinien. Imagination des Fremden und Konstruktion des Eigenen*, Hrsg. Josef Berghold, Elisabeth Menasse und Klaus Ottomeyer, 35–46. Klagenfurt: Drava.

Baxter, Stephan, und John Elliott. 2012. A SETI metapolicy. New directions towards comprehensive policies concerning the detection of extraterrestrial intelligence. *Acta Astronautica* 78:31–36.

Benner, Stevan A., Alonso Ricardo, und Matthew A. Carrigan. 2004. Is there a common chemical model for life in the universe? *Current Opinion in Chemical Biology* 8:672–689.

Berger, Peter L., und Thomas Luckmann. 1966. The social construction of reality. A treatise in the sociology of knowledge. Garden City: Doubleday.

Berger, Peter L., und Thomas Luckmann. (engl. Orig. 1966) 1991. *Die gesellschaftliche Konstruktion der Wirklichkeit. Eine Theorie der Wissenssoziologie*. Frankfurt a. M.: Fischer.

Berghold, Christina. 2011. Die Szenario-Technik. Leitfaden zur strategischen Planung mit Szenarien vor dem Hintergrund einer dynamischen Umwelt. Göttingen: Optimus.

Biebert, Martina F., und M. T. Schetsche. 2016. Theorie kultureller Abjekte. Zum gesellschaftlichen Umgang mit dauerhaft unintegrierbarem Wissen. *BEHEMOTH – A Journal on Civilisation* 9 (2): 97–123.

Billingham, John. 2014. SETI: The NASA years. In *Archeology, anthropology and interstellar communication*, Hrsg. Douglas Vakoch, 1–21. Washington: National Aeronautics and Space Administration.

Billingham, John, et al. 1994. *Social implications of the detection of an extraterrestrial civilization*. Mountain View: SETI Institute Press.

Billings, Linda. 2015. The allure of alien life. Public and media framings of extraterrestrial life. In *The impact of discovery life beyond earth*, Hrsg. Steven J. Dick, 308–323. Cambridge: University Press.

Bitterli, Urs. 1986. Alte Welt – Neue Welt. Formen des europäisch-überseeischen Kulturkontaktes vom 15. bis zum 18. Jahrhundert. München: Beck.

Bitterli, Urs. 1991. *Die ‚Wilden‘ und die ‚Zivilisierten‘: Grundzüge einer Geistes- und Kulturgeschichte der europäisch-überseeischen Begegnung*. München: Beck.

Bohlmann, Ulrike M., und Moritz J. F. Bürger. 2018. Anthromorphism in the search for extra-terrestric intelligence – The limits of cognition? *Acta Astronautica* 143:163–168.

Bostrom, Nick. 2014. *Superintelligenz. Szenarien einer kommenden Revolution*. Berlin: Suhrkamp.

Bourdieu, Pierre. 1993. Über einige Eigenschaften von Feldern. In *Soziologische Fragen*, Hrsg. Pierre Bourdieu, 107–114. Frankfurt a. M.: Suhrkamp.

Boutle, Ian A., Nathan J. Mayne, Benjamin Drummond, James Manners, Jayesh Goyal, F. Hugo Lambert, David M. Acreman, und Paul D. Earnshaw. 2017. Exploring the climate of proxima B with the met office unified model. Astronomy & Astrophysics, March 1, 2017. https://arxiv.org/pdf/1702.08463.pdf. Zugegriffen: 14. März 2018.

Brookesmith, Peter. 1998. *Alien abductions*. London: Blandford.

Brookings-Report. 1960. Proposed studies on the implications of peaceful space activities for human affairs [A Report Prepared for the Committee on Long-Range Studies of the National Aeronautics and Space Administration by The Brookings Institution]. Washington D. C.: Brookings Institution. http://www.nicap.org/papers/BrookingsCompleteRpt.pdf. Zugegriffen: 31. Aug. 2007.

Brosius, Hans-Bernd. 1994. Agenda-Setting nach einem Vierteljahrhundert Forschung: Methodischer und theoretischer Stillstand? *Publizistik* 39:269–288.

Buchter, Heike, und Burkhard Straßmann. 2013. Die Unsterblichen. Eine Begegnung mit dem Technikvisionär Ray Kurzweil und den Jüngern der ,Singularity'-Bewegung. Zeit Online am 27 März. http://www.zeit.de/2013/14/utopien-ray-kurzweil-singularity-bewegung. Zugegriffen: 5. Apr. 2018.

Bullard, Thomas E. 1999. What's new in UFO abductions? Has the story changed in 30 years? In *MUFON Symposium Proceedings 1999*, 170–199.

Bullard, Thomas E. 2003. False memories and UFO abductions. *Journal of UFO Studies* 8:85–160.

Bynum, Joyce. 1993. Kidnapped by an alien. Tales of UFO abductions. *ETC. A Review of General Semantics* 50:86–95.

Cantril, Hadley. 1940. *The invasion from mars: A study in the psychology of panic*. Princeton: Princeton University Press.

Capova, Klara Anna. 2013. The detection of extraterrestrial life: Are we ready? In *Astrobiology, history, and socienty. Life beyond earth and the impact of discovery*, Hrsg. Douglas A. Vakoch, 271–281. Heidelberg: Springer.

Carrigan, Richard A. Jr. 2006. Do potential SETI signals need to be decontaminated? *Acta Astronautica* 58 (2): 112–117.

Cassan, Arnaud, Daniel Kubas, und Jean Philippe Beaulieu. 2012. One or more bound planets per Milky Way star from microlensing observations. *Nature* 481:167–169.

Castro Varela, María do Mar, und N. Dhawan. 2015. *Postkoloniale Theorie. Eine kritische Einführung*, 2. überarb. Aufl. Bielefeld: transcript.

Chaisson, Eric J. 2015. Internalizing null extraterrestrial ,Signals'. In *The impact of discovery life beyond earth*, Hrsg. Steven J. Dick, 324–337. Cambridge: University Press.

Chick, Garry. 2014. Biocultural prerequisites for the development of interstellar communication. In *Archaeology, anthropology, and interstellar communication*, Hrsg. Douglas A. Vakoch, 203–226. Washington: NASA.

Chorost, Michael. 2016. How a couple of guys built the most ambitious alien outreach project ever. Smithsonian.com am 26. September. https://www.smithsonianmag.com/science-nature/how-couple-guys-built-most-ambitious-alien-outreach-project-ever-180960473/?no-ist. Zugegriffen: 20. Juni 2018.

Clarke, Arthur C. 2016. *2001: Odyssee im Weltraum – Die komplette Saga*. München: Heyne.

Cleland, Carol E., und Christopher F. Chyba. 2002. Defining ‚Life'. *Origins of Life and Evolution of the Biosphere* 32:387–393.

Cocconi, Giuseppe, und Philip Morrison. 1959. Searching for interstellar communications. *Nature* 184:844–846.

Connolly, Bob, und Robin Anderson. 1987. *First contact*. New York: Viking Penguin.

Conselice, Christopher. 2016. Observable Universe contains ten times more galaxies than previously thought. http://www.spacetelescope.org/news/heic1620/. Zugegriffen: 4. Juli 2018.

Cromie, William J. 2003. Alien abduction claims examined: Signs of trauma found. Harvard University Gazette. http://www.news.harvard.edu/gazette/2003/02.20/01-alien.html. Zugegriffen: 21. Aug. 2003.

Crutzen, Paul J. 2002. Geology of mankind. *Nature* 415:23.

Crutzen, Paul J., Mike Davis, Michael D. Mastrandrea, Stephen H. Schneider, und Peter Sloterdijk. 2011. *Das Raumschiff Erde hat keinen Notausgang. Energie und Politik im Anthropozän*. Berlin: Suhrkamp.

Däniken, Erich von. 1968. *Erinnerungen an die Zukunft*. Düsseldorf, Wien: Econ.

Daston, Lorraine, und Peter Galison. 2007. *Objektivität*. Frankfurt a. M.: Suhrkamp.

Davies, Paul. 1999. Vorwort. In *Nachbarn im All. Auf der Suche nach Leben im Kosmos*, Hrsg. Seth Shostak, 9–14. München: Herbig.

Davies, Paul. 2007. Are aliens among us? *Scientific American* 297 (6): 62–69.

Davies, Paul, und Robert Wagner. 2012. Searching for alien artifacts on the moon. *Acta Astronautica* 89:261–265.

De la Torre, Gabriel, und M. A. Garcia. 2018. The cosmic gorilla effect or the problem of undetected non terrestrial intelligent signals. *Acta Astronautica* 146:83–91.

Deardorff, James W. 1987. Examination of the embargo hypothesis as an explanation for the great silence. *Journal of the British Interplanetary Society* 40:373–379.

Denning, Kathryn. 2013. Impossible predictions of the unprecedented: Analogy, history, and the work of prognostication. In *Astrobiology, history and society: Advances in astrobiology and biogeographics*, Hrsg. Douglas Vakoch, 301–312. Berlin: Springer.

Dick, Steven J. 1982. *Plurality of worlds. The origins of extraterrestrial life debate from democritus to kant*. Cambridge: Cambridge University Press.

Dick, Steven J. 1996. *The biological universe: The twentieth-century extraterrestrial life debate and the limits of science*. Cambridge: Cambridge University Press.

Dick, Steven J. 2003. Cultural evolution, the postbiological universe, and SETI. *International Journal of Astrobiology* 2 (1): 65–74.

Dick, Steven J. 2013. The societal impact of extraterrestrial life: The relevance of history and the social sciences. In *Astrobiology, history, and society. life beyond earth and the impact of discovery*, Hrsg. Douglas A. Vakoch, 227–257. Heidelberg: Springer.

Dick, Steven J. 2014. Analogy and the societal implications of astrobiology. *Astropolitics. The International Journal of Space Politics & Policy* 12:210–230.

Dick, Steven J., Hrsg. 2015. *The impact of discovery life beyond earth*. Cambridge: University Press.

Dixon, Robert S. 2017. Statement regarding the claim that the „WOW!" signal was caused by hydrogen emission from an unknown comet or comets. http://naapo.org/WOWCometRebuttal.html. Zugegriffen: 30. Mai 2018.

Dodd, Adam. 2018. Strategic ignorance and the search for extraterrestrial intelligence: Critiquing the discursive segregation of UFOs from scientific inquiry. *Astropolitics. The International Journal of Space Politics and Policy* 16 (1): 75–95.

Döring-Manteuffel, Sabine. 2008. Das Okkulte. Eine Erfolgsgeschichte im Schatten der Aufklärung. Von Gutenberg bis zum World Wide Web. München: Siedler.

Drake, Frank, und Dava Sobel. 1994. *Signale von anderen Welten. Die wissenschaftliche Suche nach außerirdischer Intelligenz.* München: Droemer.

Duhoux, Yves. 2000. How not to decipher the phaistos disc. A Review. *American Journal of Archaeology* 104:597–600.

Ehman, Jerry R. 1998. The big ear Wow! signal. What we know and don't know about it after 20 years. http://www.bigear.org/wow20th.htm#printout. Zugegriffen: 30. Mai 2018.

Elliott, John. 2014. Beyond an anthropomorphic template. *Acta Astronautica* 116:403–407.

Ellis, Erle C. 2018. *Anthropocence. A very short introduction.* Oxford: Oxford University Press.

Engelbrecht, Martin. 2008a. Von Aliens erzählen. In *Von Menschen und Außerirdischen. Transterrestrische Begegnungen im Spiegel der Kulturwissenschaft*, Hrsg. Michael Schetsche und Martin Engelbrecht, 13–29. Bielefeld: transcript.

Engelbrecht, Martin. 2008b. SETI – Die wissenschaftliche Suche nach außerirdischer Intelligenz im Spannungsfeld divergierender Wirklichkeitskonzepte. In *Von Menschen und Außerirdischen. Transterrestrische Begegnungen im Spiegel der Kulturwissenschaft*, Hrsg. Michael Schetsche und Martin Engelbrecht, 205–226. Bielefeld: transcript.

Fetscher, Justus, und R. Stockhammer. 1997. Nachwort. In *Marsmenschen. Wie die Außerirdischen gesucht und erfunden wurden*, Hrsg. Justus Fetscher, und Robert Stockhammer, 169–172. Leipzig: Reclam.

Fiedler, Peter. 2001. Dissoziative Störungen und Konversion. Trauma und Traumabehandlung, 2. Aufl. Beinheim: Beltz & PVU.

Fink, Alexander, und Andreas Siebe. 2006. *Handbuch Zukunftsmanagement. Werkzeuge der strategischen Planung und Früherkennung.* Frankfurt a. M.: Campus.

Finney, Ben. 1990. The impact of contact. *Acta Astronautica* 21:117–121.

Finney, Ben, und Jerry Bentley. 2014. A tale of two analogues learning at a distance from the ancient greeks and maya and the problem of deciphering extraterrestrial radio transmissions. In *Archeology, anthropology and interstellar communication*, Hrsg. Douglas Vakoch, 65–77. Washington: National Aeronautics and Space Administration.

Fischer, Joachim. 2009. Philosophische Anthropologie. Eine Denkrichtung des 20. Jahrhunderts. Freiburg im Breisgau: Karl Alber.

Fischer, Lars. 2017. Aus für Außerirdische. SPEKTRUM online: News 6. Juni. https://www.spektrum.de/news/aus-fuer-ausserirdische/1462193. Zugegriffen: 3. Mai 2018.

Flechtheim, Ossip K. 1970. *Futurologie. Der Kampf um die Zukunft.* Köln: Wissenschaft und Politik.

Foster, G. V. 1972. Non-human artifacts in the solar system. *Spaceflight* 14:447–453.

Freitas, Robert A. Jr. 1983. The search for extraterrestrial artifacts (SETA). *Journal of the British Interplanetary Society* 36:501–506.

Freitas, Robert A. Jr., und Francisco Valdes. 1985. The Search for Extraterrestrial Artifacts (SETA). *Acta Astronautica* 12 (12): 1027–1034.

Freudenthal, Hans. 1960. *LINCOS. Design of a language for cosmic intercourse.* Amsterdam: North-Holland Publishing.

Fuchs, Walter R. 1973. *Leben unter fernen Sonnen? Wissenschaft und Spekulation.* München: Knaur.

Garber, Stephen J. 1999. Searching for good science: The cancellation of NASA's SETI program. *Journal of the British Interplanetary Society* 52:3–12.

Garber, Stephen, J. 2014. A political history of NASA's SETI program. In *Archeology, anthropology and interstellar communication*, Hrsg. Douglas Vakoch, 23–48. Washington: National Aeronautics and Space Administration.

Gehlen, Arnold. 1986. *Der Mensch. Seine Natur und seine Stellung in der Welt.* Wiesbaden: Aula-Verlag.

Gerritzen, Daniel. 2016. Erstkontakt. Warum wir uns auf Außerirdische vorbereiten müssen. Stuttgart: Kosmos.

Gertz, John. 2017. Post-detection SETI protocols & METI: The time has come to regulate them both. https://arxiv.org/ftp/arxiv/papers/1701/1701.08422.pdf. Zugegriffen: 23. Apr. 2018.

Giesen, Bernhard. 2010. *Zwischenlagen. Das Außerordentliche als Grund der sozialen Wirklichkeit.* Weilerswist: Vellbrück.

Goldberg, Carl. 2000. The General's Abduction by Aliens from a UFO: Levels of Meaning of Alien Abduction Reports. *Journal of Contemporary Psychotherapy* 30:307–320.

Graf, Hans Georg. 2003. Was ist eigentlich Zukunftsforschung. *Sozialwissenschaft und Berufspraxis* 26 (4): 355–364.

Grazier, Kevin R., und Stephen Cass. 2015. *Hollyweird science: From quantum quirks to the multiverse.* New York: Springer.

Groh, Arnold. 1999. Globalisierung und kulturelle Information. In *Die Zukunft des Wissens. Workshop-Beiträge, XVIII. Deutscher Kongreß für Philosophie*, Hrsg. Jürgen Mittelstraß, 1076–1084. Konstanz: UVK.

Grunwald, Martin. 2012. Das Sinnessystem Haut und sein Beitrag zur Körper-Grenzerfahrung. In *Körperkontakt. Interdisziplinäre Erkundungen*, Hrsg. Renate-Berenike Schmidt und Michael Schetsche, 29–54. Gießen: Psychosozial-Verlag.

Günther, Ludwig. 1898. *Keplers Traum vom Mond.* Leipzig: Teubner.

Guthke, Karl S. 1983. Der Mythos der Neuzeit. Das Thema der Mehrheit der Welten in der Literatur- und Geistesgeschichte von der kopernikanischen Wende bis zur Science Fiction. Bern: Francke.

Halbwachs, Maurice. 1967. *Das kollektive Gedächtnis.* Stuttgart: Enke.

Haqq-Misra, Jacob, und Ravi Kumar Kopparapu. 2011. On the likelihood of non-terrestrial artifacts in the solar system. arXiv/1111.1212v1.

Harari, Yuval Noah. 2017. *Homo Deus. Eine Geschichte von Morgen.* München: Beck.

Harrison, Albert A. 1993. Thinking intelligently about extraterrestrial intelligence: An application of living systems theory. *Behavioral Science* 38 (3): 189–217.

Harrison, Albert A. 1997. After contact. The human response to extraterrestial life. New York: Plenum Trade.

Harrison, Albert A., und Alan C. Elms. 1990. Psychology and the search for extraterrestrial intelligence. *Behavioral Science* 35:207–218.

Harrison, Albert A., und Joel T. Johnson. 2002. Leben mit Außerirdischen. In *S.E.T.I. Die Suche nach dem Außerirdischen*, Hrsg. Tobias Daniel Wabbel, 95–116. München: Beust.

Heidmann, Jean. 1994. *Bioastronomie. Über irdisches Leben und außerirdische Intelligenz.* Berlin: Springer.

Herrmann, Dieter B. 1988. *Rätsel um Sirius. Astronomische Bilder und Deutungen.* Berlin: Der Morgen.

Herzing, Denise L. 2014. Profiling nonhuman intelligence: An exercise in developing unbiased tools for describing other „Types" of intelligence on earth. *Acta Astronautica* 94:676–680.

Heuser, Marie-Luise. 2008. Transterrestrik in der Renaissance: Nikolaus von Kues, Giordano Bruno, Johannes Kepler. In *Von Menschen und Außerirdischen. Transterrestrische Begegnungen im Spiegel der Kulturwissenschaft,* Hrsg. Michael Schetsche und Martin Engelbrecht, 55–79. Bielefeld: transcript.

Hickman, Leo. 2010. Stephen hawking takes a hard line on aliens. The Guardian vom 26. April. https://www.theguardian.com/commentisfree/2010/apr/26/stephen-hawking-issues-warning-on-aliens. Zugegriffen: 26. Juni 2018.

Hickman, John, und Koby Boatright. 2017. Stranger danger: Extraterrestrial first contact as political problem. Space Review 15. Mai. http://www.thespacereview.com/article/3240/1 und http://www.thespacereview.com/article/3240/2. Zugegriffen: 17. Juni 2017.

Hilgartner, Stephen, und Charles L. Bosk. 1988. The rise and fall of social problems: A public arenas model. *American Journal of Sociology* 94:53–78.

Hiroki, Kenzo. 2012. Strategies for managing low-probability, high-impact events. Washington D. C.: World Bank. https://openknowledge.worldbank.org/handle/10986/16163. Zugegriffen: 25. Okt. 2017.

Hitzler, Ronald, und Michaela Pfadenhauer, Hrsg. 2005. *Gegenwärtige Zükünfte. Interpretative Beiträge zur sozialwissenschaftlichen Diagnose und Prognose.* Wiesbaden: VS-Verlag.

Hoagland, Richard C. 1994. *Die Mars-Connection. Monumente am Rande der Ewigkeit.* Essen: Bettendorf.

Höbel, Peter, und Thorsten Hofmann. 2014. *Krisenkommunikation,* 2. völlig überarb. Aufl. Konstanz: UVK.

Hölldobler, Bert, und Edward Wilson. 2010. Der Superorganismus. Der Erfolg von Ameisen, Bienen, Wespen und Termiten. Berlin: Springer.

Hoerner, Sebastian von. 1967. Sind wir allein im Kosmos? *Neue Wissenschaft* 15 (1/2): 1–17.

Hoerner, Sebastian von. 2003. *Sind wir allein? SETI und das Leben im All.* München: Beck.

Hogrebe, Wolfram, Hrsg. 2005. *Mantik. Profile prognostischen Wissens in Wissenschaft und Kultur.* Würzburg: Königshausen & Neumann.

Holzhauer, Hedda. 2015. Kriminalistische Serendipity – Ermittlungserfolge im Spannungsfeld zwischen Berufserfahrung, Gefühlsarbeit und Zufallsentdeckungen. Dissertation, Universität Hamburg, Fachbereich Sozialwissenschaften.

Hövelmann, Gerd. 2008. Vernünftiges Reden und technische Rationalität. Erkenntnistheoretische Überlegungen zu Grundfragen der UFO-Forschung. In *Von Menschen und Außerirdischen. Transterrestrische Begegnungen im Spiegel der Kulturwissenschaft,* Hrsg. Michael Schetsche und Martin Engelbrecht, 183–204. Bielefeld: transcript.

Hövelmann, Gerd. 2009. Mutmaßungen über Außerirdische. *Zeitschrift für Anomalistik* 9:168–199.

Hurst, Matthias. 2004. Stimmen aus dem All – Rufe aus der Seele. Kommunikation mit Außerirdischen in narrativen Spielfilmen. In *Der maximal Fremde. Begegnungen mit dem Nichtmenschlichen und die Grenzen des Verstehens*, Hrsg. Michael Schetsche, 95–112. Würzburg: Ergon.

Hurst, Matthias. 2008. Dialektik der Aliens. Darstellungen und Interpretationen von Außerirdischen in Film und Fernsehen. In *Von Menschen und Außerirdischen. Transterrestrische Begegnungen im Spiegel der Kulturwissenschaft*, Hrsg. Michael Schetsche und Martin Engelbrecht, 31–53. Bielefeld: transcript.

Huygens, Christiaan. 1703. Cosmotheoros oder Eine phantastisch-realistisch Betrachtung der Schönheit der Welt, der Sterne und Planeten. Geschrieben von Christiaan Huygens für seinen Bruder Constantijn, Geheimrat der königlichen Majestät von Großbritannien. Verlegt von Friedrich Lanckischens Erben 1703. (Ins moderne Deutsch übertragen und erläutert von Maria Trepp 2011). http://www.passagenproject.com/christiaan-huygens-cosmotheoros.html#. Zugegriffen: 7. März 2018.

Hynek, J. Allen. 1979. UFO. Begegnungen der ersten, zweiten und dritten Art. München: Goldmann.

Janjic, Aleksandar. 2017. *Lebensraum Universum. Einführung in die Exoökologie*. Berlin: Springer.

Jastrow, Robert. 1997. What are the chances for life? *Sky & Telescope* 1997 (6): 62–63.

Johnson, Ronald C. 1994. Parallels between Recollections of Repressed Childhood Sex Abuse, Kidnappings by Space Aliens, and the 1692 Salem Witch Hunts. *Issues in Child Abuse Accusations* 6 (1): 41–47.

Jones, Morris. 2013. Mainstream media and social media reactions to the discovery of extraterrestrial life. In *Astrobiology, history and society: Advances in astrobiology and biogeographics*, Hrsg. Douglas Vakoch, 313–328. Berlin: Springer.

Joshi, Manoj. 2003. Climate model studies of synchronously rotating planets. *Astrobiology* 3 (2): 415–427.

Jüdt, Ingbert. 2013. Das UFO-Tabu ist öffentlich, nicht politisch. In *Diesseits der Denkverbote*, Hrsg. Michael Schetsche und Andreas Anton, 113–131. Hamburg: LIT.

Jungk, Robert. 1973. *Der Jahrtausendmensch. Bericht aus den Werkstätten der neuen Gesellschaft*. München: Bertelsmann.

Kaiser, Céline. 2004. „Fafagolik?" Fiktionen des Erstkontaktes in der ‚Marsliteratur' um 1900. In *Der maximal Fremde. Begegnungen mit dem Nichtmenschlichen und die Grenzen des Verstehens*, Hrsg. Michael Schetsche, 75–93. Würzburg: Ergon.

Kant, Immanuel. 1954. *Träume eines Geistersehers*. Berlin: Aufbau Verlag.

Kaplan, S. A. (russ. Orig. 1969) 1971. Exosociology – The search for signals from extraterrestrial civilisations. In *Extraterrestrial civilizations. Problems of interstellar communications*, Hrsg. S. A. Kaplan, 1–12. Jerusalem: Israel Program for Scientific Translations.

Kayser, Rainer. 2009. Spitzer und Hubble. Exoplanet mit organischen Molekülen. Astronews vom 21. Oktober. http://www.astronews.com/news/artikel/2009/10/0910-029.shtml. Zugegriffen: 14. März 2018.

Kennicutt, Robert C., und Neal J. Evans. 2012. Star formation in the Milky Way and nearby galaxies. *Annual Review of Astronomy and Astrophysics* 50 (1): 531–608.

Kerner, Ina. 2012. *Postkoloniale Theorien zur Einführung*. Hamburg: Junius.

Knoblauch, Hubert, und Bernt Schnettler. 2004. „Postsozialität", Alterität und Alienität. In *Der maximal Fremde. Begegnungen mit dem Nichtmenschlichen und die Grenzen des Verstehens*, Hrsg. Michael Schetsche, 23–42. Würzburg: Ergon.

Korhonen, Janne M. 2012. Mad with aliens? Interstellar deterrence and its implications. *Acta Astronautica* 86:201–210.

Koshland, Daniel E. Jr. 2002. The seven pillars of life. *Science* 295:2215–2216.

Kosow, Hannah, und Robert Gaßner. 2008. Methoden der Zukunfts- und Szenarioanalyse – Überblick, Bewertung und Auswahlkriterien (IZT-Werkstattbericht 103). Berlin: Institut für Zukunftsstudien und Technologiebewertung. https://www.izt.de/fileadmin/publikationen/IZT_WB103.pdf. Zugegriffen: 1. Nov. 2017.

Kramer, William M., und Charles W. Bahmer. 1992. *Fire officer's guide to disaster control*, 2. Aufl. Tulsa: Pennwell.

Krauss, Lawrence. 2002. Zahlenspiele mit Außerirdischen. In *Auf der Suche nach dem Außerirdischen*, Hrsg. Tobias Daniel Wabbel, 26–36. München: Beustverlag.

Kreibich, Rolf. 2006. Zukunftsforschung (IZT-Arbeitsbericht 23/2006). http://www2.izt.de/pdfs/IZT_AB_23.pdf. Zugegriffen: 1. Nov. 2017.

Kues, Nikolaus von. 1967. *Die belehrte Unwissenheit (De docta ignoratia)* (Buch II. Übersetzt und mit Vorwort, Anmerkungen und Register, herausgegeben von Paul Wilpert). Hamburg: Meiner.

Kuiper, Thomas B. H., und Mark Morris. 1977. Searching for extraterrestrial civilizations. *Science* 196:616–621.

Kutschera, Ulrich. 2015. *Evolutionsbiologie*, 4. Aufl. Stuttgart: UTB.

Leibundgut, Peter. 2011. *Ausserirdische und was Sie darüber wissen sollten*. Neckenmarkt: Novum Pro.

Lem, Stanislaw. (poln. Orig. 1961) 1972. *Solaris*. Hamburg: Marion von Schröder Verlag.

Lestel, Dominique. 2014. Ethology, ethnology, and communication with extraterrestrial intelligence. In *Archaeology, anthropology, and interstellar communication*, Hrsg. Douglas A. Vakoch, 227–234. Washington: NASA.

Levin, Samuel R., Thomas W. Scott, Helen S. Cooper, und Stuart A. West. 2017. Darwin's aliens. International Journal of Astrobiology. https://doi.org/10.1017/S1473550417000362. Zugegriffen: 15. Jan. 2018.

Liu, Cixin. 2016. *Die drei Sonnen*. München: Heyne.

Liu, Cixin. 2018. *Der dunkle Wald*. München: Heyne.

Locke, John. 1988a. *Versuch über den menschlichen Verstand* (vier Bücher. Band I, Buch I und II). Hamburg: Meiner.

Locke, John. 1988b. *Versuch über den menschlichen Verstand* (vier Bücher. Band II, Buch III und IV). Hamburg: Meiner.

Lowric, Ian. 2013. Cultural resources and cognitive frames: Keys to an anthropological approach to prediction. In *Astrobiology, history, and society. Life beyond earth and the impact of discovery*, Hrsg. Douglas A. Vakoch, 259–269. Heidelberg: Springer.

Luhmann, Niklas. 1975. Die Weltgesellschaft. In *Soziologische Aufklärung*, Bd. 2., Hrsg. Niklas Luhmann, 51–71. Wiesbaden: VS Verlag.

Luhmann, Niklas. 1986. *Die Selbstbeschreibung der Gesellschaft und die Soziologie*. Gastvorlesung an der Universität Augsburg. Radiomitschnitt Bayerischer Rundfunk, 06. November. https://www.youtube.com/watch?v=NIRTM3WZLqw. Zugegriffen: 1. März 2018.

Lynn, Steven Jay, und Irving I. Kirsch. 1996. Alleged alien abductions: False memory, hypnosis, and fantasy proneness. *Psychological Inquiry* 7 (2): 151–155.

Lynn, Steven Jay, Judith Pintar, Jane Stafford, Lisa Marmelstein, und Timothy Lock. 1998. Rendering the implausible plausible: Narrative construction, suggestion, and memory. In *Believed-in imaginings: The narrative construction of reality*, Hrsg. Joseph de Rivera und Theodore R. Sarbin, 123–143. Washington: American Psychological Association.

Marsiske, Hans-Arthur. 2005. *Heimat Weltall. Wohin soll die Raumfahrt führen?* Frankfurt a. M.: Suhrkamp.

Marsiske, Hans-Arthur. 2007. Welche Sprache sprechen Außerirdische? Welt Online vom 9. Dezember. https://www.welt.de/wissenschaft/article1439767/Welche-Sprache-sprechen-Ausserirdische.html. Zugegriffen: 22. Juni 2018.

Martinez, Claudio L. Flores. 2014. SETI in the light of cosmic convergent evolution. *Acta Astronautica* 104:341–349.

Maul, Stefan. 2013. *Die Wahrsagekunst im alten Orient.* München: Beck.

Mayer, Gerhard. 2003. Über Grenzen schreiben. Presseberichterstattung zu Themen aus dem Bereich der Anomalistik und der Grenzgebiete der Psychologie in den Printmedien SPIEGEL, BILD und BILD AM SONNTAG. *Zeitschrift für Anomalistik* 3:8–46.

Mayor, Michel, und Didier Queloz. 1995. A Jupiter-mass companion to a solar-type star. *Nature* 378:355–359.

Mayr, Ernst. 1995. Space topics: Search for extraterrestrial intelligence. https://web.archive.org/web/20081115225902/http://www.planetary.org/explore/topics/search_for_life/seti/mayr.html. Zugegriffen: 27. März 2018.

McConnell, Brian. 2001. *Beyond contact. A guide to SETI and communicating with alien civilisation.* Sebastopol: O'Reilly.

McLeod, Caroline C., Barbara Corbisier, und John E. Mack. 1996. A more parsimonious explanation for UFO abduction. *Psychological Inquiry* 7 (2): 156–168.

Meadows, Dennis L. 1972. *Die Grenzen des Wachstums. Bericht des Club of Rome zur Lage der Menschheit.* Stuttgart: Deutsche Verlags-Anstalt.

Meierhenrich, Uwe J., Guillermo M. Munoz Caro, Jan Hendrik Bredehöft, Elmar K. Jessberger, und Wolfram H.-P. Thiemann. 2004. Identification of diamino acids in the Murchison meteorite. *Proceedings of the National Academy of Sciences of the United States of America* 101 (25): 9182–9186.

Mejer, Jan H. 1983. Towards an exo-sociology: Constructs of the alien. *Free Inquiry in Creative Sociology* 11 (2): 171–174.

Michaud, Michael A. G. 1972. Interstellar negotiation. *Foreign Service Journal* 1972 (12): 10–20.

Michaud, Michael A. G. 1999. A unique moment in human history. In *Are we alone in the cosmos? The search for alien contact in the new Millennium,* Hrsg. Byron Preiss und Ben Bova, 265–284. New York: iBooks.

Michaud, Michael A. G. 2007a. Contact with alien civilizations. Our hopes and fears about encountering extraterrestrials. New York: Springer.

Michaud, Michael A. G. 2007b. Ten decisions that could shake the world. http://avsport.org/IAA/decision.pdf. Zugegriffen: 25. Jan. 2018.

Michaud, Michael A. G. 2015. Searching for extraterrestrial intelligence: Preparing for an expected paradigm break. In *The impact of discovery life beyond earth,* Hrsg. Steven J. Dick, 286–298. Cambridge: University Press.

Moore, Ben. 2014. *Da draußen. Leben auf unserem Planeten und anderswo.* Zürich: Kein & Aber.

Moore, Matthew. 2008. Messages from earth sent to distant planet by Bebo. The Telegraph vom 9. Oktober. https://www.telegraph.co.uk/news/newstopics/howaboutthat/3166709/Messages-from-Earth-sent-to-distant-planet-by-Bebo.html. Zugegriffen: 20. Juni 2018.

Morris, Simon Conway. 2003. The navigation of biological hyperspace. *International Journal of Astrobiology* 2 (2): 149–152.

Müller, Klaus E. 2003. Tod und Auferstehung. Heilserwartungsbewegungen in traditionellen Gesellschaften. In *Historische Wendeprozesse. Ideen, die Geschichte machten*, Hrsg. Klaus E. Müller, 256–287. Freiburg im Breisgau: Herder.

Müller, Klaus E. 2004. Einfälle aus einer anderen Welt. In *Der maximal Fremde. Begegnungen mit dem Nichtmenschlichen und die Grenzen des Verstehens*, Hrsg. Michael Schetsche, 191–204. Würzburg: Ergon.

Münkler, Herfried, und Bernd Ladwig. 1997. Dimensionen der Fremdheit. In *Furcht und Faszination. Facetten der Fremdheit*, Hrsg. Herfried Münkler, 11–43. Berlin: Akademie.

Nagel, Thomas. 2014. Geist und Kosmos. Warum die materialistische neodarwinistische Konzeption der Natur so gut wie sicher falsch ist. Berlin: Suhrkamp.

Neal, Mark. 2014. Preparing for extraterrestrial contact. *Risk Management* 16 (2): 63–87.

Newman, Leonard S., und Roy F. Baumeister. 1996. Toward an explanation of UFO abduction phenomenon: Hypnotic elaboration, extraterrestrial sadomasochism, and spurious memories. *Psychological Inquiry* 7 (2): 99–126.

Neyer, Franz J., und Frank M. Spinath, Hrsg. 2008. *Anlage und Umwelt. Neue Perspektiven der Verhaltensgenetik und Evolutionspsychologie*. Stuttgart: Lucius & Lucius.

Nolting, Tobias, und Ansgar Thießen, Hrsg. 2008. *Krisenmanagement in der Mediengesellschaft. Potenziale und Perspektiven in der Krisenkommunikation*. Wiesbaden: VS Verlag.

Oeser, Erhard. 2009. *Die Suche nach der zweiten Erde. Illusion und Wirklichkeit der Weltraumforschung*. Darmstadt: WGB.

Ollongren, Alexander. 2010. On the signature of LINCOS. *Acta Astronautica* 67:1440–1442.

Orne, Martin M., Wayne G. Whitehouse, Emily Carota Orne, und David F. Dinges. 1996. ,Memories' of anomalous and traumatic autobiographical experiences: Validation and consolidation of fantasy through hypnosis. *Psychological Inquiry* 7 (2): 168–172.

Paley, John. 1997. Satanist abuse and alien abduction: A comparative analysis theorizing temporal lobe activity as a possible connection between anomalous memories. *The British Journal of Social Work* 27:43–70.

Panovkin, Boris Nikolaevich. 1976. The objectivity of knowledge and the problem of the exchange of coherent information with extraterrestrial civilizations. *Philosophical problems of 20th century astronomy*, 240–265. Moscow: Russian Academy of Sciences.

Paris, Antonio. 2017. Hydrogen line observations of cometary spectra at 1420 MHZ. *Journal of the Washington Academy of Sciences* 103 (2). http://planetary-science.org/wp-content/uploads/2017/06/Paris_WAS_103_02.pdf. Zugegriffen: 14. Juni 2018.

Peters, Ted. 2013. Would the discovery of ETI provoke a religious crisis? In *Astrobiology, history and society: Advances in astrobiology and biogeographics*, Hrsg. Douglas Vakoch, 341–355. Berlin: Springer.

Petigura, Erik A., Andrew W. Howard, und Geoffrey W. Marcy. 2013. Prevalence of earth-size planets orbiting sun-like stars. *Proceedings of the National Academy of Sciences of the United States of America* 110:19273–19278.

Pirschl, Julia, und Michael Schetsche. 2013. Aus Fehlern lernen. Anthropozentrische Vorannahmen im SETI-Paradigma – Folgerungen für die UFO-Forschung. In *Diesseits der Denkverbote. Bausteine für eine reflexive UFO-Forschung*, Hrsg. Michael Schetsche und Andreas Anton, 29–48. Berlin: LIT.

Plutarch. 1968. *Das Mondgesicht (De facie in orbe lunae)*. Eingeleitet, übersetzt und erläutert von Herwig Görgemanns. Zürich: Artemis Verlag.

Pooley, Jefferson D. 2013. Checking up on the invasion from mars: Hadley cantril, paul felix lazarsfeld, and the making of a misremembered classic. *International Journal of Communication* 7:1920–1948.

Porter, Jennifer E. 1996. Spiritualists, aliens and UFOs: Extraterrestrials as spirit guides. *Journal of Contemporary Religion* 11:337–353.

Race, Margaret. 2015. Preparing for the discovery of extraterrestrial life: Are we ready? Considering potential risks, impacts, and plans. In *The impact of discovery life beyond earth*, Hrsg. Steven J. Dick, 263–285. Cambridge: University Press.

Rausch, Renate. 1992. Der Kulturschock der Indios. In *1492 und die Folgen: Beiträge zur interdisziplinären Ringvorlesung an der Philipps-Universität Marburg*, Hrsg. Hans-Jürgen Prien, 18–32. Münster: LIT.

Raybeck, Douglas. 2014a. Predator-prey models and contact considerations. In *Extraterrestrial Altruism. Evolution and Ethics in the Cosmos*, Hrsg. Douglas A. Vakoch, 49–63. Berlin: Springer.

Raybeck, Douglas. 2014b. Contact considerations a cross-cultural perspective. In *Archaeology, Anthropology, and Interstellar Communication*, Hrsg. Douglas A. Vakoch, 142–158. Washington: NASA.

Richter, Jonas. 2015. Paläo-SETI. In *An den Grenzen der Erkenntnis. Handbuch der wissenschaftlichen Anomalistik*, Hrsg. Gerhard Mayer, Michael Schetsche, Ina Schmied-Knittel und Dieter Vaitl, 346–347. Stuttgart: Schattauer.

Richter, Jonas. 2017. *Götter-Astronauten. Erich von Däniken und die Paläo-SETI-Mythologie*. Hamburg: LIT.

Robitaille, Thomas P., und Barbara A. Whitney. 2010. The present-day star formation rate of the milky way determined from spitzer-detected young stellar objects. *The Astrophysical Journal Letters* 710 (1): L11–L15.

Romesberg, Daniel Ray. 1992. The scientific search for extraterrestrial intelligence: A sociological analysis. Ann Arbor: UMI Dissertation Services.

Rummel, John D. 2001. Planetary exploration in the time of astrobiology: Protecting against biological contamination. *PNAS* 98 (5): 2128–2131.

Sagan, Carl, und Iossif Samuilowitsch Schklowski. 1966. *Intelligent life in the universe*. San Francisco: Holden-Day.

Sample, Ian. 2018. Nasa's golden record may baffle alien life, say researchers. The Guardian. https://www.theguardian.com/science/2018/may/26/nasas-golden-record-may-baffle-alien-life-say-researchers. Zugegriffen: 22. Juni 2018.

Scalo, John, Lisa Kaltenegger, Antígona Segura, Malcolm Fridlund, YuN Ignasi Ribas, John L. Kulikov, Heike Rauer Grenfell, Petra Odert, Martin Leitzinger, Franck Selsis, Maxim L. Khodachenko, Carlos Eiroa, Jim Kasting, und Helmut Lammer. 2007. M stars as targets for terrestrial exoplanet searches and biosignature detection. *Astrobiology* 7 (1): 85–166.

Schacter, Daniel L. 2001. *Wir sind Erinnerung. Gedächtnis und Persönlichkeit*. Reinbek bei Hamburg: Rowohlt.

Schätzing, Frank. 2004. *Der Schwarm*. Köln: Kiepenheuer & Witsch.

Scheler, Max. 1924. *Versuche zu einer Soziologie des Wissens*. Leipzig: Duncker & Humblot.

Scheler, Max. (Orig. 1928) 2016. *Die Stellung des Menschen im Kosmos*. Berlin: Contumax.

Schetsche, Michael. 1997. „Entführungen durch Außerirdische" – Ein ganz irdisches Deutungsmuster. *Soziale Wirklichkeit* 1:259–277.

Schetsche, Michael. 2000. *Wissenssoziologie sozialer Probleme. Grundlegung einer relativistischen Problemtheorie.* Wiesbaden: Westdeutscher Verlag.

Schetsche, Michael. 2003. Soziale Folgen der Entdeckung einer außerirdischen Zivilisation (dreiteilig). *Nachrichten der Olbers-Gesellschaft*, Teil 1, Heft 200 (Januar 2003): 33–37; Teil 2, Heft 202 (Juli 2003): 26–30; Teil 3, Heft 203 (Oktober 2003): 7–11.

Schetsche, Michael. 2004a. Der maximal Fremde – Eine Hinführung. In *Der maximal Fremde. Begegnungen mit dem Nichtmenschlichen und die Grenzen des Verstehens,* Hrsg. Michael Schetsche, 13–21. Würzburg: Ergon.

Schetsche, Michael. 2004b. Zur Problematik der Laienforschung. *Zeitschrift für Anomalistik* 4:258–263.

Schetsche, Michael. 2005a. Zur Prognostizierbarkeit der Folgen außergewöhnlicher Ereignisse. In *Gegenwärtige Zukünfte. Interpretative Beiträge zur sozialwissenschaftlichen Diagnose und Prognose*, Hrsg. Ronald Hitzler und Michaela Pfadenhauer, 55–71. Wiesbaden: VS Verlag.

Schetsche, Michael. 2005b. Rücksturz zur Erde? Zur Legitimierung und Legitimität der bemannten Raumfahrt. In *Rückkehr ins All* (Ausstellungskatalog, Kunsthalle Hamburg), Hrsg. Markus Heinzelmann et al., 24–27. Ostfildern: Hatje Cantz.

Schetsche, Michael. 2008a. Der maximal Fremde – Eine Hinführung. In *Der maximal Fremde. Begegnungen mit dem Nichtmenschlichen und die Grenzen des Verstehens,* Hrsg. Michael Schetsche, 13–21. Würzburg: Ergon.

Schetsche, Michael. 2008b. Entführt! Von irdischen Opfern und außerirdischen Tätern. In *Von Menschen und Außerirdischen. Transterrestrische Begegnungen im Spiegel der Kulturwissenschaft*, Hrsg. Michael Schetsche und Martin Engelbrecht, 157–182. Bielefeld: transcript.

Schetsche, Michael. 2008c. Auge in Auge mit dem maximal Fremden? Kontaktszenarien aus soziologischer Sicht. In *Von Menschen und Außerirdischen. Transterrestrische Begegnungen im Spiegel der Kulturwissenschaft*, Hrsg. Michael Schetsche und Martin Engelbrecht, 227–253. Bielefeld: transcript.

Schetsche, Michael. 2008d. Das Geheimnis als Wissensform. Soziologische Anmerkungen. *Journal for Intelligence, Propaganda and Security Studies* 2 (1): 33–50.

Schetsche, Michael. 2012. Theorie der Kryptodoxie. Erkundungen in den Schattenzonen der Wissensordnung. *Soziale Welt* 63 (1): 5–25.

Schetsche, Michael. 2013. Unerwünschte Wirklichkeit. Individuelle Erfahrung und gesellschaftlicher Umgang mit dem Para-Normalen heute. *Zeitschrift für Historische Anthropologie* 21:387–402.

Schetsche, Michael. 2015. Anomalien im medialen Diskurs. In *An den Grenzen der Erkenntnis. Handbuch der wissenschaftlichen Anomalistik*, Hrsg. Gerhard Mayer, Michael Schetsche, Ina Schmied-Knittel und Dieter Vaitl, 63–73. Stuttgart: Schattauer.

Schetsche, Michael, und Andreas Anton. 2013. Einleitung: Diesseits der Denkverbote. In *Diesseits der Denkverbote. Bausteine für eine reflexive UFO-Forschung*, Hrsg. Michael Schetsche und Andreas Anton, 7–27. Hamburg: LIT.

Schetsche, Michael, und Ina Schmied-Knittel. 2018a. Zur Einleitung: Heterodoxien in der Moderne. In *Heterodoxie. Konzepte, Traditionen, Figuren der Abweichung*, Hrsg. Michael Schetsche und Ina Schmied-Knittel, 9–33. Köln: Herbert von Halem.

Schetsche, Michael, und Ina Schmied-Knittel, Hrsg. 2018b. *Heterodoxie. Konzepte, Traditionen, Figuren der Abweichung.* Köln: Herbert von Halem.

Schetsche, Michael, René Gründer, Gerhard Mayer, und Ina Schmied-Knittel. 2009. Der maximal Fremde. Überlegungen zu einer transhumanen Handlungstheorie. *Berliner Journal für Soziologie* 19 (3): 469–491.

Schmied-Knittel, Ina, und Michael Schetsche. 2003. Psi-Report Deutschland. Eine repräsentative Bevölkerungsumfrage zu außergewöhnlichen Erfahrungen. In *Alltägliche Wunder. Erfahrungen mit dem Übersinnlichen – wissenschaftliche Befunde*, Hrsg. Eberhard Bauer und Michael Schetsche, 13–38. Würzburg: Ergon.

Schmied-Knittel, Ina, und Edgar Wunder. 2008. UFO-Sichtungen. Ein Versuch der Erklärung äußerst menschlicher Erfahrungen. In *Von Menschen und Außerirdischen. Transterrestrische Begegnungen im Spiegel der Kulturwissenschaft*, Hrsg. Michael Schetsche und Martin Engelbrecht, 133–155. Bielefeld: transcript.

Schmitt, Stefan. 2017. Das Wir da draußen. Wer nach Außerirdischen sucht, der findet – Den Menschen. Im Kino, wo ein neuer ‚Alien-Film' anläuft. Aber auch in der Astronomie. *Die Zeit* 2017 (20): 37.

Schmitz, Michael. 1997. Kommunikation und Außerirdisches. Überlegungen zur wissenschaftlichen Frage nach Verständigung mit außerirdischer Intelligenz. Unveröffentlichte Magisterarbeit, Universität-Gesamthochschule Essen.

Schnabel, Jim. 1994. Chronicles of aliens abduction and some other traumas as self-victimization syndrom. *Dissociation: Progress in the Dissociative Disorders* 7 (1): 51–62.

Scholz, Mathias. 2014. *Planetologie extrasolarer Planeten.* Heidelberg: Springer Spektrum.

Schrogl, Kai-Uwe. 2008. Weltraumpolitik, Weltraumrecht und Außerirdische(s). In *Von Menschen und Außerirdischen. Transterrestrische Begegnungen im Spiegel der Kulturwissenschaft*, Hrsg. Michael Schetsche und Martin Engelbrecht, 255–266. Bielefeld: transcript.

Schulze-Makuch, Dirk. 2017. Forty years later, SETI's famous Wow! signal may have an explanation. But the controversy continues, 6. August. https://www.airspacemag.com/daily-planet/forty-years-later-setis-famous-wow-signal-may-have-explanation-180963628/. Zugegriffen: 3. Mai 2018.

Schulze-Makuch, Dirk. 2018. How to communicate with aliens. Some interesting ideas bounced around at a recent workshop. Air & space Smithsonian. https://www.airspacemag.com/daily-planet/how-communicate-aliens-180969211/. Zugegriffen: 26. Juni 2018.

Schulze-Makuch, Dirk, und William Bains. 2017. *The cosmic zoo. Complex life on many worlds.* Cham: Springer Nature.

Schulze-Makuch, Dirk, und Luis N. Irwin. 2004. *Life in the universe. Expectations and constraints.* Heidelberg: Springer.

Selsis, Franck, James F. Kasting, Benjamin Levrard, Jimmy Paillet, Ignasi Ribas, und Xavier Delfosse. 2008. Habitable planets around the star Gl 581? Astronomy & Astrophysics. https://arxiv.org/pdf/0710.5294.pdf. Zugegriffen: 14. März 2018.

Sheridan, Mark A. 2009. *SETI's scope: How the search for extraterrestrial intelligence became disconnected from new ideas about extraterrestrials.* Ann Arbor: ProQuest.

Shermer, Michael. 2002. Why ET hasn't called. Scientific American. https://michaelshermer.com/2002/08/why-et-hasnt-called/. Zugegriffen: 3. Apr. 2018.

Shostak, Seth. 1999. *Nachbarn im All. Auf der Suche nach Leben im Kosmos.* München: Herbig.

Shostak, Seth. 2006. The future of SETI. Sky and telescope online, 19. Juni. http://www.skyandtelescope.com/astronomy-news/the-future-of-seti/3/?c=y. Zugegriffen: 1. Mai 2018.

Shostak, Seth. 2015. Searching for clever life. *Astrobiology* 15 (11): 948–950.

Showalter, Elaine. 1997. *Hystorien. Hysterische Epidemien im Zeitalter der Medien.* Berlin: Berlin Verlag.

Shuch, H.Paul. 2011. *Searching for extraterrestrial intelligence – SETI past, present, and future.* Berlin: Springer.

Simmel, Georg. 1958. Soziologie. Untersuchungen über die Formen der Vergesellschaftung, 4. Aufl. Berlin: Duncker & Humblot.

Simons, Daniel J., und Christopher F. Chabris. 1999. Gorillas in our midst: Sustained inattentional blindness for dynamic events. *Perception* 28:1059–1074.

Smart, John M. 2012. The transcension hypothesis: Sufficiently advanced civilizations in variably leave our universe and implications for METI and SETI. *Acta Astronautica* 78:55–68.

Smith, John Maynard, und Eörs Szathmáry. 1995. *The major transitions in evolution.* Oxford: Freeman.

Spanos, Nicholas P., Patricia A. Cross, Kirby Dickson, und Susan C. DuBreuil. 1993. Close encounters: An examination of UFO experiences. *Journal of Abnormal Psychology* 102:624–632.

Spanos, Nicholas P., Cheryl A. Burgess, und Melissa Faith. 1994. Past-life identity, UFO abductions, and satanic ritual abuse: The social construction of memories. *The International Journal of Clinical and Experimental Hypnosis XLII* 4:433–446.

Spreen, Dierk, und Joachim Fischer. 2014. *Soziologie der Weltraumfahrt.* Bielefeld: transcript.

Spry, Andy J. 2009. Contamination control and planetary protection. In *Drilling in extreme environments – Penetration and sampling on earth and other planets,* Hrsg. Yoseph Bar-Cohen und Kris Zacny, 707–739. Weinheim: Wiley-VCH.

Stagl, Justin. 1981. Die Beschreibung des Fremden in der Wissenschaft. In *Der Wissenschaftler und das Irrationale,* Bd. 2, Hrsg. Hans Peter Duerr, 273–295. Frankfurt a. M.: Syndikat.

Stagl, Justin. 1997. Grade der Fremdheit. In *Furcht und Faszination – Facetten der Fremdheit,* Hrsg. Herfried Münkler, 85–114. Berlin: Akademie.

Steinmüller, Angela, und Heinz Steinmüller. 2004. *Wild Cards. Wenn das Unwahrscheinliche eintritt,* 2. Aufl. Hamburg: Murmann.

Stenger, Horst. 1998. Soziale und kulturelle Fremdheit. Zur Differenzierung von Fremdheitserfahrungen am Beispiel ostdeutscher Wissenschaftler. *Zeitschrift für Soziologie* 27 (1): 18–38.

Stevenson, David S., und Sean Large. 2017. Evolutionary exobiology: Towards the qualitative assessment of biological potential on exoplanets. International Journal of Astrobiology. https://doi.org/10.1017/S1473550417000349. Zugegriffen: 18. Jan. 2018.

Stirn, Alexander. 2016. Flotte von Mini-Raumschiffen soll zu Alpha Centauri fliegen. Süddeutsche Zeitung, 13. April. http://www.sueddeutsche.de/wissen/breakthrough-starshot-flotte-von-mini-raumschiffen-soll-zu-alpha-centauri-fliegen-1.2947852. Zugegriffen: 25. Okt. 2017.

Storch, Volker, Ulrich Welsch, und Michael Wink. 2013. *Evolutionsbiologie*, 3. Aufl. Heidelberg: Springer.

Streeck-Fischer, Annette, Ulrich Sachsse, und Ibrahim Özkan. 2001. Perspektiven in der Traumaforschung. In *Körper, Seele, Trauma*, Hrsg. Annette Streeck-Fischer, Ulrich Sachsse, und Ibrahim Özkan, 12–22. Göttingen: Vandenhoeck & Ruprecht.

Strugazki, Arkade, und Boris Strugazki. (russ. Orig. 1971). 1975. *Picknick am Wegesrand. Utopische Erzählung.* Berlin: Verlag Das neue Berlin.

Stuckrad, Kocku von. 2007. *Geschichte der Astrologie. Von den Anfängen bis zur Gegenwart.* München: Beck.

Sukhotin, Boris Viktorovich. 1971. Methods of message decoding. In *Extraterrestrial civilizations. Problems of interstellar communication*, Hrsg. S. A. Kaplan, 133–212. Jerusalem: Keter Press.

Sziede, Maren, und Helmut Zander. 2015. Von der Dämonologie zum Unbewussten. Die Transformation der Anthropologie um 1800. In *Von der Dämonologie zum Unbewussten. Die Transformation der Anthropologie um 1800*, Hrsg. Maren Sziede und Helmut Zander, VII–XX. Berlin: De Gruyter.

Teltsch, Kathleen. 1977. U. N. sending messages aboard voyager craft for beings in space. New York Times vom 3. Juni. https://www.nytimes.com/1977/06/03/archives/un-sending-messages-aboard-voyager-craft-for-beings-in-space.html. Zugriffen: 20. Juni 2018.

Toepfer, Georg. 2011. Leben. In Historisches Wörterbuch der Biologie. Geschichte und Theorie *der biologischen Grundbegriffe*, Bd. 2, 420–483. Stuttgart: Metzler.

Traphagen, John W. 2014. Culture and communication with extraterrestrial intelligence. In *Archaeology, anthropology, and interstellar communication*, Hrsg. Douglas A. Vakoch, 159–172. Washington: NASA.

Uerz, Gereon. 2006. ÜberMorgen. Zukunftsvorstellungen als Elemente der gesellschaftlichen Konstruktion der Wirklichkeit. Paderborn: Fink.

Ulbrich Zürni, Susanne. 2004. *Möglichkeiten und Grenzen der Szenarioanalyse.* Stuttgart: WiKu.

Urban, Tim. 2014. The fermi paradox. http://waitbutwhy.com/2014/05/fermi-paradox.html. Zugegriffen: 7. Juli 2015.

Urban, Tim. 2015. The AI revolution: Our immortality or extinction. https://waitbutwhy.com/2015/01/artificial-intelligence-revolution-1.html und https://waitbutwhy.com/2015/01/artificial-intelligence-revolution-2.html. Zugegriffen: 1. Okt. 2017.

Vacarr, Barbara Adina. 1993. *The divine container. A transpersonal approach in the treatment of repressed abduction trauma.* Ph.D., The Union Institute (Cincinnati/Ohio). Demand Copy: University Microfilms International.

Vakoch, Douglas. 2011. Asymmetry in active SETI: A case for transmissions from earth. *Acta Astronautica* 68:476–488.

Vakoch, Douglas A. 2014a. The evolution of extraterrestrials. The evolutionary synthesis and estimates of the prevalence of intelligence beyond earth. In *Archaeology, anthropology, and interstellar communication*, Hrsg. Douglas A. Vakoch, 189–202. Washington: NASA.

Vakoch, Douglas A. 2014b. Archeology, anthropology and interstellar communication. Washington: National Aeronautics and Space Administration. https://www.nasa.gov/sites/default/files/files/Archaeology_Anthropology_and_Interstellar_Communication_TAGGED.pdf. Zugegriffen: 30. Mai 2018.

Vinge, Vernor. 2003. *Eine Tiefe am Himmel*. München: Heyne.

Vossenkuhl, Wilhelm. 1990. Jenseits des Vertrauten und Fremden. In *Einheit und Vielfalt*. (XIV. Dt. Kongress für Philosophie Giessen, 21.–26. September 1987), Hrsg. Odo Marquard, 101–113. Hamburg: Meiner.

Wabbel, Tobias Daniel. 2002. Der Geist des Radios. In *S.E.T.I. Die Suche nach dem Außerirdischen*, Hrsg. Tobias Daniel Wabbel, 67–79. München: Beustverlag.

Waldenfels, Bernhard. 1997. *Topographie des Fremden. Studien zur Phänomenologie des Fremden*, Bd. 1. Frankfurt a. M.: Suhrkamp.

Walter, Ulrich. 2001. *Außerirdische und Astronauten. Zivilisationen im All*. Heidelberg: Spektrum Akademischer Verlag.

Wandel, Amri. 2014. On the abundance of extraterrestrial life after the kepler mission. *International Journal of Astrobiology* 14 (3): 511–516.

Ward, Peter. 2009. Gaias böse Schwester. *Spektrum der Wissenschaft* 11:84–88.

Wason, Paul K. 2014. Inferring intelligence. Prehistoric and extraterrestrial. In *Archaeology, anthropology, and interstellar communication*, Hrsg. Douglas A. Vakoch, 112–128. Washington: NASA.

Welck, Stephan Frhr. von. 1986. Weltraum und Weltmacht. Überlegungen zu einer Kosmopolitik. *Europa-Archiv* 41 (1): 11–18.

Wells, Herbert George. 1974. *Der Krieg der Welten*. Zürich: Diogenes.

Wendt, Alexander, und Raymond Duvall. 2008. Sovereignty and the UFO. *Political Theory* 36 (4): 607–633.

Wendt, Alexander, und Raymond Duvall. 2012. Militanter Agnostizismus und das UFO-Tabu. In *Generäle, Piloten und Regierungsvertreter brechen ihr Schweigen*, Hrsg. Leslie Kean, 281–294. Rottenburg: Kopp.

Wendt, Alexander, und Raymond Duvall. 2013. Souveränität und das UFO. In *Diesseits der Denkverbote. Bausteine für eine reflexive UFO-Forschung*, Hrsg. Michael Schetsche und Andreas Anton, 79–112. Hamburg: LIT.

Werthimer, Dan, David N. G., Stuart Bowyer, und Charles Donnelly 1995. The berkeley SETI program: SERENDIP III and IV instrumentation. In *Progress in the search for extraterrestrial life*, Hrsg. Seth Shostak. Astronomical Society of the Pacific Conference Series 74:293–302.

Weyer, Johannes. 1997. Technikfolgenabschätzung in der Raumfahrt. In *Technikfolgenabschätzung als politische Aufgabe*, Hrsg. Raban Graf von Westphalen, 465–483. München: Oldenburg.

Whitmore, John. 1993. Religious dimensions of the UFO abductee experience. *Syzygy: Journal of Alternative Religion and Culture* 2 (3–4): 313–326.

Wille, Holger. 2005. Kant über Außerirdische. Zur Figur des Alien im vorkritischen und kritischen Werk. Münster: Monsenstein & Vannerdat.

Wirth, Sven, et al., Hrsg. 2016. Das Handeln der Tiere. Tierische Agency im Fokus der Human-Animal-Studies. Bielefeld: transcript.

Woolgar, Steve, und Dorothee Pawluch. 1985. Ontological gerrymandering: The anatomy of social problems explanations. *Social Problems* 32:214–227.

Zackrisson, Erik, Andreas J. Korn, Ansgar Wehrhahn, und Johannes Reiter. 2018. SETI with Gaia: The observational signatures of nearly complete dyson spheres. https://arxiv.org/abs/1804.08351. Zugegriffen: 11. Mai 2018.

Zaitsev, Aleksandr L. 2006. Messaging to extra-terrestrial intelligence. arXiv:physics/0610031. https://arxiv.org/ftp/physics/papers/0610/0610031.pdf. Zugegriffen: 20. Juni 2018.

Zaitsev, Aleksandr L. 2008. The first musical interstellar radio message. *Journal of Communications Technology and Electronics* 53 (9): 1107–1113.

Zaun, Harald. 2006. Bewohnte Welten um Rote Zwergsterne? Telepolis (Online-Magazin). https://www.heise.de/tp/features/Bewohnte-Welten-um-Rote-Zwergsterne-3404750.html. Zugegriffen: 18. Apr. 2018.

Zaun, Harald. 2010a. *SETI – Die wissenschaftliche Suche nach außerirdischen Zivilisationen. Chancen, Perspektiven, Risiken.* Hannover: Heise.

Zaun, Harald, Hrsg. 2010b. *Kosmologie – Intelligenzen im All.* Hannover: Heise

Zaun, Harald. 2015. „Dieses neue SETI-Programm stellt alles Bisherige in den Schatten!" Telepolis am 21. Juli 2015. https://www.heise.de/tp/features/Dieses-neue-SETI-Programm-stellt-alles-Bisherige-in-den-Schatten-3374394.html?seite=all. Zugegriffen: 30. Mai 2018.

Zaun, Harald. 2017. Historisches SETI-Signal ohne Kosmogram. Telepolis am 15. August. https://www.heise.de/tp/features/Historisches-SETI-Signal-ohne-Kosmogramm-3801610.html. Zugegriffen: 30. Mai 2018.

Thematisch empfehlenswerte Science Fiction-Filme

Der Tag, an dem die Erde stillstand (Robert Wise, USA 1951)

Kampf der Welten (Byron Haskin, USA 1953)

Die Dämonischen (Don Siegel, USA 1956)

Blob – Schrecken ohne Namen (Irvin S. Yeaworth junior, USA 1958)

Das Dorf der Verdammten (Wolf Rilla, Großbritannien 1960)

2001: Odyssee im Weltraum (Stanley Kubrick, UK/USA 1968)

Solaris (Andrei Arsenjewitsch Tarkowski, UdSSR 1972)

Unheimliche Begegnung der dritten Art (Steven Spielberg, USA 1977)

Stalker (Andrei Arsenjewitsch Tarkowski, UdSSR 1979)

Abyss – Abgrund des Todes (James Cameron, USA 1989)

Contact (Robert Lee Zemeckis, USA 1997)

Sphere – Die Macht aus dem All (Barry Levinson, USA 1998)

K-PAX – Alles ist möglich (Iain Softley, UK/Deutschland/USA 2001)

District 9 (Neill Blomkamp, USA/Neuseeland/Kanada/Südafrika 2009)

Oblivion (Joseph Kosinski, USA 2013)

Arrival (Denis Villeneuve, USA 2016)

Life (Daniél Espinosa, USA 2017)

Auslöschung (Alex Garland, USA/UK 2018)

A Quiet Place (John Krasinski, USA 2018)